船舶海洋工学シリーズ ⑤

船体運動 耐航性能
初級編

著 者

池田　良穂
梅田　直哉
慎　　燦益
内藤　　林

監 修

公益社団法人 日本船舶海洋工学会
能力開発センター教科書編纂委員会

成山堂書店

本書の内容の一部あるいは全部を無断で電子化を含む複写複製（コピー）及び他書への転載は，法律で認められた場合を除いて著作権者及び出版社の権利の侵害となります。成山堂書店は著作権者から上記に係る権利の管理について委託を受けていますので，その場合はあらかじめ成山堂書店 (03-3357-5861) に許諾を求めてください。なお，代行業者等の第三者による電子データ化及び電子書籍化は，いかなる場合も認められません。

「船舶海洋工学シリーズ」の発刊にあたって

　日本船舶海洋工学会は船舶工学および海洋工学を中心とする学術分野のわが国を代表する学会であり、船舶海洋関係産業界と学術をつなぐさまざまな活動を展開しています。

　わが国の少子高齢化の状況は、造船業においても例外にもれず、将来の開発・生産を支える若い技術者への技術伝承・後継者教育が喫緊かつ重要な課題となっています。

　当学会では、造船業や船舶海洋工学に係わる技術者・研究者の能力開発、および日本の造船技術力の維持・発展に資することを目的として、平成19年に能力開発センターを設立しました。さらに、平成21年より日本財団の助成のもと、大阪府立大学大学院池田良穂教授を委員長とする「教科書編纂委員会」を設置し、若き造船技術者の育成とレベルアップの礎となる教科書を企画・作成することになりました。

　これまで、当会の技術者・研究者の専門的な力を結集して執筆・編纂を続けてまいりましたが、船舶海洋工学に係わる広い分野にわたって技術者が学んでおくべき基礎技術を体系的にまとめた「船舶海洋工学シリーズ」として結実することができました。

　本シリーズが、多くの学生、技術者、研究者諸氏に利用され、今後日本の造船産業技術競争力の維持・発展に寄与されますことを心より期待いたします。

公益社団法人　日本船舶海洋工学会
会長　谷口　友一

「船舶海洋工学シリーズ」の編纂に携わって

　日本船舶海洋工学会の能力開発センターでは、日本の造船事業・造船研究の主体を成す技術者・研究者の能力開発、あわせて日本の造船技術力の維持・発展に関わる諸問題に対して、学会としての役割を果たしていくために種々の活動を行っていますが、「船舶海洋工学シリーズ」もその一環として企画されました。

　少子高齢化の状況下、各造船所は大学の船舶海洋関係学科卒に加え、他の工学分野の卒業生を多く確保して早急な後継者教育に努めています。他方で、これらの技術者教育に使用する適切な教科書が体系的にまとめられておらず、円滑かつ網羅的に造船業を学ぶ環境が整備されていない問題がありました。

　本シリーズはこれに対応するため、本学会の技術者・研究者の力を合わせて執筆・編纂に取り組み、船舶の復原性、抵抗推進、船体運動、船体構造、海洋開発など船舶海洋技術に関わる科目ごとに、技術者が基本的に学んでおく必要がある技術内容を体系的に記載した「教科書」を目標として編纂しました。

　読者は、造船所の若手技術者、船舶海洋関係学科の学生のほか、船舶海洋関係学科以外の学科卒の技術者を対象としています。造船所での社内教育や自己研鑽、大学学部授業、社会人教育などに広く活用して頂ければ幸甚です。

日本船舶海洋工学会　能力開発センター
教科書編纂委員会委員長　　池田　良穂

教科書編纂委員会　委員

荒井　　誠（横浜国立大学大学院）	大沢　直樹（大阪大学大学院）
荻原　誠功（日本船舶海洋工学会）	奥本　泰久（大阪大学）
佐藤　　功（三菱重工業株式会社）	重見　利幸（日本海事協会）
篠田　岳思（九州大学大学院）	修理　英幸（東海大学）
慎　　燦益（長崎総合科学大学）	新開　明二（九州大学大学院）
末岡　英利（東京大学大学院）	鈴木　和夫（横浜国立大学大学院）
鈴木　英之（東京大学大学院）	戸澤　　秀（海上技術安全研究所）
戸田　保幸（大阪大学大学院）	内藤　　林（大阪大学）
中村　容透（川崎重工業株式会社）	西村　信一（三菱重工業株式会社）
橋本　博之（三菱重工業株式会社）	馬場　信弘（大阪府立大学大学院）
藤久保昌彦（大阪大学大学院）	藤本由紀夫（広島大学大学院）
安川　宏紀（広島大学大学院）	大和　裕幸（東京大学大学院）
吉川　孝男（九州大学大学院）	芳村　康男（北海道大学）

まえがき

　大洋を航海する船舶にとって、荒天でも本来の機能を発揮することがもっとも重要である。荒れた海の中でも船体、機関、積荷などに損傷を受けることなく予定通り航行できる能力を耐航性能という。本書では、この船舶の耐航性についての基礎として学んでおくべき基本的な事項、理論的アプローチ、設計時の活用法などについてわかりやすくまとめている。船舶の耐航性能については、この30年ほどで理論的な手法がほぼ確立しており、本シリーズの姉妹編である「船体運動　耐航性能編」では、その理論的な手法の詳細を紹介しているので、本書を学び、さらに理論的な理解を深めるためには、ぜひこの「船体運動　耐航性能編」も学んでいただきたい。

　本書では、まず第1章で、波浪中の船体運動の運動モード、波と運動の基本的関係、実用的理論計算法について概説している。ここで、船舶の耐航性についての概要を知ることができる。
　第2章では、船の波浪中での運動解析のベースとなる運動方程式（微分方程式）のたて方について学び、その運動方程式を構成する流体力について、単純化した2次元断面を対象にしてその特性と理論計算手法についての知識を習得し、さらに船を揺らす波の特性についても学ぶ。
　第3章では波浪中の船体運動の実用的な計算法として広く使われているストリップ法について、主に縦波中の事例を例にとって理解する。
　第4章では船舶の復原性に直結する横揺れについて学ぶ。特に横揺れの同調は転覆にもつながるために、その時の振幅を減らすことが重要となる。また、追波中での復原力喪失、危険なパラメトリック横揺れ、ブローチングなどについても最新の知識を得る。
　第5章では、船舶の運航経済性にとって重要な、風波浪中での抵抗増加について学ぶ。この抵抗増加が発生するメカニズムから、理論計算法の概要、そして実際の海での船速低下についての基本的な知識を習得する。
　第6章では、実際の海域に発生する不規則波の中での船体運動の統計的予測法について学ぶ。船舶の設計においては不可欠な知識である。
　第7章では、船舶設計の応用として、耐航性能の理論計算手法を甲板上海水打ち込み、スラミング、プロペラレーシング等の荒天中の危険な現象を把握する手法について学び、同時に国際・国内規則についての基本的な知識も得る。
　第8章では、船舶の耐航性能を把握するための模型実験法について学ぶ。船舶の設計時には、要求される耐航性能を満足するために、いろいろな理論的手法を駆使しての検討が行われるが、さらに実験的な確認が必要なこともある。そのためには、試験水槽を使った模型実験が有用である。

2013年5月

著者代表　池田　良穂

目　　次

第1章　波浪中での船体運動概説 … 1

1.1　運動モード … 1
　　コラム　運動を表す記号 … 2
1.2　波浪の向きと船体運動 … 2
1.3　波浪の高さと船体運動の大きさ … 4
1.4　船速と出会い周期 … 4
　　コラム　波の位相速度 … 4
1.5　船体運動の理論計算 … 4
　　1.5.1　線形理論の概念 … 5
　　1.5.2　非線形運動の理論解析 … 5
　　コラム　追波中の復原力喪失による海難 … 6
　　コラム　造船屋と操船者で違う波向きの表現 … 6
　　1.5.3　船体運動と転覆 … 8
　　コラム　安定とは … 8

第2章　船体運動方程式入門 … 11

2.1　質点の運動方程式 … 11
　　2.1.1　ニュートンの三法則 … 11
　　コラム　力を z、$\dot{z}$、$\ddot{z}$ に分解するのは何故か？ … 13
　　2.1.2　座標系の設定と簡単な質点運動方程式 … 14
　　2.1.3　力積と衝突問題 … 20
　　コラム　「速さ」と「速度」 … 22
　　2.1.4　エネルギー、仕事、パワー、仕事率 … 22
　　2.1.5　単位系 … 26
2.2　剛体の運動方程式 … 28
　　2.2.1　回転運動の方程式 … 28
　　コラム　弧度法と度分法 … 30
　　2.2.2　慣性モーメント … 30
　　2.2.3　遠心力（centrifugal force）と向心力 … 32
　　コラム　「コロンブス賞」 … 35
　　2.2.4　簡単な剛体の運動方程式 … 36
2.3　二次元浮体の運動 … 40
　　2.3.1　上下揺運動方程式－いろいろな考え方－ … 41
　　2.3.2　上下揺運動方程式係数の決定 … 44
　　コラム　ラディエイション問題とディフラクション問題 … 44
　　コラム　位相の進み、遅れ … 46
　　2.3.3　波浪強制力と発散波振幅比の関係 … 52
　　2.3.4　フルード・クリロフ力 … 53
　　2.3.5　二次元浮体の上下運動方程式と周波数応答関数 … 55
　　2.3.6　横揺れの運動方程式 … 57
2.4　水波とその基礎 … 58

| 2.4.1 水波の数式表現 ··· 58
| 2.4.2 二次元波の並進座標系における表現と出会い円周波数 ················ 62
| 2.4.3 波の群速度と位相速度 ··· 63
| 2.4.4 波のポテンシャル、位置エネルギー、運動エネルギー ··············· 65
| 2.4.5 進行波に関する計算例とその特質 ·· 67
| 2.4.6 応用例：二次元物体の造波抵抗 ··· 72

第3章　波浪中の船体運動の理論計算 ·· 79

3.1　6自由度の運動 ·· 79
3.2　縦運動の理論計算 ··· 80
　　3.2.1 縦揺れと上下揺れの連成運動方程式 ·· 81
　　コラム　流体力係数の表示 ·· 81
　　3.2.2 運動方程式の解 ·· 82
　　3.2.3 流体力係数の求め方 ··· 83
　　コラム　完全流体 ·· 86
　　3.2.4 ストリップ法の改良 ··· 86
　　3.2.5 縦運動の特性 ·· 87
3.3　横運動の理論計算 ··· 87
3.4　斜め波中の運動特性 ·· 88
　　付録1　縦運動方程式の解法（上下揺れと縦揺れ）····························· 91
　　付録2　OSM（Ordinary Strip Method）の導出 ································ 93
　　コラム　遠心力 ·· 94

第4章　横揺れ ··· 107

4.1　横環動半径 ·· 107
　　コラム　環動半径か慣動半径か？··· 108
4.2　横揺れ減衰力 ··· 108
　　4.2.1 横揺れ減衰力の特性 ··· 108
　　コラム　粘性影響が大きいのはなぜか ··· 109
　　4.2.2 非線形横揺れ減衰力の表示法 ··· 109
　　コラム　B_{44} と減滅係数 N との関係 ·· 111
　　4.2.3 横揺れ減衰力の計測法 ·· 111
　　コラム　減衰力が消費するエネルギーの見える自由横揺れ試験 ············ 111
　　4.2.4 横揺れ減衰力の推定法 ·· 112
　　4.2.5 横揺れ軽減法 ·· 117
　　コラム　ビルジキールの威力 ·· 117
4.3　横波中の横揺れ ·· 121
　　4.3.1 一自由度横揺れ方程式 ·· 121
　　4.3.2 横波中線形横揺れ ·· 123
　　4.3.3 横波中非線形横揺れ ··· 124
　　コラム　減滅係数と横揺れ減衰係数の関係 ······································· 126
4.4　斜め追波中の同調横揺れ ·· 127
4.5　縦波中の復原力減少 ·· 127
4.6　追波中復原力喪失現象 ··· 131

4.7　パラメトリック横揺れ ……………………………………………………………… 132
4.8　ブローチング ……………………………………………………………………… 135
コラム　波乗り条件の研究 ……………………………………………………… 138
4.9　海水打ち込みとの関係 …………………………………………………………… 138

第5章　風波浪中の抵抗増加 …………………………………………………………… 141

5.1　平水中を動揺しながら進行する周期的特異点の造る波 ……………………… 141
5.1.1　素成波：k_1波系とk_2波系 ……………………………………………… 142
コラム：ケルビン波（Kelvin wave）とグラスゴー大学 ……………………… 143
5.1.2　素成波の伝播限界角 ………………………………………………………… 143
5.2　丸尾の抵抗増加理論式の三つの構成要素 ……………………………………… 144
5.2.1　k_1波系、k_2波系と抵抗増加式の積分範囲 …………………………… 146
5.2.2　素成波伝播角と抵抗増加寄与率（重み関数）……………………………… 148
5.2.3　波浪中で運動する船の造る波：振幅関数（Amplitude function or Kochin Function）……… 149
5.2.4　漂流力（速度0の場合の抵抗増加）………………………………………… 152
5.2.5　まとめ：図を使った総合解説 ……………………………………………… 153
5.3　不規則波中の抵抗増加 …………………………………………………………… 154
5.3.1　フーリエ級数 ………………………………………………………………… 154
5.3.2　時系列と自己相関関数とスペクトル ……………………………………… 157
5.3.3　不規則波中平均抵抗増加の推定 …………………………………………… 161
5.3.4　不規則過程の計算機上での再現とスペクトルの定義 …………………… 163
コラム　過渡水波（transient wave） …………………………………………… 164
コラム　スペクトラムの単位 …………………………………………………… 165
5.4　実海域における船速低下 ………………………………………………………… 165
5.4.1　自然減速（nominal speed loss : involuntary speed loss）…………………… 166
5.4.2　意識的減速（deliberate speed loss : voluntary speed loss）………………… 167
5.5　風による抵抗増加と船速低下 …………………………………………………… 168
5.5.1　風圧力による抵抗 …………………………………………………………… 168
5.5.2　風による横流れに伴う抵抗増加 …………………………………………… 170

第6章　船舶性能の統計的予測 ………………………………………………………… 175

6.1　統計的予測 ………………………………………………………………………… 175
6.1.1　確率過程の平均値（期待値）、分散値、確率密度関数、分布関数 ……… 175
6.1.2　スペクトル解析から得られる分散値と確率的諸量 ……………………… 182
6.2　船体応答の短期予測と長期予測 ………………………………………………… 186
6.2.1　短期予測とレーリー確率密度関数 ………………………………………… 187
6.3　長期予測理論と波浪発現頻度表 ………………………………………………… 188
6.3.1　長期波浪発現の確率密度関数 ……………………………………………… 188
6.3.2　波と船との出会い角の確率分布 …………………………………………… 190
6.3.3　長期予測 ……………………………………………………………………… 190
6.3.4　超過確率と分散値 …………………………………………………………… 191
6.3.5　長期予測の計算例 …………………………………………………………… 193

コラム　対数 …………………………………………………………………………… 194

第7章　船舶設計への応用 …………………………………………………………… 197

7.1　波面と船体との相対水位変動 ………………………………………………… 197
　7.1.1　波面の船側での上下変位 ζ_w ………………………………………………… 197
　7.1.2　船体の動揺による船側の上下変位 …………………………………………… 198
　7.1.3　船体の動揺に基づく動的水位変動 …………………………………………… 199
　7.1.4　船体の存在による入射波の攪乱に基づく動的水位変動 …………………… 200
　7.1.5　波面と船体との相対水位変動［2］［3］［7］ ……………………………… 201

7.2　甲板上海水打ち込み ……………………………………………………………… 203
　7.2.1　甲板上への海水打込み限界波高 ……………………………………………… 204
　7.2.2　海水打込みと最小船首高さ …………………………………………………… 205
　7.2.3　海水打込みと船首部予備浮力 ………………………………………………… 208
　7.2.4　海水打込みとハッチカバーと設計荷重 ……………………………………… 209
　7.2.5　海水打込みと打込み荷重 ……………………………………………………… 211

7.3　スラミング ………………………………………………………………………… 211
　7.3.1　楔理論による衝撃圧の計算法 ………………………………………………… 213
　7.3.2　設計用スラミング衝撃圧推定法 ……………………………………………… 214

7.4　プロペラレーシング ……………………………………………………………… 217
　7.4.1　プロペラレーシングの運動学 ………………………………………………… 217
　7.4.2　プロペラレーシングの回避 …………………………………………………… 219

7.5　運航限界 …………………………………………………………………………… 219

7.6　船酔い ……………………………………………………………………………… 220

第8章　模型実験 ……………………………………………………………………… 225

8.1　造波方法と波の計測 ……………………………………………………………… 227
　8.1.1　入射波の発生法 ………………………………………………………………… 227
　8.1.2　入射波の計測法 ………………………………………………………………… 229

8.2　波浪中船体運動の水槽実験（直接法） ………………………………………… 230
　8.2.1　入射波の状態 …………………………………………………………………… 230
　8.2.2　模型船 …………………………………………………………………………… 233
　8.2.3　模型船の状態の調整 …………………………………………………………… 234
　8.2.4　重心高さの調整 ………………………………………………………………… 234
　8.2.5　模型船の環動半径の合わせ方 ………………………………………………… 237
　8.2.6　模型船の重量および重心位置の調整 ………………………………………… 241

8.3　船体強制動揺試験と波浪強制力計測試験 ……………………………………… 253
　8.3.1　船体強制動揺法の考え方 ……………………………………………………… 253
　8.3.2　強制動揺試験装置 ……………………………………………………………… 254
　8.3.3　流体力係数の求め方 …………………………………………………………… 257

8.4　耐航性に関する諸現象の計測 …………………………………………………… 263
　　　コラム　IMOの横波中模型実験法ガイドライン ……………………………… 264

欧文索引 …………………………………………………………………………………… 267
和文索引 …………………………………………………………………………………… 269

第1章 波浪中での船体運動概説

1.1 運動モード

　航海中の船は波などの外力を受けて運動をする。これを波浪中船体運動と呼び、その運動にかかわる性能を耐航性能（seakeeping）と呼ぶ。

　船体運動は船体を剛体とみなすと、3つの並進運動と3つの回転運動からなる6自由度の運動であり、それぞれ図1.1に示すように呼ばれている。

　波による外力の周期と、船体運動がもつ固有周期が一致すると、運動が大きくなることがあり、これを同調（resonance）と呼んでいる。6自由度の運動のうち、復原力をもつ運動だけが固有周期をもつため、上下揺れ、縦揺れ、横揺れは同調現象を起こす。特に、横揺れは、同調時には運動が非常に大きくなる可能性があり、転覆にまで至ることがある。

　また、一般に6自由度の運動は互いに影響を及ぼし、これを連成影響という。船体は一般的に左右対称で細長く、運動が小さいと仮定すれば、この連成影響は、縦揺れと上下揺れ間の連成影響と、横揺れ、左右揺れと船首揺れ間の連成影響に大きく分けることかでき、前者を縦運動、後者を横運動と呼ぶ。比較的小さな運動においては、縦運動と横運動間の連成は無視しても差し支えない。

　理論計算をする上では、記号だけでなく座標系（すなわち軸の方向）が大事になり、これについては第2章で詳しく解説する。

① 直線運動 ─┬─ 前後揺れ Surge（x）
　　　　　　├─ 左右揺れ Sway（y）
　　　　　　└─ 上下揺れ Heave（z）

② 回転運動 ─┬─ 横揺れ Roll（ϕ）
　　　　　　├─ 縦揺れ Pitch（θ）
　　　　　　└─ 船首揺れ Yaw（ψ）

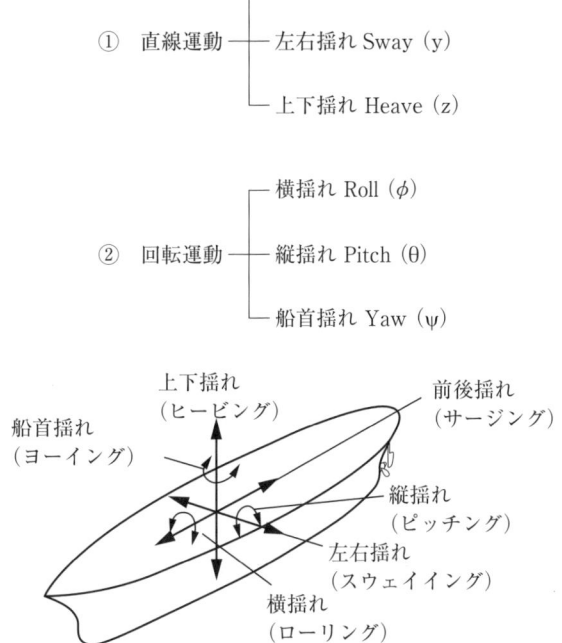

図1.1　6自由度の船体運動

コラム　運動を表す記号

船体の運動モードのうち、並進運動はx、y、zのアルファベッドで、回転運動はψ（プサイ）、θ（シータ）、φ（ファイ）のギリシア文字で表すのが普通。かつては、横揺れ角はθで表されていたが、6自由度の運動が扱われるようになって、混乱を避けるために各運動にギリシア文字が割り当てられ、横揺れにはφを用いるようになった。ITTC（国際試験水槽会議）では、使用文字、コンピュータ・プログラムの中での使用記号の標準を決めている。

1.2　波浪の向きと船体運動

6自由度の船体運動は、外力となる波によって様々に変わる。最も大きい影響をもつのが、波向きである。一般に波向きは、図1.2のように分類されている。

向波（むかいなみちゅう）中および追波（おいなみちゅう）中で、船体は、主に縦揺れと上下揺れをする。縦揺れは波面の傾斜によって発生し、上下揺れは波による平均的な高さの変化で発生する。その特性は、波長/船長比（＝λ/L）に強く依存しており、λ/Lが1以下になると次第に減少する。向波では、大きな抵抗増加を起こしたり、船首デッキ上への海水打ち込み（青波）、船首船底が露出して波にたたきつけられるスラミングと呼ばれる衝撃が発生したりするが、その詳細については第7章7.3節に記載する。また、非常に海が荒れて航海が難しくなると、船首を波に向けて、速度を舵が効く程度までに落として耐えしのぐ「踟躊」（ちちゅう；heave-to）という荒天航法がとられる。これは縦運動での転覆は、小型船を除くとほとんどあり得ないためである。

しかし最近は、この状態で横揺れ固有周期にほぼ近い周期の大きな横揺れが発生して、荷崩れを起こす大型コンテナ船が現れており、これはパラメトリック横揺れと呼ばれている（第4章4.7節参照）。

追波中でも、運動としては縦揺れと上下揺れが中心だが、波によって横復原力が減少するという現象（第4章4.6節参照）が、船の危険性を増すことが知られている。この時に、パラメトリック横揺れやブローチング（第4章4.8節参照）といった危険な運動が起こることもある。

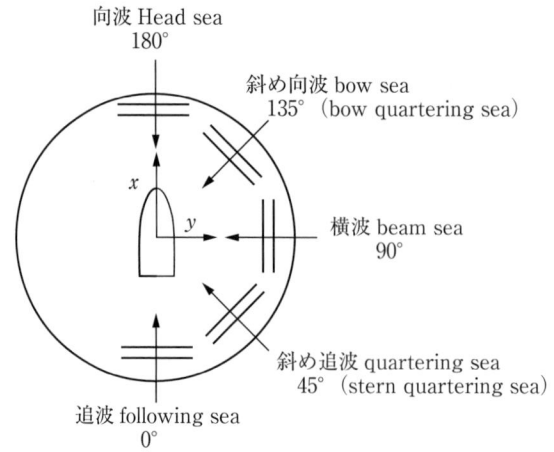

図1.2　波向きとその名称

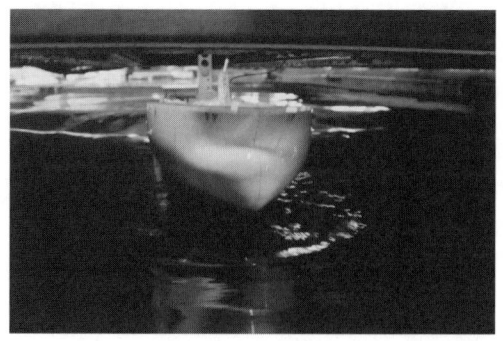 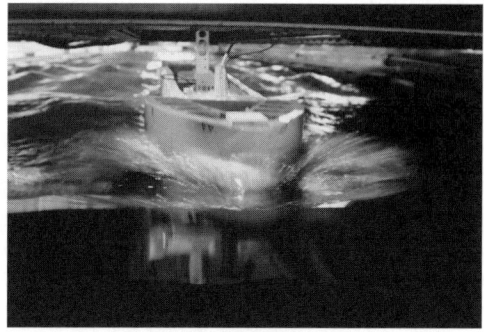

写真 1.1　模型船によるスラミング試験（大阪府立大学船舶試験水槽）

Photo. by Murata　　　　　　　　　　　　Photo. by Yamaguchi

写真 1.2　荒天時の実船航海写真（縦波中）

写真 1.3　横波中で同調横揺れする小型船とブリッジからの光景

　横波中では、船は、主に横揺れ、左右揺れ、上下揺れを行う。特に、横揺れは同調すると大きな振幅にまで発達することがあるので注意が必要である。また、横揺れと左右揺れは強く連成して、お互いに影響を及ぼす（第4章4.3節参照）。

　斜め波中では、船は6自由度のすべてが混ざった複雑な運動を行う。特に、斜め追波中では、横揺れ固有周期の長い大型船では横揺れの同調現象が起こりやすく、大きな横揺れに発達する場合がある。斜め追波で同調するのは、一般的に波の周期よりも、船のもつ横揺れ固有周期が長いため、追波状態になると波との出会い周期（本章1.4節参照）が長くなり、その出会い周期が固

有周期と近づくためである。

1.3　波浪の高さと船体運動の大きさ

波の高さは、波の山から波の谷までの鉛直距離で表される波高（H_w, wave height）で表示する。すなわち、波高は、波を正弦波とした時の波振幅の2倍となる。

船体運動の振幅は、横揺れを除くと波高にほぼ比例する特性、すなわち線形の性質をもつ。このため、並進運動の振幅は波振幅（＝$H_w/2$）で、回転運動の振幅は最大波傾斜（＝$2\pi H_w/\lambda$）で割って整理しておくと、形状が相似であればどの大きさの船にでも（すなわち模型船でも実船でも）、またどの波高の波にでも適用ができるので便利である。

横揺れについては、強い非線形性をもつ場合が多く、その無次元振幅は波高が高くなるほど減少する傾向を示す。この非線形性は、横揺れ減衰力の中に横揺れ角速度の2乗に比例する非線形流体力成分が大きいことと、船が大きく傾斜すると横復原力が傾斜角に対して非線形性をもつためである。

1.4　船速と出会い周期

船が波の中を走ると、波と出会う周期が変わり、船体はこの出会い周期で揺れるようになる。これは一種のドップラー効果であり、向波では周期が短くなり、追波では長くなる。

波向きをχ（追波を0°、向波を180°と定義）とすると、規則波中の出会い周期 T_e は次式となる。

$$T_e = \lambda/(C - V\cos\chi)$$

ただし、Cは波の位相速度で、水深が十分深いところでの規則波では、

$$C^2 = (g/2\pi)\lambda \fallingdotseq 1.56\lambda$$

の関係がある。また、Vは船速で、単位はm/s（船速はノットで表示されることが多いので、換算が必要。1ノット＝0.5144m/s）。

コラム　波の位相速度

水波の位相速度とは、波の山が水平に移動する速度のこと。波には、もうひとつ速度があり、波のエネルギーが伝わる速度で群速度と呼ばれる。水深が十分深く、波の高さが波長に比べると十分小さいと仮定した微小波高理論では、群速度は位相速度の半分となる。

すなわち造られた波は、位相速度で移動するが、その最先端では次々と消えていき、先端は位相速度の半分の速度でゆっくりと進むのである。

1.5　船体運動の理論計算

波浪中の船体運動は、理論計算がほぼ可能となっている。この理論計算は、ニュートンの法則に基づいて構築された運動方程式（2階常微分方程式）を用いて行われ、その詳細については本書の第2章および第3章に記載している他、「本教科書シリーズ④船体運動 耐航性能編」には最先端の理論を含めて詳述しているので参照されたい。

ここでは、微小波高を仮定した波理論に基づく船体運動の理論計算の基本概念について簡単に

説明をする。

1.5.1 線形理論の概念

古典力学においては、質量と加速度の積に比例する慣性力（回転運動では慣性モーメント）が、物体に働くすべての力（回転運動ではモーメント）と釣り合うこととなる。波浪中船体運動の場合の船体に働く力は、船体が運動することによって水から受ける流体力と、入射する波が当たることによる流体力に分けることができる。

船体が運動することによって水から受ける流体力は、運動の加速度（$\ddot{x}$：変位を x とした場合）、速度（$\dot{x}$）、変位（x）に比例する成分に分けることができ、それぞれ付加質量力、減衰力、復原力と呼ばれている。付加質量力は運動加速度に比例するから、慣性力とまとめて扱うことができ、質量があたかも変化したようにみなせることから付加質量という名称が付けられており、質量と付加質量を足したものを見掛け質量と呼ぶこともある。減衰力は運動速度に依存する流体力で、エネルギー消費を伴って、その分だけ運動を減少させる。復原力は平衡位置から外れた時に元の平衡位置に戻ろうとする力である。固有周期は、見掛け質量と復原力係数の比に依存し、同調時の振幅は減衰力の係数に反比例する。

一方、入射する波が当たることによる流体力は波浪強制力と呼ばれ、微小振幅を仮定した線形理論においては、波の中に固定した船体に働く波による流体力とみなすことができる。

船体運動の場合には、これらの流体力係数をポテンシャル理論に基づく水波理論で求めることができ、その求め方については、二次元断面の場合については第2章2.3節で、三次元の船体の場合については第3章で詳述する。二次元断面に働く流体力を船長方向に積分して三次元船体に働く流体力を近似的に求めて、それを流体力係数として使った運動方程式を解くのがストリップ法と呼ばれる方法で、船舶の設計現場では広く使われている。

船体運動に関する流体力のほとんどはポテンシャル理論で計算できるが、横揺れ減衰力については、粘性影響が大きいため、ポテンシャル理論に基づく計算値では過小評価となる。したがって、横揺れ減衰力については、実験結果や実用的推定法を用いる必要があり、その実験法および実用的推定法については第4章4.2節で述べる。横揺れ減衰力に粘性影響に伴う非線形性を考慮する方法としては、等価線形化を施して、線形微分方程式に近似して解く方法が用いられている。ただし、この場合には係数が振幅の関数となるため、適当な振幅の初期値を入れて繰り返し計算を行い、解を収束させる方法が用いられる。

三次元船体に働く流体力をできるだけ厳密に求めて、より精度の高い船体運動を求める理論解析の開発も行われており、これについては「本教科書シリーズ④船体運動 耐航性能編」に詳述されている。

また、粘性も含むナビエ・ストークス方程式を直接計算して波浪中の船体運動を解く手法（CFD: Computational Fluid Dynamics）も開発されつつあるが、長い計算時間がネックとなって、まだ船舶の設計段階で広く使われる状況にはなっていない。

1.5.2 非線形運動の理論解析

前節のように線形理論が、波浪中の船体運動の計算には有効であるが、運動振幅が大きくなる

と各種の非線形性が運動に影響を与えるようになる。

　最も強い非線形性影響をもつのが横復原力で、一般的には15°以上の振幅になると復原梃（GZ）に非線形性が現れ、それが横揺れ運動に影響を与えることが知られている。見掛け上は固有周期が変わったような挙動を示し、共振曲線（応答曲線）のピークが湾曲するようになり、運動の跳躍（突然運動振幅が変わる）といった現象も現れる。

　波が高くなって船体の運動が大きくなると、線形理論では考慮されていない水面上の船体形状が運動の非線形性を起こすことも知られている。特に、船首楼や船首フレアなどが大振幅の運動では縦揺れに影響を及ぼす。こうした非線形性を考慮した理論計算法も開発され、非線形ストリップ法などが実用化されている。

　前述したパラメトリック横揺れは、縦波中で波によって横復原力が周期的に変動して、復原力の係数が非線形となるために発生する非線形運動である。縦波の中での復原力変化の大きい船型に特有の現象で、縦揺れの周期の2倍が、その船の横揺れ固有周期に近い時に発生する。

　高速船では、ブローチング以外にも様々な非線形運動が生じる。まったく波がなくても、水面をぴょんぴょんと跳ねるように運動するポーポイジングは、上下揺れと縦揺れの連成の不安定運動で、連成復原項が異符号になったための自励振動とみなされている。また、高速航行時に大きな波によって復原力が減少して横傾斜をしたまま走る現象（追波中復原力喪失現象）や、コークスクリューと呼ばれる縦揺れ、上下揺れ、横揺れ、船首揺れが複合した不安定運動も知られている。

コラム　追波中の復原力喪失による海難

　2009年11月13日未明、東京から志布志に向うカーフェリーが、追波中で突然大傾斜して、荷崩れを起こし、40°あまりの傾斜した状態となった。同船は、傾斜したまま熊野灘の砂浜に向けて航行を続けてビーチングした。このように比較的高速の船では、追波中で復原力が減少して危険な状態になることがある。

コラム　造船屋と操船者で違う波向きの表現

　図1.2に示す波向きは造船の世界で広く使われている定義で、追波を0°とし、向波を180°としている。しかし、実際の運航を担当する船員は、向波を0°、追波を180°とする波向きを使うのが普通で、さらに向波を0時方向、右舷からの横波を3時方向、追波を6時方向と、時計の短針と同様に呼ぶこともある。

1.5 船体運動の理論計算　　　　　　　　　　　　　　　　7

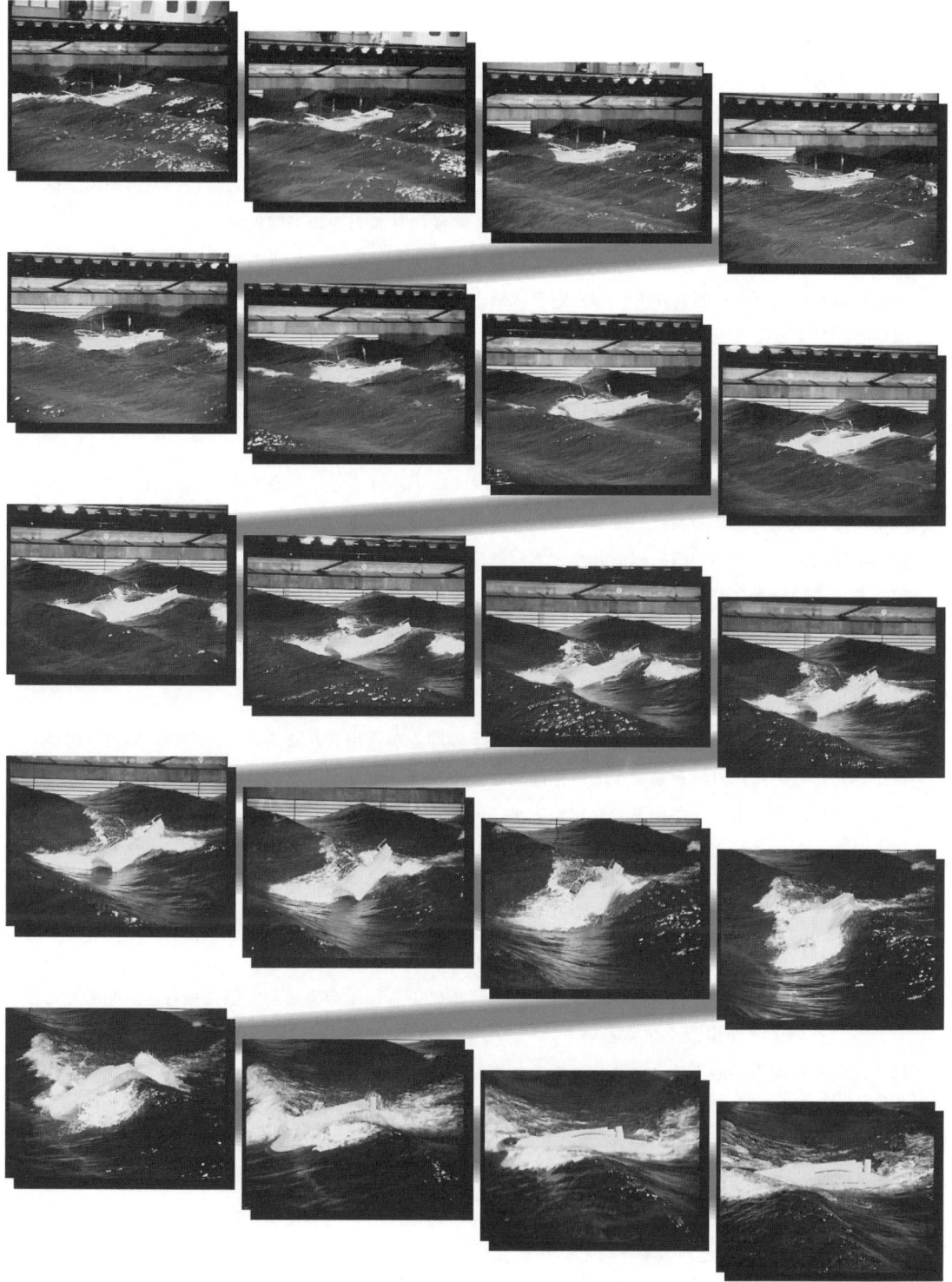

写真1.4　まき網漁船のブローチングの模型実験写真
（(独) 水産総合研究センター提供；参考文献 N. Umeda and M. Hamomoto, Capsize of ship models in following / quartering waves, Phil., Trans. R. Soc. Lond. A (2000) 358, 1883–1904)

1.5.3 船体運動と転覆

大振幅横揺れおよびそれに伴う転覆は、いくつかに分類ができる。まず、横波や斜め追波中での同調横揺れによる転覆、追波中での復原力減少に伴う大傾斜に基づく転覆、追波中でのブローチングによる転覆、砕波の衝撃による転覆、また転覆にまで至った事例は確認されていないがパラメトリック横揺れによる大傾斜などがある。

転覆に至るまでの大振幅横揺れ運動では、入力である波変位と出力である横揺れとの間の関係に強い非線形性が存在する。これは、復原梃 GZ が横揺れ角の非線形関数であることによる。このため、直立状態と倒立状態の両方で安定な領域が発生しうる。そのうちの直立付近の安定な状態から倒立付近（横傾斜角180°）の安定な状態へ遷移することを転覆という。つまり、復原力を線形と近似する限り転覆は生じない。

倒立付近が安定であるためいったん転覆が発生すると直立状態への復帰は容易でなく、倒立状態は長時間継続し、船体水密性の維持が困難となって沈没し、人命が危機に瀕することもある。このように運動の非線形性と転覆は不可分の関係にある。

しかしながら、転覆の可能性があるということは、GZ は十分に大きくなく、それに伴い GM もまた大きくない。このため、直立状態での横揺れ固有周期は一般に長い。このような状況で横揺れが発達すると運動の周波数は低く、周波数に複雑に依存する造波現象よりも周波数依存性の限られた造渦現象などの寄与が中心となる。よって、周波数依存性を無視するが非線形性は考慮する状態変数空間でのモデル化がもっぱら行われる。この点で、極限的な横揺れの問題と、向波中を比較的高い出会い周波数をもって前進する耐航性の一般的な問題とは方法論が異なっている。

このような状態変数空間モデルに、非線形力学の理論が適用されることで、出会い周波数の波浪中運動からそれ以外の運動モード（倍周期となるパラメトリック横揺れや非周期的な波乗りや転覆など）にどのような条件下で変化するかということが、解析的あるいは幾何学的に扱われるようになった。このような運動モードの変化は分岐現象であり、その変化の生じる条件を分岐条件という。この分岐条件を定量的に推定できれば船の安全性に直接役立てることができよう。もちろん横揺れの時系列を定量的に推定できれば同じといえるが、最終的に必要なのは、どのようなとき運動の性質が変わるかであるので、間接的な方法といえる。

一方、パラメトリック横揺れやブローチング現象による船舶の事故が実際に報告され始めたことから、そのような事故を防ぐというニーズが顕在化し、2002年以降国際海事機関（IMO）では上記の非線形力学の方法というシーズを利用して、新しい非損傷時復原性基準（第2世代非損傷時復原性基準）を策定する審議が続いている。この基準は、2018年ごろには、海上における人命の安全に関する国際条約（SOLAS）や国際満載喫水線条約（ICLL）により、国際航海を行う長さ24m 以上の客船、貨物船のすべて（ただし、軍艦、漁船、個人用遊覧ヨット、非動力船などを除く）に適用されることになる。本書執筆の時点ではその内容はまだ確定していないのでその後の IMO での決定に注意を払っていただきたい。

コラム　安定とは

力学系（時間についての微分方程式で記述される系のことで、力や運動以外の対象でもあては

まる）に、微小なかく乱を与えたとき、時間が経過すると元の状態の近傍に留まるならば、系は安定とみなされる。もし無限時間経過後完全に元に戻るならば漸近安定と称する。系が釣合点にあるとき系が安定であればその釣合点は安定といい、系が周期的な軌道を安定に繰り返すならば、その周期的軌道は安定という。

第2章 船体運動方程式入門

　船は波の中で6自由度の往復運動をし、舵を切った時にも旋回運動をするが、これらの運動を理解するためには運動方程式を立て、その解を求めることが必要である。本章では、質点の運動方程式、剛体の運動方程式をどのようにしてたてるかをできるだけ具体的に示す。また、その運動方程式は微分方程式として表現されるが、それをどのように解くのかを簡単な例題等を通して解説する。主に微分、積分の数学の概念を使って船体運動学（ship dynamics）が語られることを示し、操縦性、耐航性理論を理解するための入口とする。

2.1　質点の運動方程式

2.1.1　ニュートンの三法則

1) 運動方程式のたて方

　運動方程式（Equation of motion）をたてる場合の基本的な考え方は、ニュートンの三つの法則に基づいている。方程式そのものはニュートンの第2法則を使うが、その第2法則は抽象的で、質量をm、変位をz、働く力をFとすると定められた座標系のもとで簡単に次の（2.1）式で表現される。この方程式は、第1法則でいうところの座標系を定めることによって始めて定義され、第3法則のいうところの作用反作用の法則を使い、力Fを表すことにより具体的に記述されることになる。下記（2.1）式がそのまま成立する座標系のことを慣性座標系という。

$$m\ddot{z} = F(z, \dot{z}, \ddot{z}, \cdots ; t) \tag{2.1}$$

ここで、zに付けられたドットは時間微分を表し、一つは1回微分、二つは2回微分である。

　運動方程式をたてる時に、どの座標系（coordinate system）の基で方程式が記述されたかが重要である。これがニュートン第1法則のいわんとするところである。第1法則は、「物体は力の作用を受けない限り、静止の状態、あるいは一直線上の一様な運動をそのまま続ける。」と書かれている。

　一定の速度で航行する船体の波の中での6自由度の運動（上下揺れ、縦揺れ、横揺れ、左右揺れ、船首揺れ、前後揺れ）を記述する時のように、ある基準状態周りの微小往復運動を扱う場合は、等速度で動く慣性座標系が使われるが、操縦運動では運動する船体に固定された座標系が使われる。

　いずれにせよ、運動方程式をたてることができれば、与えられた問題の半分は解決したことになる。この方程式は微分方程式となり、解析的に解くことができなくても、現在では数値的に計算機で解くことができるので、運動方程式がたてられれば、多くの場合、解を求めることができる。

　方程式をたてるために、次のように考えてみよう。

（1）運動方程式を記述するためにまず座標系を定める。この時には、どのような座標系を定めたらよいか、良く考察することが大切である。

（2）定められた座標系において、軸の正の向きに物体はどんどん加速されていると考える。

(3) その運動を加速する力をFとし、正の向きに加速させる力が正の符号を持った力と定義する。

(4) その定義に従って、その物体に働く力を全て右辺に書き連ねる。どのような力が働いているかはその問題を扱っている人間の考えに拠る。

(5) この運動が周期的な運動をするのか、もしくは非周期的な運動をするのかは、運動方程式を解いて初めて解る。初めからこんな運動をするはずだから、この力の向きは正である、あるいは負である、などと考える必要はない。

2) 質点に働く力F(t)の分類

(2.1) 式の右辺に書き連ねた力Fの中には、物体を加速する力も、減速させる力もあり、いろいろな力からなりたっているが、大別すると次の2つに分類される。

(1) 物体が動くことによって働く力：$F_1(t)$

「物体が動いている」ということは、座標zが何らかの形で関与しているはずであるから、座標と関係して変位z、速度$\dot{z}$、加速度$\ddot{z}$が含まれて表現されている。$F_1(t)$を構成する力の成分は、「自分が動いている」ことを示す自らの座標そのものが含まれた式で表現される。

例えば、抵抗は物体が動く時にその運動に抗する力として働く力であり、これは運動とは反対方向に働くから、(2.1) 式の右辺においては負の符号を持つ。復元(原)力の例として用いられるバネ力は、質点が初めの釣合位置から移動すると元の位置に戻そうとする力であり、これは変位とは反対方向に働くから、(2.1) 式の右辺においては負の符号を持ち、それぞれ自らの座標が含まれている。

(2) 物体の動きとは関係なく働く力：$F_2(t)$

一方、質点が動くことを表す座標を含まない時間だけの関数で表現される力がある。F_1と違い物体が動くことに関係なく働く力であるから、物体の動きを表すz、$\dot{z}$、$\ddot{z}$等の変数が含まれない。船体運動の例では、そのような力は波や風である。この力を、一般的には外力（external force）という。この力は定義された座標系の正の向きへ質点を加速する力を正と定義するから、(2.1) 式の右辺では正の符号をもつ。以上のことは、簡単な力学系の場合にいえることである。

(2.1) 式の右辺の力Fは、$F(z, \dot{z}, \ddot{z}, \cdots :t)$のような形をしていて、具体的に記述されているわけではない。それを、

$$F(z, \dot{z}, \ddot{z}, \cdots :t) \approx F_1(z, \dot{z}, \ddot{z}, \dot{z}|\dot{z}|\cdots) + F_2(t) \qquad (2.2)$$

のように、2つの力（F_1とF_2）に分離できる系として考える一つの思考の結果である。多くの自然現象は、そのように近似して解いた結果、その現象を良く説明できることが判っている。

船体運動においても運動が小さい場合、すなわち微小運動の場合、この仮定は妥当であることが明らかになっている。それ故、このような仮定の基に構築された理論を微小振幅理論という。このように、自然現象を見て運動のモデルを構築することは大切なことである。

2.1 質点の運動方程式

3) 力 $F_1(t)$、$F_2(t)$ の近似

さて、力 F_1 は様々な項から成っているが、α、β、γ を定数として、次の右辺のように近似してみよう。

$$F_1(z, \dot{z}, \ddot{z}, \cdots) \approx -\alpha \ddot{z} - \beta \dot{z} - \gamma z \tag{2.3}$$

即ち、「z の正の方向にどんどん加速されながら動いている物体に、その加速度に比例する力 $\alpha \ddot{z}$、速度に比例する力 $\beta \dot{z}$、変位に比例する力 γz がその動きを止めようとして（－符号がついている）働いている。」と考えているのである。すると、(2.1) 式の運動方程式は次式になる。

$$(m+\alpha)\ddot{z} + \beta \dot{z} + \gamma z = F_2(t) \tag{2.4}$$

この方程式は 2 階線形常微分方程式であり、$F_2(t)$ が通常の関数で表現できるような外力であれば、その解は既知であり、その運動の性質は良く知られている。

さて、A 君は自分が考えている現象の理解には (2.4) 式の近似では正しくなく $\dot{z}|\dot{z}|$ の項も含めるべきだと考え、次式の様に $F_1(t)$ を表現する式を、下線部を含めて提案すると、

$$F_1(z, \dot{z}, \ddot{z}, \cdots) \approx -\alpha \ddot{z} - \beta \dot{z} - \underline{\varepsilon \dot{z}|\dot{z}|} - \gamma z \tag{2.5}$$

となり、(2.4) 式に相当する式は次式となる。

$$(m+\alpha)\ddot{z} + \beta \dot{z} + \underline{\varepsilon \dot{z}|\dot{z}|} + \gamma z = F_2(t) \tag{2.6}$$

この方程式の解が現象を良く説明するものであれば「A 君の式」として歴史に残ることになる。

このようにある現象の理解には、それを観察する人の見方が反映されるが、それが正しい考え方かどうかは実験によって決着がつけられる。このような立場が近代的な自然科学方法論である。

右辺の力 $F_2(t)$ についても具体的にどのような外力が働くかに依って取り扱いが異なるが、同様な考え方が適用される。例えば、波浪中の浮体運動であれば、波が外力となるが、波の変位、速度、加速度に比例した成分を取り出して考察することになる。

4) 慣性力 $m\ddot{z}$ 以外の力の係数（$\alpha, \beta, \cdots$ 等）はどのようにして決めるか

運動方程式をたてても、力を表す各項の係数を定めないと方程式を解くことはできない。それは具体的な問題が与えられて初めて決まるものであるが、この各係数を決めることも個別問題の研究課題になる。船舶工学では、それも船体運動力学の学問分野ということである。

コラム　力を z、$\dot{z}$、$\ddot{z}$ に分解するのは何故か？

質点に働く力は、最初から変位 z、それを時間で微分した速度 $\dot{z}$、更に時間で微分した加速度

$\ddot{z}$、に比例した分離された力として働いているわけではない。一つの力として働いている。人間が、その力を変位、速度、加速度に比例した力に分解して考えているのである。それは、変位と速度は相互に独立で、速度と加速度も相互に独立であり、それらは$\pi/2$だけ位相が違う、即ち直交している。一方、変位と加速度は完全負相関で、πだけ位相が違う。相互に独立な力の成分に分けることによって運動の現象を理解でき、数学の言葉、「直交、独立、$\pi/2$、微分、積分、i」等を使ってその現象を説明することができる。これらに関係して考えてみると、三角関数の微分と積分は$\pi/2$だけ位相が違うし、虚数「i」も、$\pi/2$の回転を意味する。

2.1.2 座標系の設定と簡単な質点運動方程式

ある運動方程式は、それが表現された座標系の枠組みの中で正しいのであって、別な座標系では違った方程式になる。太陽の真中を座標中心にして、動かない恒星の方向に向かって軸を決めた座標系を定める。すると、相互影響のない質点は加速度の無い（静止続けるか、一定の方向に定速度で）運動をしている。このことが、第1法則または慣性の法則といわれるものであり、この法則が成り立つ座標系のことを慣性（座標）系という。本章の最初に「第1法則は座標を定めることである」と記述したことはこのことに拠る。

以下、幾つかの簡単な例題で、座標系のとり方に注意して方程式を立ててみる。

【例題2-1】

質量mの質点がバネ定数kのばねに連結されている。この質点に下方向きを正と定義した力$f(t)$が働いている時の運動方程式をたてなさい。

質点を付けてない場合のバネの自然長さの下端を、下方を正に定義した座標系の原点Oとする。質量mをバネの下端につけた時、x_0だけ伸びたとする。その点を座標点O'とし、座標系O'x_1を考える。下方向きを正と定義した力$f(t)$が働く場合の運動方程式は、Ox座標系で見ると$m\ddot{x} = mg - kx + f$となるが、$x = x_0 + x_1$、$mg = kx_0$、$\ddot{x} = (\ddot{x}_0 + \ddot{x}_1) = \ddot{x}_1$なる関係式が成立するから座標変換をすると、方程式は次式になる。

$$m\ddot{x}_1 + kx_1 = f(t) \qquad (2.7)$$

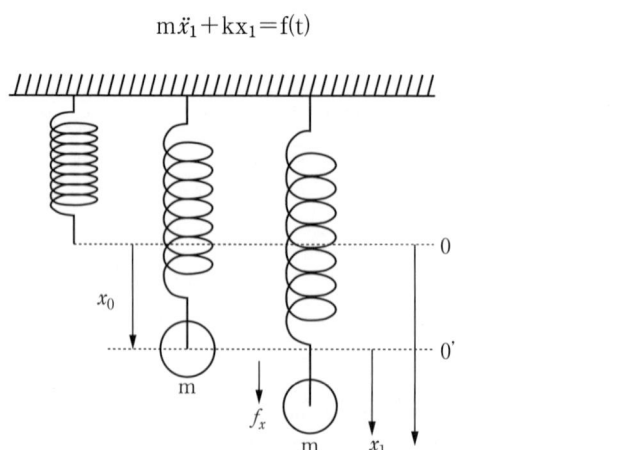

図2.1 バネ・質点系の運動方程式

これは、一定の力（この例題の場合は重力：mg）が働いている場合なので、この力を最初から考慮し、座標原点を移動した$O'x_1$座標系で運動方程式を立てても良いことを示している。すると、運動に関係ない重力 mg を考えなくて良く、方程式が簡単になる。このように座標系の決め方は重要である。ここで述べた何れの座標系も静止しているから単なる座標変換でよい。

以下、幾つかの演習問題を考えてみよう。

【演習問題 2-1】
次に示す質点の運動方程式をたてなさい。その時どのよう座標系を決めたか明示しなさい。
1．質量 m の質点の自由落下問題
この質点の運動を次の座標系で運動方程式をたて、その解についても考えてみなさい。
①空間に固定した座標系。②等速で落下する座標系。③空間に固定した座標系だが、垂直線から45度傾いた o-xy 直交座標系
2．二つのバネで繋がれた質点の自由振動の運動（図 2.2 (1)）を座標系を定めて運動方程式をたてなさい。ただし、初期変位を a_0 とする。
3．並列に繋がれたバネとダッシュポット（速度に比例した力が働くシステム）に連結された質点の自由振動の運動（図 2.2 (2)）を座標系を定めて運動方程式をたてなさい。ただし、初期変位を a_0 とする。

自由振動とは外力が働いていない場合の運動である。変位 a_0 を与え、t = 0 で手を離した後の運動を求める問題である。外力が働いていないので、このシステムの特質が最も良く現れる運動である。(2.7) 式の運動方程式で、右辺が f(t) = 0 の場合である。この様な微分方程式を斉次微分方程式といい、その解を斉次解という。なお、ここで用いているバネは図 2.2 (3) の様な特性を有するバネである。座標系原点より変位 x に比例した力（kx）が原点の方に戻そうとする力（復元力）として働く。バネ定数は、その直線の傾きを与える。以下、特記が無い限りこのバネである。
4．T の力で停止している船を引っ張り始めた。船の抵抗は速度の2乗に比例し、その比例定数を r とする。運動方程式をたて、最終的に加速度がなくなった時の速度を求めよ。（この問題を発展させた課題が［例題 2-7］で記述されている。）

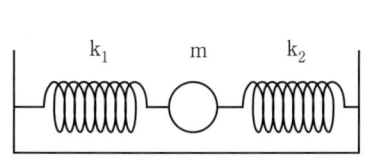

図 2.2 (1)　自由左右振動

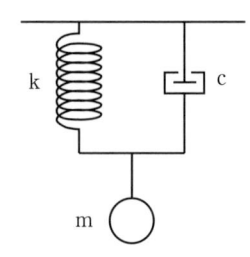

図 2.2 (2)　自由上下振動

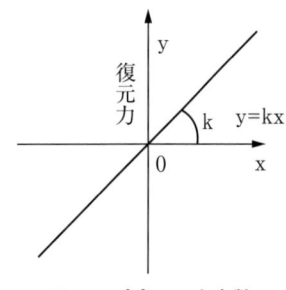

図 2.2 (3)　バネ定数

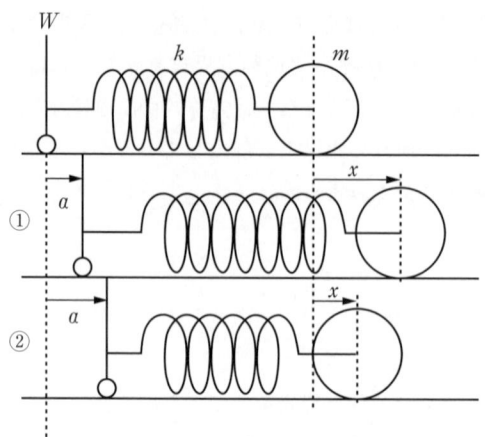

図2.3 バネ・質点系が連結された壁（W）が強制振動した時の質点運動

【例題2-2】

図（2.3）の移動壁 W につけられたバネ（バネ定数 k）と質量 m を考える。壁 W を $a = a_0 e^{i\omega t}$ *で強制振動させた時の質点の運動方程式を求める。

座標軸を、図2.3のように最初に運動していない状態おける質点中心を座標原点にして、右方向に x 軸の正の方向を定める。これが図2.3の上段図で、ある時刻 t の時の壁と質点の位置関係を図の①、②に示す。運動方程式は、$m\ddot{x} = F$ であるが、力 F に関して以下のように考えてみよう。

正方向に運動している質点のある瞬間を切り取り、その状態下で力がどのように働いているかを考える。この運動のある瞬間を切り取るという点が考える時に重要である。

①の場合：$x > a$ の時バネは $(x-a)$ だけ伸びているから、$k(x-a)$ の力で質点を x の負方向に引き戻そうとする。よって、運動方程式は次式となる。

$$m\ddot{x} = -k(x-a) \tag{2.8}$$

②の場合：$x < a$ の時、バネは $(a-x)$ だけ縮んでいるから $k(a-x)$ の力で質点を x の正方向に押し出そうとする。よって、運動方程式は次式となる。

$$m\ddot{x} = k(a-x) \tag{2.9}$$

この2つの運動方程式は a と x の大小関係に関係なく同じものであることがわかる。即ち、

---

*）脚注

・上記の説明で、$a = a_0 e^{i\omega t}$ と表現された時、特別の注意書きが無い限り a_0 は複素数で、$|a_0| e^{i\varepsilon_a}$ のように振幅部 $|a_0|$ と位相部 $e^{i\varepsilon_a}$ で表現され、a は、$a = |a_0| e^{i\varepsilon_0} e^{i\omega t}$ の意味である。壁の動きも、質点の動きもこの様に表記することで時間項 $e^{i\omega t}$ が式演算から消去され以後の演算が容易になる。微分方程式の解 a_0 が求められた後に $e^{i\omega t}$ を付記すればよいだけである。

どちらの場合も、運動方程式は、$m\ddot{x}+kx=ka$ となる。

質点の運動はどのようになるか解らないが、壁の動きは $a=a_0 e^{i\omega t}$ で与えられたので、運動方程式の解の形から質点の動きは、$\omega \neq \sqrt{k/m}$ ならば $x=x_0 e^{i\omega t}$ の形になることが予想される。a_0 と x_0 は時間 t に無関係である。この a、x を方程式に代入すると次式を得る。

$$(-m\omega^2+k)x_0 e^{i\omega t}=ka_0 e^{i\omega t} \tag{2.10}$$

ここで、a_0、x_0 は複素数で、複素振幅という。左右両辺の時間で変動する項が分離され、消去することができることに注目しよう。^{脚注}これから非斉次解（強制解）として、複素振幅 x_0 とその絶対値、即ち、運動振幅が次のとおり求まる。

$$x_0=\frac{k}{-m\omega^2+k}a_0, \ |x_0|=\left|\frac{k}{-m\omega^2+k}\right||a_0| \tag{2.11}$$

解の分母を注目してみると、$\omega=\sqrt{k/m}$ に近い円周波数を持つ壁の動きがあった時、分母がゼロに近づき、振幅 $|x_0|$ は無限大に近づくことを示している。この円周波数を同調円周波数（resonant circular frequency）といい、この時の運動状態を同調（resonance）しているという。その時の周期

$$T=\frac{2\pi}{\omega}=2\pi\sqrt{\frac{m}{k}} \tag{2.12}$$

を、このシステムの固有周期（natural period）という。バネと質量から構成されているシステム固有のばね定数 k、質量 m から決められる固有周期が、外から働く力の周期と同じ時、すなわち同調した時に最も振幅が大きくなる。

船舶の設計だけでなく、一般的に建造物の設計をする際に外力に同調しないように、各種の部材を選択しながら固有周期を決めなければならなく、設計者が最も注意をしなければならないことである。

【演習問題2-2】

この時に位相はどのようになっているか求めなさい。そして、その結果を振幅の図と共に同じ図面上に描いてみなさい。その時、ωが十分大きな時、或いは十分に小さな時に、振幅と位相が

---

*) 脚注

・関数 $e^{i\omega t}$

　この関数の定義は、$e^{i\omega t}=\cos(\omega t)+i\sin(\omega t)$ で、i は虚数 $i=\sqrt{-1}=e^{i(\pi/2)}$ である。実部の余弦（cos）関数と虚部の正弦（sin）関数は、$\pi/2$ の位相差がある。即ち、$\cos(\theta\mp\pi/2)=\pm\sin(\theta)$ である。i を両辺に乗じると、$ie^{i\omega t}=e^{i(\omega t+\frac{\pi}{2})}$ となるから、i は $\pi/2$ だけ回転させる作用素でもある。

どのような値に近付くか考察しなさい。

　ここで、複素数について触れておく。複素平面（横軸に実数、縦軸に虚数を示した図2.4）上の点Pを、動径rとその角度θを使って指定する時、複素数zを使って次式で表現できる。

$$z = x + iy = re^{i\theta} = r(\cos(\theta) + i\sin(\theta)) : i = \sqrt{-1}$$
$$実部 : Re[z] = x = r \cdot \cos(\theta) \; ; \; 虚部 : Im[z] = y = r \cdot \sin(\theta)$$

点Pの（r、θ）による表現で、動径rを一定にし、θを変化させた時、円を表現できることを示すのが図2.4である。

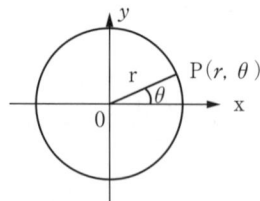

図2.4　複素数z、実部、虚部、極座標、位相

【例題2-2】のシステムに図2.2(2)のような減衰系（この例題では減衰力係数をn）を加えると、運動方程式は例題と同様に考えてみれば次式となる。

$$m\ddot{x} + n\dot{x} + kx = ka$$

(2.11)式に対応する式は次式となる。ここで周波数振幅応答関数を$|H(\omega)|$とおく。

$$\left|\frac{x_0}{a_0}\right| = |H(\omega)| = \left|\frac{k}{k - m\omega^2 + in\omega}\right| = \frac{k}{\sqrt{(k-m\omega^2)^2 + (n\omega)^2}}$$

右辺を次の様に変形する。

$$\frac{k}{n\omega\sqrt{1 + \{(k-m\omega^2)/n\omega\}^2}} = \frac{k}{n\omega\sqrt{1 + \tan^2\left(\frac{\pi}{2} - \alpha\right)}}$$

ここで、位相角αは、図2.5の位相角である。

$$\tan(\alpha) = n\omega/(k - m\omega^2)$$

すると、$|H(\omega)|$は運動の位相αと減衰力係数nを用いて次式で表現される。この表現は簡便である。

2.1 質点の運動方程式

$$|H(\omega)| = \frac{k}{n\omega} \frac{1}{|\sec(\pi/2-\alpha)|} = \frac{k|\sin(\alpha)|}{n\omega}$$

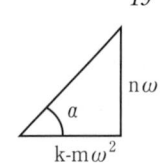

図2.5 位相角 α

さらに、座標系の問題と運動方程式の問題が絡んだ次の例題を考えてみよう。

【例題2-3】

滑らかに回転する滑車に、伸びない質量が無い紐で繋がれた質量 m_1、m_2（$m_1 > m_2$）の錘が連結され、滑車に図2.6のように掛けられている。手で留めていた m_2 を離した後の運動方程式をたて、紐に働く張力と錘の加速度を次の手順で求めてみよう。
(1)座標系を定める。(2)その座標系に関して、錘1と錘2の運動方程式をたてる。その時、紐に働いている張力をTとする。(3)錘1、2に関する関係式と、それらが紐で結ばれているという関係から導かれる式を求める。(4)三つの式から加速度と張力が求まる。

答の一例は以下である。
座標系は下向きを正に設定し、錘1、2の加速度をそれぞれ α_1、α_2、重力加速度を g とすると以下の3つの関係式を得る。

$$m_1\alpha_1 = m_1 g - T \ : \ m_2\alpha_2 = m_2 g - T \ : \ \alpha_1 = -\alpha_2$$

この時、2つの運動方程式は下向きが正と定義された座標系で記述されていることと、加速度の方向が反対方向になっていることに注意して解くと以下になる。

$$\alpha_1 = \frac{m_1 - m_2}{m_1 + m_2}g = -\alpha_2 \ : \ T = \frac{2m_1 m_2}{m_1 + m_2}g$$

仮に、$m_1 = 5m_2$ とすると、$\alpha_1 = (2/3)g = -\alpha_2$, $T = (5/3)m_2 g$ となる。
座標系を上向きに設定して解答をしてみなさい。

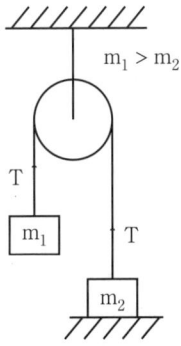

図2.6 滑車に吊るされた質量の運動

【演習問題2-3】
【例題2-2】の問題の図を90°左回りに回転させて次の問題を考えてみなさい。

一定速度Vで走っている一輪車があり、そのタイヤ直径Dは規則波のような道（道を三角関数で表現し、その振幅をa_0とする。）の波長λより十分小さいとする。この時の運動方程式を求めよ。乗っている質量をmとし運動方程式をたてなさい。質点と車輪はバネ定数kのバネで連結されている。更に、Vとλの関係は質点の上下運動振幅にとって重要なパラメタであるが、この関係を各種の図面を描いて考えてみなさい。（図2.7）

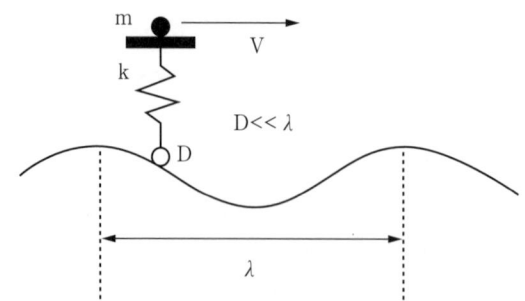

図2.7　三角関数で表現される凸凹道を一輪車で走る人の上下運動

2.1.3 力積と衝突問題
1）運動量と力積

船舶の事故の中で衝突（collision）に関係する事故は少なくないが、これは基礎的な力学の衝突問題として考察することができる。この問題の基礎である力積（impulse）、運動量（momentum）の概念を述べる。質量mの質点が速度Vで運動している時、運動量はmVで定義されるが、この質点に力Fが働いている時の運動方程式は次の左式であり、質量mも時間で変化すると考えると、右式になる。

$$m\frac{dV}{dt}=F \quad \to \quad \frac{d(mV)}{dt}=F \tag{2.13}$$

すなわち、運動量mVを時間で微分したものが力である。別の立場からいうと、力はある時間における運動量の瞬間的な変化量である。力がある時間$\delta t = t_2 - t_1$だけ働いた量を力積（$\widehat{F}$）といい、質量mが一定の場合は、次式で表される。

$$\widehat{F}=\int_{t_1}^{t_2}Fdt=\int_{t_1}^{t_2}\frac{d(mV)}{dt}dt=[mV]_{t_1}^{t_2}=mV_2-mV_1 \tag{2.14}$$

すなわち、力積とは、ある時間内の運動量の増加である。上式最初の式で、$t_1=0$とすれば、$F=d\widehat{F}/dt$であるから、単位時間の力積が力に等しいことも解る。この式は、ニュートンの運動第2法則の（2.1）式から導き出されており、運動量と力積の関係が運動第2法則の別の表現で

あることが解る。なお、(2.13) 式より、質量が時間と共に変化する場合にも、力が働くことが解る。例えば、ロケットで燃料の消費が無視できない運動の場合には質量が変化することを考慮しなくてはならない。

質量 m の船の岸壁衝突事故の時、岸壁に跳ね返されたり、岸壁にのめりこんだりした時には急激に運動が変化する。この時、短い時間内で速度が急激に、即ち加速度が大きく変化し、短時間に力が働くことになる。岸壁に直角に衝突した時の速度（V）と同じ速度で、跳ね返された時（− V）、船は、岸壁に 2 mV の力積に当たる衝撃を与えたことになり、壁から逆方向にその衝撃が船に働いたことになる。完全にのめり込んでしまったら衝撃の力積は mV である。この現象は短時間であるので、時間内の複雑な現象は問題にしなくて良く、運動量、力積という概念で十分現象を説明できるのである。

2) 運動量保存則とエネルギー保存則、反発係数

運動量は外力の作用を受けない限り保存されるが、このことを運動量保存則という。前述の船の具体例も保存則を前提にした話である。

一直線上を運動する2つの物体（質量m_1、m_2）の衝突問題を考える。物体1の衝突前後の速度をv_{1b}、v_{1a}とし、物体2の衝突前後の速度をv_{2b}、v_{2a}とすると、他から力が働かなければ前後で運動量が保存されるから次式が成り立つ。左辺が衝突前、右辺が衝突後の二つに物体の運動量の和である。

$$m_1 v_{1b} + m_2 v_{2b} = m_1 v_{1a} + m_2 v_{2a} \tag{2.15}$$

衝突前の速度v_{1b}、v_{1a}が与えられて、衝突後の速度v_{2b}、v_{2a}を求める時、この一つの式だけでは未知数を定められない。即ち、もう一つの条件、式、が必要である。それがエネルギー保存則である。即ち衝突の前後で運動エネルギーが保存される条件を加えると、次式である。

$$\frac{1}{2}m_1 v_{1b}^2 + \frac{1}{2}m_2 v_{2b}^2 = \frac{1}{2}m_1 v_{1a}^2 + \frac{1}{2}m_2 v_{2a}^2 \tag{2.16}$$

この両式を連立させると、衝突後の速度v_{1a}、v_{2a}が次式として求められる。

$$v_{1a} = v_{1b} - 2\frac{m_2}{m_1 + m_2}(v_{1b} - v_{2b}), \quad v_{2a} = v_{2b} + 2\frac{m_1}{m_1 + m_2}(v_{1b} - v_{2b}) \tag{2.17}$$

ここで、$m_1 = m_2$の場合は、

$$v_{1a} = v_{2b} : v_{2a} = v_{1b} \tag{2.18}$$

となり、速度交換が行われる。この場合のことを完全弾性衝突という。

衝突後の両質点の速度が等しい場合、すなわち衝突後に両質点が一緒になった場合は、$v_{1a}=v_{2a}$ であるから次式となる。

$$v_{1a}=v_{2a}=\frac{m_1 v_{1b}+m_2 v_{2b}}{m_1+m_2} \tag{2.19}$$

この場合のことを、完全非弾性衝突といい、エネルギーは保存されない。衝突前後で失われた運動エネルギーは次式となる。

$$\frac{m_1 m_2}{2(m_1+m_2)}(v_{1b}-v_{2b})^2 \tag{2.20}$$

この失われたエネルギーは、何らかの熱エネルギーに転化したと考えられる。船舶の衝突はこの様な例が多い。

【演習問題2-4】
　実際の衝突は上記の両極端の中間になる。下記に示す反発係数 e（coefficient of restitution）を導入して衝突後の速度、運動エネルギーの減少を求めてみよ。

$$0\leq e=-\frac{v_{1a}-v_{2a}}{v_{1b}-v_{2b}}\leq 1$$

この演算問題をすることによって、エネルギー保存則が反発係数で代表されることが解る。
　質点が斜めに衝突する問題は、衝突を直交座標系で成分に分けて考えれば、上記の議論と同じである。剛体の衝突問題は回転が含まれるので一層複雑になる。これらについては別の本を参照されたい。

コラム 「速さ」と「速度」

　ここの議論では「速さ」と「速度」を区別することが必要である。「速度」は方向性を持っているが、「速さ」は持っていない。別な言葉でいえば、「速度」はベクトル量であり、「速さ」はスカラー量である。同様に使われている場合も多いが注意が必要である。

2.1.4　エネルギー、仕事、パワー、仕事率

　質量 m の物体に力 F を加えて力の方向に距離 d だけ変化させた時、力が物体に成した仕事 W は

$$W=Fd$$

である。これは Fd なるエネルギーが注がれてできた仕事である。この距離 d を時間 t で移動さ

せた時の速度を v とすると、仕事率 P は次式である。

$$P = F \cdot \left(\frac{d}{t}\right) = Fv$$

言葉で表すと、仕事率（パワー）は単位時間に成す仕事である。運動方向に x 軸を定めると運動方程式は mẍ=F あるが、この両辺に速度 v を掛けて次の演算をすると、最後の式が得られる。

$$Fv = (m\ddot{x})v = m\frac{dv}{dt}v = \frac{1}{2}\frac{d(mv^2)}{dt} \tag{2.21}$$

両辺を時間 t_0 から t_1 まで積分する。各々の時刻の座標を x_0、x_1 とすると上式左辺は次式となる。

$$\int_{t_0}^{t_1} F\frac{dx}{dt}dt = \int_{x_0}^{x_1} F dx$$

これは、力 F が距離 d の間になした仕事である。右辺は、各々の時刻の速度を v_0、v_1 とすると、

$$右辺：\int_{t_0}^{t_1} \frac{1}{2}\frac{d(mv^2)}{dt}dt = \left[\frac{1}{2}mv^2\right]_{v_0}^{v_1} = \frac{1}{2}mv_1^2 - \frac{1}{2}mv_0^2 \tag{2.22}$$

となる。これは、この間の運動エネルギーの増加量を表す。この両式が等しいことは、即ち
　　　　　　「物体になした仕事は、その間の物体の運動エネルギーの増加に等しい」
ことを意味しており、これをエネルギー保存則という。なお、ここの議論を次の 2.1.5 単位系と一緒に読まれると良い。

【例題 2-4】
　最も簡単な例を考えよう。地上から真上に速度 v で打ち出された質量 m の球の最高到達点 h の距離を求める。高さ h まで重力に抗して成した仕事は mgh、打ち上げ時の運動エネルギーは $mv^2/2$ で、最高到達点では運動エネルギーは 0 であるから h は次式で求められる。

$$mgh = \frac{1}{2}mv^2 \rightarrow h = \frac{v^2}{2g}$$

【例題 2-5】
　なめらかな床を a(m/s) で進む質量 b(kg) の物体がある。F(N) の力を運動方向に s(m) 移動するあいだ加え続けた。その後速度 x(m/s) はいかほどになったか。
［解］

物体に加えた仕事：力（N）×距離（m） = Fs（J）
力が加えられた前後の運動エネルギーの変化：

$\frac{1}{2}$質量（kg）×速度^{2}の差：$\frac{1}{2}b(x^2-a^2)$（J）

エネルギー保存則によりこの両者は等しい。

$$Fs = \frac{1}{2}b(x^2-a^2)$$

よって　$x = \sqrt{\frac{2Fs}{b}+a^2}$　を得る。

具体的に F = 2（N）、s = 8（m）、a = 3（m/s）、b = 2（kg）とすると、力を加え続けた後の速度は x = 5（m/s）となる。

【例題2-6】
　水平な道路を90km/hで走るために50Nの力が必要であった。システムの効率を0.7とした時、動力のパワーはどれ程必要か。
［解］：速度は、90km/h=25m/sであるから、50N×25m/s=14KWのパワーが必要である。システム効率が0.7であるから、動力パワーPは、P×0.7=14KWより、P=20KWが必要である。この様な問題は船の曳航問題等に簡単に置き換えることができる。
　【演習問題2-1】の4に関係した問題で具体的に数値を含めた次の例題を考え、次節の単位系を読んでこの節の内容を理解しなさい。

【例題2-7】
　自動車の質量1,000kg、最高時速108km/hの能力がある車を、時速36km/hから72km/hまで加速するに要する距離を求めよ。ただし、(1) 車の抵抗は速度の2乗に比例し、(2) 車の推進パワーは一定で25馬力とする。
［解］この問題の運動方程式は、演習問題【2-1】の4と同じである。速度をvとすると、加速度$\ddot{x}=\dot{v}$は次式で表現される。

$$\dot{v} = \frac{dv}{dt} = \frac{dv}{dx}\frac{dx}{dt} = \dot{x}\frac{dv}{dx} = v\frac{dv}{dx}$$

質量をm、車の推進力をF、抵抗の比例定数をkとすると、運動方程式は次式となる。

$$m\left(v\frac{dv}{dx}\right) = F - kv^2 \qquad (2.23)$$

25馬力出力時の最大速度V_{max}（108km/h=30m/s）の条件から次の2つの式が成り立つ。
①その時の加速度が無くなる。

②その時、力 F と速度 V_{max} と馬力 P(HP)の三量関係が定まる。

① の条件：(2.23) 式の左辺は 0、即ち、$F-kV_{max}^2=0$ より $k=F/V_{max}^2$ と比例定数が求まる。

② の条件：$P=FV_{max}$であるから、$F=P/V_{max}$である。単位をワットにすると、P = 25HP = 25 × 735 = 18,375W である。

①、②より、比例定数 k の数値は次式で求められる。

$$k=\frac{F}{V_{max}^2}=\left(\frac{1}{V_{max}^2}\right)\left(\frac{P}{V_{max}}\right)=\frac{18,375}{30^3}=0.681 \mathrm{kg}/m$$

(2.23) 式の両辺に v を乗じ、車の推進パワー P = Fv は一定であることを考えると次式を得る。

$$mv^2\frac{dv}{dx}=Fv-kv^3=P-kv^3$$

この速度 v に関する微分方程式は変数分離型の微分方程式で、次式の様に左辺は速度だけ、右辺は距離だけに分離される。この微分方程式の解は、両辺それぞれの変数で積分すれば解を求めることができる。

$$\frac{mv^2}{P-kv^3}dv=dx \tag{2.24}$$

この式は簡単に積分できて、以下の解を得る。

$$-\frac{m}{3k}\log(P-kv^3)=x+C \tag{2.25}$$

C は積分定数である。ここで与えられた条件「時速36km/h から72km/h まで」を換算した「10m/s から20m/s まで」は、「x = 0 の時に10m/s」という初期条件になり、(2.25) 式に代入すると定数 C を次式に依って定めることができる。

$$C=-\frac{10^3}{3k}\log(P-k(10)^3)$$

求めなければならない距離 x = L は、速度20m/s になった時であるから、(2.25) 式に x = L と、求まった C を代入すれば、距離 L が

$$L=-\frac{m}{3k}\log(P-k(20)^3)+\frac{m}{3k}\log(P-k(10)^3)=\frac{10^3}{3k}\log\left(\frac{P-k(10)^3}{P-k(20)^3}\right) \quad (2.26)$$

と求められ、ここに、P = 18,375、k = 0.681を代入すると、L ≅ 76m を得る。

2.1.5 単位系

造船工業の分野では工学単位系が使われることがしばしばあり、国際単位系（SI系）と混同することがあるので、この点をまとめておく。なお、g_e は地球上の重力加速度で、添え字の e は earth（地球）の意味を表す。g_m は月の重力加速度で、添え字の m は moon（月）の意味を表す。

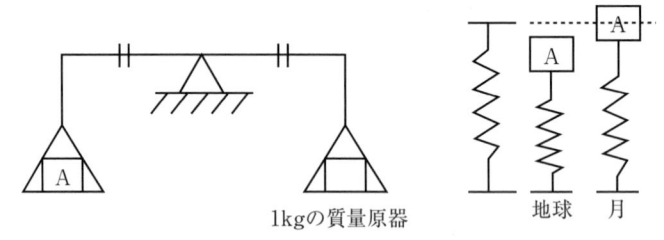

図2.8 （左）質量原器との釣り合い：（右）同じ物体 A でも月と地球ではバネの沈下量が違う

1）質量は、次のように定義される。
「天秤ばかりで質量原器1kgの物と釣り合った物が質量1kgである。」
この天秤ばかり上の1kgの質量の物は月で計ろうが何処で計ろうが質量原器1kgの物と釣り合うから質量1kgである。図2.8の左図を参照。

2）力の定義について、次の二つがある。
　［1］力：1ニュートン［N］：質量1kgの物に1m/s²の加速度を生じさせる力であるから、その単位は［kg·m/s²］である。
　地球上の重力加速度は g_e ［m/s²］だから、質量50kgの物に働く地球上の力は$50g_e$［N］で、月に行って計測すると、$50g_m$［N］である。この質量数値「50」という値は変わらないが、地球と月では重力加速度の違いによって働く力が違う。（図2.8の右図参照）この物体が宇宙浮遊している場合を考えると、質量50kgだが重力が働いていないから、バネ秤に吊り下げても目盛りは0、即ち力は0である。
　［2］力：1［kg重（量）］= 1［kgf］：質量1［kg］の物に $g_e ≈ 9.8$m/s²*（地球上）の加速度を生じせしめる力。地球上独特の概念と考えて良い。ニュートン［N］とは値が g_e だけ、約9.8倍違う。質量50kgの人に働く地球上での力は50kgf（= $50g_e$［N］）である。この人が月に

---

*）脚注
　地球は自転し、かつ完全な球体でないので地球各地点でこの値は違う。緯度45度の水面上の値が標準値として用いられ、その値が9.80665［m/s²］である。

行って自分に働く力を計測すると約50/6≈8.3kgf（=50g$_m$ [N]）である。（月の重力は地球の約1/6である。）このように、力の定義が [1] と [2] と違うが、ニュートン [N] が国際的に通用する単位である。

3）密度：国際単位系 [kg/m^3]：水1m^{3}の塊は質量原器1kgの約1,000個分と釣り合うから質量1,000kgであり、密度ρは [kg/m^3] の単位をもつ。水の密度は約1,000kg/m^3、海水は約1,025kg/m^{3}である。

　工学単位系では国際単位系の密度を重力加速度gで割る必要がある。

4）圧力：圧力は単位面積に働く力で、単位は [N/m^2：パスカル] である。

　単位面積1m^{2}の上に1m水柱が乗っている場合、その質量1,000kgの水柱に地球上で働く力は約1,000g$_e$ [N] である。単位面積に働く力はp=1,000g$_e$ [N/m^2：パスカル] である。当然のことながら、同じ水柱の月での圧力は約1,000g$_m$ [パスカル] となる。

5）「仕事」あるいは「エネルギー」：1Nの力で1m移動させた時の仕事を1ジュール=1 [J] と定義する。単位は [Nm] = [kg·m^2/s^2] である。なお、食品などに使われる [cal] とは、以下の関係がある。

$$1\,\text{cal} \simeq 4.184\,\text{J}$$

6）「仕事率」あるいは「パワー」：単位時間あたり1Jの仕事を1ワット=1 [W] と定義する。即ち、一秒間にする仕事で、単位は [J/s] = [Nm/s] = [kg·m^2/s^3] である。エネルギーとパワーは同じように使われる場合があるが、その時は単位時間当たりの議論をしているのである。日常生活で使われるキロワット時 kWh は、1kWのパワーで1時間になされる仕事のことで、1kWh = 10^3 (W) × 3.6×10^3 (sec) = 3.6×10^3 (Ws) = 3.6×10^6 (J) である。

　例えば、1 tonf = 1,000kgf の力で V [m/s] の速度で船を曳航したとすると1 tonf は約1,000×9.8 [N] の力であるから、必要な仕事率（パワー）は1,000×9.8V [W(=Nm/s) = kg·m^2/s^3] である。

7）馬力：古くから使われている仕事率（パワー）の単位として馬力がある。この馬力 [HP] は、1秒間に75kgfの力（これは、約75×9.8「N」の力）で物を1m動かす時の仕事率である。即ち1馬力は、(75×9.8) N × 1m/s = 735W である。ジェームス・ワットが蒸気機関の能力を示すために、標準的な馬のする仕事を調べ、それを基準にしたことが起源といわれている。（注：馬力は英国馬力や仏馬力などいろいろある。更に、電化製品等に表示されている物などもあるが、定義が違う場合があるのでその都度調査すること。）

　有効馬力（EHP）の計算などに出てくる「75」は、前述の単位変換によって出てくる数字 735/g$_e$ である。

まとめて、次のように覚えると良い。

　「質量1kgの物に1m/s^{2}の加速度を生じさせる力を1N(kg·m/s^2)
　　　　1Nの力で1m動かすと1J(kg·m^2/s^2)の仕事、
　　　　　　それを1秒間で動かすと1W(J/s = kg·m^2/s^3)の仕事率、
　　　　　　　　その仕事率を1時間（3.6×10^{3}sec）続けると1Wh(=3.6×10^{3}J)、

そして、約735Wを1馬力という。」

【例題2-8】
　床から1mだけ質量1,000kgの物を持ち上げるに必要なエネルギーはどれほどか。それを、2秒間に持ち上げる時のパワーと、それは何馬力に相当するか？地球上の加速度を9.8m/s²とする。
［解］：物体に働く力は、1,000kg×9.8m/s² = 9,800Nであり、移動させる距離は1mだから、9,800N×1m = 9,800Jのエネルギーが必要である。この物体を2秒間で持ち上げるのだから、必要な単位時間当たりのエネルギー、即ち、パワーは、9,800[J]/2[s] = 4,900Wで、馬力に換算すると、約6.7馬力（4,900W/735）である。
　なお、摩擦が無い水平の床の上を動かしたら、摩擦が無いので動かす力が必要ないからエネルギーは0である。

【演習問題2-5】
　質量 m = 1kg の質点が、振幅 a = 0.1m、円周波数 $\omega = 2\pi/T = 2[1/s]$ の単振動 $x = a\cdot\sin(\omega t + \varepsilon)$ をする時、この運動エネルギー E と、その時間平均 E を求めなさい。

2.2　剛体の運動方程式

2.2.1　回転運動の方程式

　質点の運動方程式では質量が一点に集中したものと考えるが、実際はある大きさをもった剛体が、平行移動または回転運動をしているから、質点として考えるだけでは不十分なことがある。このような場合は剛体運動として取り扱わねばならない。
　以下、剛体の運動方程式について述べる。
　長さ ℓ、質量 M の柱体が点 O を中心にして回転加速運動をしている。回転させるモーメント

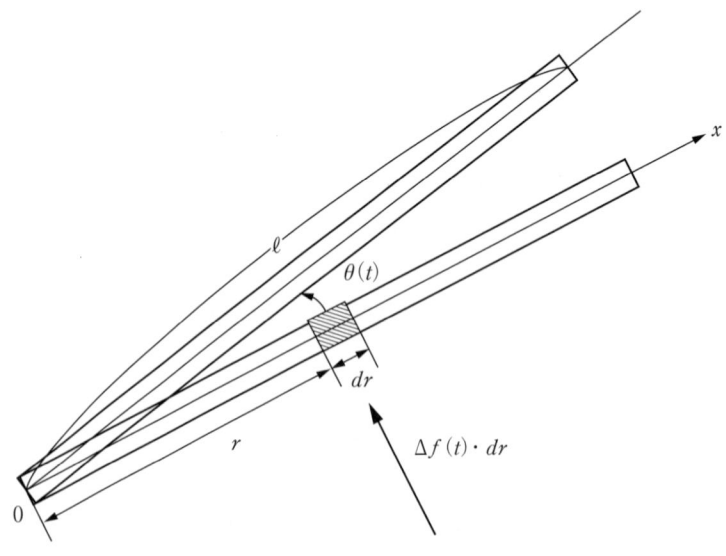

図2.9　一端oを中心にした長さℓの柱体の回転運動

2.2 剛体の運動方程式

が、外から働いている問題を考える。

質量が均一な一様剛体の中心を通る軸を x 軸とし、単位長さ当たりの質量を m とすると、微小長さ dr 部分の質量は mdr である。微小時間 dt の間に θ(t) だけ回転したとすると微小部分の微小変位は rθ(t) である。この単位幅部分に働いている力を Δf(t)、dr 部分には Δf(t)dr なる力が回転軌道の接線方向に働いている。すると、力 Δf(t)dr、微小質量 mdr、加速度 rθ̈(t) の関係は次式となる。

$$\Delta f(t)dr = (mdr)(r\ddot{\theta}(t)) = mr\ddot{\theta}(t)dr \tag{2.27}$$

原点（回転軸中心）からの距離 r を乗じると左右両辺はモーメントとなり次式となる。

$$r\Delta f(t)dr = mr^2\ddot{\theta}(t)dr$$

$r\Delta f(t)dr$ は中心 O まわりの回転モーメントである。この $r\Delta f(t)dr$ を r について剛体の長さ ℓ まで積分すると、

$$\int_0^\ell r\Delta f(t)dr = \int_0^\ell mr^2\ddot{\theta}(t)dr = \ddot{\theta}(t)\int_0^\ell mr^2 dr \tag{2.28}$$

となる。左辺は一様柱体に働く点 O 回り回転モーメント $M_0(t)$ を表す。一方、柱体の質量は $M = m\ell$ であり更に $(M\ell^2)/3 = I_0$ と置くと右辺は次式となる。

$$m\ddot{\theta}(t)\int_0^\ell r^2 dr = \frac{m\ell \cdot \ell^2}{3}\ddot{\theta}(t) = M\frac{\ell^2}{3}\ddot{\theta}(t) = I \tag{2.29}$$

よって、次式を得る。

$$M_0(t) = I_0\ddot{\theta}(t) \tag{2.30}$$

この式を質点の運動方程式 (2.1) 式と比較すると、式の形式はまったく同じで次の対応関係にあることが解る。

$$F(t) \leftrightarrow M_0(t) : M \leftrightarrow I_0 : \ddot{z}(t) \leftrightarrow \ddot{\theta}(t)$$

I_0 を O 点周りの慣性モーメントと呼び、質点系の質量に対応していることが解る。I_0 の値は、今までの議論で解るように質量と違って回転中心の位置によって違う。

さて、$\dot{\theta}(t) = \omega(t)$ であるので剛体の回転運動方程式を

$$M_0(t) = I_0\ddot{\theta}(t) = I_0\dot{\omega}(t)$$

と表現する場合がある。この柱体の重心 G まわりの慣性モーメントを I_G とすると、別記スタイナーの公式によると、前図の回転中心と重心との距離は $\ell/2$ であるから次式が成り立つ。

$$I_0 = M\left(\frac{\ell}{2}\right)^2 + I_G \tag{2.31}$$

$(M\ell^2)/3 = I_0$ であるから一様柱体の重心まわりの慣性モーメント I_G は

$$I_G = M\frac{\ell^2}{3} - M\frac{\ell^2}{4} = \frac{M\ell^2}{12} \tag{2.32}$$

となり、既知の結果と一致する。

上記のように考えると並進運動と回転運動の、$F(t) = M\ddot{x}(t)$、$M_0(t) = I\ddot{\theta}(t)$ なる2つの式の表現は類似性を持っていることが解る。

コラム　弧度法と度分法

　三角関数の演算において、45°や90°の度分法が使われることは少ない。日常生活は90°などと使われ理解し易いが、数力学の世界では弧度法が使われる。弧度法の定義は、「1ラジアン（rad）は、半径1の円を描いた時、円周の長さが1になる角度」である。このように定義すると一周360°は 2π（rad）であるから、半径 r の円周の長さは、$2\pi r$ で表される。円周の長さ s、半径 r、角度 ϕ（rad）の三量の関係は簡単である。各量の後に次元を付しておく。

$$s[L] = r[L]\phi[\text{rad}]$$

この定義から、ラジアンの単位は長さを長さで除しているから無次元である。
例えば、半径1m、円周長さ0.1mの角度は、0.1/1 = 0.1 rad.と簡単に求められる。半径1m、円周長さ1mの角度は、1/1 = 1（rad）である。なお、1（rad）は約57度17分である。

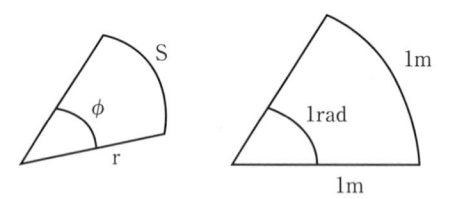

図2.10　ラジアンと半径と弧長の関係

2.2.2　慣性モーメント

　並進運動だけでなく回転も行う剛体の運動を記述するには、(2.30) 式のように質量に相当する慣性モーメントが必要になるが、その定義は前述したように次式で与えられる。（図2.11 (1)）

$$I = \int r^2 dm \tag{2.33}$$

図2.11 (1) 慣性モーメント

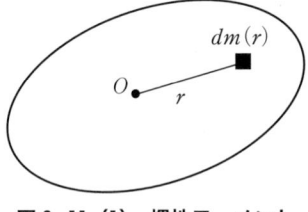

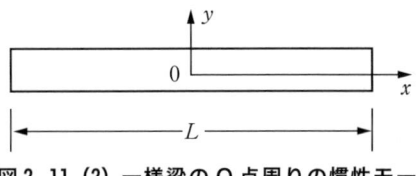

図2.11 (2) 一様梁のO点周りの慣性モーメント

この定義式より質量が一様な梁（質量M、長さL）の中心点周りの慣性モーメントIは、簡単に次のようにして求められる。（図2.11 (2)）

$$I=\int_{-L/2}^{L/2}x^2dm=\int_{-L/2}^{L/2}x^2\frac{M}{L}dx=\frac{ML^2}{12}$$

さて、実際の船体などでは重量分布は一定ではない。重心まわりのI_Gは (2.33) 式の形で表現されるがこれを

$$I_G=\kappa^2 M \tag{2.34}$$

と表現し、κを環動半径という。船の縦、横方向の回転（縦揺れ、横揺れ）に対応して、縦または横環動半径として呼ぶこともある。第4章4.1節に述べられている。

1）平行軸の定理：スタイナーの公式

剛体の任意点Oに関する慣性モーメントI_Oを求めてみよう。（図2.12）
点Oを座標原点にし、重心座標をG(x_g、y_g) とすると原点から重心までの距離$\overline{OG}=l$の2乗は$l^2=x_g^2+y_g^2$である。任意点P(x, y) = P(x_g+g_x, y_g+g_y) にある微小部分の質量をdmとすると、O点まわりの慣性モーメントは、(2.33) 式の定義により次式となる。

$$\begin{aligned}I_O&=\int(x^2+y^2)dm=\int((x_g+g_x)^2+(y_g+g_y)^2)dm\\&=l^2\int dm+\int(g_x^2+g_y^2)dm+2\left[x_g\int g_x dm+y_g\int g_y dm\right]\end{aligned} \tag{2.35}$$

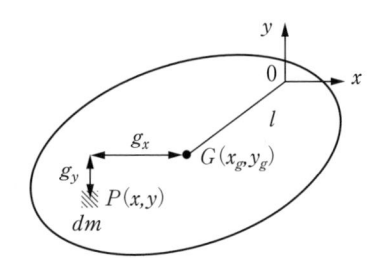

図2.12　任意点周りの慣性モーメントと重心周りの慣性モーメント

右辺第1項の積分項は剛体質量 M を、第2項は微小質量 dm の重心まわりの慣性モーメント I_G を表している。第3、4項は重心まわりの x 軸、y 軸まわりのモーメントを表すから 0 である。逆にいえば、そのような点が重心で、その点でバランスしている。よって下式が成立する。

$$I_0 = Ml^2 + I_G \qquad (2.36)$$

任意点 O まわりの慣性モーメント I_0 は、重心 G まわりの慣性モーメント I_G と重心までの距離 l を使って上記のように表される。これを、平行軸の定理（スタイナーの定理）という。この公式を利用すると、一様梁の端点まわりの回転慣性モーメン I は、

$$I = M\left(\frac{l}{2}\right)^2 + \frac{Ml^2}{12} = \frac{Ml^2}{3}$$

と良く知られた結果が簡単に得られる。
種々の剛体の重心周りの慣性モーメントは、力学に関する事典や参考書に掲載されているのでそれを参照されたい。

2.2.3 遠心力（centrifugal force）と向心力

（図 2.13）において点 o を中心にして長さ R の紐で結ばれた質量 m の質点が角速度 ω で回転している問題を考える。微小時間 δt の間に $\delta\theta$ だけ回転したとする。点 A にある質点は、外から力が働かなければ接線 L の方向に進むはずであるが、紐につながれているために円周上の B 点に移動する。外力が働かねば L 点に来るはずなのに B 点に来ていることは、質点に外力が働いたからである。すなわち、微小時間 δt の間に L→B へと質点は外力（この場合は紐による張力）によって移動させられた。

ここで、$\delta\theta$、δt は微妙であるから $\widehat{AB} \cong \overline{AB} = R\cdot\delta\theta$、$\delta\theta = \omega\delta t$ であり、次式が成り立つ。

$$\overline{LB} \cong \overline{AB}\cdot\frac{1}{2}\delta\theta \cong R\cdot\delta\theta\cdot\frac{1}{2}\delta\theta \cong \frac{1}{2}R(\omega\cdot\delta t)^2 = \frac{1}{2}R\omega^2\delta t^2$$

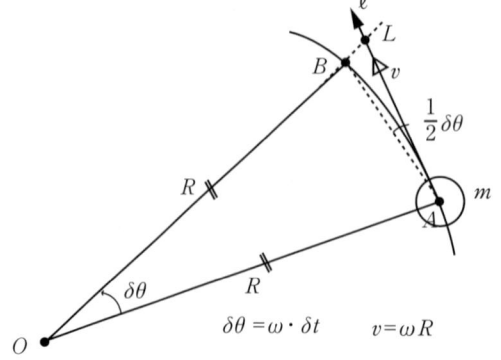

図 2.13 遠心力、向心力

L→B まで質点が強制的に移動された時の速度は次式で与えられ

$$\frac{d(\overline{LB})}{d(\delta t)} = \frac{1}{2}R\omega^2 \cdot 2(\delta t) = R\omega^2 \cdot \delta t$$

加速度 α は、次の左式となり、結局、L→B と質点を移動させる時に働いた力は次の右式となる。

$$\alpha = \frac{dv}{d(\delta t)} = \frac{d(R\omega^2 \cdot \delta t)}{d(\delta t)} = R\omega^2 \quad : \quad m\alpha = mR\omega^2$$

ここで、点 A における接続方向の質点速度を v とすると、v＝ωR の関係より

$$mR\omega^2 = mR\left(\frac{v}{R}\right)^2 = m\frac{v^2}{R} \tag{2.37}$$

となる。紐によってこの力が質点に働き、中心に向かって引かれている。それ故この力を向心力という。紐があるので、L→B となったが、紐がなくとも上式で表される力が中心に向かって働いていると考えれば紐は考えなくともよい。中心 o で紐を持っている人には遠心力が働く。内容は同じであるが力の向きが違う。

では、同様に考えて、(図2.14) に示す一様な棒（幅 b、長さ R、厚さ 1）が点 o を中心にして角速度ωで回転している時の点 o にかかる遠心力を求めよう。微小質量 dm（密度ρ）に働く遠心力は (2.37) 式により

$$\Delta F = dm \cdot r \cdot \left(\frac{v}{r}\right)^2 = (\rho b \cdot dr) r \frac{\omega^2 r^2}{r^2} = \rho \omega^2 br \cdot dr$$

となる。棒の長さに渡って積分すると、m＝ρbR の関係を使って次式となる。

$$F = \int_0^R \rho\omega^2 br \cdot dr = \rho\omega^2 b \cdot \frac{1}{2}R^2 = \frac{m}{2}R\omega^2$$

このことは、質量の半分が棒の先端に集中して質量の無い棒に繋がれた質点と考えた場合の遠心力に等しいことが解る。あるいは、F＝m(R/2)ω^2 と解釈すれば棒の中点に質量が集中した場合の遠心力に等しいとも考えることができる。このことを簡単に (図2.14) に示す。

遠心力、或いは向心力に関係して次の問題を考えてみよう。これは船体の定常旋回運動に関係する。

【例題2-9】

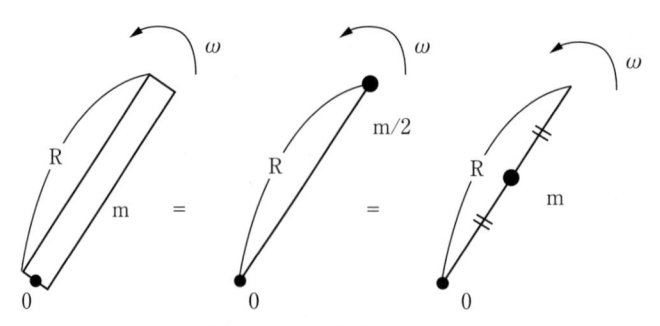

図 2.14　中心 O とした慣性モーメントの同等性

　u_0 で、等速直線運動する質量 m の質点に、進行方向に垂直に一定の力 F_0 の力が、時間 t = 0 の瞬間から作用し始めた時の運動を求めてみよう。
座標系を質点の軌跡の接線方向とそれに直交する法線方向にそれぞれ座標を取った法線接線座標（o-nt）とする。（図 2.15）

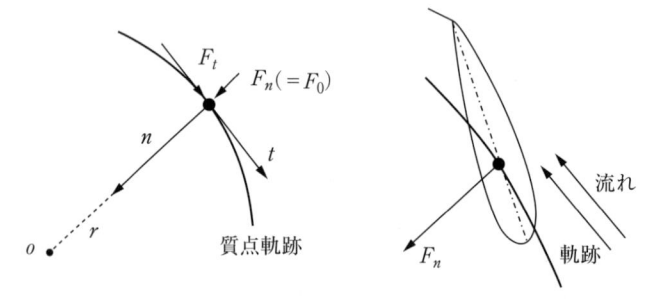

図 2.15　左図：一定速度で進行する質点に進行方向に垂直力が働く質点の運動
　　　　　右図：定常旋回している揚力体の図（法線 - 接線座標系）

　この図は運動している瞬間を切り取った図である。その微小時間の運動時の曲率半径を r とする。法線方向に働く力を F_n、接線方向に働く力を F_t とする。法線方向に働く力は F_0 で、接線方向には等速運動しているから接線方向の力は釣り合っており、

$$F_n = F_0 \quad : \quad F_t = 0$$

である。それぞれの方向の加速度を a_n、a_t とおくと、

$$a_n = \frac{u^2}{r} \quad : \quad a_t = \dot{u} = 0$$

であるから、運動方程式は各々の方向に関しては次式となる。

$$\text{法線方向}; m\frac{u^2}{r} = F_0 \quad : \quad \text{接線方向}; m\dot{u} = 0$$

接線方向の方程式とその初期条件により$u=u_0$が求まり、法線方向の方程式より

$$r=\frac{mu_0^2}{F_0}\equiv R$$

を得る。ここで、m、u_0、F_0は与えられた一定値であるから求められるrも一定値で、それをRとする。すなわち、この質点は半径Rの円運動をすることが解る。この時、質点の角速度ω（旋回角速度）が、前式より次式として求められる。

$$\omega=\frac{u}{R}=u_0/\left(\frac{mu_0^2}{F_0}\right)=\frac{F_0}{mu_0} \tag{2.38}$$

これも一定値である。この簡単な検討から次のことが解る。
（1）向心力$F_n=F_0$が大きくなると、円運動半径はそれに反比例して小さくなる。
（2）前進速度u_0が大きくなると、その2乗に比例して円運動の半径は大きくなる。
この結論は、速度u_0と向心力F_0が独立に与えられた時にいい得ることである。

さて、この運動は船の旋回運動に関係するが、前記の話と相違して船の旋回運動は向心力として働く力F_0が船の前進速度u_0と強い関係を持っている。

船の旋回運動の時、F_n、F_tに相当する力はどのように発生しているのだろうか。前者は船体に働く揚力である。後者はプロペラ推力と船体抵抗と釣り合い、合力としては前述の問題のように、F_t＝推力－抵抗＝0となっている。

次に、何故に揚力が発生するのだろうか。これを考えるために、問題で示した質点ではなく、船体を細長い物体として考え、舵の働きを含めて以下のように考える。図2.15の右図に示すような状態で航行している。すると細長体へ流入する流れは、ある迎角を有した速度u_0の流れである。この時、細長体には揚力F_Lが流れと直角方向に働く。この揚力は迎角が同じであれば細長体への流入速度の2乗に比例する。この力が向心力F_nに相当する力である。即ち、速度が大きくなると向心力が増加し、旋回半径を小さくする作用となるが、同時に速度が大きくなると旋回半径を大きくする作用となる。この両者の兼ね合いで実際の旋回半径が決まる。舵の力は船首が旋回軌跡の内側に、船尾が外側に出るように保持する力として作用している。

旋回運動の力学的な簡単な考察は以上であるが、実際には多くのことが考慮されて運動方程式がたてられている。特に、流体粘性による旋回抵抗、旋回による前進抵抗の増加、舵に入る流れの船体による整流効果等が、問題を複雑にしているが、考え方の基本はここに記述したとおりである。詳しいことは操縦性能編で記述される。

コラム　「コロンブス賞」

イタリアのゼノア市出身のコロンブス（米大陸発見者）を記念して、ゼノア市が年一度、世界的に海運、造船に貢献のあった人に贈る賞。金賞が全世界から一人、銀賞がイタリア国内から一人である。（故）野本謙作先生（阪大名誉教授、元世界海事大学教授）が1985年度の金賞を受け

た。先生は船舶操縦性研究の世界的権威であり、野本の操縦性方程式を残された先生である。また、ヨットに関しても有名な先生であり、アメリカズ・カップ日本技術委員会の責任者として活躍された。大阪市が復元した、江戸時代の商都、大坂の象徴であった菱垣廻船「浪華丸」*の復元工事と、その性能調査に指導的役割を果たされた。野本先生は、2002年7月20日（海の日）に子供達にヨット操船を教えになった後に、夕刻西宮ヨットハーバーで亡くなられた。

なお、世界海事大学はスウェーデンのマルメ市にある。

2.2.4 簡単な剛体の運動方程式

平面内の剛体の運動方程式は、剛体重心の並進運動と重心まわりの回転運動に分離して記述することができる。この意味で剛体にとって重心は、極めて重要な意味を持つ。剛体の運動を記述するとき、「剛体の各点に働く力が何であっても、その合力及びその力の原点まわりのモーメントの和が同じであれば、剛体は同じ運動をする。」ということは重要なことである。このことを等価性という。

剛体の重心 (x_g、y_g) の並進運動は、mを質量とし、各軸の方向に働く力を F_{xi}、F_{yi} とすると次式で表現される。

$$m\ddot{x}_g = \sum_i F_{xi}, \quad m\ddot{y}_g = \sum_i F_{yi} \tag{2.39}$$

重心周りの回転運動は、慣性モーメントを I_g、回転角を θ と、各力の重心周りの合モーメントをMとすると次式で表される。

$$I_g \ddot{\theta} = M \tag{2.40}$$

なお、角速度 ω と θ は、$\theta = \omega t$ の関係より、$\dot{\theta} = \omega$ の関係になるので次式とも表現される。

$$I_g \dot{\omega} = M \tag{2.40}'$$

このことを典型的な例題を使って理解を深めよう。

【例題2-10】

質量m、半径rの球が、滑らずに傾き θ の粗な坂道を転がる問題を、図2.16に示した座標系で考える。

重心の運動方程式は、各軸（x、y）方向に関して次式である。球と道の接触点sに働く力のx、y軸成分を摩擦力Fと垂直（法線）抗力Nとし、μ を坂道と球の静摩擦係数とする。

---

*) 脚注
残念な事に、2013年3月10日をもって浪華丸が展示されていた「なにわの海の時空館」が閉館された。浪華丸がどのようになるか未定である。

2.2 剛体の運動方程式

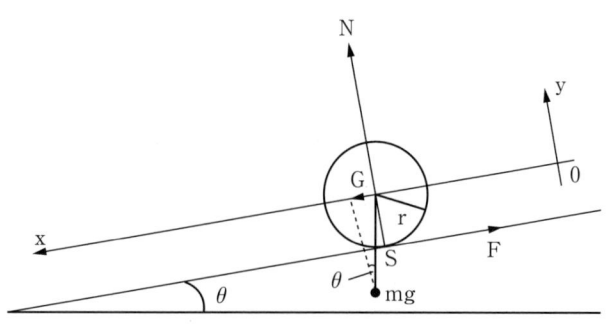

図2.16 角度θ傾いた坂道を滑りなく転げ落ちる球の運動

$$m\ddot{x} = mg\sin\theta - F \quad : \quad m\ddot{y} = N - mg\cos\theta \tag{2.41}$$

重心周りの回転運動方程式と球の慣性モーメント I_g は、次式である。

$$I_g \frac{d\omega}{dt} = rF \quad : \quad I_g = \frac{2mr^2}{5}$$

この微分方程式を球が滑らない条件から（即ち、θだけ回転した時の円周の長さ $r\theta$ は、重心の移動距離 x に等しいから、$x = r\theta$ の条件）、球の回転角速度をωとすると次式を得る。

$$\dot{x} = r\omega$$

y軸方向の運動は無いから、$\ddot{y} = 0$ の条件を考えれば、上式から各種の量が求められる。
重心の加速度 $\ddot{x}$ と、回転角加速度 $\dot{\omega}$ が次式となることを確かめなさい。

$$\ddot{x} = \frac{mr^2 \sin\theta}{I_g + mr^2} \cdot g \quad : \quad \dot{\omega} = \frac{mr\sin\theta}{I_g + mr^2} \cdot g$$

更に球の慣性モーメント $I_g = 2mr^2/5$ を使うと、上式は次式となる。

$$\ddot{x} = \frac{5}{7} \cdot g\sin\theta \quad : \quad \dot{\omega} = \frac{5}{7} \cdot \frac{g}{r} \sin\theta$$

$\ddot{x}$ に着目してみる。滑かな斜面をすべり落ちる時の加速度は $g\sin\theta$ であることを考えると、この問題のような転がりながら落ちる速度は小さいことがわかる。

更に、求められた $\ddot{x}$ と、既知の $\ddot{y} = 0$ を（2.41）式に代入することによって、F、N が求められるから次式を得ることができる。

$$\frac{F}{N} = \frac{(2/7)mg\sin\theta}{mg\cos\theta} = \frac{2}{7}\tan\theta \tag{2.42}$$

ここで、θのことを摩擦角という。

なお、微分方程式をたてる時に示したx＝rθの条件（滑らなく転がり落ちる）は、別の表現をすれば図2.16よりF≦μN（→F/N≦μ）である。すなわちμが（2/7）tanθより大きいという条件である。tanθは坂道の条件で与えられるからその（2/7）以上のμ値の時、滑ることなく転がり落ちる。

次に、船体運動の理論を学ぶ前段階として、運動は微少を考えて次の問題を考える。

【例題2-11】二本のバネで支えられた梁

二本のばね（バネ定数：k）で支えられた均質な材料でできた一様梁（質量：M、長さ：2l、重心周りの慣性モーメント：I）の単独上下運動（図2.17(1)）、単独回転運動（図2.17(2)）を考える。

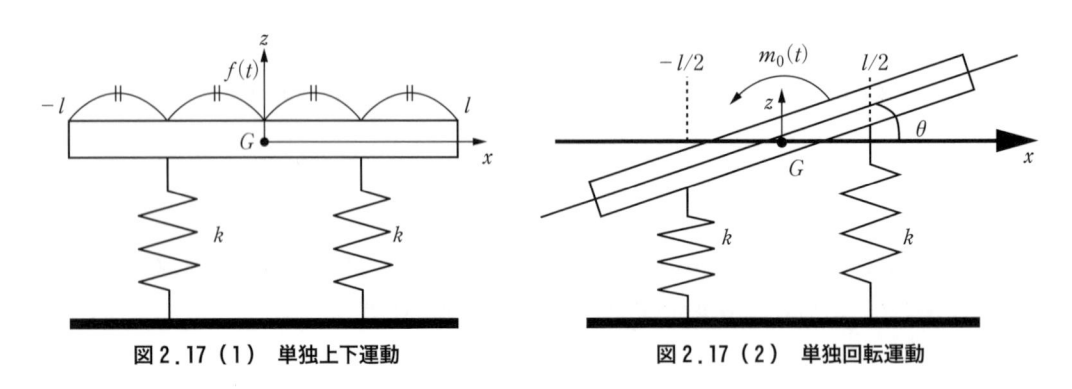

図2.17（1） 単独上下運動

図2.17（2） 単独回転運動

① 重心Gにf(t)なる上下方向の外力だけが働いている場合の単独上下運動の方程式は、次式となる。

$$M\ddot{z} = f(t) - kz - kz \quad \rightarrow \quad M\ddot{z} + 2kz = f(t)$$

② 外力として、重心G周りに$m_0(t)$なる正方向に回転させる回転モーメントだけが働いている場合の運動方程式は次式となる。重心からバネが付いている点までの距離は$l/2$で、そこの変位は、$l\theta/2$で表される。

$$I\ddot{\theta} = m_0(t) - k\frac{l\theta}{2}\frac{l}{2} - k\frac{l\theta}{2}\frac{L}{2} \quad \rightarrow \quad I\ddot{\theta} + k\frac{l^2}{2}\theta = m_0(t)$$

【例題2-12】バネ－ダッシュポット－質点系

図2.18に示す、バネ－ダッシュポット－質点系の外部力学系で支えられた一様梁の上下、回

2.2 剛体の運動方程式

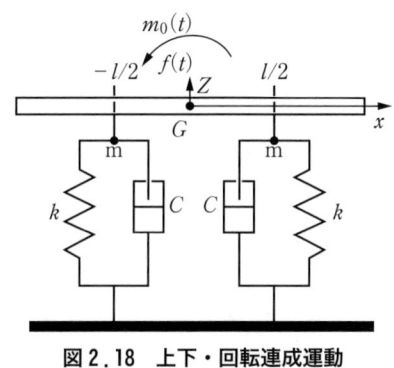

図2.18 上下・回転連成運動

転連成運動を考える。
① 外力は、【例題2-11】と同じである。

$$M\ddot{z} = f(t) - \sum_{1}^{2}\left[k\{z+x_j\theta\} + c\{z+x_j\dot{\theta}\} + m\{z+x_j\ddot{\theta}\}\right]$$

$$I\ddot{\theta} = m_0(t) - \sum_{1}^{2}\left[k\{z+x_j\theta\}x_j + c\{z+x_j\dot{\theta}\}x_j + m\{z+x_j\ddot{\theta}\}x_j\right]$$

上式に、$x_1 = l/2$、$x_2 = -l/2$ を代入して整理すると、次の微分方程式が得られる。

$$(M+2m)\ddot{z} + 2c\dot{z} + 2kz = f(t) \quad : \quad \left(I + \frac{ml^2}{2}\right)\ddot{\theta} + \frac{cl^2}{2}\dot{\theta} + \frac{kl^2}{2}\theta = m_0(t)$$

【例題2-11】及び【2-12】に示す例では、系が原点に関して対称な位置にあるので、運動方程式は並進運動系と回転運動系に分離され、それぞれ単独の微分方程式として表現される。この微分方程式は簡単に解くことができる。

【例題2-13】梁が沢山のバネで支えられた場合の運動
前の例を拡張して、等間隔で対称に配置された沢山の同じばね定数を持つバネで支えられた場合の図2.19の運動方程式は、次式で与えられる。

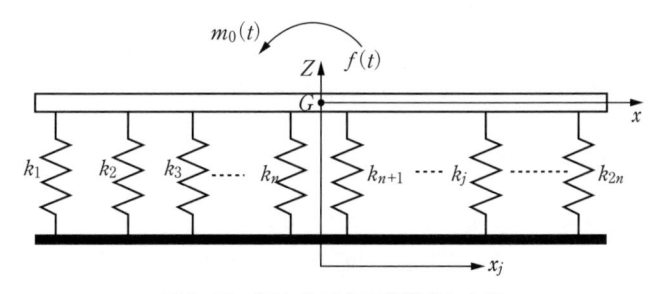

図2.19 沢山のバネで支持された梁

第2章 船体運動方程式入門

$$M\ddot{z} + \sum_{j=1}^{2n} k\{z + x_j\theta\} = f(t) \quad : \quad I\ddot{\theta} + \sum_{j=1}^{2n} k\{z + x_j\theta\}x_j = m_0(t)$$

【例題2-14】 疑似船体運動（上下、回転連成運動）方程式とその解

可変断面梁を支えている外部力学系が梁の全長にわたって連続的に分布している場合（図2.20）は、微分方程式の諸係数が梁の長さ方向に連続的に変化する系になる。それを表すためには、前例題の総和記号が積分記号になった積分型で表現する必要があるから次式になることが予想される。この剛体に反力として働く外部力学系として、図2.18の外部力学系（バネ-ダッシュポート-質量）が連続分布しているような図2.20のような軟弱地盤などが考えられよう。

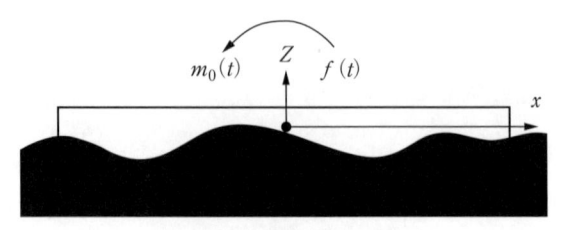

図2.20 軟弱地盤上の梁

$$\left\{M + \int_L m(x)dx\right\}\ddot{z} + \left\{\int_L n(x)dx\right\}\dot{z} + \left\{\int_L b(x)\,dx\right\}z +$$
$$\left\{\int_L m(x)xdx\right\}\ddot{\theta} + \left\{\int_L n(x)xdx\right\}\dot{\theta} + \left\{\int_L b(x)x\,dx\right\}\theta = f(t) \quad (2.42.1)$$

$$\left\{I + \int_L m(x)x^2 dx\right\}\ddot{\theta} + \left\{\int_L n(x)x^2 dx\right\}\dot{\theta} + \left\{\int_L b(x)x^2\,dx\right\}\theta +$$
$$\left\{\int_L m(x)xdx\right\}\ddot{z} + \left\{\int_L n(x)xdx\right\}\dot{z} + \left\{\int_L b(x)x\,dx\right\}z = m_0(t) \quad (2.42.2)'$$

式中の $m(x)$、$c(x)$、$b(x)$ は、物体の単位幅当たりに働く軟弱地盤からの反力を加速度、速度、変位に比例する成分に形式的に分離した場合のそれぞれの係数を示す。

仮にこの梁及び軟弱地盤が一様だとすると $m(x)$、$c(x)$、$b(x)$ は一定値となり、(2.41.1) 式の左辺第4,5,6項、(2.41.2) 式の左辺第4,5,6項が0となり、連成項が消失する。

上式の微分方程式は、ストリップ法の船体運動の微分方程式と同様な式である。これらの式は、運動の解を、$\theta = \theta_0 e^{i\omega t}$、$z = z_0 e^{i\omega t}$ とおいて強制解（斉次解）を求めることができる。

なお、この表現の場合、一般的には θ_0、z_0 は複素振幅になる。振幅と、運動の原因となる力を基準にして位相遅れを明記し、$\theta_0 = |\theta_0|e^{-i\varepsilon_\theta}$ と表記した場合は、$\theta = |\theta_0|e^{i(\omega t - \varepsilon_\theta)}$ である。z_0 も同様である。詳細な解法については、第3章の付録1を参照されたい。

2.3 二次元浮体の運動

船体運動理論を勉強するには、まず二次元浮体の運動を考えると解り易い。以下、二次元浮体の波の中での運動について考える。本章2.1.2節の1)「運動方程式をたてる」と合わせて読んで下さい。

2.3.1 上下揺運動方程式－いろいろな考え方－

二次元浮体（two-dimensional floating body）の波の中での上下運動について考える。なお、波の基礎的なことについては、2.4節「水波とその基礎」を参照されたい。

1) 浮体幅が波長に比べて十分小さい場合

最初に、ある特別の下記の条件下での上下揺れの運動方程式を考えてみよう。
1．浮体幅Bが波長λに比べて十分小さい。：$B \ll \lambda$
2．波振幅ζ_aは波長に比べて十分小さい。：$\zeta_a \ll \lambda$

これらの条件に、各種の仮定を設けながら議論を進めて行く。まず、座標系を図2.21のように定める。

入射波は、x軸の負から正の向きに進行する。浮体の質量をMとすると運動方程式は、(2.1)、(2.2)式に倣うと、次式で表現される。

$$M\ddot{z}(t) = F(\ddot{z}, \dot{z}, z, \cdots ; t) \approx F_1(\ddot{z}(t), \dot{z}(t), z(t), \cdots) + F_2(t). \tag{2.42.3}$$

この浮体は、今の段階では、どのような上下運動をするか解らない。運動を誘起する規則波は三角関数で表現できるから、運動も三角関数で表現できることが予想されるが、今は未知で、方程式を解いて初めて解ることである。

浮体が、zの向きに加速しながら動いていると考えると、浮体周りの流体を撹乱している。流体を撹乱しているから、流体に力を与えている。したがって作用反作用の法則より、浮体が正の向きに加速しながら動くことを止めようとする流体からの反力が働くことになる。この力は(2.42.3)式の浮体が動くことを示すzに関係する力F_1であるから次式で表現しよう。

$$F_1(\ddot{z}(t), \dot{z}(t), z(t), \cdots) \approx -\alpha \ddot{z}(t) - \beta \dot{z}(t) - \gamma z(t) \tag{2.43}$$

すなわち、浮体の加速度運動を止めようとする流体からの反力を、浮体の加速度$\ddot{z}$、速度$\dot{z}$、変位zに比例する成分に分け、それらの力の和として考える。各項に乗じられている係数を流体力係数という。この力は、入射波が無い状態で、浮体が運動する（強制的に運動させた状態）ことにより周りの流体から受ける反力である。故にそれらの力には浮体の運動を表すz、$\dot{z}$、$\ddot{z}$が含まれ負号が付いている。

(2.4.2)式右辺の$F_2(t)$は浮体を正の方向に加速させる波からの力（波浪強制力）を表わす。これは、浮体が波の中で固定されている場合に働く力で、z座標に従い鉛直下方に働く力を正と

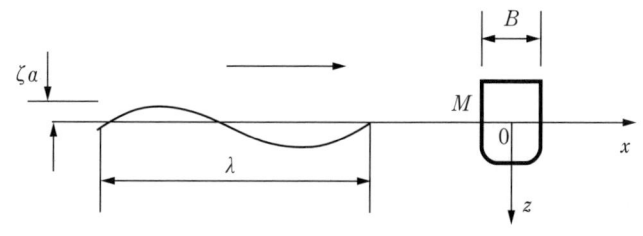

図2.21 船幅（B）に比べて長い波長（$B \ll \lambda$）で振幅が小さな規則波中での二次元浮体の上下運動

して定義する。この力は浮体の運動に関係なく働く力（浮体は固定されている）であるから、浮体の運動を示す z、$\dot{z}$、$\ddot{z}$ が含まれず、時間だけの関数となる。

すると運動方程式は下式の右式となる。

$$M\ddot{z}(t) \simeq -\alpha\ddot{z}(t) - \beta\dot{z}(t) - \gamma z(t) + F_2(t) \rightarrow (M+\alpha)\ddot{z}(t) + \beta\dot{z}(t) + \gamma z(t) \simeq F_2(t)$$

これが二次元浮体の運動を表現する微分方程式である。形式的には、本章第2.1.1節で述べたことと同じである。この方程式の解は解っているが、具体的には、α、β、γ、$F_2(t)$ が求められなければ方程式を実際に利用することはできない。なお、微小運動を考える場合は、$\simeq$ は $=$ と考えて良いだろう。

(1) 波の力 $F_2(t)$ を簡単に以下の様に考えてみよう。

正方向に進行する波は、$\zeta = \zeta_a \cos(\omega t - kx)$ と表現でき、$B \ll \lambda$ の仮定の基に、浮体に働く波を浮体中心 $x = 0$ で代表させて考えると、その点での水面変位は $\zeta = \zeta_a \cos \omega t$ となる。水面が上下に変化することによる浮力の変化だけを考えると、単位厚さの浮体に働く浮力の変動、即ち波による浮体に働く力は次式になる。

$$F_2(t) = \varrho g B \zeta = \varrho g B \zeta_a \cos \omega t$$

これを (2.42) 式に代入すると、運動方程式は次式となる。

$$(M+\alpha)\ddot{z} + \beta\dot{z} + \gamma z = \varrho g B \zeta_a \cos \omega t \tag{2.44}$$

これは波強制力に、波の水位変動による浮力変動だけを考えるという大胆な近似をした結果得られた運動方程式である。入射波の波長が浮体幅Bに比べて十分大きな場合は、それなりの近似になっている。もう少し、現実に即して考えてみよう。

(2) 本来、波は運動しているのだから、(1) で考えた波の変位による浮力変動だけでなく、波の粒子速度や加速度も関係する力が浮体に影響を与えるはずである。その時、浮体と波との相対関係が重要であり、そのことまで考えると、次式の様になろう。

$$M\ddot{z} = -\alpha(\ddot{z} - \ddot{\zeta}) - \beta(\dot{z} - \dot{\zeta}) - \gamma(z - \zeta) \rightarrow (M+\alpha)\ddot{z} + \beta\dot{z} + \gamma z = \underline{\alpha\ddot{\zeta} + \beta\dot{\zeta} + \gamma\zeta} \tag{2.45}$$

右式下線部の3つの項が $F_2(t)$ に相当することがわかる。(1) の考えは、$F_2(t)$ の波強制力の力として下線部の第3項（$\gamma\zeta$）だけの力を考慮し、他の2項 $\alpha\ddot{\zeta}$、$\beta\dot{\zeta}$ の力を無視した考えであることが解ろう。この γ は、(2.44) 式の ϱgB に相当している。(2.45) 式は、(2.44) 式より波浪外力については一歩厳密に考えていることとなる。(1) の場合に比べて入射波の波長が短くなった場合には、この考え方は比較的良い近似になっている。

2.3 二次元浮体の運動

2) 浮体幅が波長と同じ程度の長さの場合

さて、ここまでは、浮体幅は波長に比べて十分小さいとして議論してきたが、これは必ずし実際に則していない。以下では、$B \ll \lambda$ の仮定を外して考えることにしよう。

(2.45) 式を求めた時に考えた波の変動と浮体の変動が同じに取り扱われているのには違和感がある。2.4節で波についての解説するとおり、波の運動は、水面が単に上下しているわけではない。このことを考えると、(2.45) 式右辺の波の運動が浮体に及ぼす力 ($\alpha\ddot{\zeta}$, $\beta\dot{\zeta}$, $\gamma\zeta$) の係数は、静止水面下で浮体が運動した時に浮体に働く流体からの反力 ($\alpha\ddot{z}$, $\beta\dot{z}$, γz) の係数とは違う。その違いを含めて、右辺の力の係数に^記号を付けて $\hat{\alpha}\ddot{\zeta}$、$\hat{\beta}\dot{\zeta}$、$\hat{\gamma}\zeta$ とし、力 $F_2(t)$ を $\hat{\alpha}\ddot{\zeta}(t) + \hat{\beta}\dot{\zeta}(t) + \hat{\gamma}\zeta(t)$ と表現して、左辺の力 $\alpha\ddot{z}$、$\beta\dot{z}$、γz と区別する。すると、(2.45) 式は次式の様になる。

$$(M+\alpha)\ddot{z}(t) + \beta\dot{z}(t) + \gamma z(t) = \hat{\alpha}\ddot{\zeta}(t) + \hat{\beta}\dot{\zeta}(t) + \hat{\gamma}\zeta(t) \tag{2.46}$$

右辺の力を広い意味でディフラクション力 (Diffraction force) といい、左辺の慣性力 ($M\ddot{z}$) 以外の力を広い意味でラディエーション力 (Radiation force) という。狭義では、γz、$\hat{\gamma}\zeta$ なる力は、それらの力に含めない場合もある。その力は静的に浮体が z だけ変位した時の力と、波面が ζ だけ変位した時の力で、静的に求められるから含めないという考え方である。しかし、運動している時の力を考えているのであり、変位することは運動に本質的に付随していることであるから特別に分ける必要はないという広義の考えもある。

3) 流体力の係数について

浮体の上下運動の方程式は (2.4) 式と同様な式になるが、次の問題は、どのように流体力係数を求めるかにある。浮体運動の場合は水面と空気の境界で運動して波を発生させるので、流体力係数は定数でなく、動揺円周波数 ω の関数となる。すなわち変数を明記し、$\alpha(\omega)$、$\beta(\omega)$ のように表現するのが正しい。このことは船体運動力学の大きな特徴である。動揺円周波数 ω を与えると、その運動の時のみ定数となり、違った ω の時は違った値である。一方、γ は静的な状態下で求められる復原力係数で動揺円周波数 ω に関係なく定数である。

さて、(2.42)、(2.43) 式を、変数を明示し、次のように変形して考えてみよう。

$$M\ddot{z}(t) = F_1(t) + F_2(t) = -\underbrace{\{\alpha(\omega)\ddot{z}(t) + \beta(\omega)\dot{z}(t)\}}_{[1]} - \underbrace{\gamma z(t)}_{[2]} + \underbrace{F_2(\omega,t)}_{[3]} \tag{2.47}$$

[1] と [2] の力は浮体が動揺することによってはじめて働く力であり、z や $\dot{z}$ や $\ddot{z}$ に比例する流体力として表示したものである。

[2] の力も動的に船体に働いている力であるが、静的に z だけ変位した時の復原力、すなわち静的圧力の変化で運動の円周波数の関数でなく容易に求められ、線形バネの反力と同様な力である。

[1]、[2] の力は全体として船体に働き、別々な力として存在しているわけではない。力を

$\dot{z}$ と $\ddot{z}$ の成分に（$\dot{z}$ と $\ddot{z}$ は直交するから）分離して、考察し易いようにしているのである。一方、z と $\ddot{z}$ は丁度逆位相であり、片方に負号を変えれば同位相になる。

［3］の力は前に記述したとおりで、浮体の動揺を示す z に関係ない力で、波浪強制力または波浪外力という。詳細は2.3.2節の7）で詳述される。

［1］の中の $\alpha(\omega)\ddot{z}(t)$ は加速度 $\ddot{z}(t)$ と同位相の力で、慣性力 $M\ddot{z}(t)$ と同位相になり、加速度 $\ddot{z}$ で括ると $(M+\alpha(\omega))\ddot{z}$ となるから、運動方程式の中ではあたかも質量が $\alpha(\omega)$ だけ増えたと同じ効果をもつため付加質量と呼ばれ、$(M+\alpha(\omega))$ を見掛け質量という。また $\dot{z}(t)$ に比例した成分 $\beta(\omega)\dot{z}(t)$ は減衰力と呼ばれる。

このように運動方程式の係数が ω の関数になっている微分方程式は、正しくは積分微分方程式 (Integro-differential equation) と呼ばれており、厳密な取り扱いについては本教科書シリーズ④船体運動 耐航性能編を参照されたい。なお、ある円周波数 ω の規則波が入射した場合については、その ω に対する流体力係数 $\alpha(\omega)$、$\beta(\omega)$ が定数となるため、定係数常微分方程式となり、容易に解が求められる。

流体力係数 $\alpha(\omega)$、$\beta(\omega)$ を、波長に関する制限を取り外して理論的に求めることは簡単でない。それらは、本教科書シリーズ④運動性能 耐航性能編に記述されれている。一方、運動方程式の流体力係数を求める方法を学ぶことは、運動方程式を良く理解するために大切であり、流体力係数の物理的意味がより明確になる。これらは次節で詳述する。

2.3.2 上下揺運動方程式の係数の決定

微分方程式で表現された上下揺運動方程式の解を最終的に数値として求めるためには、方程式中の各係数を決定しなければならない。これには2つの方法があり、理論で求める方法と実験で求める方法である。

前者の方法は、耐航性理論の核心的分野の一つであり、本教科書シリーズ④船体運動 耐航性能編で詳述されるので、ここでは後者の方法について述べる。

波浪中で動揺する浮体に働く流体力を考えるために、これまで述べてきたようなこの問題を2つの問題に分けて考える。

(1) 入射波がない状態で浮体を強制的に動揺させ、力を計測する「入射波なし強制動揺問題」
(Radiation problem、放射問題)
(2) 入射波がある状態で浮体を固定し、力を計測する「入射波あり浮体固定問題」
(Diffraction problem、散乱問題)

この2つの問題は、2.1.1節で述べた質点の運動方程式の2つの力に対応している。2つの問題の考察から以下のように運動方程式の各係数が求められる。

コラム　ラディエイション問題とディフラクション問題

「入射波なし強制動揺問題」で計測される力は、動揺の加速度、速度、変位に比例した力の合力であるが、「ラディエイション問題」(Radiation problem) というと、動的な力に注目し加速度、速度に比例した力だけを扱い、変位に比例した力（浮力）を除く場合が多い。

同様に、「入射波あり浮体固定問題」で計測される力は、波の加速度、速度、変位に比例した

2.3 二次元浮体の運動

力の合力であるが、「ディフラクション問題」(Diffraction problem) というと、加速度、速度に比例した力だけを扱い、変位に比例した力（後述のフルードクリロフの力）を除く場合が多い。

1) 入射波なし浮体強制動揺問題（Radiation problem、放射問題）図2.22

浮体を強制動揺装置で、円周波数ωで規則的に動揺させ、検力計によって浮体に働く力を計測する。この時の運動方程式は、浮体質量 M、復原力係数 k、減衰力係数 N(ω)、付加質量 m(ω) とすると、強制動揺装置の下に付けられた検力計で計測された力 F で上下揺れさせたときの運動方程式は次式で表される。

$$(M+m(\omega))\ddot{z}+N(\omega)\dot{z}+kz=F \tag{2.48}$$

左辺の流体力係数、m(ω)、N(ω)、k は、前述 (2.46) 式の α(ω)、β(ω)、γ である。

2) 付加質量と減衰力係数の算出

円周波数ωで強制上下動揺させている運動を位相の基準にとって次式で表す。

$$z=z_0(\omega)e^{i\omega t} \quad : \quad z_0：実数$$

計測された力を、運動との位相差を考慮して次の様に表す。

$$F=F_0(\omega)e^{-i\varepsilon_{zF}}e^{i\omega t} \quad : F_0(\omega)：実数$$

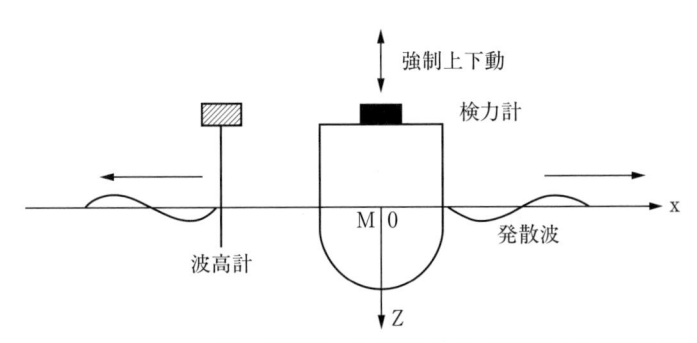

$\varepsilon_{zF}(\omega)$ は、計測された力の運動からの位相遅れを正として示す。

これらを (2.48) 式に代入し演算すると、以下になる。

図2.22 放射問題：静止水面上で浮体を強制的に上下揺れさせ、動揺と力と発散波振幅を計測する。

---

*) 脚注

(2.48) 式を次の様にも考えておこう。即ち、『浮体の外部から働いている右辺の力 F と、浮体が流体の中で運動している時の左辺の力が常に釣り合う様に浮体は運動する。』

$$\left[\{k-\omega^2(M+m(\omega))\}+i\omega N(\omega)\right]z_0(\omega)=F_0(\omega)\exp(-i\varepsilon_{zF})$$

左右両辺の実部、虚部を比較すると次の2つの式が得られる。

$$実部：k-\omega^2(M+m(\omega))=\frac{F_0(\omega)}{z_0(\omega)}\cos\{\varepsilon_{zF}(\omega)\}$$

$$虚部：\omega N(\omega)=-\frac{F_0(\omega)}{z_0(\omega)}\sin\{\varepsilon_{zF}(\omega)\}$$

複素数で表現される式の場合、この式のように1つの式から実部、虚部に関した2つの式が出てくる。これは、実部と虚部が直交しており相互に独立しているからである。

ここで、復原力係数 k は浮体の没水部分の形状より静水学的に求まり、$F_0(\omega)$ と $\varepsilon_{zF}(\omega)$ はこの強制動揺実験によって計測した力から求めることができるから、未知数は $m(\omega)$、$N(\omega)$ の2つである。上の2つの関係式から、

$$m(\omega)=\left\{k-\frac{F_0(\omega)}{z_0(\omega)}\cos\{\varepsilon_{zF}(\omega)\}\right\}\frac{1}{\omega^2}-M \tag{2.49}$$

$$N(\omega)=-\frac{1}{\omega}\frac{F_0(\omega)}{z_0(\omega)}\sin\{\varepsilon_{zF}(\omega)\} \tag{2.50}$$

として付加質量 $m(\omega)$ と減衰力係数 $N(\omega)$ が、任意の ω について求められる。すなわち、強制動揺実験において ω を変えた実験を行えば、円周波数の関数として付加質量、減衰力係数が求められる。

「入射波あり浮体固定問題」で波浪外力を計測して、解析する時も同じ手法が用いられる。船体運動分野の実験解析には、この考え方が頻繁に出てくる。5.3.1節フーリエ級数の1)「規則的変動から cos 関数、sin 関数を分離する」を参照されたい。その手法を使って $m(\omega)$、$N(\omega)$ を実験的に求めることができる。

コラム　位相の進み、遅れ

位相の解釈について、位相の進みなのか、遅れなのか、その表現はどのようになるか、等が議論になるが以下の様に考えたらよい。

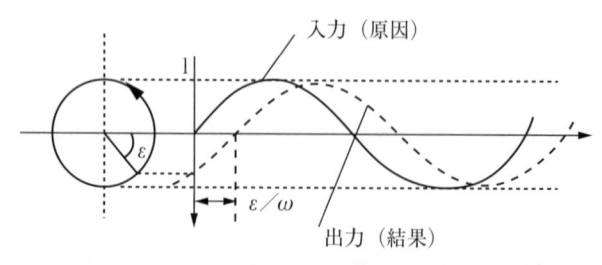

図2.23　入力波形と出力波形（原因と結果、その位相）

浮体に入射する波を位相の基準にとり、その振幅部は省略して $\sin(\omega t)$ とする。出力の振幅部も省略して $\sin(\omega t-\varepsilon)$ と表現した場合は、位相遅れが正であり、ε だけ位相が遅れている。この同じ出力を $\sin(\omega t+\varepsilon)$ と表現した場合は、位相進みを正と定義したので、ε の位相は負の値となる。

システムへの入力と出力を、原因と結果と考えるならば、結果は原因より遅れるのが普通（因果律）であるから、結果である出力の表現は位相遅れを正とした、$\sin(\omega t-\varepsilon)$ の表現の方が理解しやすいであろう。定義の違いに注意されたい。

3) 造波減衰力係数 $N(\omega)$ と発散波振幅比 $\overline{A}(\omega)$

強制動揺試験の時に同時に発散波振幅を計測（図2.22）すると、検力計で計測解析される減衰力のうちの造波減衰力と発散波振幅の後述される重要な関係を確認することができる。減衰力には (2.5) 式で示した $\varepsilon\dot{z}|\dot{z}|$ の様な流体粘性に起因する力が働く場合がある。上下運動はこの減衰力成分は小さく無視できる。横揺運動はこの力を無視することができない。この詳細は4.2節で述べられる。

浮体が上下揺して発生する波振幅 ζ_a の波の持つ単位幅（ここでいう単位幅は波頂線と同方向の長さを示す。）当たり一周期平均の波により伝播する仕事率（単位時間当たりに増加する流体のエネルギー）は、

$$W_1 = \frac{\rho g \zeta_a^2}{2} c_g \qquad (2.51)$$

で与えられる（詳細は (2.4.4) を参照）。c_g は波の群速度である（群速度については、2.4.3波の群速度と位相速度の節を参照）。

浮体の動揺で発生した波は、浮体の両側に出て行くから2倍して $\rho g \zeta_a^2 c_g$ である。一方、浮体を強制的に z の動揺をさせるために外部から加える力 F は、(2.48) 式左辺で与えられる力と釣り合っているが、この力が浮体を動揺させることによって流体に成す一周期 (T) 平均の仕事率（パワー）W_2 は次式である[*]。

---

*) 脚注

ここで時間平均の演算をすると、速度の2乗の項だけが残ることになる。この演算は注意して自分で行ってみることが大切である。運動を三角関数で表現すると、余弦関数と正弦関数の積は一周期積分すると0になることを考えると解る。

ここの演算は複素数で行っているが、2乗の計算は以下のように片方を共役複素数 (complex conjugate number) とする。なお、ここまでは z_0 を実数にしてきたが、複素数にしても同じである。

$$\dot{z}\dot{z} = (\dot{z})(\dot{z}^*) = z_0\exp(-i\omega t) z_0^* \exp(i\omega t) = z_0 z_0^* = |z_0(\omega)|^2$$

z_0 が実数であれば最後の絶対値記号は必要が無い。

$$W_2 = \frac{1}{T}\int_0^T F\dot{z}dt = \frac{1}{T}\int_0^T \{(M+m(\omega))\ddot{z}\dot{z}+N(\omega)\dot{z}\dot{z}+kz\dot{z}\}dt = \frac{N(\omega)}{T}\int_0^T \dot{z}\dot{z}dt$$

$$= \frac{1}{2}N(\omega)\omega^2|z_0(\omega)|^2 \tag{2.52}$$

この仕事が浮体の両側に放射された波のエネルギーに転換されるから、$W_1=W_2$ であり、(2.51)(2.52) 式を使うと、

$$2\cdot\frac{1}{2}\varrho g\zeta_a^2 c_g = \frac{1}{2}N(\omega)\omega^2|z_0(\omega)|^2$$

が成り立つ。ここで、後述の水波の分散関係式 $c=2c_g=g/\omega$ の関係を使うと次式を得る。

$$N(\omega) = \frac{\varrho g\zeta_a^2 c}{\omega^2|z_0(\omega)|^2} = \frac{\varrho g^2}{\omega^3}\left(\frac{\zeta_a}{|z_0(\omega)|}\right)^2 \equiv \frac{\varrho g^2}{\omega^3}\overline{A}(\omega)^2 \ : \ \overline{A}(\omega) = \frac{\zeta_a}{|z_0(\omega)|} \tag{2.53}$$

ここで、$\overline{A}(\omega)$ を発散波振幅比という。上下運動の振幅と発散波振幅の比である。波によって運動のエネルギーが持ち去られるから $N(\omega)\dot{z}$ を造波減衰力といい、その係数 $N(\omega)$ を造波減衰力係数という。この $N(\omega)$ と $\overline{A}(\omega)$ は上記のような簡単な関係になる。これは、浮体から放射される発散波振幅比 $\overline{A}(\omega)$ が解ればその浮体の造波減衰力が求められることを示しており、極めて重要な相互関係式である。更に、事前に浮体の特性である $\overline{A}(\omega)$ が解っておれば、(2.53) 右式より浮体より十分離れた場所で計測した波振幅から浮体がどれだけ上下運動したかが解る。この $\overline{A}(\omega)$ は「A bar（A バー）」と読み、浮体動揺理論で重要な概念である。言葉で表すと、

$$\overline{A}(\omega) = \frac{発散波の振幅}{浮体の動揺振幅}$$

となる。

ここでの説明は、浮体の運動は上下運動を例としたが、動揺のモードでこの値は違う。これを明記するためには、$\overline{A}(\omega)$ に運動モードを表す下付け文字を付け、上下運動の時は $\overline{A_H}(\omega)$、横揺れの時は $\overline{A_R}(\omega)$、左右揺れの時は $\overline{A_S}(\omega)$ と表記する。

4）二次元浮体とルイスフォーム

船体の一断面を取り出し、その断面形をもつ柱状の二次元浮体と考えたとき、ルイス変換と呼ばれる等角写象法を使って断面を数学的に表現したのがルイスフォームである。この断面は2つのパラメタだけで表され、この2つのパラメタが与えられれば、その断面形もその流体力学特性も解る。そのパラメタは以下の手順に従ってに求められる。等角写象、ルイスフォームの詳細は耐航性能編を参照のこと。

1．断面を特徴づける次の3つの量を決める。断面面積 S_0、両幅 $2b$、喫水 d とする。図 2.24 を参照。
その3量から求まる、半幅喫水比 $H_0=b/d$、面積比 $\sigma=S_0/2bd$ がルイスフォームを規定するパラメタとなる。

2．次の関係式から、ルイスフォームの係数 a_1、a_3 を求める。

$$H_0=\frac{1+a_1+a_3}{1-a_1+a_3} \ : \ \sigma=\frac{\pi}{4}H_0\frac{1-a_1^2-3a_3^2}{(1+a_1+a_3)^2} \tag{2.54}$$

この係数 a_1、a_3 が与えられれば、そのルイスフォーム断面の減衰力係数と付加質量係数が理論的に計算ができる。現在は計算機によって簡単に計算ができるが、各種の H_0 と σ に対する流体力係数の表もあり利用価値が高い。[1]
なお、(2.54)式から求めた a_1、a_3 が実際の浮体形状とならない値が求まる場合があるが、その値は採用しない。

5）発散波振幅比の近似式
造波減衰力 $N(\omega)$ と直接に関係する発散波振幅比 $\overline{A_H}(\omega)$ には Ursell か Grim[2] が与えた近似式がある。これらの式は概略 $\overline{A_H}(\omega)$ の値を知りたい時に便利である。以下、無次元パラメタ $\xi_B=\omega^2 b/g$ を使う。

(1) $\xi_B<0.2(b/d)$ の範囲では次の近次式で与えられる。

$$\overline{A_H}(\omega)=2\xi_B \tag{2.55}$$

(2) $\xi_B>0.5(b/d)$ の範囲では次の近似式で与えられる。

$$\overline{A_H}(\omega)=\frac{4b}{\xi_B d}\cdot\frac{(1+3a_3)(1-a_1+a_3)(1+a_1-3a_3)}{(1-a_1-3a_3)^3} \tag{2.56}$$

(3) ξ_B 全領域にわたる近似式として円柱について求めた Grim の考え方を拡張して、ルイス

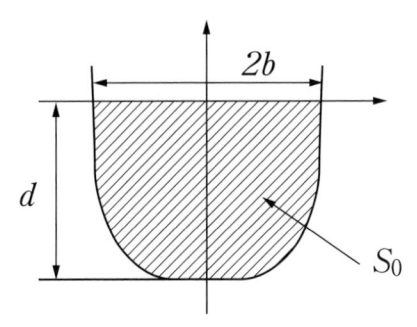

図 2.24 船体断面を特徴づける3量（断面面積 S_0、両幅 $2b$、喫水 d）

フォーム断面について求めた田才の次式がある。

$$\overline{A_H}(\omega) = \frac{2\xi_B}{1+a_1+a_3}\int_1^\infty \left(\frac{1+a_1}{x^2}+\frac{3a_3}{x^4}\right)\cos\left[\xi_B\left\{\frac{x^4+a_1x^2+a_3}{(1+a_1+a_3)x^3}-1\right\}\right]dx \qquad (2.57)$$

この近似式は、$\xi_B \to 0$ の時は (2.55) 式に漸近し、$\xi_B \to \infty$ の時は (2.56) に漸近する。半没円柱の場合は、$H_0=1$、$\sigma=\pi/4$、$a_1=a_3=0$ であるから簡単に次式で求められる。

$$\overline{A_H}(\omega) = 2\xi_B \int_1^\infty \left(\frac{1}{x^2}\right)\cos[\xi_B\{x-1\}]dx \qquad (2.57)'$$

なお、無次元パラメタとして喫水 d を使う次式 ξ_d を用いる場合があるが、それらは次式の関係になる。

$$\xi_d = \frac{\omega^2}{g}d = \frac{\xi_B}{H_0} \quad : \quad H_0 = \frac{b}{d}$$

【演習問題2-6】

半没円柱の場合、この式を使って $\overline{A_H}(\omega)$ を求め、横軸を $\xi_B=(b/g)\omega^2$ にして図に表しなさい。そして、(1)、(2) に記した近似式式 (2.55)、式 (2.56) の結果も併記しなさい。結果は図2.25(a) に示してあるが、この結果から、(2.53) 式を使って造波減衰係数と発散波の関係図 ($N(\omega) \sim \overline{A}(\omega)$) を求めなさい。

(4) 横揺れ運動の発散波振幅比 $\overline{A_R}$ は、ξ_B が小さい時、Grim の近似式として次式で与えられる。

$$\overline{A_R}(\omega) = \frac{16}{3}\left|\frac{a_1(1+a_3)+4a_3/5}{(1-a_1-3a_3)^2}\right|\xi_B^2 \quad : \quad \text{when } \xi_B \text{ is small number} \qquad (2.58)$$

半没円 (b=d) の場合、$a_1=a_3=0$ であるから、$\overline{A_R}(\omega)=0$ である。すなわち半没円の場合に

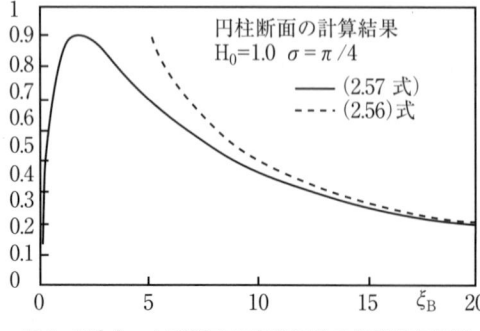

図2.25(a)　上下揺する半没円柱の発散波振幅比

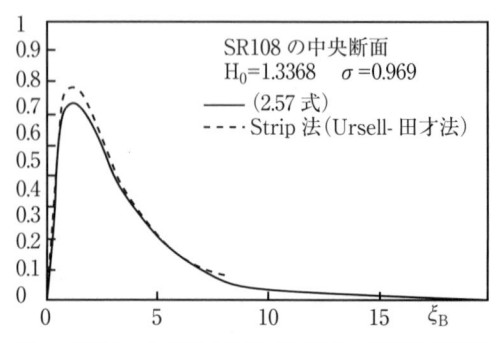

図2.25(b)　上下揺するルイス断面の発散波振幅比

は、横揺れしても波が発生しない。
(5)左右揺の近似式は、$\xi_d = (d/g)\omega^2$が小さい時、次式で与えられる。

$$\overline{A_s}(\omega) = \pi \xi_d^2 \frac{1-a_1}{(1-a_1+a_3)^2} \quad : \quad \text{when } \xi_d \text{ is small number} \tag{2.59}$$

これは、$\xi_d \leq 0.3$で良い近似を与える。半没円（b = d）の場合、$H_0 = 1$、$a_1 = a_3 = 0$であるから

$$\overline{A_s}(\omega) = \pi \xi_d^2 \tag{2.59}'$$

となる。

　これらの近似式以外にも種々の近似式が求められているので、問題に応じて利用することができる

(6)付加質量係数は、$\omega = \infty$における付加質量係数C_0と自由表面影響係数K_4を使って決定することができる。それらの値は各ルイス断面、周波数毎に数表として整備されているので、それを利用することができる[1]。

(7)浮体が動揺する時に造波される二つの波

　浮体が上下揺すると、1)で述べたように波が造られ、その波を発散波という。この波は目に鮮明に観ることができる。実は、この波の他にもう一つの波が造波されていて、その波を局所波（Local wave *or* Evanecent wave）といい、運動している浮体の近傍だけに存在する。この波は耐航性能編で記述される波の速度ポテンシャルを求める時に進行波の速度ポテンシャルと共に出てくる波であるが、その波について解説されることは少ない。しかし、波の吸収理論を学ぶ時や付加質量を理解するには不可欠の波である。

　(2.43)式で示したように、浮体が動揺した時に浮体に働く流体反力の最初の1、2項は、加速度と速度に比例した反力である。第3項は静的に変化した時の反力であるが、流体を撹乱していない。最初の1、2項は流体が撹乱され波となっていることを示す項である。(2.52)式に示されているが、第1項加速度に比例する力によるエネルギー損失はなく、第2項の速度に比例する力によるエネルギー損失がある。この第2項の波がエネルギーを遠方まで持ち去るエネルギー損失項である。第1項による力は、質量力と同じ位相で働く力であたかも質量が増加した様に働くから付加質量力という。

8) 入射波あり浮体固定問題（Diffraction problem、散乱問題）（図2.26）

　浮体を空間に検力計を介して固定し、入射波と力を計測する問題である。入射波を$\zeta(t)$とおき、この時に計測された力$F_2(t)$を右式とする。

$$\zeta(t) = \zeta_0 e^{i(\omega t + kx)} \quad : \quad F_2(t) = f_0 e^{i(\omega t - \varepsilon_f)} \tag{2.60}$$

波の山あるいは谷などの基準点が浮体の原点（x = 0）を通過する時を位相の基準にとり、波に対する計測される力の位相の遅れを正としε_fとする。この時、浮体に働く波の力は、次の二

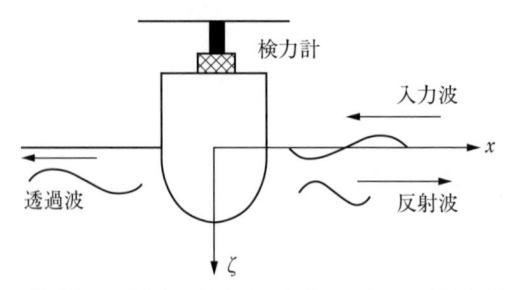

図2.26 散乱問題（浮体を検力計に固定し、力と入射波を計測する）

つに分類できる。
① 浮体が存在しない時の波動による流体圧力を、架空の浮体表面上を積分した力-すなわちフルード・クリロフの力（後述の「フルード・クリロフ力」を参照）
② 入射してきた波が浮体のために撹乱された結果として浮体に働く力-
の2種類の力である。前者の力を F_f、後者の力を F_d と表示すると次式である。

$$F_2(t) = F_f(t) + F_d(t) \tag{2.61}$$

計測された力 $F_2(t)$ を、前述した方法と同じように、入射波の波粒子の上下方向加速度、速度、変位に比例する力の和としてと表現する。詳細は耐航性能編を参照されたいが、波の変位に比例する成分がフルード・クリロフ力 $F_f(t)$、即ち波粒子の加速度成分と逆位相（位相差がπ）であり、波粒子の速度成分とは、$\pi/2$ の位相差がある。計測された $F_2(t)$ から $F_f(t)$ を差し引いて求められた $F_d(t)$ を波粒子速度と波粒子加速度に比例した成分 $F_{dv}(t)$、$F_{da}(t)$ に分ける。

$$F_2(t) - F_f(t) = F_d(t) \quad : \quad F_d(t) = F_{dv}(t) + F_{da}(t) \tag{2.62}$$

浮体の中心で計測された波の変位を位相の基準にとり、$F_d(t)$ から速度、加速度と同相成分を抽出すれば良い。この方法は、2.3.2節の1) で述べられている。この結果より運動方程式の右辺、外力項が実験的に求められることになる。

(2.46) 式との関係を述べると $\widehat{\alpha\ddot{\xi}}(t)$ が F_{da} に、$\widehat{\beta\dot{\xi}}(t)$ が F_{dv} に、$\widehat{\gamma\zeta}(t)$ が F_f にそれぞれ相当している。

即ち、波の中で動揺する船体に働く流体力は、1) で述べた「入射波なし強制動揺問題」と、8) で述べた「入射波あり浮体固定問題」の実験を行うことによって求められる。

以上により、上下運動を記述する方程式の各係数が実験的に求められたことになる。

これらの流体力の係数を理論的に求めることは、船舶流体力学の重要な理論研究分野であり、その詳細は耐航性能編にて解説される。

2.3.3 波浪強制力と発散波振幅比の関係

波浪強制力 $F_w(\omega)$ と発散波振幅比 $\overline{A}(\omega)$ の間には重要な関係がある。
更に、(2.52) 式に示すように発散波振幅比 $\overline{A}(\omega)$ と造波減衰力係数 $N(\omega)$ も簡単な関係があ

る。すなわち、$F_w(\omega)$、$\overline{A}(\omega)$、$N(\omega)$ の三者の間には以下のような関係がある。

二次元浮体の単位厚さ当たりに働く波強制力 $F_w(\omega)$ の振幅部 $f_a(\omega)$ と造波減衰力係数 $N(\omega)$ の関係は次の左式で、発散波振幅比 $\overline{A_H}(\omega)$ と造波減衰力係数 $N(\omega)$ の関係を次の右式に再記する。

$$f_a(\omega)=\zeta_a\sqrt{\frac{\rho g^2}{\omega}N(\omega)} \; : \; N(\omega)=\frac{\rho g^2}{\omega^3}\overline{A_H}(\omega)^2 \tag{2.63}$$

故に、波浪強制力の振幅 $f_a(\omega)$ と発散波振幅比 $\overline{A}(\omega)$ の関係は、次式である。

$$f_a(\omega)=\zeta_a\frac{\rho g^2}{\omega^2}\overline{A_H}(\omega)=\zeta_a\frac{\rho g}{k}\overline{A_H}(\omega) \; : \; \left(\because k=\frac{\omega^2}{g}\right) \tag{2.64}$$

この関係を、Haskind-Newman の関係式という。これらの関係式より、$\overline{A_H}(\omega)$ を知ることができれば、$N(\omega)$、$f_a(\omega)$ が各々の関係式より求められる。更に、考えている断面の発散波の振幅だけではなく運動を基準にした位相 $\varepsilon_H{}^*$ も知ることができれば、(2.63)式の関係は次式となる。

$$F_w(\omega)=\frac{i\rho g}{k}\zeta_a\overline{A_H}(\omega)e^{i\varepsilon_H}e^{i\omega t} \tag{2.63}'$$

これは有用な関係式であり、何故その様な関係式が求められるのか興味あることである。詳細は、耐航性能編を参照されたい。

2.3.4 フルード・クリロフ力

船体運動理論が構築された初期の頃には、船体に働く波の外力としてフルード・クリロフ力（Froude・Krylov force）だけを考慮して船体動揺を計算していた。この理論は、波の中におかれた物体に働く波力は、物体によって波が何ら乱されたりあるいは反射したりする影響を考慮せずに、波の圧力だけを船体周りを積分して得られ力である。当然、現在の船体運動理論では、船体によって波が乱されたり、反射したりする影響を正しく考慮した厳密なものになっている。

波の速度ポテンシャルから求められる波による圧力は2.4.5節で与えられているが、その圧力 $p(t)$ に微小船体表面積素 ds と、その面積素の方向余弦を乗じ、それを船体没水面積にわたって積分することによってその方向のフルード・クリロフ力を求めることができる。一例として、前後揺れ力を $F_x(t)$、前後方向余弦を n_x とすると $F_x(t)$ は次式で求められる。

$$F_x(t)=\int_S p(t)n_x ds \tag{2.65}$$

---

*) 脚注
断面の位相を基準にした時の発散波は $\overline{A_H}e^{i\varepsilon_H}$ と表現されることが多い。これは ε_H は位相進みを正としている。

第2章 船体運動方程式入門

各軸方向の力は、n_xに代えて各軸の方向余弦を用いれば良い。

【例題2-15】

図と式に示した放物線船型（船長2ℓ、片幅b_0、喫水d）について前後方向のフルード・クリロフ力を求め、横軸をλ/L、縦軸を前後揺力を図に示しなさい。

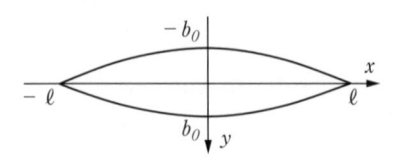

$$b(x) = b_0\left[1 - \left(\frac{x}{\ell}\right)^2\right]$$

(2.65)式に基づいて計算した結果、次式を得る。

$$F_x = \underbrace{\frac{8\rho g}{\ell^2} \cdot \frac{b_0(1-e^{-kd})}{k^3} \cdot \{\sin(k\ell) - k\ell\cos(k\ell)\}}_{A} \cdot \zeta_a \tag{2.66}$$

下線部Aが、単位波振幅当たりのフルード・クリロフ力を表すものである。kは波数である。

なお、波長（$\lambda = 2\pi/k$）が長い時どのようになるか考察してみなさい。

フルード・クリロフ力（2.66）式を示したものが（図2.27）である。短波長域で力が0になる点が次々に現れるのが、それは、（2.66）式の中括弧内が零になる点である。物理的に、どのようなことか考えてみなさい。

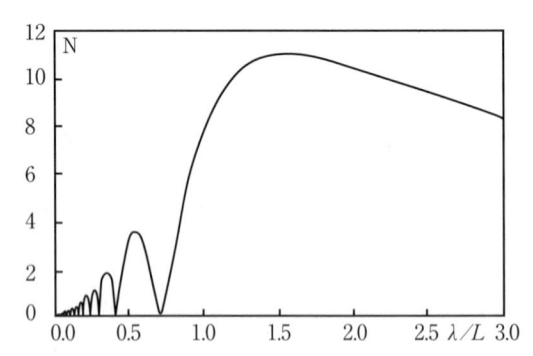

図2.27 フルード・クリロフ力による前後力振幅（2ℓ=2m、2b_0=0.3m、d=0.12m、ζ_a=0.02m）

【演習問題2-7】

長さ2ℓ、喫水d、単位幅の箱型浮体に働く、円周波数ω、波振幅aの波の上下方向のフルード・クリロフ力F(t)を求めなさい。そして、波長が極めて長くなった場合の振幅について検討しなさい。

2.3.5 二次元浮体の上下運動方程式と周波数応答関数

これまでの話をまとめて、単位厚さの二次元浮体の上下運動を考える。方程式は、単位厚さ当たりの質量を M、付加質量を m(ω)、造波減衰力係数 N(ω)、波浪強制力 $F_w(\omega)$ とすると次式で表現される。

$$(M+m(\omega))\ddot{z}+N(\omega)\dot{z}+\varrho gBz=F_w(\omega)e^{i\omega t} \qquad (2.67)$$

ここで、入射波を基準にした時の波浪強制力の位相遅れを正とし $\varepsilon_f(\omega)$ とし、入射波からの運動の運動の位相遅れを正とし $\varepsilon_z(\omega)$ として表すと、強制力と運動を次式の様に表現できる。

$$F_W(\omega,t)=\underbrace{\zeta_a(\omega)\frac{\varrho g}{k}\overline{A}(\omega)e^{-i\varepsilon_f}}_{F_W(\omega)}e^{i\omega t} \quad : \quad Z(\omega,t)=\underbrace{z_0(\omega)e^{-i\varepsilon_z}}_{Z(\omega)}e^{i\omega t}$$

時間項は、個々の議論ではー符号でも＋符号でもどちらでも良い。運動を表現する時間符号と同じにしておけば良い。(2.67) 式の運動方程式をフーリエ変換して次式を得る。位相関係を表示する略図を脚注に示す*。

$$[\{\varrho gB-\omega^2(M+m(\omega))\}+i\omega N(\omega)]Z(\omega)=F_w(\omega)$$

力と運動の周波数応答関数（Frequency response function）を $H_{fz}(\omega)$ とすると、

$$H_{fz}(\omega)=\frac{Z(\omega)}{F_w(\omega)}=\frac{z_0(\omega)e^{-i\varepsilon_z}}{\zeta_a(\omega)\frac{\varrho g}{k}\overline{A}(\omega)e^{-i\varepsilon_f}}=\frac{1}{\{\varrho gB-\omega^2(M+m(\omega))\}+i\omega N(\omega)} \qquad (2.68)$$

これを次のように変形し、波と運動の周波数応答関数を $H_{\zeta z}(\omega)$ とすると次式となる。

$$\frac{z_0(\omega)e^{-i\varepsilon_z}}{\zeta_a(\omega)}\frac{1}{\frac{\varrho g}{k}\overline{A}(\omega)e^{-i\varepsilon_f}}=H_{\zeta z}(\omega)\frac{1}{\frac{\varrho g}{k}\overline{A}(\omega)e^{-i\varepsilon_f}}$$

---

*) 入射波、力、運動の位相関係

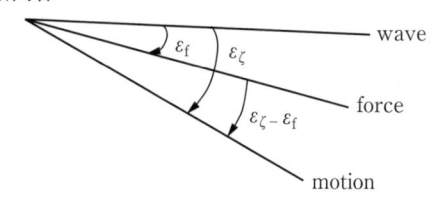

```
                                    wave
                        ε_f  ε_ζ
                                    force
                             ε_ζ - ε_f
                                    motion
```

右辺の分母は、波に対する波力の周波数応答関数 $H_{\zeta f}(\omega)$ であり次式となる。

$$H_{\zeta f}(\omega) = \frac{\varrho g}{k}\overline{A}(\omega)e^{-i\varepsilon_f} \tag{2.69}$$

よって、$H_{\zeta z}(\omega)$ は次式となる。

$$\begin{aligned}H_{\zeta z}(\omega) &= H_{\zeta f}(\omega)H_{fz}(\omega) = \frac{\varrho g}{k}\overline{A}(\omega)e^{-i\varepsilon_f}\frac{1}{\{\varrho gB-\omega^2(M+m(\omega))\}+i\omega N(\omega)}\\ &= \frac{\varrho g}{k}\overline{A}(\omega)e^{-i\varepsilon_f}\frac{e^{-i(\varepsilon_z-\varepsilon_f)}}{\sqrt{\{\varrho gB-\omega^2(M+m(\omega))\}^2+\{\omega N(\omega)\}^2}}\\ &= \frac{\varrho g}{k}\overline{A}(\omega)\frac{e^{-i\varepsilon_z}}{\sqrt{\{\varrho gB-\omega^2(M+m(\omega))\}^2+\{\omega N(\omega)\}^2}}\end{aligned} \tag{2.70}$$

ただし、$\varepsilon_z-\varepsilon_f = \tan^{-1}\left[\dfrac{\omega N(\omega)}{\varrho gB-\omega^2(M+m(\omega))}\right]$ である。

この振幅、位相特性が波に対する運動の実験結果と比較される量である。

波に対する運動の周波数振幅応答関数 $|H_{\zeta z}(\omega)|$ は次式となる。

$$\begin{aligned}|H_{\zeta z}(\omega)| &= \left|\frac{z_0(\omega)}{\zeta_a(\omega)}\right| = \left|\frac{1}{\varrho gB-\omega^2(M+m(\omega))+i\omega N(\omega)}\cdot\frac{\varrho g}{k}\overline{A}(\omega)\right|\\ &= \frac{\varrho g}{k}\overline{A}(\omega)\frac{1}{\sqrt{\{\varrho gB-\omega^2(M+m(\omega))\}^2+\{\omega N(\omega)\}^2}}\end{aligned} \tag{2.71}$$

この結果について検討してみよう。位相関係の理解を容易にするため、前頁脚注図を参照してください。

① 同調時：同調条件 $\varrho gB-\omega^2(M+m(\omega))=0$ と、(2.63) 式の $\overline{A}(\omega)$ と $N(\omega)$ の関係を使うと、

$$|H_{\zeta z}(\omega)|_{\text{resonance}} = \frac{\varrho g}{k}\overline{A}(\omega)\frac{1}{\omega N(\omega)} = \frac{\varrho g}{k}\overline{A}(\omega)\frac{1}{\omega}\frac{\omega^3}{\varrho g^2\overline{A}(\omega)^2} = \frac{1}{\overline{A}(\omega)}$$

となる。すなわち、同調時の上下運動振幅比は発散波振幅比の逆数となる。

② $\omega\to 0$ の時：この時は、$\overline{A}(\omega) = 2\xi_B = (\omega^2/g)\cdot 2b = kB$ なることを利用すると以下になる。

$$\lim_{\omega\to 0}|H_{\zeta z}(\omega)| = \frac{\varrho g}{k}\overline{A}(\omega)\frac{1}{\varrho gB} = 1$$

③ $\omega \to \infty$ の時：この時は、$|H_{\zeta z}(\omega)|$ の分母は無限大になるので以下になる。

$$\lim_{\omega \to \infty} |H_{\zeta z}(\omega)| = 0$$

さて、(2.70) 式に $\overline{A}(\omega)$ と $N(\omega)$ の関係を使って次のように変形してみる。

$$|H_{\zeta z}(\omega)| = \frac{\varrho g}{k} \overline{A}(\omega) \bigg/ \omega N(\omega) \sqrt{1+\tan^2(\pi/2-\epsilon_z)} = \frac{\left|\cos\left(\frac{\pi}{2}-\epsilon_z\right)\right|}{\overline{A}(\omega)} = \frac{|\sin \epsilon_z|}{\overline{A}(\omega)} \quad (2.72)$$

この結果は、対象浮体の発散波振幅比 $\overline{A}(\omega)$ と波に対する運動の位相差 ϵ_z が分かれば浮体の振幅応答関数が求められることを示しており、興味あることである。

なお、(2.67) において、$F_w(\omega)$ に虚数 i を付けて表示する場合がある。その場合は位相などの表示が $\pi/2$ 違うので計算をする場合には注意が必要である。

また、ここで示したことは、横揺れ、左右揺れ単独の運動方程式に関しても同じことがいい得る。

2.3.6 横揺れの運動方程式

横揺れ運動は、1自由度の運動方程式でその現象を比較的良く表現できる特性を持っている。その運動方程式は、重心を中心にして回転運動をするので浮体の慣性モーメントを I_{44}、横揺れ角を ϕ、波による強制揺れモーメントを M_r とすると、上下揺れ運動と同様な考え方で、次の様に表現することができる。ただし、上下揺れの運動方程式の各項が力を表しているのに対し、横揺れ運動方程式の各項はモーメントを表している。

$$I_{44}\ddot{\phi}(t) = M(\phi, \dot{\phi}, \ddot{\phi}, \cdots ; t) \approx M_r - A_{44}\ddot{\phi} - B_{44}\dot{\phi} - C_{44}\phi$$

A_{44} は、$\ddot{\phi}$ に比例する付加慣性モーメント係数、B_{44} は、$\dot{\phi}$ に比例する減衰力係数、C_{44} は、ϕ に比例する復原力係数である。これから次式の横揺れ運動方程式を得る。

$$(I_{44}+A_{44})\ddot{\phi}(t) + B_{44}\dot{\phi}(t) + C_{44}\phi(t) = M_r(t)$$

この横揺れ運動方程式も、上下揺れ運動方程式と同じ考え方で立式されていることが解る。ここで、$(I_{44}+A_{44})$ で両辺を割り、各係数を以下の様に置くと、

$$2\alpha = \frac{B_{44}}{I_{44}+A_{44}} \quad : \quad \omega_0^2 = \frac{C_{44}}{I_{44}+A_{44}} \quad : \quad m(t) = \frac{M_r(t)}{I_{44}+A_{44}}$$

次の方程式が得られる

第2章　船体運動方程式入門

$$\ddot{\phi}+2\alpha\dot{\phi}+\omega_0^2\phi=m(t) \tag{2.73}$$

この運動方程式の性質は良く知られており、多くの振動現象を表現できる微分方程式である。この方程式で表される横揺れ運動の詳しい性質については、第4章で詳述される。

2.4 水波とその基礎

2.4.1 水波の数式表現

1) 波振幅、周期、波長、波数

　二次元規則波について検討してみよう。空間に固定した点 $(x, y) = (x_0, y_0)$ にある測定器によって波を計測し、横軸を時間にとって表現すると、図2.28の左図になる。

　図より、周期 T（period）が決められ、それを使って波円周波数（wave circular frequency）ω も $\omega = 2\pi/T$ として決められる。この時の波の式を余弦波形で表し、振幅を ζ_a（wave amplitude）、位相（phase）を0にしてみると、

$$\zeta = \zeta_a \cos(\omega t) \tag{2.74}$$

となる。当然、$\zeta = \zeta_a \sin(\omega t)$ なる正弦波形で表しても良い。なお、両振幅 $2\zeta_a$ を波高（wave height）といい、H_w なる記号で表す。

　次に、ある瞬間に波動場を波の進行方向に切り取り、横軸を切り取った線上 x について波を表現すると図2.28の右図になる。この時、波長 λ（wave length）が計測され、波数 k（wave number）も $k = 2\pi/\lambda$ で決められる。この時、波の式を余弦波形で表し、位相を0にすると次式になる。

$$\zeta = \zeta_a \cos(kx) \tag{2.74}'$$

二次元波の一般的な数式表現は、上の二式を統一して

$$\zeta = \zeta_a \cos(\omega t \pm kx) \tag{2.75}$$

と表現する。式中の複号は、波の進行方向によって決められる。x軸の負の向きに進行する波は、複号の［＋］をとり、正の向きに進行する波は、複合の［－］をとる。

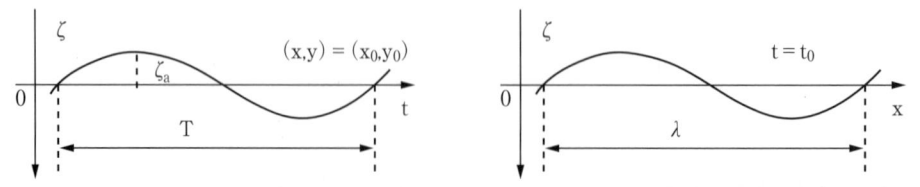

図2.28 空間に固定された点で時間に沿って計測された波形（左）と、ある瞬間に進行方向に定められた x 軸上で計測された波形（右）

ここで、水深は波長に比べて十分深く波振幅は波長に比べて十分小さいと仮定すると、波長、波円周波数、波数の間の相互関係をまとめて示すと次式になる。

$$k = \frac{2\pi}{\lambda} = \frac{\omega^2}{g}, \quad \lambda = \frac{g}{2\pi}T^2 \approx 1.56T^2 \tag{2.76}$$

このkとωの関係は、分散関係式（dispersion relation）と呼ばれている。以上は、水深が深い場合（深海波）の関係式で、水深が浅い場合（浅海波）には次式となる。

$$\omega^2/g = k \cdot \tanh(kh) \tag{2.77}$$

上式で、水深が十分深い場合に、$h \to \infty$ になると $\tanh(kh) \to 1$ になり、前式（2.76）の左式に一致する。

2）波の進行方向と波速

(2.75) 式で表現される波は、何故にxの正或いは負の向きに進行するのか、以下考えてみる。(2.75) 式の複合が＋の場合を考えてみよう。三角関数の回転角、即ち位相角を表す $(\omega t + kx)$ が、ある時刻 t_0、ある場所 x_0 において丁度 ϕ_0 なる位相（phase）になった位相点を考える。

$$\omega t_0 + k x_0 = \phi_0 \tag{2.78}$$

Δt 時間のちに、ϕ_0 なる位相にある点はxのどちらに進むか考えるために、Δt 時間に移動した距離を Δx とすると、

$$\phi_0 = \omega(t_0 + \Delta t) + k(x_0 + \Delta x) = \underline{\omega t_0 + k x_0} + \omega \Delta t + k \Delta x = \phi_0 + \omega \Delta t + k \Delta x$$

となる。ここで、(2.78) 式から下線部は ϕ_0 で、上式は $(\omega \Delta t + k \Delta x) = 0$ となり次式が成り立つ。

$$\Delta x = -\frac{\omega}{k} \Delta t \tag{2.79}$$

このことは、Δt 時間後にxの負側に $(\omega/k) \cdot \Delta t$ だけの距離を同一位相 ϕ_0 の点が移動したことを示すから、波はxの負側に進行したことになる。同様に考えれば、$\cos(\omega t - kx)$ になった場合は、xの正の向きに進行する波の表現式になることが解る。波長4m、振幅0.1m、周期約1.60秒の規則波が進行する様子の一例を図2.29に示す。

ここに示したように進行波の表現は、$(\omega t \pm kx)$ の型になっていることに留意すること。逆に、その表現に出会ったら「これは進行波を表している」と判断する必要がある。

(2.79) 式より $\Delta x / \Delta t = -\omega/k$ と変形し $\Delta t \to 0$ の極限をとると次式となる。

$$\frac{dx}{dt} = -\frac{\omega}{k} \tag{2.79}'$$

すなわち、ω/k は波の速度を表すことが解る。その速度は前述のとおり、ある位相の点が移動する速度なので位相速度（wave celerity *or* phase velocity）といい、通常 c で表すと次式の種々の表現が得られる。

$$c = \frac{\omega}{k} = \frac{g}{\omega} = \frac{\lambda}{T} = \frac{g}{2\pi}T \approx 1.56T \tag{2.80}$$

(2.76) 式と上式を使うと、波周期 T = 10 秒の波は、波長 λ が約156m、波速 c が約15.6m/s、波数 k が 0.0402 1/m であることがわかる。冬季北太平洋の波はこの程度の波が多い。

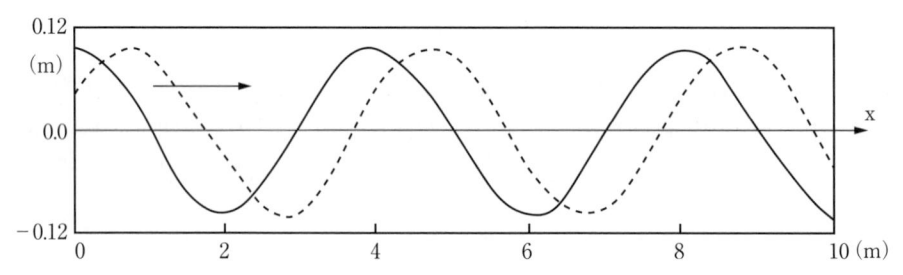

図2.29 cos(ωt-kx) 波（実線）が0.2秒後に破線で示す波のようにx軸正方向に移動

3) 波傾斜と波旺度

次に、波の傾斜を考える。(2.75) 式で負の方向に進行する波を考え、x で微分すると、

$$\frac{d\zeta}{dx} = -k\zeta_a \sin(\omega t + kx)$$

で与えられ、刻々とその値は変わるが傾斜の最大値は次式となる。

$$\left[\frac{d\zeta}{dx}\right]_{max} = k\zeta_a \tag{2.81}$$

最大値はちょうど、波面が静水面と交差する点、すなわち $\zeta=0$ の時である。この量 $k\zeta_a$ は波固有の値であるから、波の性質を表現するものとしては都合が良い。(2.81) 式を書き換えると次式になる。

$$k\zeta_a = \frac{2\pi\zeta_a}{\lambda} = \frac{\pi H_w}{\lambda} \; : \; H_w = 2\zeta_a$$

これを最大波傾斜（maximum wave slope）といいΘ_wと表記することがある。（図2.30）

更に、波岨度（wave steepness）が定義され以下の様に与えられる。

$$\frac{H_w}{\lambda} \tag{2.82}$$

波岨度は、波が砕波する指標になる。ストークス理論によると1/7が砕波限界となる。実際の海上では1/10～1/15位の岨度で砕波するといわれている。

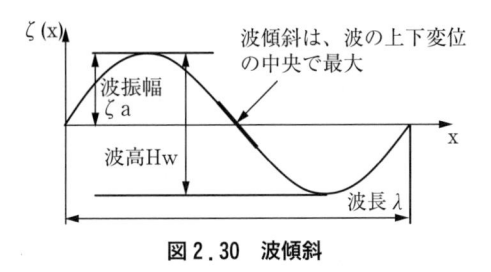

図2.30　波傾斜

4）種々の方向に進行する波の表現

次に、波が図2.31に示すようにX軸とθの角度をなす方向（x軸方向）に進行する波の数式表現を求めてみよう。

ここで複素数を使った表現をしてみる。$z = x + iy$、$Z = X + iY$とすると、両座標軸間の関係は、原点を共有してθだけ回転しているので、$z = Ze^{-i\theta}$であるから、$(x、y)$と$(X、Y)$の関係は次のように表される。

$$\begin{cases} X = x\cos\theta - y\sin\theta \\ Y = y\cos\theta + x\sin\theta \end{cases} \rightarrow \begin{cases} x = X\cos\theta + Y\sin\theta \\ y = Y\cos\theta - X\sin\theta \end{cases} \tag{2.83}$$

このxを（2.75）式の波の表現式に代入すると、

$$\zeta = \zeta_a \cos\{\omega t - k(X\cos\theta + Y\sin\theta)\} \tag{2.84}$$

となる。これはxの方向に進行する波を0-XY座標系で表現したものである。これを一般化して、θ_j方向に進む波$\zeta_j(t)$の振幅を$\zeta_a(\theta_j)$、その角周波数を$\omega(\theta_j)$とおき、原点を基準にしたその波の位相を$\alpha(\theta_j)$とすると、次式で表現される。

$$\zeta_j(t) = \zeta_a(\theta_j)\cos[\omega(\theta_j)t - k_j\{X\cos\theta_j + Y\sin\theta_j\} + \alpha(\theta_j)]$$

いろいろの方向に進む波を加え合わせた波$\zeta(t)$は、$\zeta_j(t)$についての総和をとって形式的には

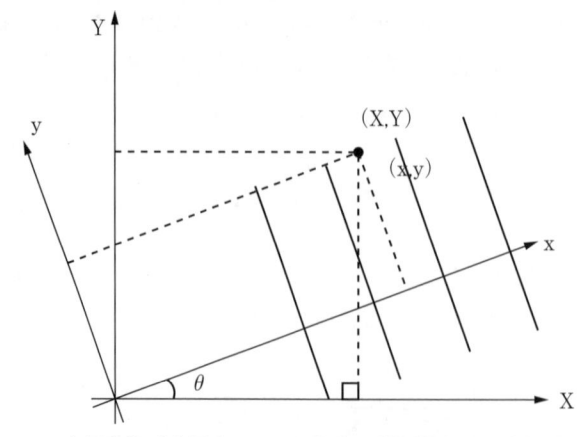

図2.31 座標変換（座標系 0-XY を角度 θ だけ回転した座標系 0-xy）

$$\zeta(t)=\sum_j \zeta_j(t)=\sum_j \zeta_a(\theta_j)\cos\left[\omega(\theta_j)t-k_j\{X\cos\theta_j+Y\sin\theta_j\}+\alpha(\theta_j)\right]$$

と表現される。この式を複素数で表現すると

$$\zeta(t)=\mathrm{Re}\left[\sum_j \zeta_a(\theta_j)e^{i[\omega(\theta_j)t-k_j\{X\cos\theta_j+Y\sin\theta_j\}+\alpha(\theta_j)]}\right]$$

となる。Re は実数を取ることを示す。更に極座標 $X=R\cos\beta$, $Y=R\sin\beta$ を導入すると

$$\zeta(t)=\mathrm{Re}\left[\sum_j \zeta_a(\theta_j)e^{-ik_jR\cos(\beta-\theta_j)}e^{i(\omega(\theta_j)t+\alpha(\theta_j))}\right] \tag{2.85}$$

なる (R、θ) 点における波の表現が得られる。この様な表現が良く波の表現では出てくる。

2.4.2　二次元波の並進座標系における表現と出会い円周波数

一定速度で波の中を進む船から見た波の表現について考える。空間に固定された座標系を $O_s-X_sY_s$、等速 V で移動する船に固定された座標系を 0-xy とし、両座標系は、t = 0 で一致していたと考えると次の関係になる。(図2.32)

$$X_s=x+Vt: \quad Y_s=y \tag{2.86}$$

空間固定座標系で X_s の負の向きに進む波は (2.75)式より次式で表現される。

$$\zeta=\zeta_a\cos(\omega t+kX_s)$$

X_s を x で表現すると次式となる。

$$\zeta=\zeta_a\cos\{\omega t+k(x+Vt)\}=\zeta_a\cos\{(\omega+kV)t+kx\} \tag{2.87}$$

ここで、

$$\omega_e = \omega + kV = \omega + \frac{\omega^2}{g}V \ , \ k = \frac{\omega^2}{g} \tag{2.88}$$

とおき、ω_e を出会い円周波数（encounter circular frequency）という。これを使うと等速移動座標系での波の表現は

$$\zeta = \zeta_a \cos(\omega_e t + kx) \tag{2.89}$$

となる。等速移動座標系が空間固定座標系の負の方向に移動する場合（追波状態）は、出会い円周波数が、$\omega_e = \omega - \omega^2 V/g$ となる。この場合、状況によっては、$\omega_e < 0$ となる場合もある。実はこのことが船の後方から入射する不規則波の問題を扱う時、ω_e の正、負に応じて複雑な扱いを必要とすることになる。これらについては耐航性能編で詳述されている。

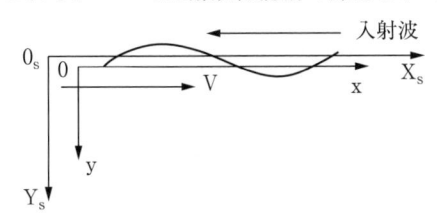

図 2.32　空間固定座標系（$O_s-X_s Y_s$）と等速移動座標系（o-xy）

2.4.3　波の群速度と位相速度

　波の速度には2種類ある。その1つは、前節で説明した位相速度である。もう1つは、群速度である。それらの速度の説明は以下であるが、多くの動く物体には、2つの速度の定義がある。

　自動車の場合は、車体の移動速度と車輪の回転速度、ブルドーザーでは車体の移動速度とキャタピラーの速度、人間の場合は身体の移動速度と足が前に出てゆくときの速度など。この様に空間に止まって、移動体を見る人には、視点によって違った速度が見える。

　波の頂点や谷底が移動することは視覚的に分かる。この頂点に視点を固定して追いかけ、波の存在している領域の前端に達するとこの頂点は消滅する。同じようにブルドーザーのキャタピラーが本体の前端に達すると、下に回りこむ様子が見える。このブルドーザー本体に対応するような速度が、波の速度にもある。波の場合、この速度を波の群速度という。この話の場合キャタピラーの速度は位相速度に対応している。水波にある2つの速度、位相速度と群速度は大切な量であり、水波を扱う問題を複雑にしている一因である。

　波が持つ2つの速度、群速度（group velocity）と位相速度の関係を考えてみる。単位振幅の進行波（progressive wave）は、複素数を使って次式で表現される。波数 k は、円周波数の関数である。

$$e^{i\{\omega t - k(\omega)x\}} \tag{2.90}$$

種々の円周波数が重なった波を考えると、各円周波数毎に波の振幅は違うからωなる円周波数の振幅を$f(\omega)$とおくと、種々の円周波数成分を持った波が合成された不規則波は

$$\zeta(x,t) = \int_0^\infty f(\omega)e^{i\{\omega t - k(\omega)x\}} d\omega \tag{2.91}$$

と形式的に表現される。$f(\omega)$として、$\omega = \omega_0$近傍だけに大きな山がある、極めて狭帯域な不規則波を考え、波数$k(\omega)$をω_0周りで展開して次式で近似する。

$$k(\omega) \cong k(\omega_0) + \left[\frac{dk}{d\omega}\right]_{\omega=\omega_0} (\omega - \omega_0)$$

これを使うと (2.91) 式被積分関数の指数部分は次式となり、二つの振動項 (1)、(2) が現れる。上式 [$dk/d\omega$] のサフックス$\omega = \omega_0$を 0 と省略して以下示す。

$$\exp\left[i\left\{\omega t - k(\omega_0)x - \left[\frac{dk}{d\omega}\right]_0 (\omega-\omega_0)x\right\}\right] = \exp\left[i\left\{\omega_0 t - k(\omega_0)x - \omega_0 t + \omega t - \left[\frac{dk}{d\omega}\right]_0 (\omega-\omega_0)x\right\}\right]$$

$$= \underbrace{\exp[i\{\omega_0 t - k(\omega_0)x\}]}_{(1)} \underbrace{\exp\left[i\left\{(\omega-\omega_0)\left(t - \left[\frac{dk}{d\omega}\right]_0 x\right)\right\}\right]}_{(2)} \tag{2.92}$$

ω_0で振動する項 (1) と、$\omega - \omega_0$で振動する項 (2) である。この不規則波はω_0近傍だけにある波だから、$\omega - \omega_0 = \delta(\omega)$は非常に小さな値である。それ故、この$\delta(\omega)$で振動する成分 (2) は、$\omega_0$で振動する成分 (1) に比べて周期の長い振動成分である。故に両者(長い周期成分と短い周期成分)は分離することができ、更に (1) の振動項は、ω_0は定数だから積分の外に出すことができる。また、ω_0とあまり変わらない円周波数を持った波の集まりだから、全ての円周波数で振幅部を$f(\omega) \approx f(\omega_0)$と近似し、$\zeta(x,t)$を変形すると次式になる。二つの振動項$e^{i\omega_0 t}$と$e^{i(\omega-\omega_0)t}$の積になっていることに注目する。

$$\zeta(x,t) \approx f(\omega_0) e^{i\omega_0\left\{t - \frac{k(\omega_0)}{\omega_0}x\right\}} \int_0^\infty e^{i\left\{(\omega-\omega_0)\left(t - \frac{dk(\omega)}{d\omega}x\right)\right\}} d\omega \tag{2.93}$$

検討①:被積分関数の指数項内の$(t - \{dk(\omega)/d\omega\}x)$の第1項は時間であるから第2項$\{dk(\omega)/d\omega\}x$の次元も時間である。$x$は長さの次元 [L] であるから$\{dk(\omega)/d\omega\}$の逆数$d\omega/dk(\omega)$は速度の次元を持っている。(2.76)、(2.80) 式の$k = \omega^2/g$、$c = g/\omega$を使うと、その速度は$d\omega/dk = g/2\omega = c/2$となる。これをグループ速度(群速度)$c_g$という。その速度は、位相速度$c = g/\omega$の丁度半分になっている。この振動は非常に小さな円周波数$\delta\omega = \omega - \omega_0$、即ち長い周期で変動していることが解る。$c_g$を再記すると以下である。

$$c_g = \frac{c}{2} = \frac{1}{2}\frac{g}{\omega} \tag{2.94}$$

検討②：積分の前の指数項に含まれている $k(\omega_0)/\omega_0$ の逆数、$\omega_0/k(\omega_0) = g/\omega_0$ も速度の次元を持ち、これは円周波数が集中している $\omega = \omega_0$ に対応する位相速度 c_0 である（(2.80) 式を参照）。この振動は、ω_0 なる円周波数で変動することが解る。

即ち、検討①と②で示したように速度 c_g で進む波と、速度 c_0 で進む波が共存していることが解る。ω_0 で振動する位相速度 c_0 の規則波の振幅部が、非常に小さな $\delta(\omega)$、即ち、長い周期で、ゆっくり振動する振幅部（これを包絡線という）に包まれたような波が出現する。$\delta(\omega) \to 0$ にした場合の極限で、一つの規則波に関して位相速度と群速度の関係が (2.94) で関係づけられる。

2.4.4 波の速度ポテンシャル、位置エネルギー、運動エネルギー

波の理論をしっかり理解するためには、波のある場、即ち波動場の特性を決定する波動の速度ポテンシャルについて理解することが重要であるが、それらがどのようにして導き出されるかは耐航性能編の第3章に詳述されている。

1) 波の速度ポテンシャルとは何か？

波の速度ポテンシャルを導く手法を詳しく勉強する前に、概念的だが波の速度ポテンシャルを次のように考えてみる。我々は、大地の高低差は図2.33に示すような地図の等高線図を見ることによって知り、斜面の穏急の様子を判断する。等高線が詰まっていると（ℓ_1）、急斜面であることを、等高線がまばらであると（ℓ_2）穏斜面であることを知る。等高線をある方向に切断して、その方向の単位長さ当たりの等高線の本数によって急斜面の程度が解る。同様なことは、等気圧線が引いてある天気図等を読むと風の強さが解る。等圧線が密な所は風が強い。同様に、波動場も等高線や等圧線の様に等ポテンシャル線が定義され、それを知ることによって波動場の特質が解る。等ポテンシャルのある方向への微分値が速度に関係し、時間に関する微分値が圧力や水面の隆起に関係する。この様に各微分量が具体的物理量と対応する。地図の高低差を表す等高線図は時間によって変化しないが、波動場は時間によって変化する。即ち、地図の等高線図が時間と共に脈打っているようなものである。

これらのことを数学的に、波動場のある地点 r におけるある物理量 $P(r, t)$ を、

$$P(r, t) = A(r)\exp(i\omega t)$$

と表現し、時間項と場所項を分離して考察することが多い。

この波の速度ポテンシャルは、流体力学の基本的な方程式（連続の方程式から求められるラプラスの方程式）を、流体領域を囲む境界における条件下で解くことによって求められる。

さて、それが解ると速度ポテンシャルは2.4.5節に記されているように求められ、これを各方向に微分することによって、波の粒子速度が、時間で微分することで波の圧力や波振幅などが求

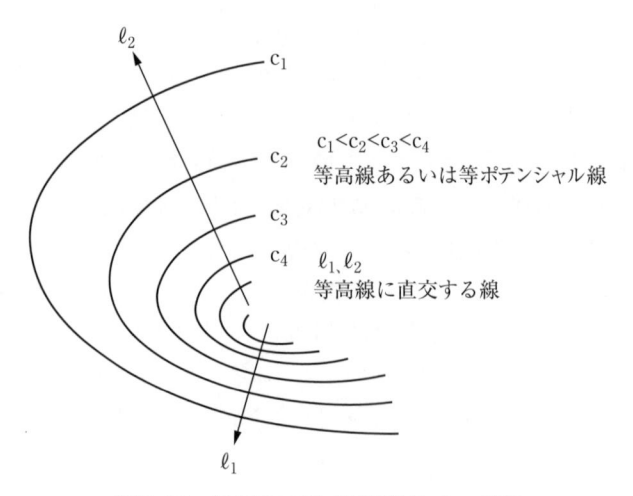

図2.33 等高線あるいは等ポテンシャル線

められるが、それらの計算例が、2.4.5節に示されている。

2) 波の位置エネルギー（図2.34）

位置エネルギーを考えるために、水底を基準にとって①微小部分 dx の水柱の位置エネルギーは、水柱の重心を h_g とし、波の式を、$\eta=\eta_0\cos(kx-\omega t)$ とすると、

$$\Delta mgh_g = \Delta mg\frac{h+\eta}{2} = \rho(h+\eta)dx \cdot g\frac{h+\eta}{2} = \frac{\rho g(h+\eta)^2}{2}dx \tag{2.95}$$

である。単位厚をとり、一波長 λ の一周期分の位置エネルギーの時間平均をとると、次式となる

$$E_p = \overline{\frac{1}{\lambda}\int_x^{x+\lambda}\frac{\rho g(h+\eta)^2}{2}dx} = \frac{\rho gh^2}{2} + \frac{\rho g\eta_0^2}{4} \tag{2.96}$$

第1項は波が無い場合の位置エネルギー、第2項は波の位置エネルギーで二つが分離されて表現されている。波の位置エネルギーを E_{pw} とする。水深を有限に考えているがここの議論の範囲では、波の位置エネルギーには関係がないことが解る。水柱を考える時に静止水面でなく波面、すなわち η まで考えていることに留意しておくこと。

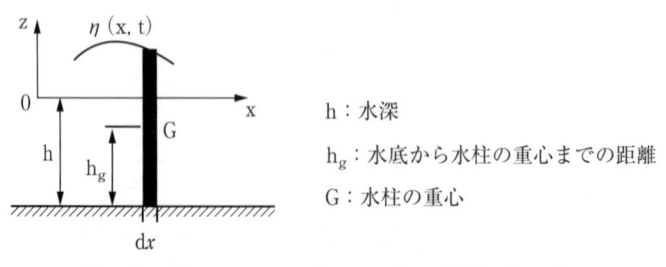

h：水深
h_g：水底から水柱の重心までの距離
G：水柱の重心

図2.34 波 $\eta=\eta_0\cos(kx-\omega t)$ の位置エネルギー

3) 波の運動エネルギー

運動エネルギーを求めるためには波粒子速度が必要である。x軸方向、z軸方向の粒子速度を、u、wとするとそれらは以下で与えられる。（波の速度ポテンシャルのx、z軸方向の微分から求められる。（次節を参照）

$$u = \eta_0 e^{kz} \omega \cos(kx - \omega t) \quad : \quad w = -\eta_0 e^{kz} \omega \sin(kx - \omega t)$$

運動エネルギーの時間平均を E_m とすると次式を得る。

$$E_m = \frac{\rho}{2\lambda} \overline{\int_{-\infty}^{0} \int_{x}^{x+\lambda} (u^2 + w^2) dx dz} = \frac{\rho \omega^2 \eta_0^2}{4\lambda} \underbrace{\int_{-\infty}^{0} 2e^{2kz} dz}_{A} \int_{x}^{x+\lambda} dx = \frac{\rho}{2} \frac{\omega^2 \eta_0^2}{2} \frac{2}{2k} = \frac{\rho g \eta_0^2}{4} \quad (2.97)$$

(2.96)式の第2項、波の位置エネルギー E_{pw} と運動エネルギーは等しいことが解る。即ち、波の全エネルギーは両者の和（波の位置エネルギーと運動エネルギー）となり、次式で与えられる。

$$E_m + E_{pw} = \frac{\rho g \eta_0^2}{2} \quad (2.98)$$

この演算では水深z方向の積分は静止水面までである。(2.95)式を求めた時、位置エネルギーの演算では波面迄の水中の重さを考慮したのであり、両演算では違う。それは上式の下線部「A」に注目してみよう。この項を、積分の上限を波面ηまでとしてみると、

$$\frac{2}{2k}[e^{2kz}]_{-\infty}^{\eta} = \frac{1}{k} e^{2k\eta} \approx \frac{1}{k}(1 + 2k\eta)$$

となる。*すると、(2.97)式に既に η_0^2 の項があるので、新たに $2k\eta$ の項を含めると η_0^3 の項が新たに加わり、η_0^2 の項まで計算した位置エネルギーの計算結果とのバランスが合わない。即ち、(2.97)式の積分の上限は静止水面迄で十分である。

2.4.5 進行波に関する計算例とその特質

計算する座標系は下図に示すもので、速度ポテンシャル、圧力、波変位、流体速度、波粒子軌道の式は以下に示す。違った座標系では式が違うので、どの座標系で議論されているか注意され

---

*⁾ 脚注
ここで以下の指数関数の定義式を使い、xが小さいとした。

$$e^x = 1 + x + \frac{1}{2}x^2 + \frac{1}{6}x^3 + \frac{1}{24}x^4 \cdots$$

たい。水深はhである。各計算式の導出については耐航性能編を参考されたい。なお、ここの計算例に示す式、図には付番を省略している。

(1) 速度ポテンシャル

$$\phi_w(x, z, t) = Re[iA_0 \cosh\{\kappa(z-h)\}e^{ikx}e^{-i\omega t}]$$
$$= A_0 \cosh\{\kappa(z-h)\}\sin(\kappa x - \omega t)$$

ここで、

$$A_0 = \frac{\eta_0 \omega}{\kappa \sinh(\kappa h)} = \frac{\eta_0}{\sinh(\kappa h)}$$

(2) 変動圧力

$$p(x, z, t) = -\rho \frac{\partial \phi_w}{\partial t} = \rho \omega A_0 \cosh\{\kappa(z-h)\}\cos(\kappa x - \omega t)$$

(3) 自由表面における波変位（z＝0）

$$\eta(x, t) = -\frac{1}{g}\frac{\partial \phi_w}{\partial t}\bigg]_{z=0} = \eta_0 \cos(\kappa x - \omega t)$$

(4) 流体速度

$$u(x, z, t) = -\frac{\partial \phi_w}{\partial x} = -\kappa A_0 \cosh\{\kappa(z-h)\}\cos(\kappa x - \omega t)$$

$$v(x, z, t) = -\frac{\partial \phi_w}{\partial y} = -\kappa A_0 \sinh\{\kappa(z-h)\}\sin(\kappa x - \omega t)$$

(5) 水粒子軌道

周期的運動の時間平均位置を（x_0、z_0）とすると、水粒子の位置は近似的にその平均位置を中心にして動く。すなわち、

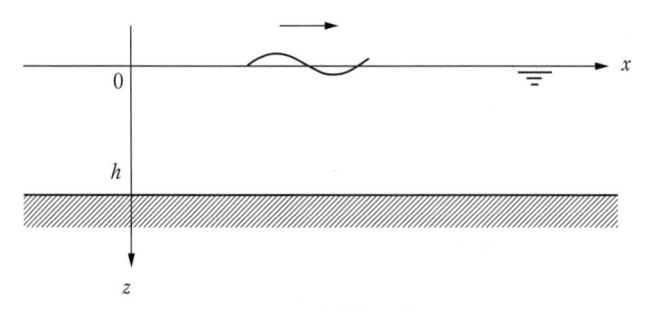

図2.35 水粒子軌道

2.4 水波とその基礎

$$u_p(x_0, z_0, t) = -\kappa A_0 \cosh\{\kappa(z_0-h)\}\cos(\kappa x_0 - \omega t)$$
$$v_p(x_0, z_0, t) = -\kappa A_0 \sinh\{\kappa(z_0-h)\}\sin(\kappa x_0 - \omega t)$$

流速を時間で積分することにより、粒子の変位は次式になる。

$$x_p(x_0, z_0, t) = \frac{\kappa}{\omega} A_0 \cosh\{\kappa(z_0-h)\}\sin(\kappa x_0 - \omega t)$$

$$y_p(x_0, z_0, t) = -\frac{\kappa}{\omega} A_0 \sinh\{\kappa(z_0-h)\}\cos(\kappa x_0 - \omega t)$$

時間を消去することによって粒子軌跡を下式で得ることができる。これは楕円の式である。水深が深くなると、左辺二つの項の分母はη_0となり、半径η_0の円軌道となる。

$$\left(\frac{x_p}{\eta_0\dfrac{\cosh\{\kappa(z_0-h)\}}{\sinh(\kappa h)}}\right)^2 + \left(\frac{y_p}{\eta_0\dfrac{\sinh\{\kappa(z_0-h)\}}{\sinh(\kappa h)}}\right)^2 = 1$$

なお、以下の sinh、cosh 関数の性質

$$x \to \infty \text{ の時}\quad \sinh(x) \cong \cosh(x) \to \frac{e^x}{2}\ ,\ \tanh(x) \to 1$$

を利用して、水深 h が深くなった場合の波ポテンシャル等の各諸量を求めてみなさい。
上式に基づく計算結果の一例を次ページの図に示すが、以下の条件で行われた計算である。

$$h = 1\,[\mathrm{m}],\ \eta_0 = 0.01\,[\mathrm{m}],\ \omega = 3.14\,[1/\mathrm{s}]$$

なお、図面の波振幅は5倍に、流速等も見易くするために拡大して示している。

計算結果を眺めながら簡単に解説すると次のようになる。
1) 波粒子速度
　波粒子速度計算の結果を模式的に下図に示す。この計算結果は、横軸に場所を示す x 軸、縦軸は波形である。時間を固定した、ある瞬間の状態の図である。A 点、1、2、3、4は以下の解説で注目する地点である。波は、左から右方向に進行している。太矢印→は、ある瞬間その場所における速度の方向を示し、数字は波の山1、進行方向背面2、波の谷3、進行方向斜面4を示す。この図から、次のことが解る。

70　　第 2 章　船体運動方程式入門

座標系（ルイスの定義）

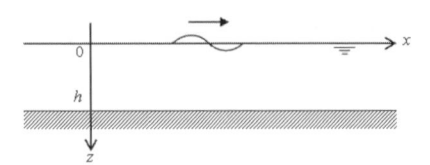

波の進行方向

（高(白)−低(黒)）速度ポテンシャル、（矢印）流体速度、（黒太線）波変位

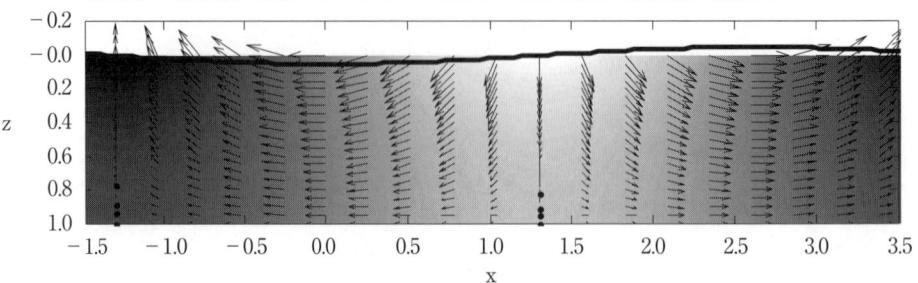

（高(白)−低(黒)）圧力、（矢印）流体速度、（黒太線）波変位

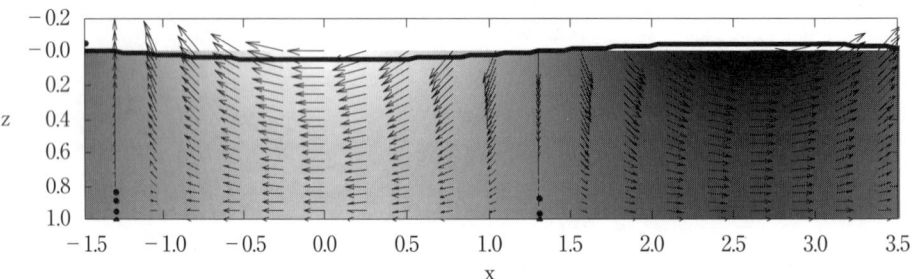

（等高線）圧力、（矢印）流体速度、（黒太線）波変位

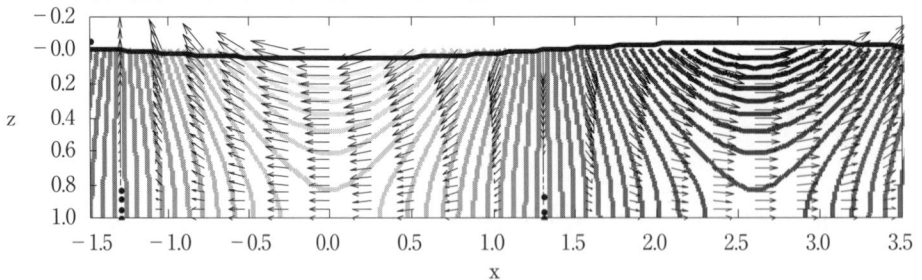

（等高線）圧力、（楕円）水粒子軌道、（黒太線）波変位

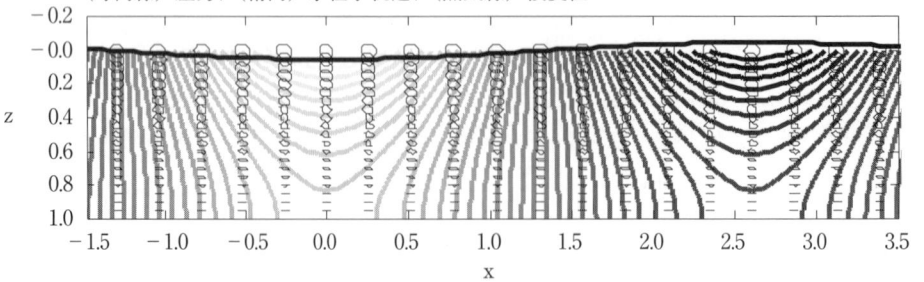

2.4 水波とその基礎

矢印は速度の方向を示す

波はx軸正方向に進行

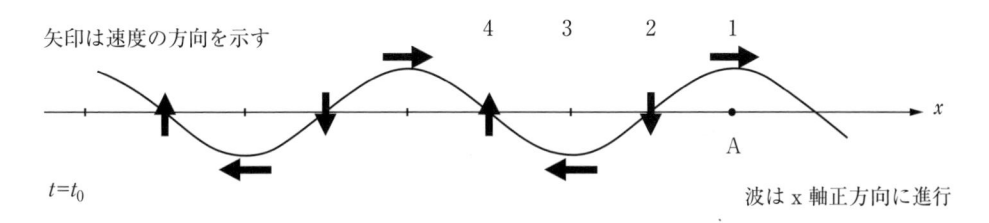

(1) 波粒子は，波の山［1］では進行方向に，波の谷［3］では逆方向に動いている。進行方向斜面［4］では，波が隆起する方向に，進行方向背面［2］では，波が沈降する方向に動いている。

次に，この図から場所を固定（上図A点）し，1/4周期毎の時間経過に対する速度の方向変化を示すと下図になる。図中三角印は波の頂が移動している様子を示している。

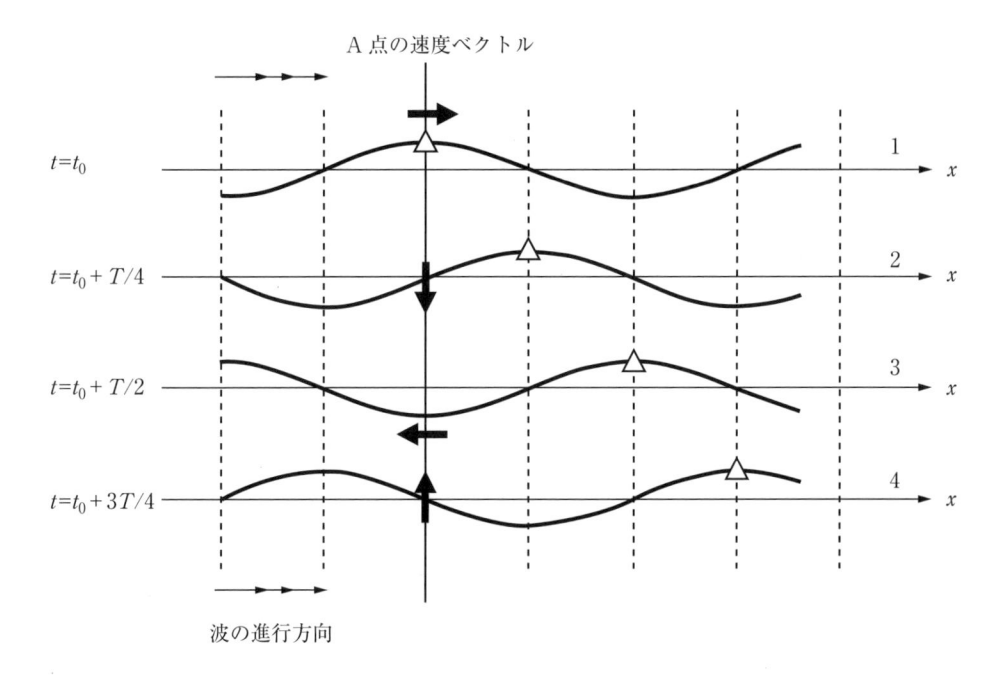

A点の速度ベクトル

$t=t_0$

$t=t_0+T/4$

$t=t_0+T/2$

$t=t_0+3T/4$

波の進行方向

(2) A点における時間の経過に沿った粒子速度の方向を下図に太矢印で示す。この動きを観察すると，下図に示すように粒子が楕円運動する様子が解る（水深が深い場合は円運動）。波粒子速度の式を観ると解るように，速度は，水深に関して指数関数的に小さくなるので，円運動の直径が指数関数的に小さくなることが，粒子軌道が描いてある図からも知ることができよう。水中深く潜ると波の影響がない，という経験的な事実が納得できる。

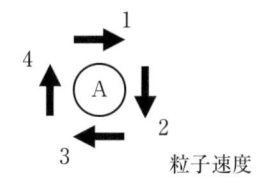

粒子速度

それでは，進行方向前面の波面の波粒子加速度はどのようになっているか考え，加速度が，波

面に垂直な方向に働くことを確認しなさい。この時、加速度を有した電車（発車時や停車時）のつり革が傾くこととの類似性に注意して考えてみなさい。

2.4.6　応用例：二次元物体の造波抵抗

前述までのことを応用して一定速度で水平移動する物体に働く造波抵抗について考えてみよう。二次元物体の話であるが造波抵抗の基礎的な理解に良い例である。ここの解説は、Newman著の「Marine Hydrodynamics」[3] を参考にした。

ある物体がVで進む時に後方にできる二次元波の位相速度cは、c＝Vとなる。このことは、物体上（物体固定座標系）で、この波を観ると、波の山はいつも同じ山であることから解る。この波の山を空間に止まった位置（空間固定座標系）から観ると、この山は物体と同じ方向に同じ速度で進行している。この時、(2.76)式、(2.80)式より波長λは次式の左式、波数は右式で与えられる。

$$\lambda = \frac{2\pi c^2}{g} = \frac{2\pi V^2}{g} \quad : \quad k = \frac{2\pi}{\lambda} = 2\pi / \frac{2\pi V^2}{g} = \frac{g}{V^2} \tag{2.99}$$

この波数は物体が動揺しないで走行している場合に定義されるものであり、波速が物体の速度と等しいことによって求められている波数である。ここで、波振幅をζ_aとすると単位厚さの波の持つエネルギーEは次式である。

$$E = \frac{1}{2}\rho g \zeta_a^2 \tag{2.100}$$

以下2つの検査面の取り方のもとで、エネルギー保存則（「物体になした仕事は、その間の物体の運動エネルギーの増加に等しい」参考（2.1.4））から動く物体に働く造波抵抗の検討を行う。簡単な考え方であるが、波の基礎知識を応用して造波抵抗を求めるための基礎的な考え方である。

(1) 空間固定の検査面AA′と移動する物体：図2.36 (1)

物体がVなる速度で移動していて、検査面AA′は、空間に固定されている。物体を曳航する力をRとすると、その力が物体を通じて流体に単位時間にする仕事、すなわち仕事率は、RVである。このRVなる仕事によって、物体と検査面AA′の間にエネルギーが蓄積されることになる。単位時間に物体がVだけ進むから、波のできた領域がVだけ拡大したことになり、その波のパワー（単位時間を自覚していれば、波エネルギーといっても良い）は、

$$\frac{1}{2}\rho g \zeta_a^2 V \tag{2.101}$$

2.4 水波とその基礎

である。一方、検査面 AA′ の左側から波は右側に進行し AA′ 面を通じて検査面内部の流体にパワーが供給される。そのパワーは、群速度で伝搬され単位時間に $V/2 = c/2 = c_g$ なる速度で伝搬する。そのパワーは、

$$\frac{1}{2}\varrho g \zeta_a^2 \frac{V}{2} = \frac{1}{4}\varrho g \zeta_a^2 V \qquad (2.102)$$

である。故に物体と検査面内のパワー収支は、左辺に検査面内に入ってきたパワー、右辺に検査面内に増加したパワーを等置（次式の左式）すると、次式の右式が得られる。

$$RV + \frac{1}{4}\varrho g \zeta_a^2 V = \frac{1}{2}\varrho g \zeta_a^2 V \rightarrow R = \frac{1}{4}\varrho g \zeta_a^2 \qquad (2.103)$$

これが二次元物体の単位厚さ当たりの造波抵抗である。即ち、物体後方に造られた波の振幅 ζ_a が解れば造波抵抗は求められる。

(2) 一様流れの中にある空間固定の物体と検査面 AA′：図 2.36 (2)

空間に固定された物体があり、その物体に固定された検査面 AA′ を考える。即ち、物体、検査面ともに空間に固定され、上流から一様流 V がある。物体の後方にできる波速 c は c = V となるような波が造波されている。空間固定座標系から物体と波を見ると、物体も波も固定して見える。検査面 AA′ より流れ去るエネルギーは、物体を流れの中で保持しようとして支えている力 R から出るものである。波の群速度は $c_g = V/2 = c/2$ であるから、単位時間に検査面 AA′ より流れ出る波のエネルギーは (2.102) 式と同じである。

検査面内に入るエネルギーは RV、検査面より出てゆくエネルギーは $\varrho g \zeta_a^2 V/4$ である。その両者が等しいことから抵抗は (2.103) 式と同じように求められる。

以上の簡単な考察から求められた事実は、普通の船の造波抵抗も無限後流中の波振幅を知ることによって求められることを予想させるが、事実そうである。

さて、物体が動いた時に生じる波について記述したが、この物体を流体力学的に表すには物体の替わりに「吹き出し」や「吸い込み」を使って表現する。吹き出しとは、将に字の如く、流体が吹き出している点である。このような点を（流体力学的）特異点という。吹き出しと対になる言葉は「吸い込み」で、流体を吸い込む特異点である。この簡単な考え方を用いて、円柱ではな

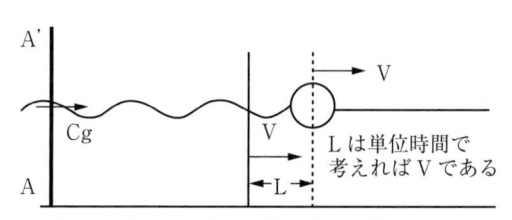

図 2.36 (1) 空間固定検査面と移動する物体 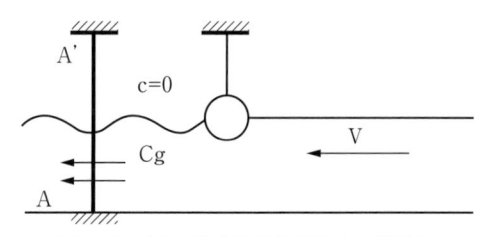　　**図 2.36 (2) 物体固定検査面と一様流れ**

く船首、船尾を有する船の造波抵抗について更に検討してみる。

(3) 造波抵抗のハンプとホロー

　長さ L の船の船首に吹き出し（source）を、船尾に吸い込み（sink）を置く。このように船首尾に符号の違う特異点を配置して、船を流体力学的に表現してみる。二つの特異点の強さは同じである。船首の吹き出しから出る波を ζ_{FP}、船尾の吸い込みから出る波を ζ_{AP} とすると、二つが合成された波 ζ は、船首を原点にし、吸い込みに負号をつけて表現すると次式となる。

$$\zeta = \zeta_{FP} + \zeta_{AP} = \zeta_0 [\cos(kx) + (-)\cos(kx + kL)] \tag{2.104}$$

よって、合成波の振幅 $|\zeta|$ は

$$|\zeta| = \zeta_0 \sqrt{2(1-\cos kL)} = 2\zeta_0 \left|\sin\frac{kL}{2}\right| \tag{2.105}$$

となる。この結果を（2.103）式の船体後方の波振幅 ζ_a に代入すると、造波抵抗は次式で求められる。

$$R = \frac{1}{4}\rho g \zeta_a^2 = \rho g \zeta_0^2 \sin^2\frac{kL}{2}$$

この結果を無次元化すると

$$\frac{R}{\rho g \zeta_0^2} = \sin^2\frac{kL}{2} = \frac{1-\cos kL}{2} \tag{2.106}$$

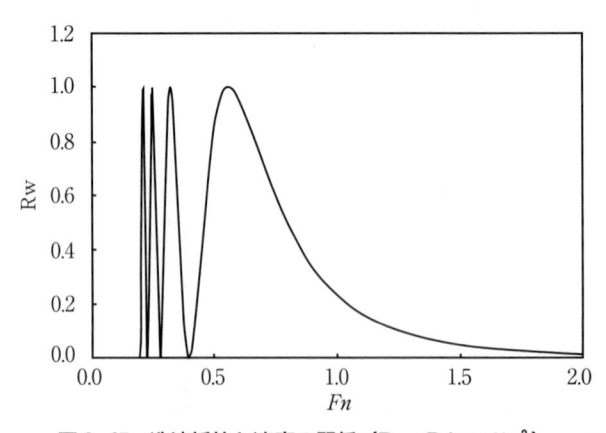

図 2.37　造波抵抗と速度の関係（$R_w = R/\rho g \zeta_0^2$）

となる。ここで、速度の無次元化を $F_n = V/\sqrt{Lg}$（フルード数）とする。k は、$k = g/V^2$ で与えられるから、k と F_n は次の関係になる。

$$kL = 1/F_n^2 \qquad (2.107)$$

この kL を (2.106) 式に代入し、造波抵抗と F_n の関係を図2.37に示す。

F_n が小さい時は、F_n の少しの変化でも kL は大きく変わるから cos(kL) の振動が激しくなり、低速域での造波抵抗値の無次元値 $R/\rho g \zeta_a^2$ の変動は図のように激しくなる。

これが、造波抵抗の山や谷（ハンプ・ホロー）が出る1つの原因である。すなわち、船首で造波された波と船尾で造波された波の相互干渉が造波抵抗に大きく影響することが解る。

実際の船は三次元の複雑な形状をしているが、造られた波が複雑に干渉して造波抵抗が生じるという上述のことは同じである。

参考文献

1. 耐航性に関するシンポジウム、付録Ⅰ「船体応答理論とその計算法」および、付録Ⅱ「Lewis form cylinder が、上下揺、左右揺および横揺する場合に生じる流体力の数値表」、日本造船学会、昭和44年7月
2. Grim.O.："Berechung der durch Schwingungen eines Schiffskörpers erzeugten hydrodynamishen kräft", J.S.T.G., Vol.47, 1953
3. J.N.Newman："Marine Hydrodynamics", The MIT Press,

第2章演習問題の解

【演習問題2-1の解】

1. ①座標系は、垂直方向を x 軸にし下向きを正と定める。重力加速度を g とする。運動方程式は、$m\ddot{x} = mg$ である、その解は、$x = a + bt + gt^2/2$ である。a、b は積分定数で、初期条件から決められる。質点を離す地点を原点に指定し、t = 0 の時、速度0で離すと、t = 0 で $x = \dot{x} = 0$ が初期条件となり、$a = b = 0$ が求められ $x = gt^2/2$ なる解を得る。

②前問の座標系とは t = 0 で一致しているが、定速度 V で下方に移動している座標系（o-x 系）を考える。この座標系は、加速度が無いから慣性座標系であり運動方程式は全問と同じであるが、初期条件が違う。t = 0 の時、x = 0、$\dot{x} = -V$ が初期条件である。すると、積分定数は、a = 0、b = -V となり、解は $x = -Vt + gt^2/2$ となる。

③図(1)の様に座標系を定めると運動方程式は下記である。
x 軸方向：$m\ddot{x} = mg\cos(\pi/4)$、y 軸方向：$m\ddot{y} = mg\cos(\pi/4)$。

解は、初期条件を同じにすれば、前問①と同じになる。

2. 図(2)のように座標系を定めると、運動方程式は、
$m\ddot{x} = -k_1 x - k_2 x$ 即ち、$m\ddot{x} + (k_1 + k_2)x = 0$ で、初期条件は、t = 0 で、$x = a_0$、$\dot{x} = 0$ である。

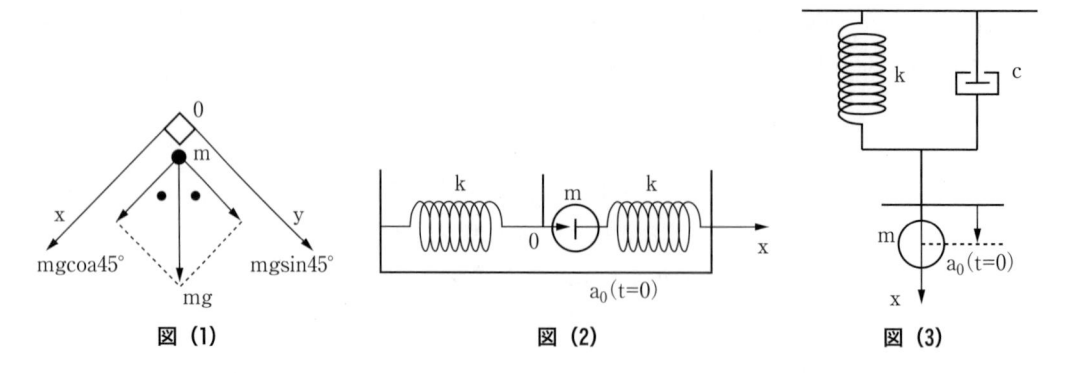

図 (1)　　　図 (2)　　　図 (3)

3．図(3)のように座標系を定めると、運動方程式は、
$m\ddot{x} = -kx - c\dot{x}$ 即ち、$m\ddot{x} + c\dot{x} + kx = 0$ で、初期条件は、$t = 0$ で、$x = a_0$、$\dot{x} = 0$ である。

4．運動方程式は $m\ddot{x} = T - r\dot{x}^2$ である。加速度が無くなった時は、$\ddot{x} = 0$ なので、これを代入して、$\dot{x} = V = \sqrt{T/r}$ を得る。

【演習問題2-2の解】
　問題で、$m = k = a_0 = 1$ とした場合の解を図(4)に示す。位相は遅れを正としている。同調円周波数で位相が π だけジャンプして遅れることが解る。ω が大きくなった時、小さくなった時の状況は図に示すとおりである。解を実数で表示をしてみると、壁の動きを、$a = \sin(\omega t)$ とすると、質点の運動は、$x = x_0 \sin(\omega t - \epsilon)$ である。

【演習問題2-3の解】
　【例題2-2】の問題を90度左回転すれば運動方程式を得ることができる。一輪車が速度 V で走行すると、円周波数 $\omega = 2\pi V/\lambda$（周期 $T = \lambda/V$）で一輪車が上下動する。速度によって上下動する円周波数が変わる点がこの問題の重要なところである。この円周波数がこの一輪車の固有円周波数（$\omega_0 = \sqrt{k/m}$）と合うと同調し、大きな上下動をする。その時の速度は、$V = (\lambda/2\pi)\sqrt{k/m}$ であり、それを避けるような速度で走行することが求められる。

【演習問題2-4の解】
　答は、複合同順で以下である。

$$\text{速度：}\begin{pmatrix} v_{1a} \\ v_{2a} \end{pmatrix} = \frac{m_1 v_{1b} + m_2 v_{2b}}{m_1 + m_2} \pm e \frac{\begin{pmatrix} m_2 \\ m_1 \end{pmatrix}}{m_1 + m_2}(v_{2b} - v_{1b})$$

$$\text{エネルギー損：} \frac{m_1 m_2}{2(m_1 + m_2)}(v_{1b} - v_{2b})^2 (1 - \underline{e^2})$$

下線部が、エネルギー損失がある場合の影響項である。$e = 0$ とすれば完全非弾性衝突の解、そ

2.4 水波とその基礎

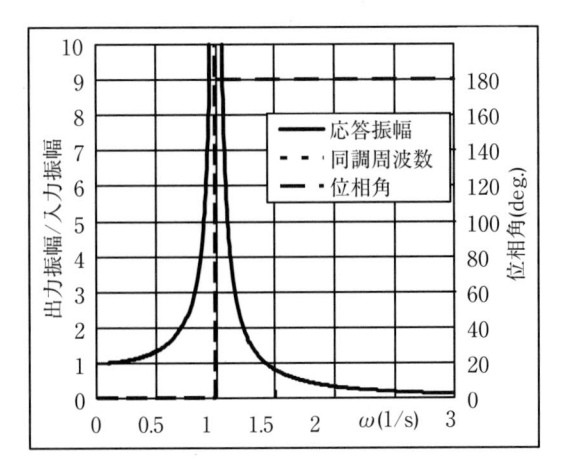

図(4)：振幅と位相特性：固有円周波数$\sqrt{k/m}=1$（∵ m = k = 1）で振幅特性が無限大、位相がπだけ変化

の時はエネルギー保存則が成り立っていなく、(2.20) 式と一致する。完全弾性衝突であれば e = 1 を代入すれば良い。

【演習問題 2-5 の解】

$$E=\frac{ma^2\omega^2}{4}\{1+\cos 2(\omega t+\varepsilon)\} : \overline{E}=\frac{ma^2\omega^2}{4}=1[\text{kg}]\cdot 0.1^2[\text{m}^2]\cdot 2^2\left[\left(\frac{1}{\text{s}}\right)^2\right]\bigg/4=0.01\ [\text{Nm=J}]$$

【演習問題 2-6 の解】

解答図 2.25（a）に（2.53）式と（2.55）式を書き加えて自らの図面を作成しなさい。

【演習問題 2-7 の解】

上向きを正と座標系を定義する。

$$F(t)=\rho g a e^{-kd}\frac{2\sin(k\ell)}{k}\cos(\omega t)=f_0\cos(\omega t)$$

波長が長くなった場合は、$k\rightarrow 0$ であるから、$F(t)\rightarrow \rho g(2\ell)a\cdot\cos(\omega t)$、振幅部 f_0 は、$\rightarrow \rho g(2\ell)a$ となる。これは、静的に働く浮力である。$k\rightarrow 0$ になったとき k が分母にあるから $f_0\rightarrow\infty$ となると単純に考えてはいけない。分子にも k があることを考慮に入れる必要がある。極権限操作をする為に必要なロピタルの定理を参考にするとよい。

第3章　波浪中の船体運動の理論計算

3.1　6自由度の運動

波浪中を航行する船の船体運動は6自由度の運動を行い、その運動を理論的に計算する手法について解説する。

まず、座標系を図3.1のようにとる。$O-\xi\eta\zeta$は空間固定座標系を示し、規則波は$O\xi$軸の正の方向へ進行するものとする。船の平均進行方向は$O\xi$軸とχの角度をなし、その方向に$O\xi_1$軸

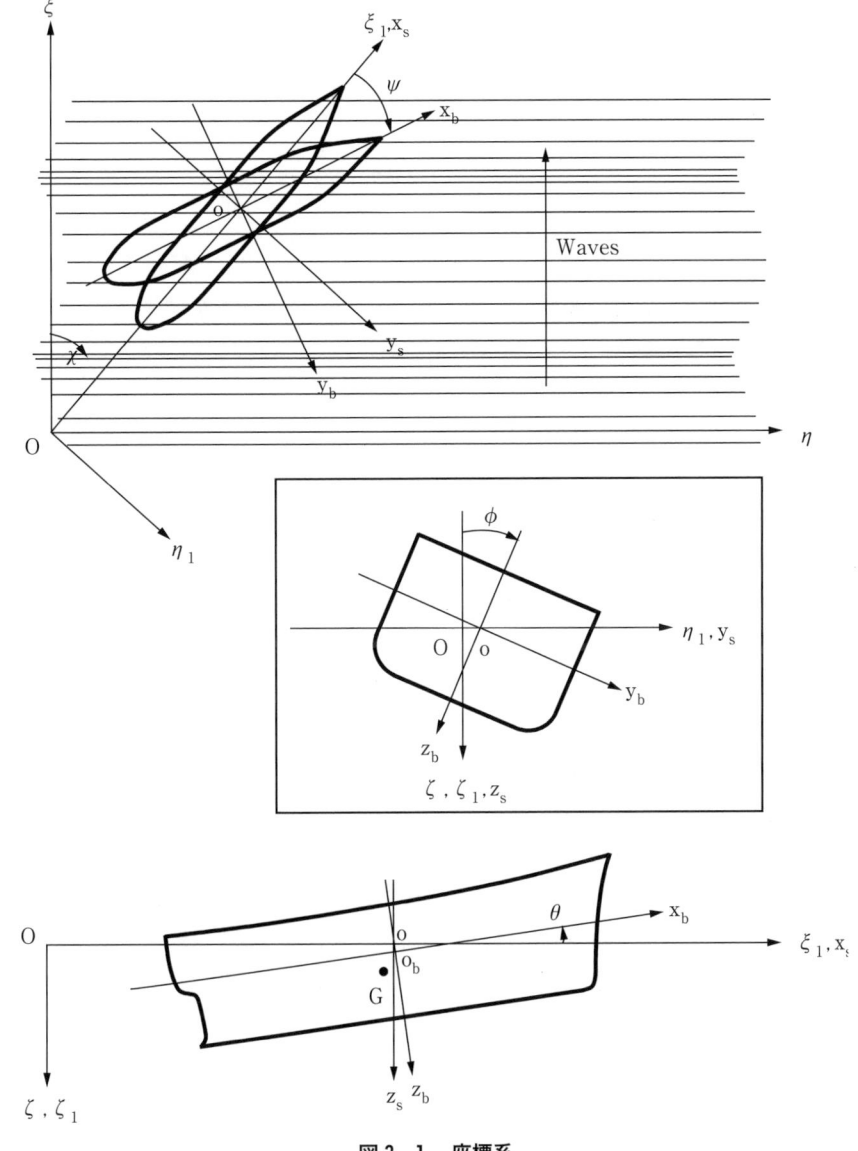

図3.1　座標系

をとると、新たな空間固定座標系 $O-\xi_1\eta_1\zeta_1$ を定めることができる。

静水面上で静止状態の船体中心線面と船体中央部横平面の交線を z_s 軸および z_b 軸とし、静水面との交点を o 点および o_b 点とすれば、$O\zeta_1$ 軸上を船の平均速度で移動する座標系を $o-x_sy_sz_s$、船体に固定した座標系を $o_b-x_by_bz_b$ と定めることができる。従って、波浪中の船体は $o-x_sy_sz_s$ 座標系に対して、前後揺れ x、左右揺れ y および上下揺れ z の並進運動、そして横揺れ ϕ、縦揺れ θ および船首揺れ ψ の回転運動をするものとする。また、船体重心は G で表し、その x_b 座標を x_G とする。

まず、入射波を正弦波と仮定し、ξ_1 軸の正の方向に進むとして、次のように表す。

$$\zeta_w = \zeta_a \cos(k\xi - \omega t) \tag{3.1}$$

これを空間固定座標系 $O-x_sy_sz_s$ で表すと、出会い周波数 ω_e を使って、

$$\zeta_w = \zeta_a \cos(kx_s\cos\chi - ky_s\sin\chi - \omega_e t) \tag{3.2}$$

となる。

この正弦波の中での6自由度の線形船体運動は次のように表すことができる。

$$\begin{aligned}
\text{前後揺れ：} & \quad x = x_a \cos(\omega_e t + \varepsilon_1) \\
\text{左右揺れ：} & \quad y = y_a \cos(\omega_e t + \varepsilon_2) \\
\text{上下揺れ：} & \quad z = z_a \cos(\omega_e t + \varepsilon_3) \\
\text{横揺れ：} & \quad \phi = \phi_a \cos(\omega_e t + \varepsilon_4) \\
\text{縦揺れ：} & \quad \theta = \theta_a \cos(\omega_e t + \varepsilon_5) \\
\text{船首揺れ：} & \quad \psi = \psi_a \cos(\omega_e t + \varepsilon_6)
\end{aligned} \tag{3.3}$$

この解を6自由度の船体運動の連成運動方程式に代入すると、6つの振幅 ($x_a \sim \psi_a$) と入射波と運動の間の位相差 ($\varepsilon_1 \sim \varepsilon_6$) を求めることができる。

運動方程式の立て方については、第2章で学んだとおりであるが、ここでは船舶の設計分野で広く使われているストリップ法に基づく方法について説明する。ストリップ法でも最も初期に開発された OSM (Ordinary Strip Method) の導出方法については、本章の付録2に詳しく解説しているので、そちらを参照されたい。

一般に、船体運動は、左右対称な船体の縦中心面に対して対称な運動である縦運動と、反対称な横運動に分けられ、微小振幅を仮定すると、縦運動と横運動との間の干渉影響は小さく、それぞれ独立に扱うことができる。縦運動には、上下揺れ、縦揺れ、前後揺れが含まれ、横運動には左右揺れ、横揺れ、船首揺れが含まれる。

3.2 縦運動の理論計算

まず、縦運動について説明する。船が正面もしくは後ろから波を受けながら航行する状態では、縦揺れ、上下揺れ、前後揺れを行う。この縦運動は横運動との連成が小さく、また前後揺れ

については連成がほとんどないため、縦揺れと上下揺れの連成運動として取り扱われる。

3.2.1 縦揺れと上下揺れの連成運動方程式

波の振幅が波長より十分に小さいとして、船体の重心の上下変位 z と縦揺角 θ についての上下方向の力の釣り合いと、重心周りのモーメントの釣り合いに基づいて運動方程式を立てると次のようになる。

上下揺れ：
$$\underbrace{(m+A_{33})\ddot{z}+B_{33}\dot{z}+C_{33}z}_{\text{主要項}}+\underbrace{A_{35}\ddot{\theta}+B_{35}\dot{\theta}+C_{35}\theta}_{\text{連成項}}=\underbrace{|F_{w3}|\cos(\omega_e t+\varepsilon_{w3})}_{\text{上下揺れ強制力}} \quad (3.4)$$

縦揺れ：
$$\underbrace{(I_{yy}+A_{55})\ddot{\theta}+B_{55}\dot{\theta}+C_{55}\theta}_{\text{主要項}}+\underbrace{A_{53}\ddot{z}+B_{53}\dot{z}+C_{53}z}_{\text{連成項}}=\underbrace{|F_{w5}|\cos(\omega_e t+\varepsilon_{w5})}_{\text{縦揺れ強制力}} \quad (3.5)$$

第1式は上下方向の力の釣り合い方程式で、左辺の z に関する3つの項が上下揺れによって生じる上下方向の力で主要項と呼ばれ、θ に関する3つの項は縦揺れによって生じる上下方向の力で連成項と呼ばれる。右辺は、波による上下方向の強制力である。

同様に、第2式は重心周りのモーメントの釣り合い方程式で、左辺の θ に関する3つの項は縦揺れによって生じる縦揺れのモーメントで主要項と呼ばれ、z に関する3つの項は上下揺れによって生ずる縦揺れモーメントで連成項である。右辺は、波による縦揺れ方向の強制モーメントである。

この運動方程式のうち加速度に比例する項は慣性項、速度に比例する項は減衰項、変位に比例する項は復原項と呼ばれる。慣性項の係数は、船体の質量および回転軸周りの質量分布で決まる慣性モーメントと、船の運動によって生じる流体力のうち運動加速度に比例する付加質量力（回転の場合には付加慣性モーメント）と呼ばれる力からなっている。またその他の各係数は、船の運動および波の運動によって生じる流体の力の係数であり、付加質量も含めて流体力係数と呼ばれる。

コラム　流体力係数の表示

運動方程式の中の流体力係数の表示法には、いろいろあるが本書では (3.4)、(3.5) 式で使われている方法を使っている。

加速度に比例する成分は A、速度に比例する成分は B、変位に比例する成分は C として、A_{ij}、B_{ij}、C_{ij}、のように付けた添え字で運動を表す。添え字の数字はそれぞれ、

1：前後揺れ (x)、2：左右揺れ (y)、3：上下揺れ (z)、4：横揺れ (ϕ)、5：縦揺れ (θ)、6：船首揺れ (ψ) を表す。

添え字の1つ目は力の方向を、2つ目は運動モードを表している。例えば、A_{35} は、縦揺れによって生じる、上下揺れ方向の、加速度に比例する流体力の係数を表す。

3.2.2 運動方程式の解

船体重心位置で遭遇する水波（入射波）を振幅ζ_a、出会い周波数ω_eで変動する余弦波、すなわち、

$$\zeta_w = \zeta_a \cos \omega_e t \tag{3.6}$$

で与えるとき、その中での線形船体運動は、波の出会周波数で揺れる微小振幅の調和振動と仮定でき、次のように表すことができる。

$$\begin{aligned}上下揺れ：& \quad z = z_a \cos(\omega_e t + \varepsilon_z) \\ 縦揺れ：& \quad \theta = \theta_a \cos(\omega_e t + \varepsilon_\theta)\end{aligned} \tag{3.7}$$

ここで、z_a、θ_aは上下揺れと縦揺れの振幅、ε_3、ε_5は上下揺れと縦揺れの運動の入射波との位相差を表す。ただし、位相差については、波の谷が船体中央を通過する瞬間を時間の原点として、応答の正の最大値の位相進みを示す。

この仮定した上下揺れと縦揺れの解を、(3.4)(3.5)式の運動方程式に代入すると、連立一次方程式に帰着し、それを解くと、z_a、θ_a、ε_3、ε_5の4つの未知数が決まる。これが規則波中での縦運動の定常解である。この詳細は付録1を参照されたい。なお、この解は単一の周波数で運動する定常状態でのみ有効であり、複数の周波数が併存する過渡状態や不規則な運動状態では成立しないことに注意が必要である。

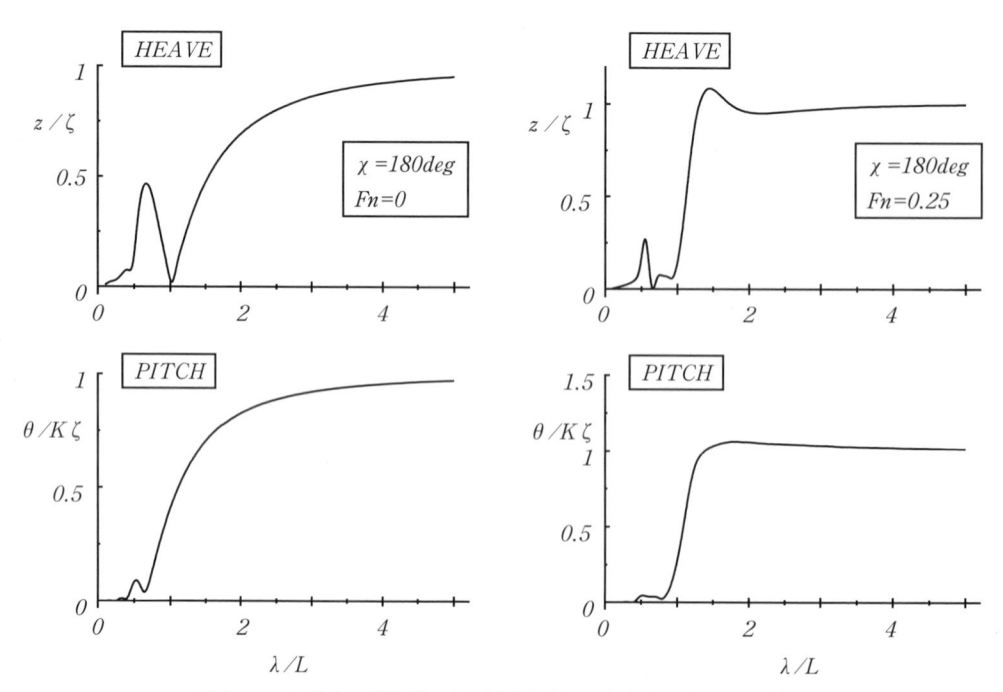

図3.2 向波中の縦運動の計算事例（左：停止時、右：前進時）

上下揺れ、縦揺れの振幅は、それぞれ波振幅、最大波傾斜で除して無次元化して表記することが普通である。向波で波長が非常に長くなると、これらの振幅比は１に近づき、上下揺れと入射波の位相差は０に、縦揺れと入射波の位相差は90°に近づく。すなわち、上下揺れは船体重心位置の入射波水位変位に追従し、縦揺れは船体重心位置の入射波の水面傾斜と同じとなる。波長が非常に短くなると、上下揺れ、縦揺れともに振幅がゼロに近づく。出会い周期が上下揺れ・縦揺れの連成運動の固有周期と一致すると同調が発生する。ところが必ずしもそこで上下揺れや縦揺れが高いピークを持つとは限らない。これは、造波減衰力が非常に大きいことや同調する出会い周波数での波浪強制力が小さいこともあるためである。なお、この場合の固有周期は２種類となるが、連成運動のため上下揺れ、縦揺れのそれぞれの固有周期ではなく、それら２つのモードを合成した固有ベクトルにより定まる運動に対する固有周期である。

3.2.3 流体力係数の求め方

運動方程式中の流体力係数は、完全流体（ポテンシャル流れ）を扱う流体力学で精度よく求めることができることが分かっている。３次元流れの速度ポテンシャルを用いて船体に働く流体力を計算することも可能であるが、計算時間がかかることもあって近似的な手法が一般的に用いられている。

その中で、船舶設計に最もよく使われているのがストリップ法である。ストリップ法は、船体をいくつかの断面に分割した二次元断面（ストリップ）に近似し、その断面の運動によって生じる流体力を船長方向に積分することで、船体全体に働く流体力を求める。静水面で上下運動する二次元断面に働く流体力は、水面に重力波を作ることによって生じる力が支配的であることから完全流体力学（ポテンシャル理論）によって計算されるのが普通で、その手法として Ursell-田才法、特異点分布法などがある。Ursell-田才法は、半没円筒の中心に種々の特異点（吹き出しと多重吹き出し）を置いて流場を表現し、半没円を船体横断面に似た形状に等角写像することで船体横断面に働く流体力を計算する手法である。このとき、写像された断面の代表例はルイスフォームと呼ばれる。この断面は、断面の半幅／喫水比（$H_0 = B/2d$）と断面係数（$\sigma = S/Bd$、S は断面積）だけが与えられれば決まるので、船体の正確なオフセットデータがなくても流体力が求められるというメリットがある。このルイスフォームは、船の断面形状とよく似た形状を表現できるものの、船首尾断面等では合わない断面も多い。こうした場合には、船体断面の表面上に特異点を分布させて、正確に断面形状を表すことのできる特異点分布法が用いられる。このようにして得られた二次元断面の流体力の情報を用いて、前進する３次元船体の運動量変化と造波減衰を表すことで、静水面上で上下揺れと縦揺れを行う３次元船体の流体力係数を計算することができる。これをラディエーション流体力（水波を放射する流体力）と呼ぶ。

運動方程式の右辺の波浪強制力は、フルード・クリロフ力（Froude-Krylov force）とディフラクション力とに分けることができる。フルード・クリロフ力は、入射波が船体の存在によってもまったく変形しないと仮定して、その波の中の変動圧力を船体表面位置で積分して求めた流体力である。一方、ディフラクション力とは、船体によって入射波を波周波数ごとに変形することによる力で、ポテンシャル理論を使って計算することができる。また、波粒子の円運動に基づく流入速度と同じ大きさで反対方向に船体が動くと考えて、相対運動的に、ラディエーション流体力

2次元断面に働く流体力の計算事例

図3.3に、Ursell-田才法を用いて断面積係数 σ が0.9の場合のルイスフォーム断面に働く流体力係数の計算例を示す。A、B、F は、それぞれ付加質量係数、減衰力係数、波浪強制力係数を表し、添え字の22、33、44は左右揺れ、上下揺れ、横揺れを表している。波が関係していることからいずれの係数も周波数 ω の関数になることに注意されたい。

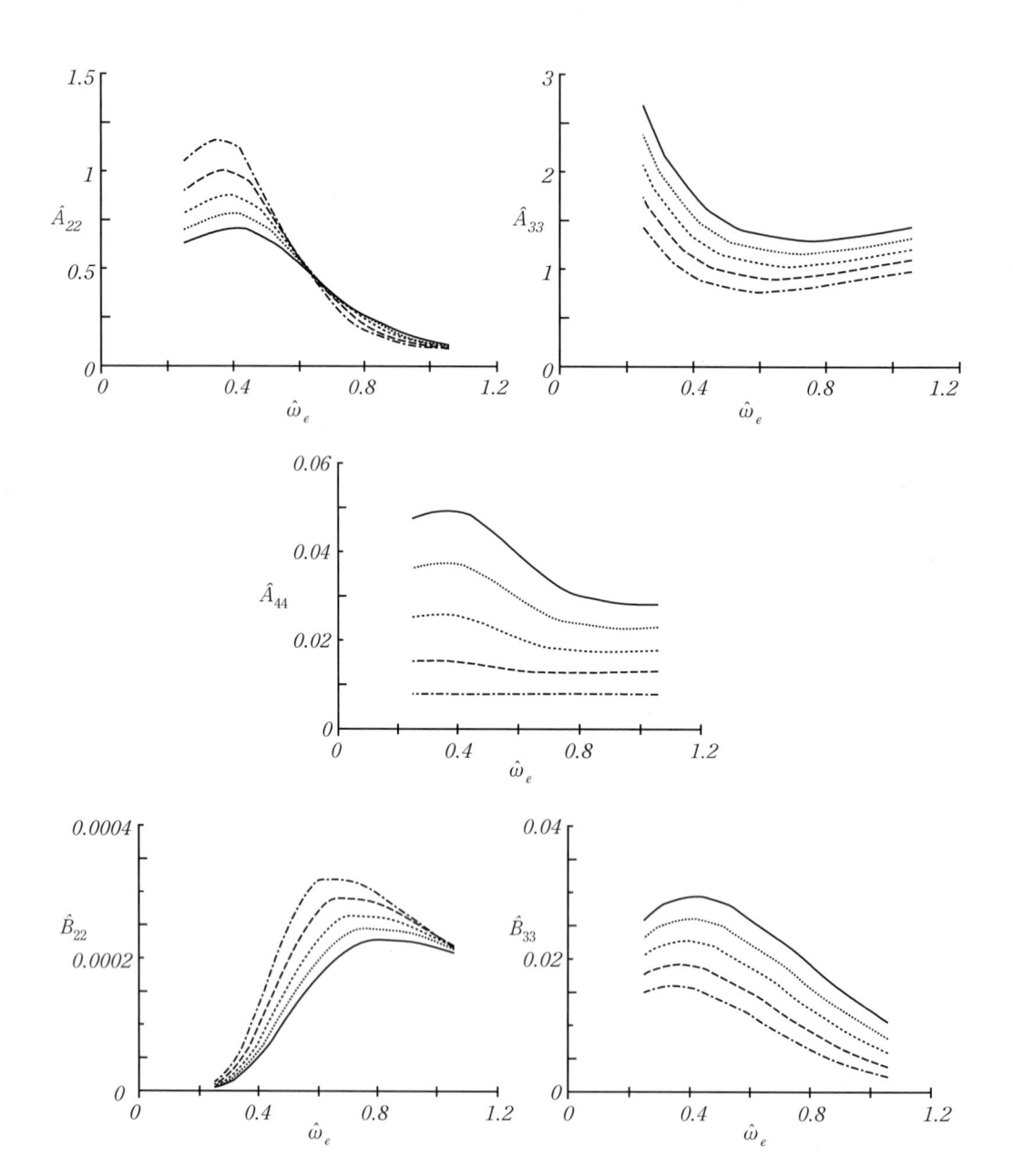

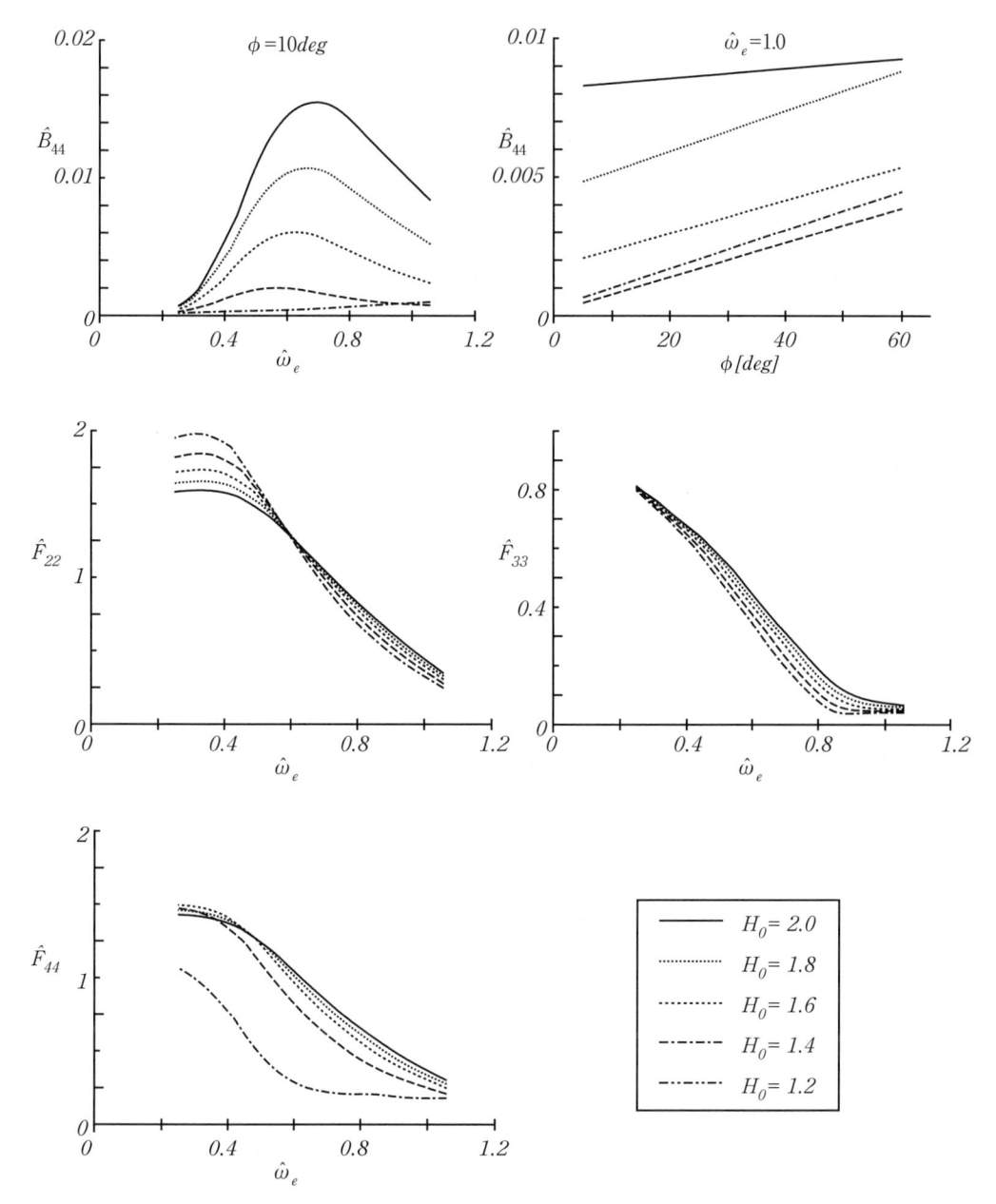

図 3.3 ルイスフォーム断面に働く流体力の計算結果（$\sigma = 0.9$）
：Ursell-田才法による完全流体理論に基づく。ただし、横揺れ減衰力 B_{44} には池田法による粘性影響を含む。

を使って近似的に求める方法も広く使われている。この場合は、水深によって変化する波粒子速度を船体上の1点で近似する必要がある。

　こうした流体力係数は、線形の仮定のもとでの理論値であり、無次元化をしておけば船の大きさに関わらず同じ値になるが、運動あるいは波の周波数によって値が変化することに注意が必要である。

コラム　完全流体

　完全流体は実在の流体の粘性と圧縮性がないと仮定した支配方程式を解いて得られる流れであり、摩擦力や渦発生による抵抗は表現ができない。無限に広がった流体中で動く物体に働く力は、完全流体では加速度に比例する付加質量力だけで、速度に依存する抵抗は生じず、これをダランベールのパラドックスと呼んでいる。

　しかし水面のような自由表面があると、重力によって自由表面が変動し、それが水波であるが、砕波をしたり、水深が浅くて水底での摩擦力の影響が顕著になったりしない限り、完全流体とみなすことができる。すなわち船体運動の理論で考慮すべき流体力は、自由表面にできる波の影響を含んだ付加質量力と、波を造ることで失われるエネルギーに基づくものとなり、後者は造波減衰力と呼ばれる。

3.2.4　ストリップ法の改良

　ストリップ法によって、3次元の船体の運動を近似的にせよ理論計算できることを示した。しかし、当初のストリップ法の1つである OSM（Ordinary Strip Method）では、断面流体の運動量変化で前進速度影響を考慮しているため、理論的には一部整合性（流体力係数中の対称関係である Timman-Newman の関係が不成立）を欠く。この OSM の欠陥を補うために開発された方法が NSM（New Strip Method）で、断面まわりの流れの速度ポテンシャルを考えることで整合性を確保している。

　また、波浪強制力のディフラクション成分を代表喫水の近似によらずに計算する方法を STFM と呼んでいる。これは Salvesen、Tuck、Faltinsen の3人が開発したもので、その頭文字をとって命名されている。

　OSM、NSM、STFM による計算結果の比較によると、以上のような理論的な改良の有無にかかわらず、いずれによっても大差のない結果が得られることが確かめられている[1]。またストリップ法が合理的な近似となるのは、喫水や幅が長さよりも十分小さい船について、出会い周波数が比較的高いときであることが理論的に導かれている。ただし波長は船の長さ程度ある必要があるので、そのような波を前方から受けてある程度の速度で航行する出会い周波数の高い場合にストリップ法は合理的ということになる。

　ストリップ法のもうひとつの限界は、計算される運動振幅は必ず入射波の振幅に比例すること、計算される運動周波数は常に入射波の周波数に等しいことである。これは入射波と船体運動の振幅が小さいという仮定（線形性の仮定）の必然的な帰結である。この線形仮定は穏やかな海象下では大きな問題ではないが、荒天中などにおいて、波が大きくなってくると、それに連れて船体運動も大きくなり、時として船首部船底が波から露出し、また波に突入するなど、自由表面条件や船体運動における線形仮定が成り立たなくなる。このような大波高中の船体運動を計算する方法として、線形ストリップ法を拡張した非線形ストリップ法がしばしば用いられる。

　非線形ストリップ法は、線形ストリップ法と同じく、船体が細長いという特徴を考慮して、船体断面での流場は断面ごとに独立であるという仮定のもとに各断面での二次元流体力を求め、それを船長方向に積分することによって、船体全体に働く流体力を求めるものである。ただし、船

体断面に働く流体力を求める場合、線形ストリップ法とは異なり、非線形を考慮できる方法によることになる。ここでの主要な非線形性は、波面が船体断面の深さなどの寸法に比べて大きく変動することによって流体力が変化することによるもので、これを、流体力が喫水の変化に応じて時間的に変動する、という取り扱いをすることになる。

船体断面に働く流体力は、付加質量による力、造波によって生ずる造波減衰力、静水圧の変動による浮力、波の反射・透過によって生ずるいわゆるディフラクション力、波面の変動によって生ずるフルード・クリロフ力などであるが、これらは、ストリップ法における相対運動の考え方によって、船体と波との相対変位・速度・加速度に流体力係数を掛けた形となる。非線形ストリップ法では、これらの流体力係数が喫水の変動によって時々刻々変化すると考えることになる。各喫水における流体力は、その喫水でのラディエーション問題を解くことによって求めるのが普通である。

特に、船体と波面の相対加速度に比例する力は、線形ストリップ法には表れない力で、いわゆる付加質量の時間変化に基づく流体衝撃力の項になる。この項を考慮することによって、非線形ストリップ法では、スラミングのような衝撃現象をも表現することができる。

3.2.5 縦運動の特性

抵抗性能が船型のわずかな違いで大きく変化するのに対し、波浪中の運動性能は船型のわずかな違いでは変化せず、それだけ船型には鈍感であるといえる。このため、ルイスフォームによる近似も許されることになる。

船型、主要寸法、環動半径が耐航性に及ぼす影響については、中村[2]が、種々の研究成果をまとめている。それによると、船首断面をＶ型にすると縦揺れはあまり変わらないが、上下揺れが減少し、船首部の加速度、船首相対運動が減少する。

その後、耐航性計算が容易にできるようになると、高木ら[3]は、系統的に変形した船型群に対して、不規則正面向波中の多量の計算を行ってその結果の統計解析を行った。その結果によれば、コンテナ船のような痩せ形船型については船体前半部の水線面積を増大して前半部をＶ型に、タンカーのような肥大船型では船体後半部の水線面積を縮小して後半部をＵ型とすると、耐航性は向上すると報告されている。

3.3 横運動の理論計算

船が真横から波を受けると、上下揺れだけでなく、左右揺れと横揺れの横運動が顕著になる。ストリップ法では、この横運動は、左右揺れ、横揺れ、船首揺れの連成運動として扱われ、縦揺れとの連成については考慮しない。

横運動の運動方程式としては、基本的に縦運動の上下揺れと縦揺れの連成運動方程式である(3.4)式、(3.5)式と同様の形になるが、3自由度の運動となるので、3つの運動方程式からなり、各運動方程式の左辺は、主要項と2つの連成項からなる9の項からなる。

この横運動の運動方程式中の各項の係数については、縦運動の場合と同様に、微小振幅近似に基づくポテンシャル理論および復原力の項については流体静力学によって計算ができる。ただし、横揺れについては、その減衰力がポテンシャル理論に基づく造波成分だけでなく粘性の大き

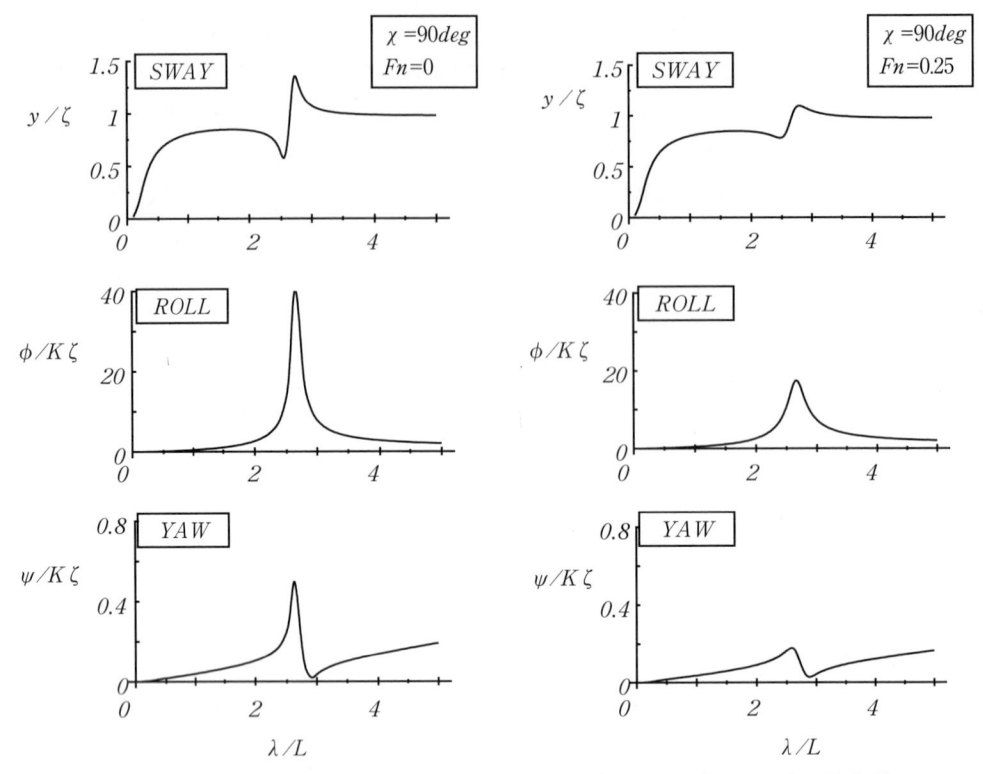

図3.4　横波中の左右揺れ、横揺れ、船首揺れの計算事例（左：停止時、右：前進時）
：横揺れには同調によるピークが現れ、それによる連成影響が他の運動に現れている

な影響を受けるため、その影響も考慮しなければならず、これについては第4章で詳しく説明しているので参照されたい。また、左右揺れから横揺れへの連成係数 B_{42} および横揺れから左右揺れへの連成項 B_{24} にも粘性の影響が現れる。

　左右揺れ振幅は波振幅で、横揺れ、船首揺れの振幅は最大波傾斜で除して表記することが普通である。左右揺れと船首揺れは主要項に復原力がないため同調が現れない一方、横揺れについては、同調する周波数すなわち固有周波数近傍でその振幅が顕著なピークをもつという特性がある。このピークを減らすためには、横揺れ減衰力を増やすか、または横揺れの波浪強制力を減らすことが必要となる。

　これらの横運動は、横波中で顕著となり、波長が非常に長くなると、左右揺れの振幅比は1に近づく。すなわち、左右揺れの運動速度は入射波の波粒子速度と同程度となる。

3.4　斜め波中の運動特性

　船が波の方向に対してある角度をもって航行すると、上下揺れや縦揺れがやや小さくなるのみならず、横運動（左右揺れ、横揺れ、船首揺れ）が発生する。そのとき、何らかの手段で船が平均速度と平均進路を保つとすると、この横運動も入射波の峻度が小さい範囲では、波との出会い周波数での運動となる。この場合の横運動の方程式も、縦運動と同様にストリップ法により求めることができる。ただしそのとき、船体横断面（ストリップ）に働く流体力を求める際に考え

3.4 斜め波中の運動特性

べき断面の運動は、上下揺れでなく、左右揺れとしなければならない。

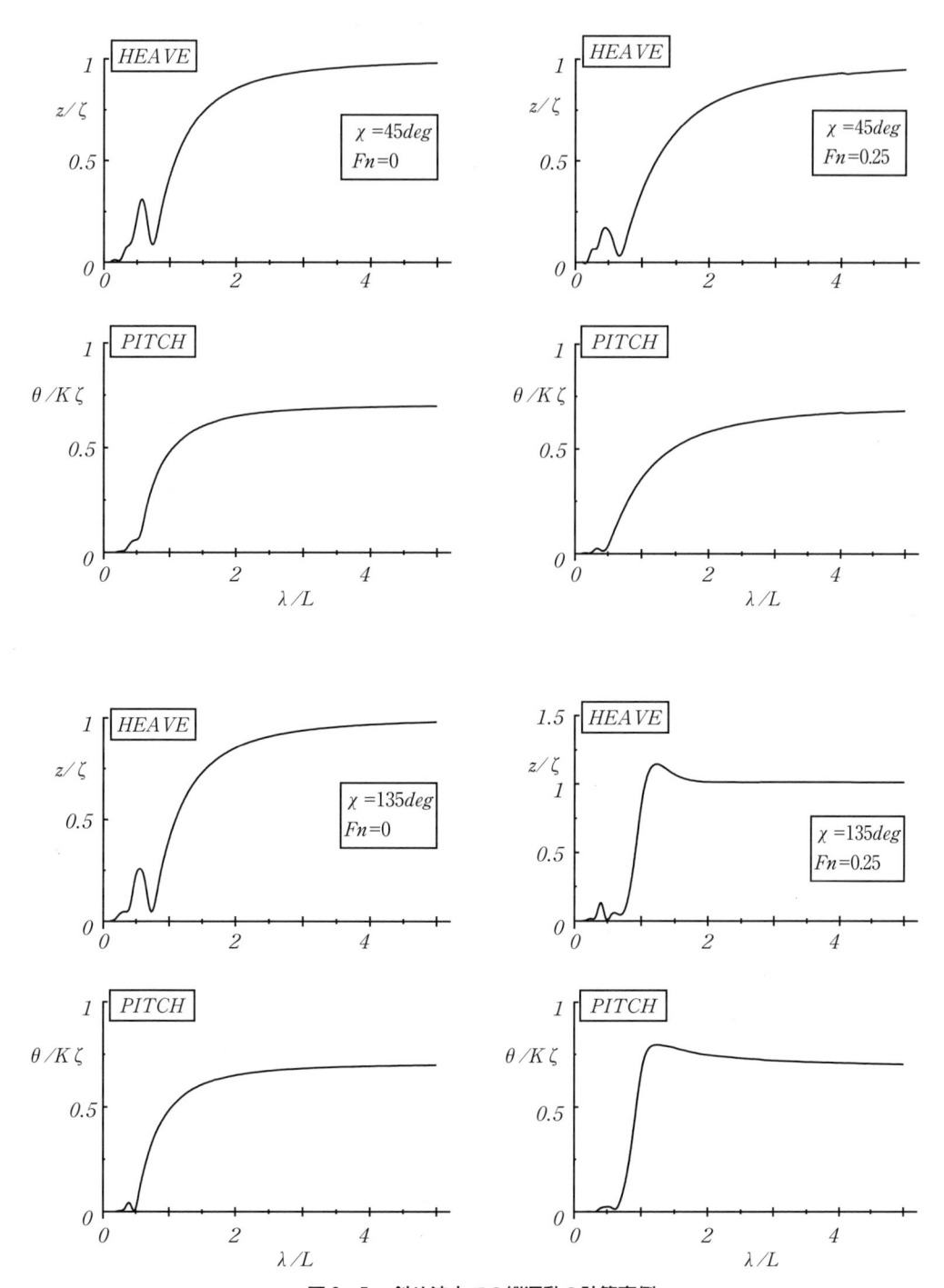

図3.5 斜め波中での縦運動の計算事例

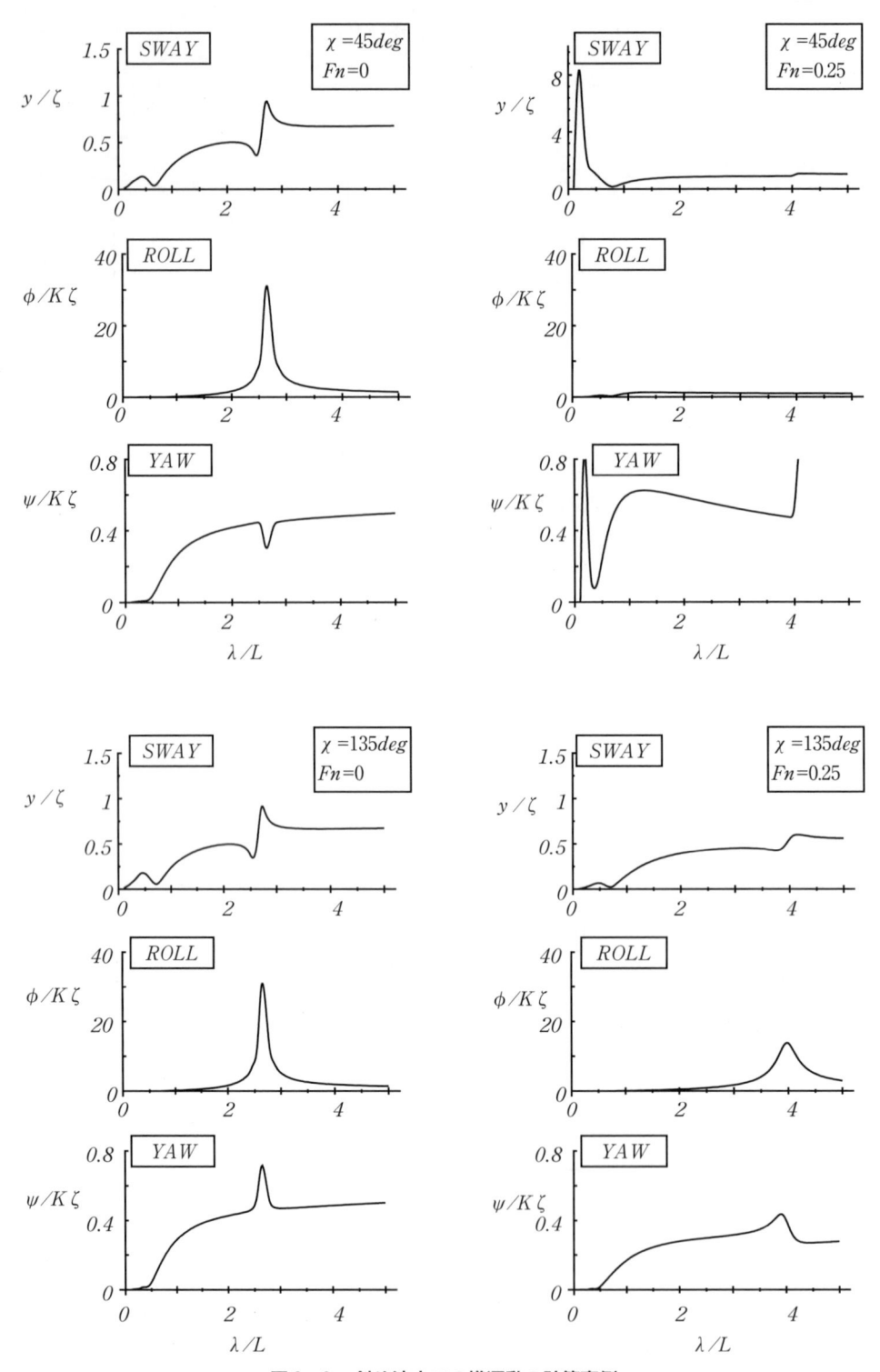

図 3.6 斜め波中での横運動の計算事例

付録1　縦運動方程式の解法（上下揺れと縦揺れ）

ここでは規則波中の上下揺れと縦揺れの周期的定常状態についてその解を求めることを考える。そこで、入力である波としてはその船体重心での値で代表させる。

$$\zeta_w(t) = \zeta_a \cos \omega_e t \tag{A.1.1}$$

以下では、計算に便利な複素関数と行列を使って解いてみよう。複素関数を使うと (A.1.1) 式の波は

$$\zeta_w(t) = \zeta_a \,\text{Re}\, [e^{i\omega_e t}] \tag{A.1.1}'$$

と表される。

そして、出力としての上下揺れと縦揺れ、

$$z(t) = \text{Re}\, [\hat{z}(\omega_e) e^{i\omega_e t}] \tag{A.1.2}$$

$$\theta(t) = \text{Re}\, [\hat{\theta}(\omega_e) e^{i\omega_e t}] \tag{A.1.3}$$

を、周波数応答関数法で解くことができる。

まず運動方程式が次のように与えられるとする。

$$(m+A_{33})\ddot{z} + B_{33}\dot{z} + C_{33}z + A_{35}\ddot{\theta} + B_{35}\dot{\theta} + C_{35}\theta = \text{Re}\,[F_{w3} e^{i\omega_e t}] \tag{A.1.4}$$

$$(I_{yy}+A_{55})\ddot{\theta} + B_{55}\dot{\theta} + C_{55}\theta + A_{53}\ddot{z} + B_{53}\dot{z} + C_{53}z = \text{Re}\,[F_{w5} e^{i\omega_e t}] \tag{A.1.5}$$

(A.1.2-3) 式を (A.1.4-5) 式に代入して、行列の形で整理すると、

$$\begin{bmatrix} -\omega_e^2(m+A_{33})+i\omega_e B_{33}+C_{33} & -\omega_e^2 A_{35}+i\omega_e B_{35}+C_{35} \\ -\omega_e^2 A_{53}+i\omega_e B_{53}+C_{53} & -\omega_e^2(I_{yy}+A_{55})+i\omega_e B_{55}+C_{55} \end{bmatrix} \begin{bmatrix} \hat{z}(\omega_e) \\ \hat{\theta}(\omega_e) \end{bmatrix} = \begin{bmatrix} F_{w3} \\ F_{w5} \end{bmatrix} \tag{A.1.6}$$

この連立1次方程式を解いて、

$$\begin{bmatrix} \hat{z}(\omega_e) \\ \hat{\theta}(\omega_e) \end{bmatrix} = \frac{1}{|\Delta|} \begin{bmatrix} -\omega_e^2(I_{yy}+A_{55})+i\omega_e B_{55}+C_{55} & \omega_e^2 A_{35}-i\omega_e B_{35}-C_{35} \\ \omega_e^2 A_{53}-i\omega_e B_{53}-C_{53} & -\omega_e^2(m+A_{33})+i\omega_e B_{33}+C_{33} \end{bmatrix} \begin{bmatrix} F_{w3} \\ F_{w5} \end{bmatrix} \tag{A.1.7}$$

ここで、

$$\begin{aligned} |\Delta| = &(-\omega_e^2(m+A_{33})+i\omega_e B_{33}+C_{33})(-\omega_e^2(I_{yy}+A_{55})+i\omega_e B_{55}+C_{55}) \\ &-(-\omega_e^2 A_{53}+i\omega_e B_{53}+C_{53})(-\omega_e^2 A_{53}+i\omega_e B_{53}+C_{53}) \end{aligned} \tag{A.1.8}$$

である。また、得られた$\hat{z}(\omega_e)$、$\hat{\theta}(\omega_e)$は複素数であるから、

$$\hat{z}(\omega_e) = \hat{z}_c(\omega_e) + i\hat{z}_s(\omega_e) \quad \text{(A.1.9)}$$

$$\hat{\theta}(\omega_e) = \hat{\theta}_C(\omega_e) + i\hat{\theta}_S(\omega_e) \quad \text{(A.1.10)}$$

と表示できる。

　出力と入力の比をとった周波数応答関数、

$$F_3(\omega_e) = \frac{\text{Re}\,[\hat{z}(\omega_e)e^{i\omega_e t}]}{\text{Re}\,[\zeta_a e^{i\omega_e t}]} \quad \text{(A.1.11)}$$

$$F_5(\omega_e) = \frac{\text{Re}\,[\hat{\theta}(\omega_e)e^{i\omega_e t}]}{\text{Re}\,[\zeta_a e^{i\omega_e t}]} \quad \text{(A.1.12)}$$

は、その振幅比と位相差として、次のように計算できる。

$$|F_3(\omega_e)| = \frac{\sqrt{\hat{z}_c{}^2 + \hat{z}_s{}^2}}{\zeta_a} \quad \text{(A.1.13)}$$

$$\varepsilon_3 = Arg F_3(\omega_e) = \tan^{-1}\left(\frac{\hat{z}_s}{\hat{z}_c}\right) \quad \text{(A.1.14)}$$

$$|F_5(\omega_e)| = \frac{\sqrt{\hat{\theta}_c{}^2 + \hat{\theta}_s{}^2}}{a} \quad \text{(A.1.15)}$$

$$\varepsilon_5 = Arg F_5(\omega_e) = \tan^{-1}\left(\frac{\hat{\theta}_S}{\hat{\theta}_C}\right) \quad \text{(A.1.16)}$$

ただし、入射する波の基準は谷を正、位相進みを正としている。すなわち、入力

$$\zeta_w(t) = \zeta_a \cos \omega_e t \quad \text{(A.1.17)}$$

に対して、出力が

$$z(t) = |F_3(\omega_e)|\zeta_a \cos(\omega_e t + Arg F_3(\omega_e)) \quad \text{(A.1.18)}$$

$$\theta(t) = |F_5(\omega_e)|\zeta_a \cos(\omega_e t + Arg F_5(\omega_e)) \quad \text{(A.1.19)}$$

となる。なお、縦揺れの振幅比を表示する場合、波振幅ζ_aではなく、最大波傾斜

$$\zeta_a k = 2\pi \zeta_a / \lambda \quad \text{(A.1.20)}$$

を用いることがむしろ多い。これによって振幅比が無次元になることがひとつの理由である。

付録2　OSM（Ordinary Strip Method）の導出[*]

縦波中を前進する船の上下揺れと縦揺れの運動方程式を Ordinary Strip Method の手法に基づいて導くと以下の通りである。

(1)　運動を記述する座標系と運動方程式

船が縦波中を一定速度 U で直進しているときは、その前後揺れ、上下揺れおよび縦揺れは、剛体の平面運動となるから、第2章で示されたように、重心の前後および上下の並進運動と回転運動について運動方程式を導くことになる。すなわち、前後揺れ、上下揺れ、縦揺れを考えることになる。もし、図 A.1.1 に示す空間固定座標系 $O\text{-}\xi\eta\zeta$ において船体重心 G の ξ および ζ 軸方向の加速度を $\ddot{x}$ および $\ddot{z}$、縦揺角速度を $\ddot{\theta}$ とすれば、運動方程式は、

$$m(\ddot{x}\cos\theta - \ddot{z}\sin\theta) = X - mg\sin\theta$$
$$m(\ddot{x}\cos\theta + \ddot{z}\sin\theta) = Z + mg\cos\theta \quad \text{(A.2.1)}$$
$$I_{yy}\ddot{\theta} = M$$

のように記述することができる。ここで、m、I_{yy} は船の質量および縦揺れ方向の慣性モーメント、g は重力、X、Z および M は船体固定座標系（$G - x_b, y_b, z_b$）の x_b、z_b 軸方向の流体力および M は縦揺れ方向の流体力モーメントである。

また、船体固定座標系の x_b、z_b 軸方向の速度成分を u、w とすれば、空間固定座標系の ξ、ζ 軸方向の速度 $\dot{x}$、$\dot{z}$ との間には

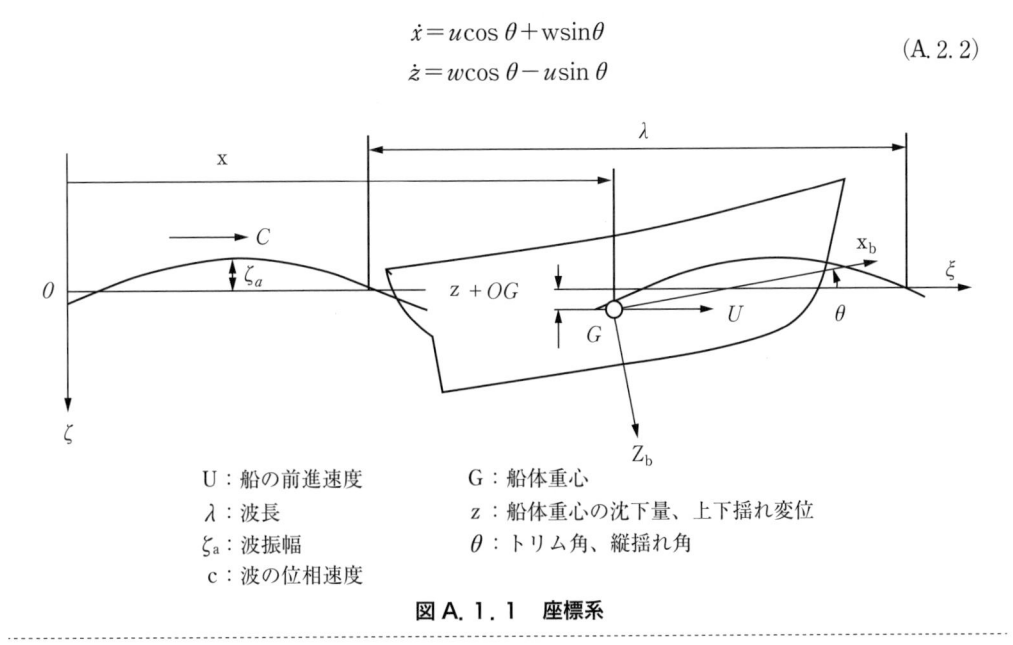

$$\dot{x} = u\cos\theta + w\sin\theta$$
$$\dot{z} = w\cos\theta - u\sin\theta \quad \text{(A.2.2)}$$

U：船の前進速度　　G：船体重心
λ：波長　　z：船体重心の沈下量、上下揺れ変位
ζ_a：波振幅　　θ：トリム角、縦揺れ角
c：波の位相速度

図 A.1.1　座標系

----

[*] この付録2については、大阪大学浜本名誉教授の講義ノートおよび参考文献1）を参考にしている。

の関係が成立つので次式を得る。

$$\ddot{x}\cos\theta - \ddot{z}\sin\theta = \dot{u} + w\dot{\theta}$$
$$\ddot{z}\cos\theta + \ddot{x}\sin\theta = \dot{w} - u\dot{\theta}$$
(A.2.3)

この (A.2.3) 式の関係を (A.2.1) 式に代入すると、船体固定座標に関する運動方程式は次式のように与えられる。

$$m(\dot{u} + w\dot{\theta}) = X - mg\sin\theta$$
$$m(\dot{w} - u\dot{\theta}) = Z + mg\cos\theta$$
$$I_{yy}\ddot{\theta} = M$$
(A.2.4)

このうち第1式左辺の $mw\dot{\theta}$ と第2式左辺の $-mu\dot{\theta}$ は、左辺に移項すると遠心力にあたる。

コラム　遠心力

ここで、$-mu\dot{\theta}$ が遠心力となることを考えてみよう。縦揺れによる船の軌道の曲率半径 R を考えると、$u = R\dot{\theta}$ となる。よって $-mu\dot{\theta} = -mu\left(\dfrac{u}{R}\right) = -mu\dfrac{u^2}{R}$ となる。この項を運動方程式左辺に移行すると、見かけの力となって、2.2.3節の遠心力の表現と同じである。船首上げの縦揺れを行いつつ前進すると、正方向つまり下向きの遠心力が働くことになる。

さて、ここで縦波中を一定速度 U で直進している船の上下揺れおよび縦揺れを微小とし、船体が細長いと仮定すれば、(A.2.4) 式の第1式は省略して、$u \fallingdotseq U$ と近似することができるので次式を得る。

$$m(\dot{w} - U\dot{\theta}) = Z + mg$$
$$I_{yy}\ddot{\theta} = M$$
(A.2.5)

この場合、波浪力 Z_e およびそのモーメント M_e を受けて船が排水容積 ∇ を中心として微小動揺しているとすれば、船体に働く上下力 Z とそのモーメント M は

$$Z = Z_e - \rho g \nabla - \Delta Z(z, w, \dot{w}, \theta, \dot{\theta}, \ddot{\theta})$$
$$M = M_e - \Delta M(z, w, \dot{w}, \theta, \dot{\theta}, \ddot{\theta})$$
(A.2.6)

のように表すことができる。ここで、ΔZ および ΔM は船体運動の反力として船体に働く力とモーメントでテイラー級数を用いて次式のように展開できる。

$$\Delta Z \fallingdotseq Z_z z + Z_{\dot{w}}\dot{z} + Z_w \ddot{z} + Z_\theta \theta + Z_{\dot{\theta}}\dot{\theta} + Z_{\ddot{\theta}}\ddot{\theta}$$
$$\Delta M \fallingdotseq M_z z + M_w w + M_{\dot{w}}\dot{w} + M_\theta \theta + M_{\dot{\theta}}\dot{\theta} + M_{\ddot{\theta}}\ddot{\theta}$$
(A.2.7)

なお、Z_z、Z_w、$Z_{\dot{w}}$ 等は船体の上下変位 z、速度 w、加速度 $\dot{w}$ に比例する力の定数で、一般に流体力微係数と呼ばれる。
また、(A.2.2) 式より

$$w = \dot{z} + U\theta$$
$$\dot{w} = \ddot{z} + U\dot{\theta} \tag{A.2.8}$$

の関係を得るので、ΔZ、ΔM を次のように書き換えることができる。

$$\Delta Z = Z_z z + Z_w \dot{z} + Z_{\dot{w}} \ddot{z} + (Z_\theta + Z_w U)\theta + (Z_{\dot{\theta}} + Z_{\dot{w}} U)\dot{\theta} + Z_{\ddot{\theta}} \ddot{\theta}$$
$$\Delta M = M_z z + M_w \dot{z} + M_{\dot{w}} \ddot{z} + (M_\theta + M_w U)\theta + (M_{\dot{\theta}} + M_{\dot{w}} U)\dot{\theta} + M_{\ddot{\theta}} \ddot{\theta} \tag{A.2.9}$$

従って、(A.2.8) および (A.2.9) 式の関係を (A.2.5) 式に代入すると、空間固定座標系における上下揺れと縦揺れに関する運動方程式

$$(m + Z_{\dot{w}})\ddot{z} + Z_W \dot{z} + Z_z z + Z_{\ddot{\theta}} \ddot{\theta} + (Z_{\dot{\theta}} + Z_w U)\dot{\theta} + (Z_\theta + Z_w U)\theta = Z_e$$
$$(I_{yy} + M_{\ddot{\theta}})\ddot{\theta} + (M_{\dot{\theta}} + M_{\dot{w}} U)\dot{\theta} + (M_\theta + M_w U)\theta + M_{\dot{w}} \ddot{z} + M_w \dot{z} + M_z z = M_e \tag{A.2.10}$$

を得る。ここで $mg - \rho g \nabla = 0$ である。

ここで、空間固定座標系は慣性系であるから、遠心力の項は現れない。なおここで前後運動は等速直線運動と近似したため、ここでの上下揺れと縦揺れは、一定速度で船とともに進む慣性系から定義したと考えることもできる。

(2) フルード・クリロフ力の計算

船が波面に浮かんでいるとき、図 A.1.1 に示す船体固定座標系 G-x_b、y_b、z_b の z_b 軸方向の力 Z は船体没水部表面 S の面積素片 dS に働く圧力を p とすれば、dS に垂直に働く力 pdS の z_b 軸方向の成分を船体没水部表面 S について積分したものであるから

$$Z = -\iint_S p n_z \, dS = -\iiint_V \frac{\partial p}{\partial z_b} dV \tag{A.3.1}$$

また、y 軸まわりの縦揺モーメント M は dS に働く力の z 軸方向の成分と重心 G からの距離 x_b との積および dS に働く力の x 軸方向の成分と重心 G からの距離 z_b との積を加えたもので

$$M = -\iint_S p(z_b n_X - x_b n_Z) dS$$
$$= -\iiint_V (z_b \frac{\partial p}{\partial x_b} - x_b \frac{\partial p}{\partial z_b}) dV \tag{A.3.2}$$

あるからのように与えられる。ここで、n_x, n_z は没水部表面 dS に立てた外向きの法線 n が x_b 軸及び z_b 軸とのなす角の方向余弦である。また、V は S の囲む体積で、dV はその体積素片である。なお、面積積分と体積積分との間の関係はガウスの定理によって与えられる。

ここで、波形 ζ_W が図A.1.1に示すように、

$$\zeta_W = \zeta_a \cos k(\xi - ct) \tag{A.3.3}$$

で表されるとき、圧力 p は

$$p = \rho g \zeta - \rho g \zeta_a e^{-k\zeta} \cos k(\xi - ct) \tag{A.3.4}$$

で与えられる。この場合、波の構造は船体が存在することによって変化しないというフルード・クリロフの仮説に基づいて、船体に働く力とモーメント、すなわちフルード・クリロフの力とモーメントを次のように求めることができる。

まず、図A.1.1に示す空間固定座標 $O-\xi$, ζ と船体固定座標 G-x_b, z_b との間の関係

$$\begin{aligned}\xi - x &= x_b \cos\theta + z_b \sin\theta \fallingdotseq x_b + z_b\theta \\ \zeta - z - OG &= z_b \cos\theta - x_b \sin\theta \fallingdotseq z_b - x_b\theta\end{aligned} \tag{A.3.5}$$

を用いて（A.3.4）式を船体固定座標系で書き直すと次式を得る。

$$p = \rho g(z_b + z - x_b\theta + OG) - \rho g \zeta_a e^{-k(z_b + z - x_b\theta + OG)} \cos(kx_b - \omega_e t) \tag{A.3.6}$$

ここで、船は速度 U で直進しているとすれば、$x = Ut$、$z_b\theta$ は x_b に比べて微小としての省略すると、ω_e は波と船との出会い周波数で、次式で与えられる。

$$\omega_e = k(c - U) \tag{A.3.7}$$

また、波形 ζ_w も船体固定座標系で表し、z_w とすると次式を得る。

$$z_w = \zeta_a \cos(kx_b - \omega_e t) - z + x_b\theta - OG \tag{A.3.8}$$

これらを考慮すると、（A.3.1）式より、上下方向の力 Z を次のように求めることができる。

$$\begin{aligned}Z &= -\int_L dx_b \int_{-B/2}^{B/2} dy_b \int_{z_w}^{d-OG} \left(\frac{\partial p}{\partial z_b}\right) dz_b \\ &= -\int_L dx_b \int_{-B/2}^{B/2} [p]_{z_w}^{d-OG} dy_b\end{aligned}$$

3.4 斜め波中の運動特性

$$-\rho g\int_L dx_b\int_{-B/2}^{B/2}[d+z-x_b\theta-\zeta_a\cos(kx_b-\omega_e t)-(e^{-k(d+z-x_b\theta)}-e^{-k\zeta_a\cos(kx_b-\omega_e t)})\zeta_a\cos(kx_b-\omega_e t)dy_b$$

$$\fallingdotseq -\rho g\int_L dx_b\int_{-B/2}^{B/2}[d+z-x_b\theta-\zeta_a e^{-kd}\cos(kx_b-\omega_e t)]\,dy_b$$

$$=-\rho g\int_L[A(x_b)+zB(x_b)-x_b\theta B(x_b)-\zeta_a e^{-kd}B(x_b)\cos(kx_b-\omega_e t)]\,dx_b \tag{A.3.9}$$

ここで

$$e^{-k(d+z-x_b\theta)}\fallingdotseq e^{-kd},\ e^{-k\zeta_a\cos(kx_b-\omega t)}\fallingdotseq 1$$

$$A(x_b)=\int_{-B/2}^{B/2}d(x_b,y_b)dy_b,\ B(x_b)=\int_{-B/2}^{B/2}dy_b \tag{A.3.10}$$

$$e^{-kd(x_b)}B(x_b)\fallingdotseq \int_{-B/2}^{B/2}e^{-kd}dy_b$$

さらに (A.3.9) を次式のように書き直すことができる。

$$Z=-\rho g\nabla-\rho gA_W z+\rho g\theta\int_L x_b B(x_b)dx_b+\rho g\zeta_a\cos\omega_e t\int_L e^{-kd}B(x_b)\cos kx_b\,dx_b$$

$$+\rho g\zeta_a\sin\omega_e t\int_L e^{-kd}B(x_b)\sin kx_b\,dx_b \tag{A.3.11}$$

ここで、∇ は船の排水容積、A_W は水線面積で次式で与えられる。

$$\nabla=\int_L A(x_b)dx_b,\ A_W=\int_L B(x_b)dx_b \tag{A.3.12}$$

また、縦揺モーメント M は (A.3.2) 式で与えられるので、$Z_b(\partial p/\partial z_b)$ の寄与を微小量として省略すれば、(A.3.9) 式の関係を用いて次のように求めることができる。

$$M=\rho g\int_L x_b[A(x_b)+zB(x_b)-x_b\theta B(x_b)-\zeta_a e^{-kd}B(x_b)\cos(kx_b-\omega_e t)]dx_b$$

$$=+\rho gz\int_L x_b B(x_b)dx_b-\rho g\theta\nabla BM_L$$

$$-\rho g\zeta_a\cos\omega_e t\int_L e^{-kd}x_b B(x_b)\cos kx_b dx_b$$

$$-\rho g\zeta_a\sin\omega_e t\int_L e^{-kd}x_b B(x_b)\sin kx_b dx_b \tag{A.3.13}$$

ここで、BM_L は縦メタセンターで次式で与えられる。

$$\nabla BM_L = \int_L x_b{}^2 B(x_b) dx_b, \quad \int_L x_b A(x_b) dx_b = 0 \tag{A.3.14}$$

(3) ストリップ法による流体力係数の計算

まず、図 A.1.1 の座標系において、船体重心から x_b だけ離れたある横断面を考えると、その上下変位量 ζ_x は次式となる。

$$\zeta_x = z - x_b \theta \tag{A.4.1}$$

次に、この横断面のまわりの流体に対する相対速度 w_x は、

$$w_x = \dot{z} - x_b \dot{\theta} + U\theta \tag{A.4.2}$$

このうち第3項は前進速度 U の z_b 軸方向成分である。この横断面内の流速、付加質量などの物理量の時間微分は、実質微分として次のように

$$\frac{d}{dt} = \frac{\partial}{\partial t} + u\frac{\partial}{\partial x_b} + w\frac{\partial}{\partial z_b} \tag{A.4.3}$$

として計算される。前進速度 U 以外の流速は微小であると考えられるから、その高次の項を省略すれば、

$$\frac{d}{dt} \approx \frac{\partial}{\partial t} - U\frac{\partial}{\partial x_b} \tag{A.4.4}$$

と近似できる。

また、横断面に働く付加質量 $\rho S_z(x_b)$、造波減衰係数 $\rho N_z(x_b)$ は、以下のとおり記述される。

$$\rho S_z(x_b) = \rho \frac{\pi}{2}\left(\frac{B}{2}\right)^2 C_0 K_4 \tag{A.4.5}$$

$$\rho N_z(x_b) = \frac{\rho g^2}{\omega^3} \overline{A}_H{}^2 \tag{A.4.6}$$

そして、C_0、K_4、$\overline{A}_H$ は、横断面形状および周波数 ω が与えられると、Ursell-田才法や数表により決定できる。

以上の情報を利用すれば、横断面に働く上下方向の浮力とラディエーション力は以下のとおりとなる。

a) 浮力

$$\frac{dF_{z1}}{dx_b} = -\rho g B(x_b) \times \zeta_x$$
$$= -\rho g B(x_b)\{z - x_b \theta\} \quad \text{(A.4.7)}$$

b) 造波減衰力

$$\frac{dF_{Z2}}{dx_b} = -\rho N_z(x_b) \times w_x$$
$$= -\rho N_z(x_b)\{\dot{z} - x_b \dot{\theta} + U\theta\} \quad \text{(A.4.8)}$$

c) 付加質量に基づく運動量変化による力

$$\begin{aligned}
\frac{dF_{Z3}}{dx_b} &= -\frac{d}{dt}\{\rho S_z(x_b) \times w_x\} \\
&= -\rho S_z(x_b)\frac{\partial}{\partial t}w_x + U\frac{\partial}{\partial x_b}\{\rho S_z(x_b)w_x\} \\
&= -\rho S_z(x_b)\frac{\partial}{\partial t}\{\dot{z} - x_b\dot{\theta} + U\theta\} \\
&\quad + U\frac{\partial}{\partial x_b}\{\rho S_z(x_b)(\dot{z} - x_b\dot{\theta} + U\theta)\} \\
&= -\rho S_z(x_b)\{\ddot{z} - x_b\ddot{\theta} + U\dot{\theta}\} \\
&\quad - U\dot{\theta}\rho S_z(x_b) + U\left\{\frac{d\rho S_z(x_b)}{dx_b}(\dot{z} - x_b\dot{\theta} + U\theta)\right\} \\
&= -\rho S_z(x_b)\{\ddot{z} - x_b\ddot{\theta} + 2U\dot{\theta}\} \\
&\quad + U\left\{\frac{d\rho S_z(x_b)}{dx_b}(\dot{z} - x_b\dot{\theta} + U\theta)\right\}
\end{aligned} \quad \text{(A.4.9)}$$

船体全体に働く力は、以上の断面に働く流体力を船尾 ($x_b = x_a$) から船首 ($x_b = x_f$) まで積分すればよい。

$$F_Z = \int_{x_a}^{x_f}\left(\frac{dF_{Z1}}{dx_b} + \frac{dF_{Z2}}{dx_b} + \frac{dF_{Z3}}{dx_b}\right)dx_b \quad \text{(A.4.10)}$$

$$M_\theta = -\int_{x_a}^{x_f} x_b\left(\frac{dF_{Z1}}{dx_b} + \frac{dF_{Z2}}{dx_b} + \frac{dF_{Z3}}{dx_b}\right)dx_b \quad \text{(A.4.11)}$$

(A.4.7-9) を代入し、部分積分

$$\int x \frac{d\rho S_z(x)}{dx} dx = [x\rho S_z(x)] - \int \rho S_z(x) d$$

を用いれば、F_Z は、具体的に次のように計算できる。

$$F_Z = -\int_{x_a}^{x_f} \rho g B(x_b)\{z - x_b\theta\} dx_b$$
$$-\int_{x_a}^{x_f} \rho N_z(x_b)\{\dot{z} - x_b\dot{\theta} + U\theta\} dx_b$$
$$-\int_{x_a}^{x_f} \rho S_z(x_b)\{\ddot{z} - x_b\ddot{\theta} + 2U\dot{\theta}\} dx_b \quad \text{(A.4.12)}$$
$$+\int_{x_a}^{x_f} U \frac{d\rho S_z(x_b)}{dx_b}\{\dot{z} - x_b\dot{\theta} + U\theta\} dx_b$$

$$= -\rho g \int_{x_a}^{x_f} B(x_b) dx_b \times z + \rho g \int_{x_a}^{x_f} x_b B(x_b) dx_b \times \theta$$
$$-\int_{x_a}^{x_f} \rho N_z(x_b) dx_b \times \dot{z} + \int_{x_a}^{x_f} x_b \rho N_z(x_b) dx_b \times \dot{\theta}$$
$$-U\int_{x_a}^{x_f} \rho N_z(x_b) dx_b \times \theta - \int_{x_a}^{x_f} \rho S_z(x_b) dx_b \times \ddot{z}$$
$$+\int_{x_a}^{x_f} x_b \rho S_z(x_b) dx_b \times \ddot{\theta} - 2U\int_{x_z}^{x_f} \rho S_z(x_b) dx_b \times \dot{\theta}$$
$$+U[\rho S_z(x_b)]_{x_a}^{x_f} \times \dot{z} - U\int_{x_a}^{x_f} x_b \frac{d\rho S_z(x_b)}{dx_b} dx_b \times \dot{\theta}$$
$$+U^2 \int_{x_a}^{x_f} \frac{d\rho S_z(x_b)}{dx_b} dx_b \times \theta$$

$$= \left\{-\int_{x_a}^{x_f} \rho S_z(x_b) dx_b\right\} \times \ddot{z} + \left\{-\int_{x_a}^{x_f} \rho N_z(x_b) dx_b + U[\rho S_z(x_b)]_{x_a}^{x_f}\right\} \times \dot{z}$$
$$+\left\{-\rho g \int_{x_a}^{x_f} B(x_b) dx_b\right\} \times z + \left\{\int_{x_a}^{x_f} x_b \rho S_z(x_b) dx_b\right\} \times \ddot{\theta}$$
$$+\left\{\int_{x_a}^{x_f} x_b \rho N_z(x_b) dx_b - U\int_{x_a}^{x_f} \rho S_z(x_b) dx_b - U[x_b \rho S_z(x_b)]_{x_a}^{x_f}\right\} \times \dot{\theta}$$
$$+\left\{\rho g \int_{x_a}^{x_f} x_b B(x_b) dx_b - U\int_{x_a}^{x_f} \rho N_z(x_b) dx_b + U^2 [\rho S_z(x_b)]_{x_a}^{x_f}\right\} \times \theta$$

同様にして、M_θ も以下のように求めることができる。

$$M_\theta = \left\{ \int_{x_a}^{x_f} x \rho S_z(x_b) dx_b \right\} \times \ddot{z}$$

$$+ \left\{ \int_{x_a}^{x_f} x_b \rho N_z(x_b) dx_b - U[x_b \rho S_z(x_b)]_{x_a}^{x_f} + U \int_{x_a}^{x_f} \rho S_z(x_b) dx_b \right\} \times \dot{z}$$

$$+ \left\{ \rho g \int_{x_a}^{x_f} x_b B(x_b) dx_b \right\} \times z + \left\{ -\int_{x_a}^{x_f} x_b{}^2 \rho S_z(x_b) dx_b \right\} \times \ddot{\theta} \qquad \text{(A.4.13)}$$

$$+ \left\{ -\int_{x_a}^{x_f} x_b{}^2 \rho N_z(x_b) dx_b + U[x_b{}^2 \rho S_z(x_b)]_{x_a}^{x_f} \right\} \times \dot{\theta}$$

$$+ \left\{ -\rho g \int_{x_a}^{x_f} x_b{}^2 B(x_b) dx_b + U \int_{x_a}^{x_f} x_b \rho N_z(x_b) dx_b - U^2[x_b \rho S_z(x_b)]_{x_a}^{x_f} + U^2 \int_{x_a}^{x_f} \rho S_z(x_b) dx_b \right\} \times \theta$$

波浪強制力はフルード・クリロフ力とディフラクション力に分けられるが、このうちフルード・クリロフ力は（2）で船体全体に働く力を既に求めた。ディフラクション力は、波長が喫水にくらべて十分大ならば、入射波中の流体粒子が船体表面で阻止された分だけ、相対的に船体横断面を運動させて、等価的にラディエーション力に置き換えて推定することができる。このときの流体粒子の運動速度は、上下揺れ、縦揺れに対しては、$z_b = d$ で代表させる。すなわち、

$$V_{WY}{}^* = \zeta_a \omega e^{-kd} \sin(k\xi - \omega t) \qquad \text{(A.4.14)}$$

よって、等価な上下方向の横断面速度は、

$$\begin{aligned} w^* &= -\zeta_a \omega e^{-kd} \sin(k\xi - \omega t) \\ &= -\zeta_a \omega e^{-kd} \sin\{k^*(x_b + Ut) - \omega t\} \\ &= -\zeta_a \omega e^{-kd} \sin\{k^* x_b - (\omega - k^* U)\} \\ &= -\zeta_a \omega e^{-kd} \sin(k^* x_b - \omega_e t) \end{aligned} \qquad \text{(A.4.15)}$$

ここで k^* については後述する。

以上の情報および $\omega_e = \omega - kU$ より、横断面に働くディフラクション力は次のように表現できる。

$$\begin{aligned} \frac{dF_{Zd}}{dx_b} &= -\rho N_z(x_b) w^* - \frac{d}{dx_b}(\rho S_z(x_b) w^*) \\ &= -\rho N_z(x_b) w^* - \rho S_z(x_b) \frac{\partial w^*}{\partial t} + U \frac{\partial}{\partial x_b}\{\rho S_z(x_b) w^*\} \\ &= \rho N_z(x_b) \{\zeta_a \omega e^{-kd} \sin(k^* x_b - \omega_e t)\} \\ &\quad - \rho S_z(x_b) \{\zeta_a \omega \omega_e e^{-kd} \cos(k^* x_b - \omega_e t)\} \\ &\quad - U \left\{ \frac{d\rho S_z(x_b)}{dx} \zeta_a \omega e^{-kd} \sin(k^* x_b - \omega_e t) \right\} \end{aligned} \qquad \text{(A.4.16)}$$

$$-U\{\rho S_z(x_b)\{\zeta_a\omega k^* e^{-kd}\cos(k^*x_b-\omega_e t)\}\}$$

$$=\rho N_z(x_b)\{\zeta_a\omega e^{-kd}\sin(k^*x_b-\omega_e t)\}$$

$$-\rho S_z(x_b)\{\zeta_a\omega^2 e^{-kd}\cos(k^*x_b-\omega_e t)\}$$

$$-U\left\{\frac{d\rho S_z(x_b)}{dx_b}\zeta_a\omega e^{-kd}\sin(k^*x_b-\omega_e t)\right\}$$

船体全体に働くディフラクション力は、以上の断面に働く流体力を船尾 ($x=x_a$) から船首 ($x=x_f$) まで積分すればよい。

$$F_{Zd}=\int_{x_a}^{x_f}\frac{dF_{Zd}}{dx_b}dx_b \tag{A.4.17}$$

$$M_{\theta d}=-\int_{x_a}^{x_f}x_b\frac{dF_{Zd}}{dx_b}dx_b \tag{A.4.18}$$

(A.4.16) を代入し、部分積分

$$\int\left(\frac{d\rho S_z(x)}{dx}\sin k^*x\right)dx=[\rho S_z(x)\sin k^*x]-k^*\int\rho S_z(x)\cos k^*x\,dx$$

を用いれば、F_{Zd} は、具体的に次のように計算できる。

$$F_{Zd}=\int_{x_a}^{x_f}\rho N_z(x_b)\{\zeta_a\omega e^{-kd}\sin(k^*x_b-\omega_e t)\}dx_b$$

$$-\int_{x_a}^{x_f}\rho S_z(x_b)\{\zeta_a\omega^2 e^{-kd}\cos(k^*x_b-\omega_e t)\}dx_b$$

$$-U\int_{x_a}^{x_f}\frac{d\rho S_z}{dx_b}\{\zeta_a\omega e^{-kd}\sin(k^*x_b-\omega_e t)\}dx_b$$

$$=\zeta_a\omega\int_{x_a}^{x_f}\rho N_z(x_b)e^{-kd}\{\sin k^*x_b\cos\omega_e t-\cos k^*x_b\sin\omega_e t\}$$

$$-\zeta_a\omega^2\int_{x_a}^{x_f}\rho S_z(x_b)e^{-kd}\{\cos k^*x_b\cos\omega_e t+\sin k^*x_b\sin\omega_e t\}$$

$$-\zeta_a\omega U\int_{x_a}^{x_f}\frac{d\rho S_z}{dx_b}e^{-kd}\{\sin k^*x_b\cos\omega_e t-\cos k^*x_b\sin\omega_e t\}$$

$$=\{\zeta_a\omega\int_{x_a}^{x_f}\rho N_z(x_b)e^{-kd}\sin k^*x_b\,dx_b-\zeta_a\omega^2\int_{x_a}^{x_f}\rho S_z(x_b)e^{-kd}\cos k^*x_b\,dx_b$$

$$-\zeta_a\omega U\int_{x_a}^{x_f}\frac{d\rho S_z(x_b)}{dx_b}e^{-kd}\sin k^*x_b\,dx_b\}\cos\omega_e t$$

3.4 斜め波中の運動特性

$$+\{-\zeta_a\omega\int_{x_a}^{x_f}\rho N_z(x_b)e^{-kd}\cos k^*x_b\,dx_b - \zeta_a\omega^2\int_{x_a}^{x_f}\rho S_z(x_b)e^{-kd}\sin k^*x_b\,dx_b$$

$$+\zeta_a\omega U\int_{x_a}^{x_f}\frac{d\rho S_z(x_b)}{dx_b}e^{-kd}\cos k^*x_b\,dx_b\}\sin\omega_e t$$

$$=\{\zeta_a\omega\int_{x_a}^{x_f}\rho N_z(x_b)e^{-kd}\sin k^*x_b\,dx_b - \zeta_a\omega\omega_e\int_{x_a}^{x_f}\rho S_z(x_b)e^{-kd}\cos k^*x_b\,dx_b$$

$$-\zeta_a\omega U[\rho S_z(x_b)e^{-kd}\sin k^*x_b]_{x_a}^{x_f}\}\cos\omega_e t$$

$$+\{-\zeta_a\omega\int_{x_a}^{x_f}\rho N_z(x_b)e^{-kd}\cos k^*x_b\,dx_b - \zeta_a\omega\omega_e\int_{x_a}^{x_f}\rho S_z(x_b)e^{-kd}\sin k^*x_b\,dx_b$$

$$+\zeta_a\omega U[\rho S_z(x_b)e^{-kd}\cos k^*x_b]_{x_a}^{x_f}\}\sin\omega_e t \tag{A.4.19}$$

同様にして、$M\theta_d$ も以下のように求めることができる。

$$M_{\theta d}=\{-\zeta_a\omega\int_{x_a}^{x_f}\rho N_z(x_b)x_b\,e^{-kd}\sin k^*x_b\,dx_b + \zeta_a\omega\omega_e\int_{x_a}^{x_f}\rho S_z(x_b)x_b\,e^{-kd}\cos k^*x_b\,dx_b$$

$$-\zeta_a\omega U\int_{x_a}^{x_f}\rho S_z(x_b)e^{-kd}\sin k^*x_b\,dx_b + \zeta_a\omega U[\rho S_z(x_b)x_b\,e^{-kd}\sin k^*x_b]_{x_a}^{x_f}\}\cos\omega_e t$$

$$+\{\zeta_a\omega\int_{x_a}^{x_f}\rho N_z(x_b)x_b\,e^{-kd}\cos k^*x_b\,dx_b + \zeta_a\omega\omega_e\int_{x_a}^{x_f}\rho S_z(x_b)x_b\,e^{-kd}\sin k^*x_b\,dx_b$$

$$+\zeta_a\omega U\int_{x_a}^{x_f}\rho S_z(x_b)e^{-kd}\cos k^*x_b\,dx_b - \zeta_a\omega U[\rho S_z(x_b)x_b\,e^{-kd}\cos k^*x_b]_{x_a}^{x_f}\}\sin\omega_e t \tag{A.4.20}$$

以上のようにして、船体に働く z_b 軸方向の力 Z と y_b 軸まわりのモーメント M が求められたので、これを (A.2.5) 式に代入し、(A.2.8) 式の関係を用いれば、(A.2.10) 式に対応する運動方程式を求めることができる。

$$(m+Z_{\dot w})\ddot z+Z_{\dot w}\dot z+Z_z z+Z_{\dot\theta}\ddot\theta+(Z_{\dot\theta}+Z_{\dot w}U)\dot\theta$$
$$+(Z_\theta+Z_w U)\theta=Z_C\cos\omega_e t+Z_S\sin\omega_e t$$

$$(I_{yy}+M_{\ddot\theta})\ddot\theta+(M_{\dot\theta}+M_{\dot w}U)\dot\theta+(M_\theta+M_w U)\theta$$
$$+M_{\ddot w}\ddot z+M_{\dot w}\dot z+M_z z=M_C\cos\omega_e t+M_S\sin\omega_e t \tag{A.4.21}$$

ここで、

$$Z_{\dot w}=A_{33}=\int_{x_a}^{x_f}\rho S_z(x_b)dx_b$$

$$Z_w=B_{33}=\int_{x_a}^{x_f}\rho N_z(x_b)dx_b - U[\rho S_z(x_b)]_{x_a}^{x_f}$$

$$Z_{\ddot{z}} = C_{33} = \rho g \int_{x_a}^{x_f} B(x_b) dx_b$$

$$Z_{\ddot{\theta}} = A_{35} = -\int_{x_a}^{x_f} x_b \rho S_z(x_b) dx_b$$

$$Z_{\dot{\theta}} + Z_{\dot{w}} U = B_{35} = -\int_{x_a}^{x_f} x_b \rho N_z(x_b) dx_b + U\int_{x_a}^{x_f} \rho S_z(x_b) dx_b + U[x_b \rho S_z(x_b)]_{x_a}^{x_f}$$

$$Z_\theta + Z_w U = C_{35} = -\rho g \int_{x_a}^{x_f} x_b B(x_b) dx_b + U\int_{x_a}^{x_f} \rho N_z(x_b) dx_b - U^2 [\rho S_z(x_b)]_{x_a}^{x_f}$$

$$|F_{w3}|\cos\varepsilon_{w3} = Z_c = \rho g \zeta_a \int_{x_a}^{x_f} B(x_b) e^{-kd} \cos k^* x_b \, dx_b + \zeta_a \omega \int_{x_a}^{x_f} \rho N_z(x_b) e^{-kd} \sin k^* x_b \, dx_b$$

$$- \zeta_a \omega \omega_e \int_{x_a}^{x_f} \rho S_z(x_b) e^{-kd} \cos k^* x_b \, dx_b - \zeta_a \omega U [\rho S_z(x_b) e^{-kd} \sin k^* x_b]_{x_a}^{x_f}$$

$$|F_{w3}|\sin\varepsilon_{w3} = Z_S = \rho g \zeta_a \int_{x_a}^{x_f} B(x_b) e^{-kd} \sin k^* x_b \, dx_b - \zeta_a \omega \int_{x_a}^{x_f} \rho N_z(x_b) e^{-kd} \cos k^* x_b \, dx_b$$

$$- \zeta_a \omega \omega_e \int_{x_a}^{x_f} \rho S_z(x_b) e^{-kd} \sin k^* x_b \, dx_b + \zeta_a \omega U [\rho S_z(x_b) e^{-kd} \cos k^* x_b]_{x_a}^{x_f}$$

$$M_{\ddot{\theta}} = A_{55} = \int_{x_a}^{x_f} x_b^2 \rho S_z(x_b) dx_b$$

$$M_{\dot{\theta}} + M_{\dot{w}} U = B_{55} = \int_{x_a}^{x_f} x_b^2 \rho N_z(x_b) dx_b - U[x_b^2 \rho S_z(x_b)]_{x_a}^{x_f}$$

$$M_\theta + M_w U = C_{55} = \rho g \int_{x_a}^{x_f} x_b^2 B(x_b) dx_b - U\int_{x_a}^{x_f} x_b \rho N_z(x_b) dx_b + U^2 [x_b \rho S_z(x_b)]_{x_a}^{x_f} - U^2 \int_{x_a}^{x_f} \rho S_z(x_b) dx_b$$

$$M_{\dot{w}} = A_{53} = -\int_{x_a}^{x_f} x_b \rho S_z(x_b) dx_b$$

$$M_w = B_{53} = -\int_{x_a}^{x_f} x_b \rho N_z(x_b) dx_b + U[x_b \rho S_z(x_b)]_{x_a}^{x_f} - U\int_{x_a}^{x_f} \rho S_z(x_b) dx_b$$

$$M_z = C_{53} = -\rho g \int_{x_a}^{x_f} x_b B(x_b) dx_b$$

$$|F_{w5}|\cos\varepsilon_{w5} = M_c = -\rho g \zeta_a \int_{x_a}^{x_f} B(x_b) e^{-kd} x_b \cos k^* x_b \, dx_b - \zeta_a \omega \int_{x_a}^{x_f} \rho N_z(x_b) e^{-kd} x_b \sin k^* x_b \, dx_b$$

$$+ \zeta_a \omega \omega_e \int_{x_a}^{x_f} \rho S_z(x_b) e^{-kd} x_b \cos k^* x_b \, dx_b$$

$$- \zeta_a \omega U \int_{x_a}^{x_f} \rho S_z(x_b) e^{-kd} \sin k^* x_b \, dx_b + \zeta_a \omega U [\rho S_z(x_b) e^{-kd} x_b \sin k^* x_b]_{x_a}^{x_f}$$

$$|F_{w5}|\sin\varepsilon_{w5} = M_S = -\rho g \zeta_a \int_{x_a}^{x_f} B(x_b) e^{-kd} x_b \sin k^* x_b \, dx + \zeta_a \omega \int_{x_a}^{x_f} \rho N_z(x_b) e^{-kd} x_b \cos k^* x_b \, dx_b$$

$$+ \zeta_a \omega \omega_e \int_{x_a}^{x_f} \rho S_z(x_b) e^{-kd} x_b \sin k^* x_b \, dx_b$$

$$+ \zeta_a \omega U \int_{x_a}^{x_f} \rho S_z(x_b) e^{-kd} \cos k^* x_b \, dx_b - \zeta_a \omega U [\rho S_z(x_b) e^{-kd} x_b \cos k^* x_b]_{x_a}^{x_f}$$

上記の運動方程式は、$k^* = k$ とすると、図A.1.1で考えたような追波状態に対するものと

3.4 斜め波中の運動特性

なる。このとき、

$$\xi = x_b + Ut \tag{A.4.22}$$

であるから、

$$\omega_e = \omega - kU \tag{A.4.23}$$

とすると、

$$\begin{aligned} k\xi - \omega t &= kx_b + kUt - \omega t \\ &= kx_b - (\omega - kU)t \\ &= kx_b - \omega_e t \end{aligned} \tag{A.4.24}$$

一方、向波状態では、船の向き、すなわち x_b 軸の向きが図 A.1.1 とは反対となる。よって、

$$\xi = -x_b - Ut \tag{A.4.25}$$

であるから、

$$\omega_e = \omega + kU \tag{A.4.26}$$

とすると、

$$\begin{aligned} k\xi - \omega t &= -kx_b - kUt - \omega t \\ &= -kx_b - (\omega + kU)t \\ &= -kx_b - \omega_e t \end{aligned} \tag{A.4.27}$$

(A.4.24) と (A.4.25) を比較すれば、向波については、(A.4.21) 式において $k^* = -k$ とおけばよいことになる。

さらに、(A.4.21) 式を本文中の記号に統一すると、

$$(m + A_{33})\ddot{z} + B_{33}\dot{z} + C_{33}z + A_{35}\ddot{\theta} + B_{35}\dot{\theta} + C_{35}\theta = \mathrm{Re}\,[F_{w3}e^{i\omega_e t}]$$
$$(I_{yy} + A_{55})\ddot{\theta} + B_{55}\dot{\theta} + C_{55}\theta + A_{53}\ddot{z} + B_{53}\dot{z}_4 + C_{53}z = \mathrm{Re}\,[F_{w5}e^{i\omega_e t}]$$

となり、(A.1.4)、(A.1.5) 式となる

参考文献

1. 高石敬史：ストリップ法による耐航性の諸計算について、日本造船学会誌：第553号、1975
2. 中村彰一：耐航性の諸要素、耐航性に関するシンポジウム、日本造船学会、1969
3. 高木幹雄他：船型と船体運動、運動性能研究委員会・第5回シンポジウム、日本造船学会、1988

第4章　横揺れ

4.1　横環動半径

　運動方程式の慣性項は、直進運動の場合には質量と加速度の積で表され、回転運動においては慣性モーメントと角加速度の積で表される。慣性モーメントは、回転中心からどれだけ離れた位置に質量があるかによって決まり、回転中心からの距離の2乗と各微小部分の質量の積を積分して求まる。

　かつては、船体の構成部材や各種艤装品の質量を詳細に知ることは難しかったが、船舶設計図面がコンピュータ化されて、ほぼすべての構成部材や艤装品の質量分布が正確に分かるようになって船自体の慣性モーメントを理論的に求めることも不可能とはいえない。ただし、貨物や乗船人員は航海ごとに変化し、バラスト水や燃料油の量や積載位置によっても変化するので、実際の航海時の正確な慣性モーメントを知ることは容易ではない。また主機関の内部などの重量分析も入手し難い場合もある。

　さらに慣性項には、流体力のうち加速度に比例する成分、すなわち付加慣性モーメントと呼ばれる流体力成分を一緒にして扱うのが一般的で、この量を含めた慣性モーメントを「見掛けの慣性モーメント」と呼ぶ。船体のもつ慣性モーメント I_{xx} と、流体運動から発生する付加慣性モーメント A_{44} を合わせた「見掛けの慣性モーメント」を、質量 $M(=W/g)$ と等価半径 κ を用いて次のように表現されることがある。

$$(I_{xx}+A_{44})=M\kappa^2 \qquad (4.1)$$

この等価半径 κ のことを、環動半径と呼ぶ。

　付加慣性モーメントは、現在では、流体力学を使って理論的に計算することが可能で、ストリップ法をはじめとする船体運動の理論計算法ではこうした理論計算値が使われている。この付

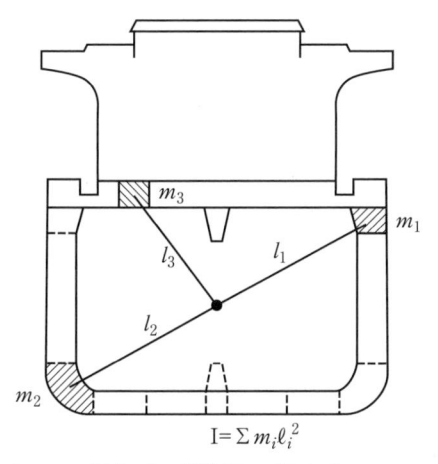

図4.1　慣性モーメント I

加慣性モーメントは、自由表面に造る波によっても変化するため、運動周波数によって変化するが、一般的には横揺れが大きくなる同調周波数での値で代用することも多い。なお、空気中ではA_{44}がほぼ0なので、2.2.2節の（2.34）式に一致する。

また、見掛けの慣性モーメントは、船体の慣性モーメントの1.1～1.4倍程度になるといわれている[1]。いい換えれば、船が運動することによる流体力の影響で、見掛け上慣性モーメントが1～4割程度増加することとなる。

環動半径κは、船幅Bに強く関係しており、κ/Bは0.3から0.45程度の値となる。環動半径κは固有周波数ω_ϕと深い関係があり、

$$\omega_\phi = \sqrt{gGM/\kappa^2} \qquad (4.2)$$

となる。

横揺れと縦揺れを区別する時には、横揺れの環動半径は「横環動半径」、縦揺れの環動半径を「縦環動半径」と呼ぶこともある。

コラム　環動半径か慣動半径か？

環動半径か、慣動半径かは、執筆陣でもかなりもめた。過去の造船関連教科書、シンポジウムテキスト、便覧でも使い方は様々で統一されていない。関西造船協会の造船便覧では環動半径、日本造船学会の船舶工学用語集では慣動半径、日本政府の規則の中では環動半径といった具合だ。慣性モーメントを簡略化して表すためのものなので、慣動半径という使い方が多くなったようだが、本来は環動半径との意見もあった。また、慣性半径、回転半径と呼ばれることもある。

いくつかの造船所に問い合わせたところ、船舶に支給する完成図書では環動半径が使われているとのことだったので、本書では環動半径に統一をした。

4.2　横揺れ減衰力

4.2.1　横揺れ減衰力の特性

横揺れ運動は、復原力がありかつ減衰力が比較的小さいので、同調時に大きな運動振幅となり、その運動振幅には横揺れ減衰力の影響が極めて大きい。

船体運動の多くの運動モードにおける減衰力は、自由表面に波を発生することによる造波成分が支配的であるのに対し、横揺れの場合には造波成分は相対的に小さく、流体の粘性に基づく成分が支配的であり、その結果非線形性も顕著であるという特長がある。

粘性流体力成分としては、摩擦成分と剥離流に起因する造渦成分がある。前者は模型船でもせいぜい10%程度であり、実船では数%となり実用的には無視することができる。一方後者は、特に肥大船型では大きく、またビルジキールのように積極的に大きな渦を造ることによって減衰力を増加させる装置も一般的に付いているため、全横揺れ減衰力の80%以上を粘性成分が占めることも珍しくない。

また、横揺れ減衰力は、船の前進速度の増加と共に増加する。このため、一般的に船は走り出

しスピードが増すにつれて横揺れが収まっていく。この横揺れ減衰力の前進速度影響は、主に横揺れによって船体が流入する流れに対して迎角をもつことによって船体に働く揚力によるものであることが示されている。

コラム　粘性影響が大きいのはなぜか

なぜ、横揺れ減衰力だけに、粘性影響が顕著にでるのであろうか。これは、横揺れ減衰力の中の造波成分が極端に小さいことに原因がある。横揺れ時に発生する波は、船の幅Bと喫水dの比に強く依存し、B/dが2～3程度の時に最も小さくなる。これは物理的には、船側と船底の圧力分布がちょうど位相の反対の波を造るために、結果的に作られる波が小さくなるとして理解される。このため、粘性成分が相対的に大きくなるわけだが、さらにビルジ付近に粘性に基づく強い渦が発生し、その位置がちょうど大きなモーメントを発生するのに都合がよいのである。その原理を積極的に利用したのが、ビルジ付近に大きな渦を造るビルジキールである。

また、横揺れ減衰力が重要となるのは同調時であるが、横揺れの固有周期は、大型船では8～20秒と、他の船体運動の固有周期に比べてかなり長い。この長周期領域では、造波成分が非常に小さくなり、これも粘性成分の割合が大きくなることに寄与している。

4.2.2　非線形横揺れ減衰力の表示法

粘性に基づく流体力は、速度の2乗に比例する非線形性をもつのが特徴である。従ってその表示が横揺れ角速度には比例しなくなる。このため横揺れ減衰力の表示法にはいくつかあり、また横揺れ減滅係数という表現もある。

（a）　横揺れ減衰力（M_r）の表示法

$$\cdot 非線形表示 \quad M_r = B_1 \dot{\phi} + B_2 \dot{\phi}|\dot{\phi}| \tag{4.3}$$

右辺の第1項は線形項で、第2項は横揺れ角速度の2乗に比例する非線形項である。造波成分や揚力成分は第1項に、造渦成分やビルジキール成分は主に第2項に含まれる。ϕを正弦関数として上式に代入して、第2項を表示してみると多少の歪みはあるものの正弦関数に近い曲線となる。すなわち、第2項の非線形性は比較的弱く、次のように等価線形化しても運動の結果にはそれほど大きな差異はでない。

$$\cdot 等価線形表示 \quad M_r = B_{44} \dot{\phi} = \left\{ B_1 + \frac{8}{3\pi} B_2 \phi_a \omega \right\} \dot{\phi} \tag{4.4}$$

ただし、ϕは横揺れ角、ϕ_aは横揺れ振幅を表す。

このB_{44}を等価線形減衰係数と呼び、次式のように横揺れ振幅ϕ_aと周波数ωの関数になることに注意が必要である。

$$B_{44} = \left\{ B_1 + \frac{8}{3\pi} B_2 \phi_a \omega \right\} \tag{4.5}$$

なお、不規則波中では、線形化による横揺れ角の誤差の2乗平均値を極小とする等価線形化が行われ、係数がやや異なる

注1　非線形表示で角速度の2乗の項を、$(d\phi/dt)^2$ ではなく $d\phi/dt|d\phi/dt|$ と表示するのは速度の方向を表すため。

注2　等価線形化は、1周期の間のエネルギー損失を、線形近似式と本来の非線形表現式で同じにすることによって得られる。すなわち、モーメントの時間ベースの波形自体は若干違うが、損失エネルギーは同じになっており、等価線形化しても横揺れの運動の推定にはそれほど大きな違いは生じない。

(b)　減衰係数（角度は degree 単位）

模型船をある角度だけ傾けて静かに放し、その時の減衰していく横揺れ角を記録する方法を自由横揺れ試験という。

自由横揺れ試験で得られた横揺れ角の時系列である減衰曲線（図4.2）から以下に定める減衰曲線を描き、それを多項式近似して求められた係数を減衰係数と呼ぶ。この減衰曲線について原点を頂点とする2次関数表示をする場合と、一次と2次の式で近似する下記の2つの表現が一般的に用いられている。

$$\Delta\phi = N\phi_m^2 \quad \text{(ベルタンの表現)} \tag{4.6}$$

$$\Delta\phi = a\phi_m + b\phi_m^2 \quad \text{(フルードの表現)} \tag{4.7}$$

ここで、$\Delta\phi$ は減衰曲線の計測値から得られる連続する2つの横揺れ振幅 ϕ_a の差（一揺れ毎の片振幅の絶対値）、ϕ_m は2つの横揺れ振幅の平均値。すなわち、図4.2の減衰曲線から、

$$\Delta\phi = \phi_{a1} - \phi_{a2} \tag{4.8}$$

$$\phi_m = (\phi_{a1} + \phi_{a2})/2 \tag{4.9}$$

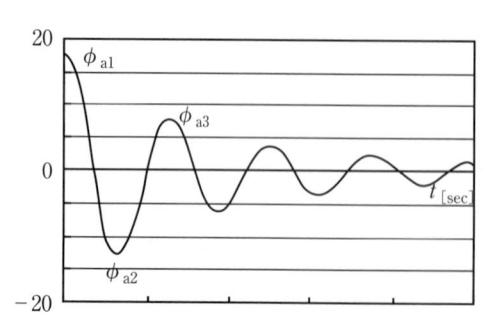

図4.2　自由横揺れ試験で得られる横揺れ減衰曲線

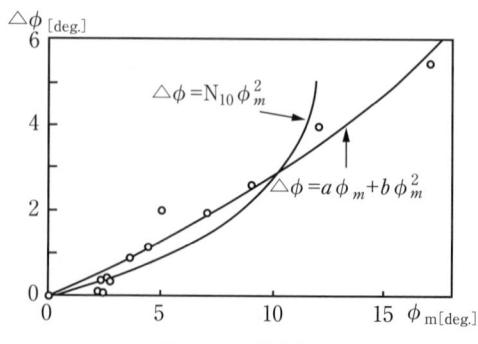

図4.3　減衰曲線

を求め、図4.3のように縦軸に$\Delta\phi$、横軸にϕ_mをとった図を減減曲線図と呼ぶ。ここでの$\Delta\phi$およびϕ_mの単位は degree（度）であることに注意が必要だ。すなわち、

減減係数のうち（2-5）式で表す N 係数は、ビルジキール付きの船舶で20度の横揺れ振幅の時に、おおよそ0.02となる。この値は、かつて、日本の船舶復原性規則の中でも使われていた。

コラム　B_{44}と減減係数 N との関係

横揺れ減衰係数 B_{44} と減減係数 N との間には、エネルギー的に等価という考え方に基づくと、次の関係がある。

$$\widehat{B}_{44}=(GM\phi_a/\pi B\widehat{\omega})N \qquad (\phi_a:\text{degree}) \tag{4.10}$$

$$\text{無次元係数}\;\widehat{B}_{44}=B_{44}\{\sqrt{B/2g}/(\rho\nabla B^2)\}$$

$$\text{無次元円周波数}\;\widehat{\omega}=\omega\sqrt{B/2g}$$

ただし、GM はメタセンター高さ、ϕ_a は横揺れ振幅、B は船幅、g は重力加速度、∇ は排水容積、ρ は水の密度。

4.2.3　横揺れ減衰力の計測法

(a)　自由横揺れ試験

自由横揺れ試験には、模型の固有周期での減衰力しか得られないこと（広い周波数域での値を得るためには固有周期を系統的に変えて実験をする必要がある）、減衰力が大きい場合には一気に減衰するため精度が悪くなることなどの欠点があるものの、たいへん簡単な試験で横揺れ減衰力を手軽に求められる。

また、かつては、非線形項であるビルジキール成分は b 係数だけに表されるとされていたが、渦放出に伴うビルジキールの抗力係数は、KC 数（クーリガン・カーペンター数：$=U_{max}T/D$、U_{max}：最大速度、T：周期、D：代表長さ）、すなわち相対振幅に依存することが明らかとなり、a 係数にもビルジキールの効果があることが分かってきた。

注1　減減曲線は両軸ともに degree（度）の単位とすることに注意。
注2　N 係数は横揺れ振幅によって違った値となる。そのため N に添え字をつけて、平均横揺れ振幅を示すのが普通。すなわち N_{20} は横揺れ振幅が20度の時の N 値。

コラム　減衰力が消費するエネルギーの見える自由横揺れ試験

自由横揺れ試験では、1揺れごとの「減衰力によるエネルギー消費量」をそのまま見ることができることに特徴がある。その原理は次のとおり。1揺れ毎の揺れ止まりの瞬間には運動速度は0であり、運動エネルギーは0となり、すべてが復原力による位置エネルギー（振動論的にはバネによるエネルギー）である。前の揺れ止まりの位置エネルギーと比べることにより、その1揺れ間に減衰力がした仕事が分かり、そこから減衰係数が求まるというわけ。

(b) 強制動揺試験

　模型船を設定した横揺れ中心軸まわりに強制的に規則的な横揺れをさせ、その時に働く反力を計測し、その反力のうち角速度に比例する成分を抽出して（一般にはフーリエ級数に展開して）、横揺れ減衰力を求める方法。広い範囲の周波数、振幅に対する減衰力を得られる点が特徴。しかし、自由横揺れ試験に比べると特殊な実験装置が必要で、また比較的小さい力を解析して横揺れ減衰力を求めるために精度が出にくい特性があり、実験には多少の熟練がいる。

　実験のヒント　船体に働く流体力は、船体形状および回転中心が決まれば、各周波数および振幅に対して一意に決まるので、実験時の模型の固有周期自体はどのような値でもかまわない。そこで、実験時に、強制動揺の周期と実際の模型の同調周期を近づけておくと、慣性項と復原項が打ち消しあうため、相対的に減衰項が大きくなり、横揺れ減衰力の解析がしやすくなり精度があがる。

4.2.4　横揺れ減衰力の推定法

　横揺れ減衰力の簡易推定法はいくつかあるが、一般的な排水量船型に対する池田の方法が、プログラムが公開されていることもあり、世界的に広く用いられている。同手法は、横揺れ減衰力を、停止時（$Fn = 0$）には、造波、摩擦、粘性圧力、ビルジキールの成分に分け、それぞれの成分について、できるだけ理論的な手法を用いてその特性を数式で表示し、それに実験に基づく各種係数を加えたものであり、組み立て式推定法とも呼ばれている。

　同法では、等価線形化された横揺れ減衰力が次式で表される。ここで B_F は摩擦、B_W は造波、B_E は粘性圧力、B_{BK} はビルジキール、B_L は揚力成分である。

$$B_{44} = B_F + B_W + B_E + B_{BK} + B_L \tag{4.11}$$

　前進速度がある場合には、造波、摩擦、粘性圧力成分については修正係数を用いて、また揚力成分には操縦性流体力推定法を援用して準静的な考え方に基づく推定式を用いている。

　この池田の推定法をベースにして主要目だけで推定ができる簡易推定法も提案されており、IMOのパラメトリック横揺れに関する規則中でもこれを用いるよう審議中である。一般的な貨物船型のほか、ハードチャイン船型でスケグもついた小型船用、バージ等の箱船用の推定法も池田らによって発表されている。

　以下に池田の方法中の各成分の推定法の概略を説明する。

(1) 摩擦成分

　横揺れ運動に伴って船体表面近くに形成される非定常境界層によって船体表面に沿って働く粘性減衰力成分で理論計算も可能であるが、推定法の中では $Fn = 0$ の時の加藤の簡易推定法に、田宮の前進速度修正をほどこした下記の加藤・田宮の式が使われている。

$$B_F = \frac{4}{3\pi} \rho S_f r_f^3 \phi_a \omega C_f (1 + 4.1 \frac{U}{\omega L}) \tag{4.12}$$

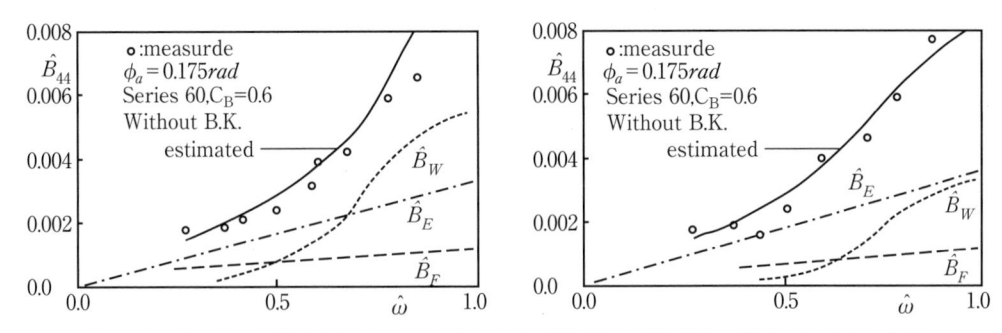

図4.4 停止時の横揺れ減衰力の池田法による推定結果と実験値との比較（各成分と全体）

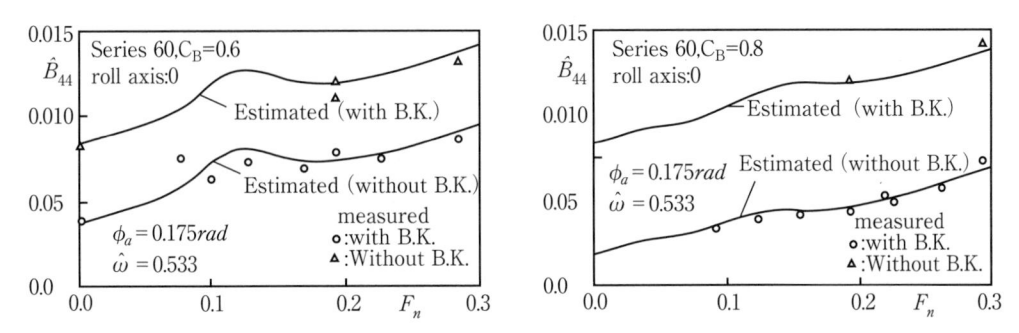

図4.5 前進速度のある時の横揺れ減衰力の池田法による推定値と実験値の比較

$$C_f = 1.328 \left(\frac{3.22 r_f^2 \phi_a^2}{T\nu} \right)^{-\frac{1}{2}}$$

$$r_f = \{(0.887 + 0.145 C_B)(1.7d + C_B B) - 2OG\}/\pi$$

$$S_f = L(1.75d + C_B B)$$

ただし、S_f は浸水表面積、r_f は等価半径、C_f は摩擦抵抗係数、U は前進速度、L は船長、B は船幅、T は横揺れ周期、ν は動粘性係数、C_B は方形係数、OG は静止水面から横揺れ軸までの距離（下向き正）である。

この摩擦抵抗成分は運動速度の2乗に比例する非線形成分であるが、(2-11) 式では等価線形化されている。また、同式からわかるように前進速度に比例して増加する。C_f がレイノルズ数に依存するため横揺れ減衰力の中では唯一尺度影響があり、2m 程度の模型では 8～10% を占めるが、実船では 2～3% となり無視できるほど小さくなる。

(2) 造波成分

横揺れによって水面に生じる波によるエネルギー散逸に基づく減衰力であり、半幅/喫水比 H_0 が 1～1.5 程度の一般的な船型では比較的小さい。ただし、周波数が高い領域では急速に大きくなる特性をもっている。完全流体理論に基づく計算が可能であり、推定法の中では $Fn = 0$ での理論計算値 B_{W0} を使うことになっており、それに前進速度影響を表す下式を使って推定する。

$$B_W/B_{W0} = 0.5[\{((A_2+1)+(A_2-1)\tanh 20(\Omega-0.3))\} + (2A_1-A_2-1)e^{-150(\Omega-0.25)^2}] \quad (4.13)$$

ただし、$A_1=1+\xi_d^{-1.2}e^{-2\xi_d}$、$A_2=0.5+\xi_d^{-1.0}e^{-2\xi_d}$、$\xi_d=\omega^2 d/g$。

造波成分の前進速度影響は$\Omega (=\omega U/g)$の関数になっており、$\Omega=1/4$の時にピークをもつ。この前進速度影響の式については、船型によっては推定精度が悪いため、より合理的な推定法もしくは3次元理論計算結果を使うことが望まれる。

(3) 裸殻の造渦成分

ビルジキールと同じく剥離渦に基づく粘性成分で、横揺れ速度の2乗に比例する非線形成分である。船首尾断面では船底で、中央断面ではビルジ部の下流に剥離が生ずるが、剥離渦の大きさを支配する Kc 数が小さいため大きな渦放出は伴わず、局所的な二次元的剥離泡のまわりの加速流によって圧力が低下して減衰力を生む。この剥離泡による圧力低下の実験結果に基づく下記の推定式が用いられている。

$$B_E = \frac{4}{3\pi}\rho L d^2 r_{\max}^2 \phi_a \omega \left\{\left(1-f_1\frac{R}{d}\right)\left(1-\frac{OG}{d}-f_1\frac{R}{d}\right)+f_2\left(H_0-f_1\frac{R}{d}\right)^2\right\} C_P \quad (4.14)$$

ここで、$f_1=\frac{1}{2}\{1+tanh\{20(\sigma-0.7)\}\}$、$f_2=\frac{1}{2}(1+cos\pi\sigma)-1.5(1-e^{-5(1-\sigma)})sin^2\pi\sigma$

$C_p=\frac{1}{2}(0.87e^{-\gamma}-4e^{-0.187\gamma}+3)$、$H_0=\frac{B}{2d}$、$\sigma=\frac{S}{Bd}$、

またγは船体表面の最大流速と平均流速の比でルイスフォーム近似により計算する。

同式で各断面のB_Eの値が求まり、それを船長にわたって積分して3次元船体の値が求まる。

前進速度があると、この剥離泡は下流に流れて、3次元的な渦に変わり線形の揚力成分を生むようになる。この結果、造渦成分は図4.5に示すように、前進速度の増加と共に急速に減少する。この実験結果をもとに、下記の前進速度影響式が導かれている。

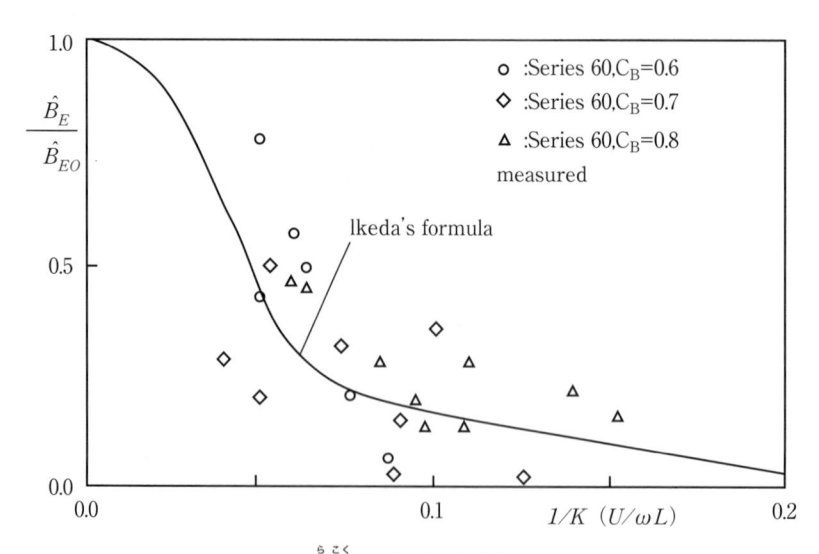

図4.6 裸殻の造渦成分の前進速度影響

$$B_E = B_{E0}(0.04K)^2/\{(0.04K)^2+1\} \tag{4.15}$$

ただし、B_{E0} は前進速度が 0 の時の船体全体に働く造渦成分の推定値であり、また $K=\omega L/U$ とする。

(4) 揚力成分

前進速度があると、横揺れによって左右に揺れる船体は迎角をもち、船体には揚力が働き、これが横揺れ減衰力を生む。操縦性の斜航時の揚力の推定式を援用して、下式で横揺れ減衰力の揚力成分を推定する。

$$B_L = \frac{1}{2}\rho S_L U k_n l_0 l_R \left(1-1.4\frac{OG}{l_R}+0.7\frac{OG^2}{l_0 l_R}\right) \tag{4.16}$$

$$k_n = \frac{2\pi d}{L} + \kappa\left(4.1\frac{B}{L} - 0.045\right) \tag{4.17}$$

$$l_0 = 0.3d, \quad l_R = 0.5d \tag{4.18}$$

$\kappa = 0$ ならば $C_m \leq 0.92$、$\kappa = 0.1$ ならば $0.92 < C_m \leq 0.97$、$\kappa = 0.3$ ならば $0.97 < C_m$

ここで S_L は側面投影面積、k_n は揚力勾配係数、l_0 は横揺れ回転中心から代表迎角をとる点までの距離、l_R は揚力中心までの距離を表わす。

この減衰力成分は、横揺れ角速度に比例する線形流体力で、前進速度に比例して大きくなる。

(5) ビルジキール成分

ビルジ部に取り付けられた平板はビルジキールと呼ばれ、その先端から流れが剥離してできる渦によって大きな横揺れ減衰力を発生する。一般的に、全横揺れ減衰力の40～60%をこのビルジキール成分が占める。

ビルジキールの作る横揺れ減衰力は、ビルジキール自体に働く抗力が生む直圧力成分と、渦が船体表面を覆って生ずる圧力による船体表面圧力成分に分けられる。ビルジキールの作る渦がKC数に支配されているため、この両成分共にKc数の影響を受ける。

図4.8に示すビルジキールに働く抗力の計測値を用いて、直圧力成分 B_N は下式で表される。この場合のKC数は、横揺れ回転中心からビルジキールまでの距離を r、ビルジキールの幅を b_{BK} とすると $\pi r \phi_a / b_{BK}$ である。

$$\text{ビルジキールの抗力係数}: C_d = 22.5(b_{BK}/(r\pi f\phi_a) + 2.4) \tag{4.19}$$

$$B_N = \frac{8}{3\pi}\rho r^3 l_{BK} b_{BK} \phi_a \omega f^2 \left(22.5\frac{b_{BK}}{r\pi f\phi_a} + 2.4\right) \tag{4.20}$$

$$f = 1 + 0.3\exp(-160(1-\sigma)) \tag{4.21}$$

ただし、l_{BK} はビルジキールの長さ、σ は断面係数である。また、f はビルジ部での流速が加速される効果を考慮するための修正係数である。

船体表面圧力成分は、各種断面形状におけるビルジキールによる変動圧力の計測結果に基づい

て、ビルジキール背後の負圧の長さや分布、前後の圧力係数が (4.22) 式のように決められて、それを積分して求められる。なおオリジナルの池田の推定法では、船底を水平、船側を垂直、ビルジ部を四分円に仮定して導出した簡易式が用いられている。

$$\text{ビルジキール後面での負圧係数}: C_p^- = -22.5 b_{BK}/(r\pi f \phi_a) - 1.25$$
$$\text{ビルジキール前面での正圧係数}: C_P^+ = 1.2 \qquad (4.22)$$
$$\text{ビルジキール背後の負圧長さ}: S_0/b_{BK} = 0.3(r\pi f \phi_a/b_{BK}) + 1.95$$

ビルジキールによる横揺れ減衰力は、前進速度の影響をあまり受けないことが実験的には確かめられているが、ビルジキールの幅が広くアスペクト比の大きい場合には、前進速度の影響を加えることが必要となる。ただし、その推定法はまだない。

(6) 連成項の粘性影響

左右揺れと横揺れの連成減衰力 B_{24}、B_{42} にも粘性影響が現れることが実験的に確かめられており、上述の横揺れ減衰力の推定法と同じ仮定のもとにその粘性影響の推定法が池田らによって導かれている。

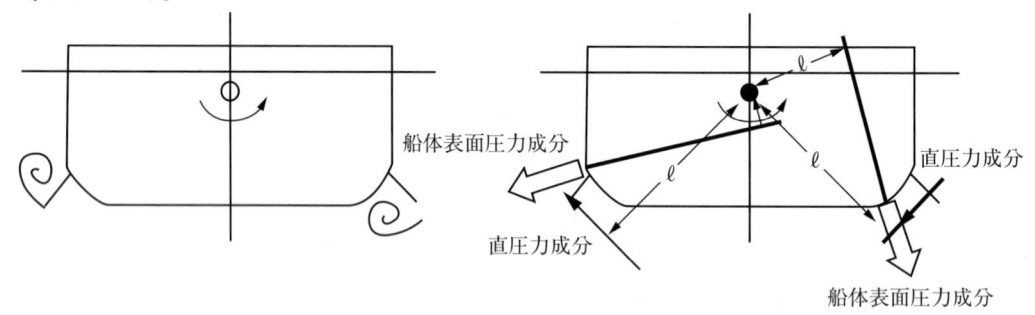

図4.7 ビルジキールが作る渦 (左図) と、渦による変動圧力が生む直圧力成分と船体表面圧力成分 (右図)

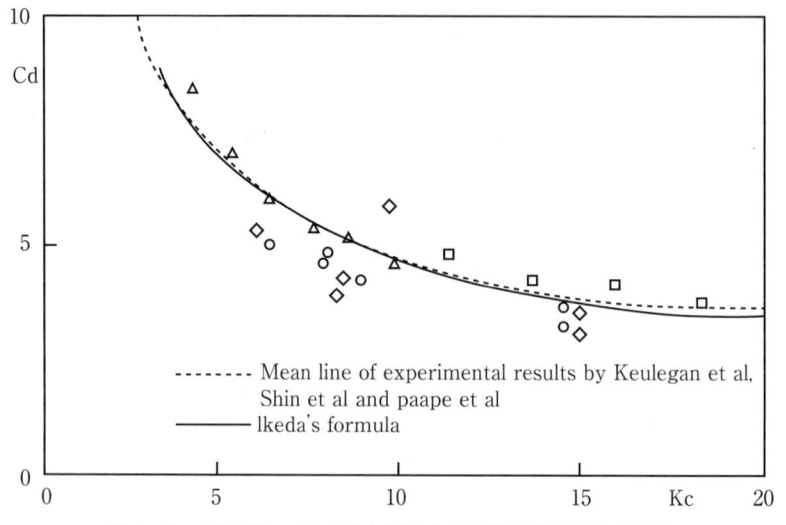

図4.8 ビルジキールの抗力係数の計測値と推定法との比較

4.2.5 横揺れ軽減法

同調時の横揺れ振幅を減少させる方法としては、減衰力を増加させる方法と、固有周期を外力の主要周期から外す方法が考えられるが、波浪中を航走する船舶ではあらゆる波向きになるため同調は避けがたい。このため、常に「同調は起こるもの」として減衰力をできるだけ大きくしておくことが肝心である。本節では、横揺れ軽減のための減衰力増加法について紹介する。

減衰力とは、運動速度に依存して増加する流体力成分であり、これを大きくするということは「運動速度が最大の瞬間に、運動方向とは反対方向に働く流体力を最大化する」ということである。

(a) ビルジキール

ビルジキールはほとんど全ての船に付けられていて、同調時の横揺れ振幅を40～80％も減らす効果がある。痩せた船型では、直圧力成分が占める割合が大きく、肥大船では船体表面圧力が大きくなる。このため、痩せた船型ではできるだけ幅の大きなビルジキールを船体中央付近の肥えた断面に、肥大船型では幅の小さなビルジキールをできるだけ長く取り付けると効果を大きくすることができる。

また、比較的丸型で平たい船型（B/d が大）では、自由表面とビルジキールとの干渉効果が生じて、ビルジキールの効果が著しく減少する場合がある。

ビルジキールは、前進速度に伴う船体表面流線に沿って取り付けることが望ましい。この流線から外れると抵抗増加を招くので注意が必要である。

ビルジキールの最適取り付け位置および最適寸法（形状）の決定法が、池田によって提案されている。

コラム　ビルジキールの威力

かつてタンカーが一気に肥大化した時、ビルジサークルも小さいのでビルジキールは不要として取り付けず、航海中に大揺れとなったことがあるという。肥大船では、ビルジキールの効果が全横揺れ減衰力の8割程度もある場合が多く、意外にその効果が大きい。ゆめゆめビルジキール

図4.9　ビルジキール

を軽視してはいけない。

(b) アンチローリングタンク

タンク内の水の運動に船体運動と90度の位相を持たせると、大きな横揺れ減衰力を発生させることができる。この原理を利用したのがアンチローリングタンクである。位相は運動周期とタンクの構造によって決まるので、いつでも横揺れ減衰力が得られるわけではない。例えば、非常に長い周期では復原力を減少させる方向に働く。このため、運動周期に応じて、空気弁の開け閉めによって位相を制御するアクティブ・タイプのアンチローリングタンクも開発され、広い周波数域において効果が得られるようになっている。

アンチローリングタンクには、U字パイプ型のものが一般的であるが、広い自由表面のあるタンク型（フリューム式タンク）のものもある。後者は、比較的安価でかつバラストタンク等を兼用できることもあり、一部のカーフェリーなどに採用されている。

このアンチローリングタンクは前進速度の有無に関らず効果があり、また水線下に付加物がつかないことから抵抗増加を生じないというメリットがある。

(c) スケグ

漁船などの船底のスケグも横揺れ減衰力を発生させる。その発生メカニズムはビルジキールの場合とほぼ同じであり、スケグ自体に働く「直圧力成分」と、渦によって船底に働く変動圧力による「表面圧力成分」からなる。後者は、船底勾配が大きい場合には大きいが、船底勾配がなくなると負の値にもなり得る。このため直圧力成分とキャンセルして、ほとんど横揺れ減衰力に寄与しない場合もあるので注意が必要となる。

前進速度とともに、スケグに働く揚力による横揺れ減衰力が発生して、減衰力を急増させる。特に、半滑走艇のように高速航走時にトリムが大きくなると、この横揺れ減衰力の増加がさらに顕著となる。

(d) 可動錘

図4.10　アンチローリングタンク

錘を左右に動かすことによって横揺れ減衰力を発生させるもので、最近 IHI によって開発され、各種船舶に搭載され始めている。アンチローリングタンクの水の代わりに錘を利用したもので、能動的にその運動を制御することから、広い周波数範囲にわたって効果があること、前進速度の有無に関らず効果があること、抵抗の増加を招かないことなどのメリットがある。反面、能動的に錘を動かすことからエネルギー消費を伴うこと、メンテナンスなどの費用がかかることなどがデメリットといえる。

(e) 上下動揺平板

比較的大きな平板を上下に動揺させることにより、その抗力を利用して横揺れ減衰力を発生させるものである。前進速度がない時にでも効果があるのが特徴である。停止して作業をするバージの横揺れを軽減するために提案され、運動速度に比例させた制御をすることによりかなりの効果があることが模型実験で確認されている。

(f) 特殊ビルジキール

ビルジキールによる横揺れ減衰力が前進時にそれほど増加しないという欠点を補うことから、揚力の効果を利用してその増加を狙ったものに櫛形ビルジキール、固定フィン付きビルジキールがある。櫛型ビルジキールは、ビルジキール形状を櫛の歯状に隙間をあけたものとし、その一枚一枚に働く揚力を利用するもの。古くに開発されたものだが、航海時に振動が大きかったことから、その後普及はしていない。

固定フィン付きビルジキールは、ビルジキールの前後端をアスペクト比の大きい翼形状にしたもの。アスペクト比が大きいことから効率よく揚力を発生することができ、航走中の横揺れ減衰力を大きく増加させることができる。中型カーフェリーおよび漁業取締船での実績がある。

(g) フィンスタビライザー

ビルジ部に設置した翼状のフィンを制御することにより横揺れ減衰力を増加させるもので、非常に効果があることから、現在では、種々の船舶に広く使われており、客船ではほとんど必須のアイテムになっている。ジャイロスコープなどで横揺れ角速度を検出し、その角速度に比例、微分、積分する角度だけ両舷のフィンの角度を左右反対称に変化させるフィードバック制御を用いている。

欠点としては、比較的高価であること、前進速度がなければ効果がないこと、作動時には翼の摩擦抵抗および誘導抵抗によって前進抵抗が増え速力の低下を招くことが挙げられる。

このフィンスタビライザーは、元々、日本の元良信太郎博士によって開発され、戦後、その特許がイギリスのデニー・ブラウン社に売却され、その後の電気的な制御技術の発達によって現在の形にまで開発が進んだ。

(h) トリムタブ

高速船の運動制御のために、船尾のトランサム下端の船底に取り付けられたトリムタブを能動的に動かすシステム。元々は、滑走艇のトリム制御のためのものであったが、運動に合わせて能

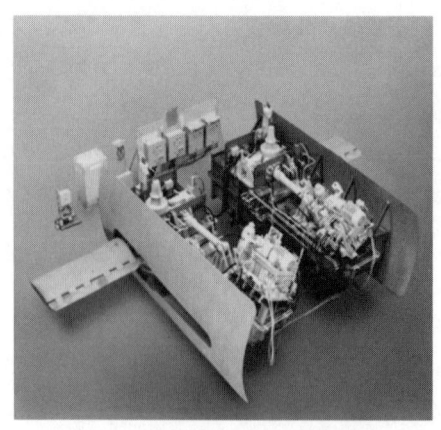

図 4.11 フィンスタビライザーメーカーで組み立てられた状態のフィンスタビライザー（三菱重工提供）

動的に動かす（フィードバック制御）ことにより、縦揺れの制御に使われ、双胴船等の幅の広い船型では、左右のトリムタブを反対称に動かすことによって横揺れ減衰力を発生させることも可能となっている。

高速船の場合には、前進速度が大きいことから、速度の2乗に比例する揚力が非常に大きく、減衰力も大きい。また、フィンスタビライザーに比べると抵抗増加が小さいことから、速力低下もあまり生じないのが特徴である。

(i) インターセプター型

新しい高速船の運動制御装置の一種で、トランサムから船底とは直角に平板を突き出し、船底の流れをせき止めて揚力を発生させ、その力によって縦揺れおよび横揺れを軽減する。船底で水が切れ、トランサムを空気中に露出して航走する滑走艇だけに使えるシステムで、トリムタブに比べて構造が簡単で、動力も少なくて済むことから、次第に普及しはじめている。オーストラリアやイタリアで開発が行われ、日本国内の高速旅客船を含めすでに多くの実績がある。

(j) 舵減揺装置

船の舵を横揺れ運動に合わせて制御して、針路の偏差を小さく保ちつつ横揺れを軽減する自動制御装置の開発が進んでいる。

【演習問題 4-1】

断面が半径 b の半没円で、長さが L の柱状船の船底に、幅 b_{BK} のフィンが取り付けられている。この柱状船が、横揺れをする時にフィンが発生する横揺れ減衰力を計算せよ。横揺角を ϕ とし、平板の抗力係数は一定で C_d とする。

【演習問題 4-2】

下式で示される角速度の2乗に比例する非線形の横揺れ減衰力を、等価線形化して B_e を求めよ。

非線形横揺れ減衰力；$M_r = B\dot{\phi}|\dot{\phi}|$

等価線形化された横揺れ減衰力；$M_r = B_e\dot{\phi}$

【演習問題4-3】
断面が円形と矩形の船に働くビルジキールの効果を比較して、考察せよ。

4.3 横波中の横揺れ

4.3.1 一自由度横揺れ方程式

横揺れの線形運動方程式は、第3章に述べたように、左右揺れと船首揺れとの連成を考慮する必要がある。長波頂（long-crested）の横波中の横揺れに限定すると、水面下の船体形状が顕著に前後非対称でない限り、船首揺れは無視してさしつかえない。よって、左右揺れと横揺れの2自由度線形運動方程式を扱う必要がある。ただし、波長が船幅よりも十分に大きいとすると、左右揺れから横揺れへのラディエーション・モーメントは、横揺れのディフラクション・モーメントとほぼ相殺される。なぜなら、左右揺れの速度と波粒子速度が同程度となるためである。よって、横波中の横揺れについては、横揺れのみ単独で扱うことができる。ただしこの場合は、波浪強制力としてフルード・クリロフ・モーメントのみを考慮しなければならず、ディフラクション・モーメントを加えることは誤りであって大きな誤差につながる。このことを数式で説明すると、次のとおりとなる[2]。

まず、y を左右揺れ変位、ϕ を横揺れ角とすると、左右揺れと横揺れの連成運動方程式は（4.23）式となる。

$$\begin{aligned}(m+A_{22})\ddot{y}+B_{22}\dot{y}+A_{24}\ddot{\phi}+B_{24}\dot{\phi}&=F_{w2}\\(I_{xx}+A_{44})\ddot{\phi}+B_{44}\dot{\phi}+C_{44}\phi+A_{42}\ddot{y}+B_{42}\dot{y}&=M_{w4}\end{aligned} \quad (4.23)$$

ここで（4.23）式の第2式において、左右揺れの影響を右辺に移すと、

$$(I_{xx}+A_{44})\ddot{\phi}+B_{44}\dot{\phi}+C_{44}\phi=M_{w4}-(A_{42}\ddot{y}+B_{42}\dot{y}) \quad (4.24)$$

このうち、M_{w4} は、フルード・クリロフ・モーメント M_{w4}^{FK} とディフラクション・モーメントの和であり、左右揺れについての二次元付加質量、その着力点深さ、二次元造波減衰力の係数とその着力点深さを、M_s、l_{sr}、N_s、l_w、船体上の代表点における入射波の粒子速度を $\dot{\eta}_w$ とすると、以下のように与えられる。

$$M_{w4}=M_{w4}^{FK}+\int_{x_a}^{x_f}M_s(l_{sr}-OG)\ddot{\eta}_w dx+\int_{x_a}^{x_f}N_s(l_w-OG)\dot{\eta}_w dx \quad (4.25)$$

さらに、左右揺れのラディエーション流体力の係数についても、

$$A_{42}=\int_{x_a}^{x_f}M_s(l_{sr}-OG)dx,\ B_{42}=\int_{x_a}^{x_f}N_s(l_w-OG)\dot{\eta}_w dx \quad (4.26)$$

と標記できるので、(4.24) 式の右辺は、次のように整理できる。

$$M_{w4} = M_{w4}^{FK} - \int_{x_a}^{x_f} M_s(l_{sr}-OG)(\ddot{y}-\ddot{\eta}_w)dx - \int_{x_a}^{x_f} N_s(l_w-OG)(\dot{y}-\dot{\eta}_w)dx \quad (4.27)$$

横波で入射波の波長が船幅に比べて長くなると、3.3節に述べたように、左右揺れ速度と入射波の水平方向水粒子速度は等しくなるため、M_{w4}の第2、第3項は無視できる。そのような場合、(4.24) は次のように近似される。

$$(I_{xx}+A_{44})\ddot{\phi}_4 + B_{44}\dot{\phi}_4 + C_{44}\phi_4 = M_{w4}^{FK} \quad (4.28)$$

さて、波浪強制力としてのフルード・クリロフ・モーメントは、船体付近の水面が波の作用として水平面に対して傾斜することによって、相対的な横復原力が波によって船に作用したと考えることもできる。すなわち、ϕ_wを波傾斜とすると$M_{w4}^{FK} = -WGM\phi_w$である。この考え方は、波長が船幅よりも非常に長いときは十分正しいが、実際には船の幅の範囲でも波面は直線ではよく近似できない。このため、その修正係数として有効波傾斜係数γが導入された。すなわち、$M_{w4}^{FK} = -\gamma WGM\phi_w$となる。この有効波傾斜係数と波傾斜角の積、$\gamma\phi_w$を有効波傾斜と呼ぶことがある。この有効波傾斜係数の計算法としては、フルード・クリロフ仮説とトロコイド波の形状による計算から求めた渡辺の推定法がある。ここでは、水面の形状のみならず、波粒子の速度が水深とともに小さくなる影響も有効波傾斜係数に含まれる。最近では、さらに船体の各横断面形状を矩形と近似する簡易法も提案されてIMOで復原性基準に用いることも検討されている。また、有効波傾斜係数を一自由度モデルと左右揺れ・横揺れの2自由度モデルの修正係数ととらえると、(4.29) 式で有効波傾斜係数を求めることもできる。

$$\gamma = -\frac{\{M_{w4}^{FK} - \int_{x_a}^{x_f} M_s(l_{sr}-OG)(\ddot{y}-\ddot{\eta}_w)dx - \int_{x_a}^{x_f} N_s(l_w-OG)(\dot{y}-\dot{\eta}_w)dx\}}{WGM\phi_w} \quad (4.29)$$

この場合は、水面形状の近似、波粒子速度の水深影響に加え、ディフラクションとラディエーションの相殺の残差も含まれている。ただし、GMの計算とフルード・クリロフ・モーメントの計算法の整合性が前提となる。

さらに、(4.28) 式の両辺を見かけの慣性モーメント$I_{xx}+A_{44}$で除し、絶対横揺れ角をϕ、波傾斜を$\phi_w = \Theta\sin\omega t$で標記すると、

$$\ddot{\phi} + 2\alpha\dot{\phi} + \omega_\phi^2\phi = \gamma\omega_\phi^2\Theta\sin\omega t \quad (4.30)$$

ただし、

$$2\alpha = \frac{B_{44}}{(I_{xx}+A_{44})} \quad (4.31)$$

$$\omega_\varphi^2 = \frac{C_{44}}{(I_{xx}+A_{44})} = \frac{WGM}{(I_{xx}+A_{44})} \tag{4.32}$$

以上は、線形すなわち横揺れ運動が小さな場合の結論である。横揺れ運動が大きくなると、水線面形状が相対水位により顕著に変わる。その場合には、水線面積二次モーメントの相対水位による変動、すなわち横復原力の変動が大きくなる。このような場合には4.7に述べるパラメトリック横揺れが生じることがあり、そうなると上下揺れ、左右揺れと横揺れの連成を考慮する必要がある。また、大きな相対水位変動によって舷端が没水するようになると、横揺れと上下揺れの連成が生じることもある。

また、横波とともに横風が存在する状況では、横方向の風圧力が水面上に働くとともに、それと同じ大きさで逆方向の流体反力が水面下に働く。よって、その偶力の作用により、船は一定の横傾斜角を保ちながら風下へと漂流していく。このとき船体の没水部形状は左右非対称となるため、たとえ運動が線形範囲でも、横揺れ・左右揺れは上下揺れと連成しうる。波周期と上下揺れ固有周期が近づいたときには、上下揺れによる横揺れが生じる可能性もある。

4.3.2 横波中線形横揺れ

横波中の線形横揺れ運動の非連成方程式（4.30）は、2階の定係数線形常微分方程式であるから、解析的に容易に解を得ることができる。

$$\phi = Ce^{-\alpha t}\sin(\sqrt{\omega_\varphi^2-\alpha^2}\,t+\sigma) + \frac{\omega_\varphi^2 \gamma \Theta}{\sqrt{(\omega_\phi^2-\omega^2)^2+4\alpha^2\omega^2}}\sin(\omega t+\varepsilon) \tag{4.33}$$

$$\varepsilon = -\tan^{-1}\left(\frac{2\alpha\omega}{\omega_\phi^2-\omega^2}\right) \tag{4.34}$$

ここで、C と σ は、任意の定数であり、初期条件により決定される。波浪中では最終的な定常状態がわかれば十分であることが多いので、$t\to\infty$ とした、定常状態の解 $\phi \to \phi_0 \sin(\omega t+\varepsilon)$ に注目することが普通である。この解の横揺れ振幅と有効波傾斜振幅の比を振幅比とよび、同調率（tuning factor）ω/ω_ϕ の関数として整理される。

$$\frac{\phi_0}{\gamma \Theta} = \frac{1}{\sqrt{\left(1-\left(\frac{\omega}{\omega_\phi}\right)^2\right)^2+4\left(\frac{\alpha}{\omega_\phi}\right)^2\left(\frac{\omega}{\omega_\phi}\right)^2}} \tag{4.35}$$

よって、同調率 $\omega/\omega_\phi \to 0$ のときは1、$\omega/\omega_\phi \to \infty$ のときは0となる。

同調率 $\omega/\omega_\phi \to 1$ のときは $\frac{\omega_\phi}{2\alpha}$、これを同調という。このとき位相差 ε は（4.34）式より $\varepsilon = -\frac{\pi}{2}$ となり、同調時の線形横揺れは $\phi = -\phi_0 \cos\omega t$ となる。

以上より、図4.12のように、振幅比が変化する。

4.3.3 横波中非線形横揺れ

同調横揺れのように大角度の横揺れが生じると、もはや線形運動方程式は適切でない。特に横揺れ減衰力は、ビルジキールの抗力が主要な成分であるため本質的に横揺れ角速度の2乗に比例する項が欠かせないなど線形理論では対応ができない。そこで横揺れ減衰力の非線形性を線形運動方程式（4.8）に付加することを考える。具体的には、横揺れ角速度の2乗に比例する項を次のように加える。

$$\ddot{\phi}+2\alpha\dot{\phi}+\beta\dot{\phi}|\dot{\phi}|+\omega_\phi^2\varphi=\gamma\omega_\phi^2\Theta\sin\omega t \tag{4.36}$$

この運動方程式は非線形なのでもはや解析的に解くことができないため、同調状態の解を $\phi = -\phi_0\cos\omega t$ と仮定して、運動方程式を横揺れ角度について半周期間積分することを考える。すなわち横揺れのエネルギーのバランスを考えることにあたる。

$$\int_{-\phi_0}^{\phi_0}\ddot{\phi}d\phi+2\alpha\int_{-\phi_0}^{\phi_0}\dot{\phi}d\phi+\beta\int_{-\phi_0}^{\phi_0}\dot{\phi}|\dot{\phi}|d\phi+\omega_\phi^2\int_{-\phi_0}^{\phi_0}\phi d\phi=\gamma\omega_\phi^2\Theta\int_{-\phi_0}^{\phi_0}\sin\omega t d\dot{\phi} \tag{4.37}$$

この積分を各項ごとに実施すると、

$$0+\frac{1}{2}\alpha T_\phi\phi_0+\frac{3}{4}\beta\phi_0^2+0=\frac{\pi\gamma\Theta}{2} \tag{4.38}$$

そして減衰係数と横揺れ減衰係数の関係

$$a=\frac{1}{2}\alpha T_\phi \tag{4.39}$$

$$b=\frac{4}{3}\beta\left(\frac{\pi}{180}\right) \tag{4.40}$$

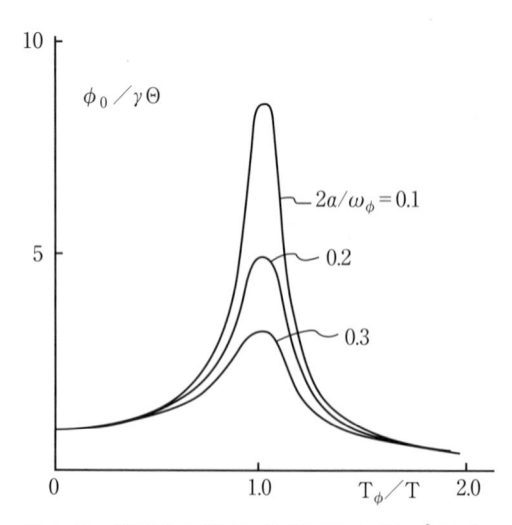

図 4.12 横波中の横揺れ角の振幅比 （T＝$2\pi/\omega$）

に留意すると、同調横揺れの式を次のように得ることができる。

$$\phi_0 = \frac{\pi \gamma \Theta}{2(a + b\phi_0)} \tag{4.41}$$

さらに、ベルタンの減衰係数 N を用いて書き換えると、

$$\phi_0 = \sqrt{\frac{\pi \gamma \Theta}{2N(\phi_0)}} \tag{4.42}$$

この式は、後述のように、1957年に我が国の船舶復原性規則にほぼそのままの形として使われ、さらに1985年より国際基準として一部変更のうえ用いられている。ただし、N 係数も横揺れ振幅の関数であるため、正確には逐次近似法で横揺れ振幅を求める必要がある。

横揺れ振幅がより大きくなると、減衰力のみならず復原力にも非線形性が目立つようになる。なぜなら復原梃 GZ は横揺れ角に対して非線形的に変化するためである。そこで、先の運動方程式 (4.36) に横揺れ角度の3乗に比例する項を加えるとともに、解析的な扱いを容易にするため、減衰力は3次式で表現する。

$$\ddot{\phi} + 2\alpha \dot{\phi} + \delta \dot{\phi}^3 + \omega_\phi^2 \phi + \mu \phi^3 = \gamma \omega_\phi^2 \Theta \cos \omega t \tag{4.43}$$

この同調状態の解を近似的に求めるため、線形解の形を仮定する。

$$\phi = D \cos(\omega t + \varepsilon) \tag{4.44}$$

これを運動方程式に代入すると、非線形項より高調波の成分が生じる。この高調波成分が無視できるとすると、

$$\left\{\left(\omega_\phi^2 + \frac{3}{4}\mu D^2\right)D - \omega^2\right\}D = \gamma \Theta \omega_\phi^2 \cos \varepsilon \tag{4.45}$$

$$-\left\{2\alpha + \frac{3}{4}\delta \omega^2 D^2\right\}\omega D = \gamma \Theta \omega_\phi^2 \sin \varepsilon \tag{4.46}$$

となり、波と同じ周波数成分（調波成分）の横揺れ振幅と位相差に与える非線形影響はこの高次代数方程式を解くことで求めることができる。見方を変えると、以下のように固有周波数や減衰力が、次のように、横揺れ振幅に依存するようになるとも解釈できる。

$$\omega_{\phi eq}^2 = \omega_\phi^2 + \frac{3}{4}\mu D^2 \tag{4.47}$$

$$2\alpha_{\phi eq} = 2\alpha + \frac{3}{4}\delta \omega^2 D^2 \tag{4.48}$$

これより、復原力の非線形性が一義的には横揺れ固有周期を変化させることが理解できる。

さらに、この横揺れ固有周期の変化によって、ある同調率領域では、ひとつの同調率に対して複数の振幅が対応することもある。この場合どの振幅が出現するかは、解の安定性と初期条件による。またわずかな同調率の変化によって振幅が不連続に変化することもある。これを横揺れの跳躍といい、非線形力学のいう局所的分岐のひとつでフォールド分岐とも呼ばれる。

コラム　減滅係数と横揺れ減衰係数の関係

減滅係数 a、b と横揺れ減衰係数 α、β の関係は次のように導くことができる。

まず（4.14）式で右辺外力項を零とした横揺れ運動方程式を考えると自由横揺れ試験を説明できる。

$$\ddot{\phi}+2\alpha\dot{\phi}+\beta|\dot{\phi}|\dot{\phi}+\omega_\phi^2\phi=0 \tag{4.49}$$

ここで振幅 ϕ_n から ϕ_{n+1} までの減衰曲線を次式で近似する。

$$\begin{aligned}\phi &= \phi_n \cos\omega_\phi t & 0<t<T_\phi/4 \\ &= \phi_{n+1}\cos\omega_\phi t & T_\phi/4<t<T_\phi/2\end{aligned} \tag{4.50}$$

ここで $T_\phi=2\pi/(\omega_\phi)$ である。

そのうえで運動方程式を ϕ_n から ϕ_{n+1} まで横揺れ角 ϕ について積分する。

$$\int_{\phi_n}^{\phi_{n+1}}\ddot{\phi}d\phi+2\alpha\int_{\phi_n}^{\phi_{n+1}}\dot{\phi}d\phi+\beta\int_{\phi_n}^{\phi_{n+1}}|\dot{\phi}|\dot{\phi}d\phi+\omega_\phi^2\int_{\phi_n}^{\phi_{n+1}}\phi d\phi=0 \tag{4.51}$$

この積分を各項ごとに実施すると、

$$0+\frac{2\alpha}{2}\left(\frac{\pi^2}{T_\phi}\right)(\phi_n^2+\phi_{n+1}^2)+\beta\frac{8}{3}\left(\frac{\pi}{T_\phi}\right)^2(\phi_n^3+\phi_{n+1}^3)+\frac{\omega_\phi^2}{2}(\phi_{n+1}^2-\phi_n^2)=0 \tag{4.52}$$

ここで

$$\begin{aligned}\phi_n &= \phi_m+\frac{1}{2}\triangle\phi \\ \phi_{n+1} &= \phi_m-\frac{1}{2}\triangle\phi\end{aligned} \tag{4.53}$$

を考慮すると、先の積分結果は、

$$0+2\alpha\left(\frac{\pi^2}{T_\phi}\right)\phi_m^2+\frac{16}{3}\beta\left(\frac{\pi}{T_\phi}\right)^2\phi_m^3-\left(\frac{2\pi}{T_\phi}\right)^2\phi_m\triangle\phi=0 \tag{4.54}$$

よって

$$\triangle\phi = \frac{\alpha T_\phi}{2}\phi_m + \frac{4}{3}\beta\phi_m^2 \qquad (4.55)$$

となる。
この結果と（4.7）式を比較し、ϕの単位がdegreeであることに留意すると、

$$a = \frac{1}{2}\alpha T_\phi \qquad (4.56)$$

$$b = \frac{4}{3}\beta\left(\frac{\pi}{180}\right) \qquad (4.57)$$

となり、（4.39）と（4.40）式が得られる。

4.4　斜め追波中の同調横揺れ

　海洋波の周期は、5秒から15秒程度の範囲で存在することが通常である。このため、横揺れ固有周期が20秒を超えるような大型船舶（例、大型クルーズ客船、大型コンテナ船）では、横揺れ固有周期が波周期よりも常に長く、横波中で同調をすることはありそうにない。しかしながら、そのような船舶でも斜め追波中を航行すると、ドップラー効果により、出会い周期が速度に応じて長くなるため、同調横揺れは発生する。このとき、出会い周期を

$$T_e = \frac{\lambda}{\frac{\lambda}{T} - V\cos\chi} \qquad (4.58)$$

で、有効波傾斜係数γをその横波中の値をγ_0とするとき、

$$\gamma = \gamma_0 \sin\chi \qquad (4.59)$$

とすれば前節の（4.42）式が利用できる。

4.5　縦波中の復原力減少

　復原梃は、上下揺れと縦揺れ角が釣合状態にあるとして、横傾斜角に対して流体静力学的に計算できる。そのときの水面は静水面を用いる。波浪があるともちろん実際の水面は平水面ではなくなるが、波面の変化に応じて上下揺れや縦揺れが釣合に落ち着く時間的余裕が一般にはない。よって平水面で考えることがむしろ適切といえる。しかしながら、追波中をある程度以上の速度で航行するときは、波に対する船の出会い周期が非常に長くなりえて、その場合波面の変化に応じて上下揺れや縦揺れが釣合うことは十分に考えられる。その場合は、復原力の計算を波面に対して行うことが広く行われてきた。すなわち、追波中をある程度の速力で航行する船においては出会い周波数が極めて小さくなり、一方上下揺れや縦揺れは大きな復原力の存在のためその固有周波数は非常に高い。このため上下揺れや縦揺れは、同調を大きく外れ、ほぼ静的釣り合い状態を波面に追従して保つと考えて大きな間違いとはいえない。このような状況で船が横傾斜したと

すると、その横復原力は流体静力学的な方法で計算できそうである。すなわち、波面を平坦な水面に置き換えて、通常の復原力計算を行うこととなる。このような計算を、船の長さとほぼ等しい波でその山が船体中央にある場合について行うと、静水中の復原力よりも著しく小さくなることがある。これはフレアのある船首尾での水位が下降して水線幅が減少する一方、船体中央部では垂直舷側のため水位上昇によっても水線幅が変わらず、結果として水線面積2次モーメントが減少するためである。波の谷が船体中央にある場合には、復原力が逆に増加する。このような計算は1934年の渡辺の論文にすでにみることができるが、その以前より復原力変動の存在は知られていたようである。

このような流体静力学的方法をフルード・クリロフの仮定のもとで見直してみる。図4.13のように、ある波の谷に原点をもって波とともに進む慣性座標系 $O-\xi\eta\zeta$ と船体に固定した座標系 $G\text{-}x_b y_b z_b$ を考える。船が沈下量 z とトリム角 θ、横傾斜角 ϕ をもつとすると、2つの座標系は次のような関係にある。

$$\begin{pmatrix}\xi-x\\\eta-y\\\zeta-z\end{pmatrix}=\begin{pmatrix}1 & \theta\sin\phi & \theta\cos\phi\\0 & \cos\phi & -\sin\phi\\-\theta & \sin\phi & \cos\phi\end{pmatrix}\begin{pmatrix}x_b\\y_b\\z_b\end{pmatrix} \quad (4.60)$$

また海洋波の峻度 H_w/λ はたかだか0.1と微小であるから、次の線形理論式より波面 ζ_w と圧力 p は計算できる。

$$\zeta_w = \zeta_a \cos k(\xi - ct) \quad (4.61)$$

$$p = \rho g \zeta - \rho g \zeta_a e^{-k\zeta} \cos k(\xi - ct) \quad (4.62)$$

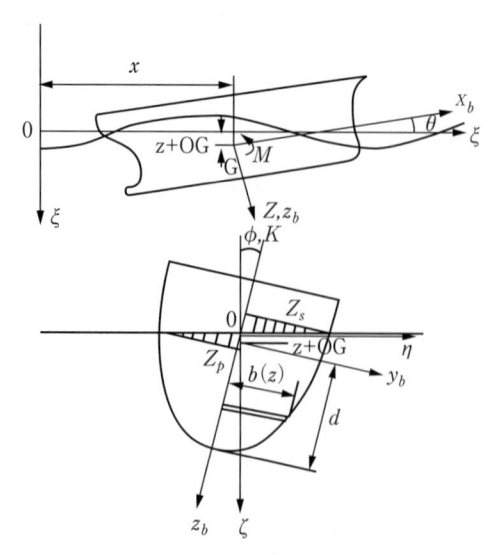

図4.13 縦波中復原力計算のための座標系

4.5 縦波中の復原力減少

ただし、ζ_a は波振幅、k は波数、c は波の位相速度であり、ρ、g はそれぞれ水の密度、重力加速度である。これらは（4.60）式より船体固定座標系で表示することができる。

フルード・クリロフの仮定より、この海洋波の圧力を船体没水面について積分することによって船体に働く流体力を計算できる。上下力 Z、縦傾斜モーメント M、横傾斜モーメント K は次式のとおりである。

$$Z = -\iint_{S_w} p\cos(nz_b)dS \tag{4.63}$$

$$M = \iint_{S_w} x_b p \cos(nz_b)dS \tag{4.64}$$

$$K = -\iint_{S_w} \{y_b p \cos(nz_b) - z_b p \cos(ny_b)\}dS \tag{4.65}$$

ここで nz_b、ny_b は船体表面の外向き法線 n と z_b 軸、y_b 軸のなす角であり、S_W は波浪中での没水面を表わす。

また圧力と没水面の決定には沈下量とトリムが必要となるが、次の釣り合い式の解として与えられる。

$$Z(z,\theta,\phi) + W\cos\phi = 0 \tag{4.66}$$

$$M(z,\theta,\phi) + W\overline{MG}\cos\phi = 0 \tag{4.67}$$

ただし W、$\overline{MG}$ は船の重量、重心前後位置である。この釣り合い式は反復法によって解くことができ、得られた沈下量とトリムから K を求めたうえで、静復原梃 GZ を計算することができる。

$$W \cdot GZ = -K + W\overline{OG}\sin\phi \tag{4.68}$$

船体の喫水が波長に比べて小さい、すなわち、$k\zeta \ll 1$ とすると、圧力の式（4.62）は次のように近似される。

$$p \approx \rho g\zeta - \rho g\zeta_a \cos k(\xi - ct) \tag{4.69}$$

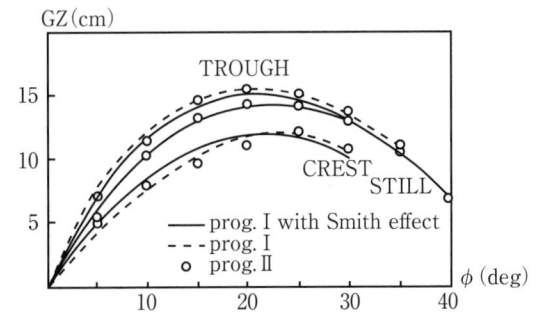

図4.14 スミス効果の有無の小型漁船の縦波中復原力曲線に与える影響（波姐度1/20、波長船長比1）

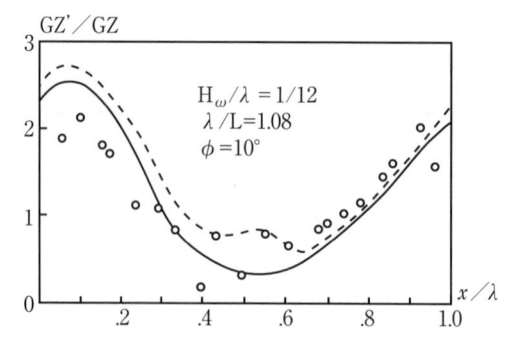

図4.15 波と船との相対位置の関数としての小型底曳網漁船の復原梃の追波中と平水中の比。丸印が実験値、実線がスミス効果を含む計算値、破線がスミス効果を含まない計算値[3]。

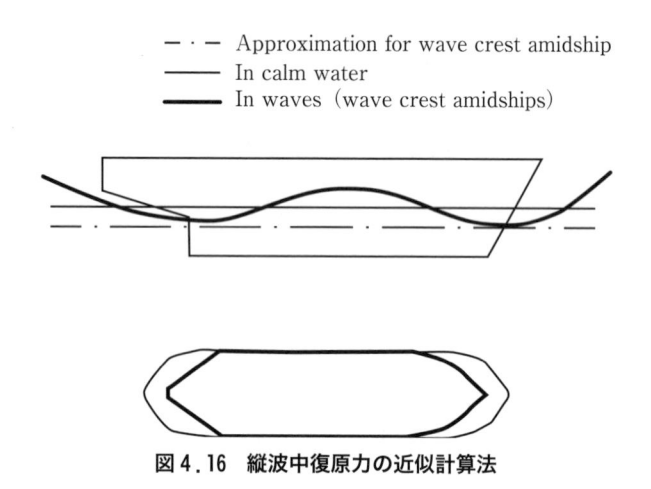

図4.16 縦波中復原力の近似計算法

そして (4.63)-(4.65) 式にガウスの定理を適用すると、没水面についての面積分が没水体の体積積分となり、前述の流体静力学的な計算に一致する。すなわち両者の差は、スミス効果、いいかえると波圧勾配の影響、の有無ということになる。両者を比較する計算結果を図4.14に示す。ここで prog.Ⅰはフルード・クリロフ仮説による計算法でスミス効果を含めた場合と含めない場合について計算している。prog.Ⅱは流体静力学的な計算である。スミス効果は縦波中の復原力計算結果にいくらかの差を生じることが示されている。

以上のようなフルード・クリロフ仮説に基づく復原力変動の推定を拘束模型実験と比較すると、図4.15に示すように定性的にはよく合うことが知られている。さらに、定量的な一致を図るため、横傾斜して左右非対称となった船体が前進することによって生じる揚力による復原力変動の低減効果、横傾斜することで上下揺れや縦揺れから横揺れへのラディエーション流体力、さらに横揺れ方向のディフラクション・モーメントが変化することが考えられている。

IMOの復原性基準の審議では、全ての船に適用するという要請から、図4.16のようにより簡便にGM変動を推定する方法が検討されている。すなわち、復原力変動に影響する船体部分は船首尾であって中央部分ではないという考えから、船体中央が波の山のケースについては船底近くの最小喫水で、船体中央が波の谷のケースについて暴露甲板近くの最大喫水で、平坦な水線面の2次モーメントを読み取り、それを本来の排水容積で除してGMを近似的に求めようという

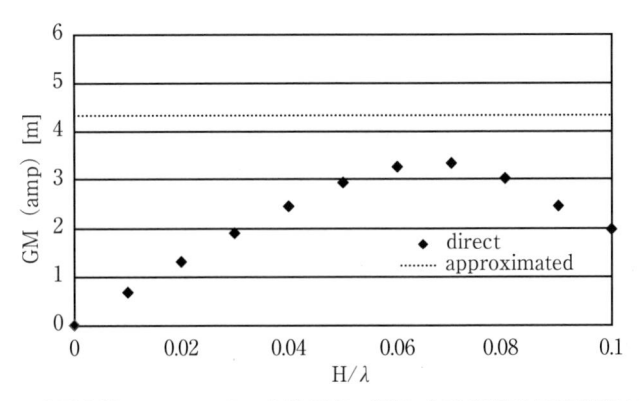

図4.17 大型客船についてのGMと波峭度の関係（近似計算と直接計算の比較）。

考え方である。その結果を直接計算と比較すると図4.17のようになり、近似法はGM変動の最悪のケースを安全側に推定しており、かつハイドロスタティックカーブのみで計算できるため基準での利用にはふさわしいと考えられる。

4.6 追波中復原力喪失現象

　船と同程度の長さの縦波の山に船体中央部があるとき、通常船舶の横復原力は低下する。この事実は、向波でも追波でも同じであるが、追波航行時には出会い周期が長くなるので、その危険な波の山に滞在する時間が向波よりも長くなる。また、船の前後揺れ速度は波の山付近で前向きの最大値を取るのでこの傾向を助ける。このような状態で、もしGZが正になる領域が全くないところまで復原力が減少すれば外力なしに転覆することも考えられる。あるいは、風や滞留水などの外力が存在すればGZがいくらか正であっても転覆しうる。このようにモーメントの釣合が存在せず静的に転覆するモードをポーリングは復原力喪失現象（pure loss of stability）と呼んだ。その定義によれば、船がほとんど横揺れ運動をしていない状態から一つかそれ以上の数の大変険しい波に出会い、船体重心がその波の山にあるときGZが正の領域を失って転覆することとされる。このようなモードによる事故といわれる例としては、2009年11月に熊野灘沖でカーフェリーが斜め追波中で約40度の横傾斜を起こし、その後航行困難となって全損に至った例が記憶に新しい（p.6のコラム参照）。

　以上のような理解から前後揺れと横揺れを考えてこの現象の危険性を説明する試みが種々行われた。しかしながら、自由航走模型実験を行ってみると、出会い周期の変化として復原力低下時間が増加するという考え方では、追波中で前進速度が大きくなるほど横揺れの危険が増すことを十分に説明できないことが最近になって明らかになった。この原因として、波の山で横傾斜すると船体没水形状が左右非対称となり、これによって波の山で横傾斜と反対方向に回頭するようになり、それによる遠心力がさらに横傾斜を助長するという力学機構が最近の数値シミュレーションにより確認された。その結果を図4.18に示す。遠心力は前進速度の2乗に比例するため、前進速度が大きくなると追波中復原力喪失現象の危険は一層大きくなるわけである。IMOでは、この知見にもとづき、追波中復原力喪失現象に対する基準に、船側波形によるGZの減少に加え、蛇行運動による遠心力影響を加えることで2012年1月に合意した。

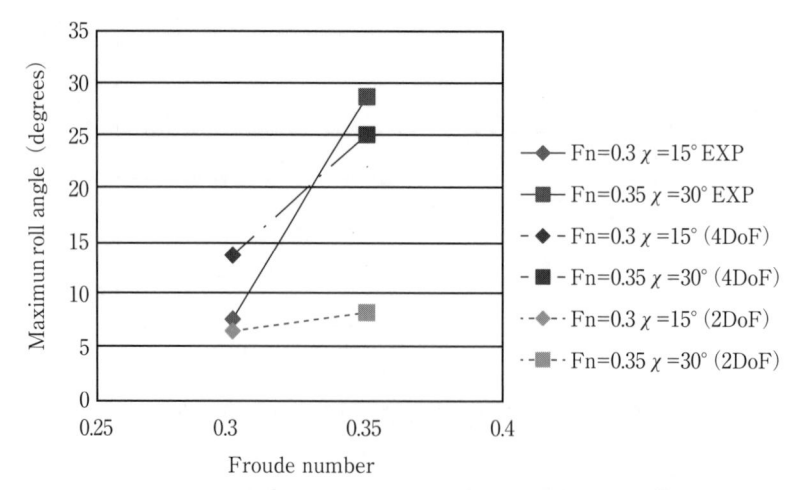

図4.18 不規則追波中の復原力喪失現象による横揺れ角の比較（前後揺れ・横揺れのシミュレーション（2自由度：2DoF）では実験（EXP）を説明できないが、左右揺れと船首揺れも考慮したシミュレーション（4自由度：4DoF）では説明できている。）[4]

4.7 パラメトリック横揺れ

　より低速の船では、復原力喪失は一瞬ではあるが、周期的に復原力が変動することから危険に至ることもある。図4.19は、復原力の強さと横揺れの角度の関係を表わしているが、次のような事実がわかる。船が直立から左舷側に傾き始めるとき、波によって横復原力が弱くなるとすると、横揺れはさらに勢いづく。次に船が左舷側から直立へ戻ろうとするとき、今度は横復原力が強くなっていると、この横揺れは助けられる。そして直立点を過ぎて、今度は右舷に傾くと、横復原力はまた弱まっているので、横揺れはしやすくなる。このように、波による横復原力が船の横揺れを絶えず助けるように働くと、横揺れは次第に大きくなり、ついには転覆してしまう。このようなことが起こるのは、横揺れの周期が横復原力変化の周期の2倍のときである。横復原力

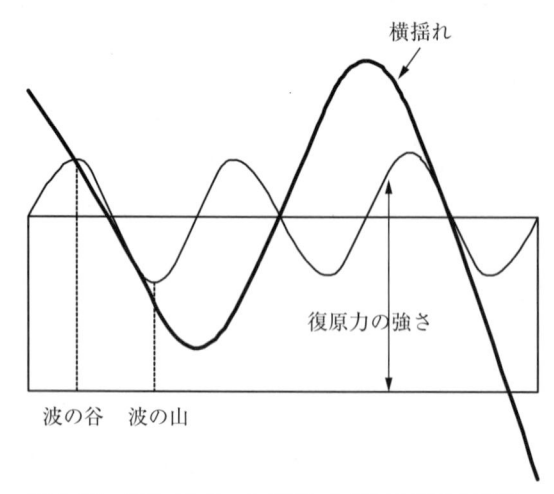

図4.19 パラメトリック横揺れと復原力変動の関係。

の周期は波と出会う周期に等しい。普通、船は波と出会う周期で揺れているので、この現象は周期が通常より長いところに特徴がある。この現象を「パラメトリック横揺れ（parametric rolling）」と呼ぶ。

このようなパラメトリック横揺れが実務上注目されたのは、1998年10月に北太平洋上で、C11級ポストパナマックス・コンテナ船のコンテナ損傷事故である。このとき、船首を波に向けて最小限の保針可能速力とするヒーブツー状態において、35°から40°の横揺れが発生し、400個のコンテナが流出、400個のコンテナが損傷した。パラメトリック横揺れ自体は1930年代から知られていたが、現実の不規則波面では起こりがたく、実験水槽や理論上の問題としてとらえられていた。ところがこの事故が報道されると、同様な事例がコンテナ船や自動車専用運搬船で続々報告されるようになった。すなわち、現象そのものは古くからあったが、操船者にはそれが何であるか判断する術がなかった可能性もあろう。

このパラメトリック横揺れを説明するため、1自由度の横揺れの線形運動方程式に次のように復原力変動項を加える。

$$\ddot{\phi}+2\alpha\dot{\phi}+\omega_\phi^2(1+b\cos\omega_e t)\phi=0 \tag{4.70}$$

ただし、α は線形横揺れ減衰係数、ω_ϕ は横揺れ固有周波数、b は GM 変動の振幅と平水中 GM の比、ω_e は出会い周波数、t は時間とする。ここで、$\phi=\eta e^{-\alpha t}$、$\tau=\omega_e t$ とおくと、

$$\frac{d^2\eta}{d\tau^2}+(\delta+\varepsilon\cos\tau)\eta=0 \tag{4.71}$$

なるマシューの方程式に帰着する。ただし、

$$\begin{aligned}\delta&=(\omega_\phi/\omega_e)^2-(\alpha/\omega_e)^2\\ \varepsilon&=b(\omega_\phi/\omega_e)^2\end{aligned} \tag{4.72}$$

である。よく知られるようにこの方程式の解は、図4.20中の網かけ部にあたる δ と ε の組み合わせに対しては $\phi=0$ に収束し、その他の領域では発散する。この発散する不安定域は、$\varepsilon=0$ 近傍すなわち復原力変動が小さいところでは、

$$\delta=N^2/4 \qquad N=1,2,3\cdots \tag{4.73}$$

に存在する。特に $\delta=1/4$、いいかえると $\omega_\phi/\omega_e=1/2$、のケースが最も不安定に至る可能性の高いことがわかる。これが先に述べた横揺れ周波数が出会い周波数の半分でかつ固有周波数に等しいときに最も顕著なパラメトリック横揺れが発生すると述べたことにあたる。カーウィンは、出会い周波数 ω_e の 1/2 で横揺れする場合の解の不安定の条件を次のように求めた。まず

$$\phi=A_1\cos\omega t+B_1\sin\omega t \tag{4.74}$$

とおき、$\omega = \omega_e/2$ としたうえ（4.70）式に代入して、A_1 と B_1 についての連立代数方程式を得る。それから A_1 と B_1 が求まる条件、すなわちパラメトリック横揺れが存在する条件が次式として得られる。

$$b^2 > 4\left[1-\left(\frac{\omega}{\omega_\phi}\right)^2\right]^2 + 16\left(\frac{\omega}{\omega_\phi}\right)^2\left(\frac{\alpha}{\omega_\phi}\right)^2 \tag{4.75}$$

さらに $\omega = \omega_\phi$ とおくと、

$$b > 4\frac{\alpha}{\omega_\phi} \tag{4.76}$$

この結果が出会い周波数 ω_e の1/2で横揺れする条件下でのパラメトリック横揺れを起こすために必要な復原力変動振幅と GM の比 b と線形横揺れ減衰力係数 α の関係を表わす。すなわち、パラメトリック横揺れの発生は、復原力変動の大きさと横揺れ減衰力によって決まる。IMOで現在検討中の基準では、この（4.76）式の判定基準によりパラメトリック横揺れの危険性が存在するか否かをまず判定することになっている。ここで b は原則として4.5節の近似計算法で求めることとなった。

　パラメトリック横揺れの発生条件のみならず、その横揺れ振幅までも推定しようとすれば、復原力と減衰力に非線形影響を考慮する必要がある。また、追波でなく向波中を考えるためには、復原力変動の計算にあたり上下揺れや縦揺れが静的平衡にあると近似することは正確ではなく、また横波中のパラメトリック横揺れのための復原力変動推定には上下揺れとの連成が必要である。このような観点からの上下揺れ、縦揺れ、横揺れの3自由度連成モデルも提案されている。ここではその結果の1例を図4.21に示す。フルード数0.05で向波中を前進するとき40度近いパラメトリック横揺れとなる実験値をこの3自由度連成モデルによる計算はよく説明できている。さらに不規則波中でのパラメトリック横揺れの推定にあたっては、閾値を超えたときのみ発生するという現象の非線形性のため、横揺れ角の自己相関関数の時間平均が集合平均と一致しないという問題もあり、特別の配慮が模型実験や数値シミュレーションにあたって必要である。

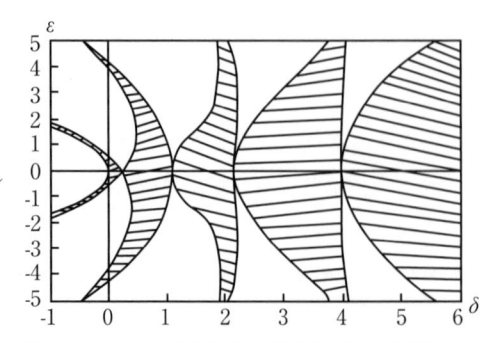

図4.20　マシュー方程式の安定判別図（網掛け部が安定領域）。

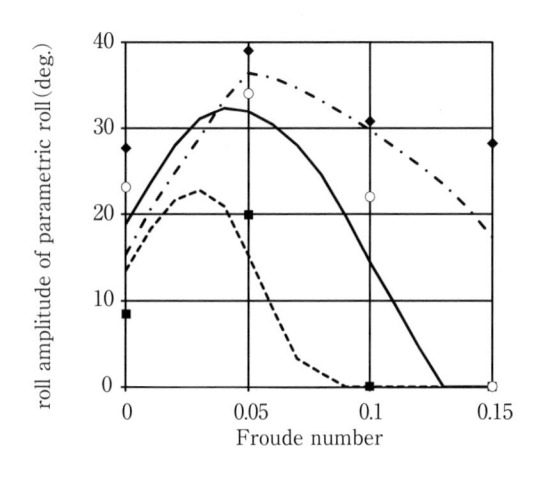

図4.21 波長船長比1についての規則向波中のC11級コンテナ船のパラメトリック横揺れ。[5]

4.8 ブローチング

追波、斜め追波中をフルード数0.3以上で高速航行すると、その出会い周波数は非常に小さくなる。この場合は、復原力をもたない、いいかえると固有周波数ゼロの前後揺れ、左右揺れ、船首揺れとの連成が問題となってくる。その顕著な例がブローチング現象（broaching）であり、高速で航行する駆逐艦、カーフェリー、ヨットなどではその発生がよく知られている。第1章の写真1.4は、ブローチング現象の分解写真である。船尾に波の山を斜めに受けると、波の力で船尾を横に振られるようになる。操舵手はこれを防ぐために舵を反対に切る。ある程度までは舵の作用でこの旋回を防ぐこともできるが、その限界を越えると急激な旋回が始まり操縦不能となる。この急旋回の結果としての遠心力から、大傾斜、転覆したり、航路をはずれて座礁、衝突することもある。この現象の発生のためには、波の谷に近い下り波面に比較的長いあいだ留まることが必要条件となる。そのような状況は、スポーツとしてのサーフィンと同じように起こるので、波乗り現象として知られる。

ブローチング現象については、船舶の操縦制御運動を扱う数学モデルに、波による外力を加えることで概略説明できる。規則波中において、ある135トン型まき網漁船の模型実験で計測されたブローチングによる転覆を、理論モデルと比較した例を図4.22に示す。計算は実験よりも約2秒ブローチング発生が早いものの、両者の一致は良好である。この理論モデルでは、前後、左右、横揺れ、船首揺れの4自由度の運動方程式に、比例微分制御のオートパイロットによる操舵機の応答方程式を加えている。ここで、波による運動や波振幅は微小とし、それらの相互干渉項は高次の微小量として省略している。さらに、波力は線形細長体理論（出会い周波数が非常に低いため、内部問題の自由表面は剛壁の条件）により推定している。ただし、波力は船体重心の波面上の位置の関数となり、すなわち波力を表す三角関数の引数内に波による前後揺れ変位を考慮することになるため、理論モデルとしては非線形となる。この前後揺れ変位の波力への影響を高次の微小量として無視するのが線形耐航性理論では常識であるが、それでは波乗りとそれに続く

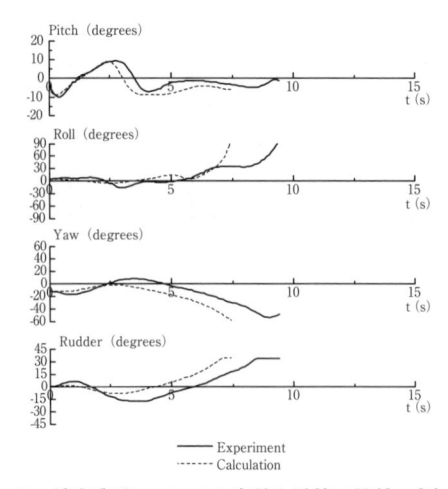

図4.22 まき網漁船のブローチング時系列についての実験と計算の比較.（波姐度1/9.3、波長船長比1.413、プロペラ回転の平水相当フルード数0.43、波方向となす目標針路-10度）[6]

ブローチング現象の説明が不可能となる。

　現在IMOでは、このようなブローチング現象を直接扱う数値シミュレーションによる安全評価が必要かどうかをまず簡易に判定するため、ブローチングの必要条件である波乗り現象の発生条件を用いる方向で基準策定の審議が進んでいる。そこでここではその波乗り発生条件の推定法について説明する。

　波浪中を航行する船舶は通常、ある平均速度を中心に出会い周波数と同じ周波数で6自由度の船体運動を行いつつ航行する。しかしながら、追波、斜め追波中を、あるプロペラ回転の範囲で進もうとすると、船が、波に捕捉され、波の位相速度と同じ速度で進むことがある。前述の波乗り現象である。図4.23は、プロペラ回転数と船速についての実験結果である。低いプロペラ回転において船速は平水中速度かそれに近いところを中心に変動しているが、ある閾値をこえると船速は非線形を考慮した波の位相速度まで増速され時間的にはほとんど変動しなくなる。

　この波乗りの発生は数理的には次のように議論できる。真追波に限定すれば、図4.13の座標

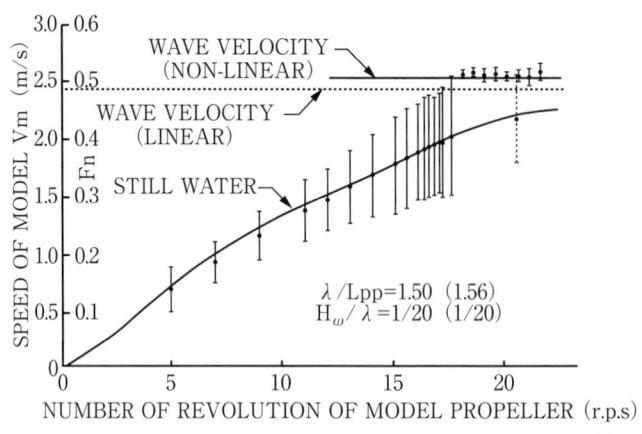

図4.23 追波中の船速とプロペラ回転数の関係（菅の実験）[7]

系に基づく次の前後方向だけの1自由度の運動方程式でも波乗りは説明できる。

$$\ddot{x}+\mu\dot{x}+f\sin(kx+\varepsilon)=h \tag{4.77}$$

この式でも、変位が波の影響を表す正弦関数の引数に含まれるので、非線形である。この系では、xと$\dot{x}$という2つの変数だけで運動が記述できるため、位相面上の軌道でそのすべてが表現されうる。

(4.77) 式の平衡点 $\bar{x}$ は次式の解である。

$$f\sin(k\bar{x}+\varepsilon)=h \tag{4.78}$$

この平衡点付近で (4.77) 式を線形化すると、

$$\ddot{x}+\mu\dot{x}+k(x-\bar{x})f\cos(k\bar{x}+\varepsilon)=0 \tag{4.79}$$

と、右辺に定数項をもつ定係数2階線形常微分方程式となる。この式は、$u=\dot{x}$ とおくと、

$$\begin{bmatrix}\dot{x}\\\dot{u}\end{bmatrix}=\begin{bmatrix}0 & 1\\-kf\cos(k\bar{x}+\varepsilon) & -\mu\end{bmatrix}\begin{bmatrix}x\\u\end{bmatrix}+\begin{bmatrix}0\\k\bar{x}f\cos(k\bar{x}+\varepsilon)\end{bmatrix} \tag{4.80}$$

と表現される。この右辺に含まれる行列の2つの固有値の実部の両方が負であれば、$\bar{x}$ は安定な平衡点であり、そうでなければ不安定な平衡点である。(4.78) 式は安定と不安定の2つの平衡点をもつ可能性があり、安定な平衡点は波の谷に近い下り波面に船体重心があるとき、不安定な平衡点は波の山に近い下り波面に船体重心があるときに一般船舶では現れうる。波乗りはこのうち安定な平衡点に船が捕捉されて1波長以上移動しない、すなわち隣の安定平衡点に達しないことである。隣り合う二つの安定平衡点に挟まれる不安定平衡点は、固有値の実部が正でその点から指数関数的に離れる軌道と固有値の実部が負で指数関数的に近づく軌道をもつ。もし軌道が正確に不安定平衡点に達しているならばそこに到着する時間は無限にかかり、逆にそこから離れる時間は無限にかかる．もしある不安定平衡点から離れる軌道が隣の不安定平衡点に到達するとすれば、船が一波長移動するために無限の時間がかかることになる。つまりこのケースは、周期無限大の周期運動であると同時に波乗りでもある。まさに、通常の周期的運動と波乗りという非周期的運動の境界の状態である。この状態よりも波の力が強くなると波乗りが発生し、弱くなると通常の周期運動となる。この状態をヘテロクリニック分岐という。かくして、二つの不安定平衡点を結ぶ軌道を求めると波乗りの発生条件を求めることができる。この条件は、運動方程式である常微分方程式の2点境界値問題として数値的にその発生条件を求めることができるほか、

$$\ddot{x}+f\sin(kx+\varepsilon)=0 \tag{4.81}$$

の解析解による平衡点を結ぶ軌道をもとに、省略した2項の影響が平均的に消える条件を解析的に求めるメルニコフの方法も利用できる。IMOでの基準の審議では、この数値分岐解析やメルニコフ解析を利用することを検討中である。

コラム　波乗り条件の研究

以上のような波乗り発生条件の推定法のうち数値的な方法の提案は、古く1969年に旧ソ連のマコフによって行われていたものの西側には知られることが少なく、その後1989年になって菅と梅田によって独立に"再発見"された。菅[7]は、さらに、メルニコフの方法をこの問題に初めて適用した。ただし、そこでは船体抵抗を船速の1次式で近似していたため、数値的な方法との一致度が十分でなかった。21世紀になって、スピロウが抵抗の3次式の近似を行い、牧らが抵抗の多項式近似に一般化するとともに数値的方法や模型実験によるその検証に成功するにいたって、IMOでの実用基準への応用の途が拓かれた。

4.9　海水打ち込みとの関係

　海水打ち込みが船の復原性に大きな影響を与えることはよく知られているが、転覆に至るいくつかのパターンがあることに留意する必要がある。最も単純なものは、漁船のようなブルワークをもった船に主に起こるもので、ブルワークを越えて甲板上に打ち込んだ水が滞留し、その自由水影響により静復原力を喪失して転覆するものである。この場合横揺れ方向のモーメントの釣合が失われることから静的な転覆とみることができる。甲板上の自由水は横揺れの減衰力を増すこともあるが、このようなモーメントの釣合の喪失に減衰力の増加は直接影響しない。もちろんブルワークのある船は放水口も備えているから時間が経過すれば滞留水は船外に排出されるはずである。このためこの種の転覆は遭遇する波の群との関連が大きい。

　また、平水中の静復原力を完全に喪失しなくとも、甲板滞留水により復原力がやや低下した状態で波の山にゆっくり追い抜かれるとき、先に述べた波による復原力低下が加わって転覆することがある。このパターンでの転覆は漁船の模型実験ではこれまで多数観測されており、甲板滞留水である程度横傾斜した後、船体重心が波の山に達したとき、復原力低下から急速に転覆に向かう。

　小型漁船では、一つの波で瞬時に甲板上のウエルに水が満たされることも考えられる。この場合は、モーメントの釣合ではなく、水の滞留によるエネルギーを船の動復原力が吸収できるかどうかが問題となる。すなわちエネルギーバランスの喪失による動的な転覆である。土屋はこの危険を示す指標としてエネルギー比較の係数、C_3係数を導入する方法を提案し、この方法は1977年のトレモリノス漁船安全条約の添付書類3の勧告2として採択されている。

　さらにデッキ・イン・ウオータと呼ばれる現象も小型漁船の斜め追波中自由航走模型実験で観測されたといわれる。すなわち、舷端が没水したとき、船のもつ横方向の速度成分によって大きな抗力が横方向に働き、それによるモーメントが静復原力を上回って転覆するパターンである。

　カーフェリーなどでは、船首扉が波浪で損傷したり、船側への衝突で破口が生じると、船内の区画に浸水することがある。この場合は、船内の滞留水と横揺れの連成が重要となりうる。横揺れの周期が内部水の固有周期よりも十分長いときは、内部水の水面はおおむね水平を保つ。しか

しながら、横揺れの周期と内部水の固有周期が近くなると内部水の水面は水平面と異なって、その水面傾斜を変数とした動的な解析が必要となる。さらに、内部水の水面が途中で変形する段波が発生することもあり、この場合は流体力学的な扱いを要する。

参考文献

1. 元良誠三、船体運動力学（訂正版）、共立出版、1967
   ＊絶版であるが、日本船舶海洋工学会のホームページから http://www.jasnaoe.or.jp/publish/others/dl/sentaiundourikigaku.pdf として、電子復刻版がダウンロードできる。
2. 田才福造、船の横揺の運動方程式について、九州大学応用力学研究所報、第25号、(1965)
3. 浜本剛実ほか、追波中の復原力変動に関する研究、関西造船協会誌、第185号、1982、pp.49-56
4. Kubo, H. et al., "Pure Loss of Stability in Astern Seas –Is It Really Pure?-", Proc. ApHydro 2012, 2012, pp.307-312
5. Hashimoto, H., and N. Umeda, "A Study on Qualitative Prediction of Parametric Roll in Regular Waves", Proceedings of the 11th International Ship Stability Workshop, Wageningen, 2010, pp.295-301
6. Umeda, N. and H. Hashimoto, "Qualitative Aspects of Nonlinear Ship Motions in Following and Quartering Seas with High Forward Velocity", Journal of Marine Science and Technology, Vol. 6, 2002, pp.111-121
7. 菅信、追波中の船の大振幅前後揺れと波乗り現象（その３）、日本造船学会論文集、第166号、1989、pp.267-276

第5章　風波浪中の抵抗増加

波浪中における抵抗増加（added resistance *or* resistance increase）を求めることは、実海域における船舶の速度を維持するためにどれ程の馬力が求められるかを決めるときに必要となる。平水中の抵抗に加えて波浪中で運動をすることによって抵抗が増加するからである。しかもこの増加量は船速だけでなく、波の周期、波振幅、波との出会い角によって多様に変化する。初期設計段階での馬力推定において、実海域における馬力増加を勘案して平水中馬力より何％か馬力を増やして設定している。このことは、馬力余裕、シーマージン（sea margin）として知られている。近年この馬力余裕を正確に見積もることが要求されるようになり、抵抗増加を正しく計算する要請が強くなってきた。

この波浪中抵抗増加は丸尾[1]によって理論的に明確になっているが、理解するのは容易ではない。耐航性能編で抵抗増加がどのように理論的に導出されるか詳細に解説されている。この基礎編では、この理論のポイントになる点を解説し、耐航性能編への架け橋になるようにする。理論は詳細に理解していなくとも抵抗増加の物理がどのように考えられているか理解できるように解説する。耐航性能編と並行して読んでいただきたい。

5.1　平水中を動揺しながら進行する周期的特異点の造る波

波浪中における抵抗増加の本質は、造波抵抗であることは良く知られるようになった。故に抵抗増加の理論を理解するには波の性質を知る必要があるが、その基礎的な特性については第2章で解説されている。複雑な波動場であっても2章で説明した二次元の波の組み合わせで表現できる。例えば、円筒波は同じ波長の二次元波が一点から全ての方向に進行した時の重ね合わせで表現できる。このことは数学的にも容易に表現できる。この様な基本的な二次元波を素成波（elementary wave）と言い、それを表すパラメタは振幅、周期、進行方向の三量である。揺れながら進行する船が造り出す波動場も素成波の組み合わせで表現できるのである。

素成波の進行方向を定義する座標系を以下に示し、どのような波が波動場を構成しているか解説する。空間に固定した座標系（O_s-$X_s Y_s$）のX_s方向に速度Vで移動する等速移動座標系（o-

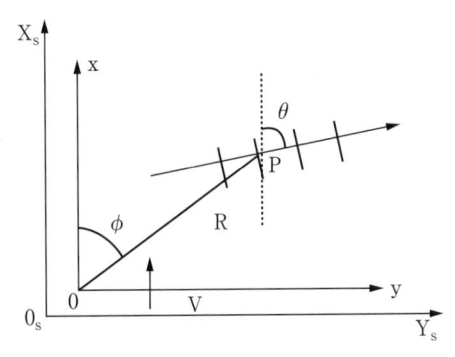

図5.1　空間固定座標系（O_s-$X_s Y_s$）と速度Vの等速移動座標系（o-xy）。波源はo-xy系の原点にあり、波動場の点P（R, ϕ）を伝播する素成波の進行方向をθとする。

xy) の原点 o におかれた波源（波を造り出すので周期的特異点などと言う）が造り出す波（それは速度 V で平水中を揺れながら進行する船が造る波の基本モデルなのだが）に関する解説である。一つの波源が造る波動場が解れば、それらを加え合わせることによって、船が平水中を進行しながら動揺した時にできる波動場を表現することができる。

なお、船体運動を記述する場合、縦揺れを θ で表現する事が多いが、この章で示すように素成波の進行方向を表現する場合も多い。

5.1.1 素成波：k_1 波系と k_2 波系

船が平水中を速度 V で航走した場合、ケルビン波が造られることは周知のことである。ところが円周波数 ω で揺れながら航走すると、このケルビン波が、船が揺れたことによって変形される。この波を k_1 波と名付ける。止まった状態で揺れた場合は、円筒波が造られることも周知のことである。ところが航走しながら揺れた場合はこの円筒波が変形される。この波を k_2 波と名付ける。即ち、揺れながら航走する船体からは、二つの波系、k_1 波と k_2 波が造られている。その波数は、次式で与えられる。どのようにして求めるかは耐航性能編を参照されたい。

<u>k_1 波の波数</u>

$$k_1(\theta) = \frac{K_0\{1 - 2\Omega_0 \cos\theta + \sqrt{1 - 4\Omega_0 \cos\theta}\}}{2\cos^2\theta} = K_0 \sec^2\theta \left(\frac{1 + \sqrt{1 - 4\Omega_0 \cos\theta}}{2}\right)^2 \quad (5.1)$$

<u>k_2 波の波数</u>

$$k_2(\theta) = \frac{K_0\{1 - 2\Omega_0 \cos\theta - \sqrt{1 - 4\Omega_0 \cos\theta}\}}{2\cos^2\theta} = K\left(\frac{2}{1 + \sqrt{1 - 4\Omega_0 \cos\theta}}\right)^2 \quad (5.2)$$

ここで各パラメタ、K、K_0、Ω_0 は以下で、それぞれ揺れた時の波数、航走した時の波数とそれらの比（花岡パラメタ）を表すものである。Ω_0 は非定常の度合いを表すパラメタである。

$$K = \frac{\omega^2}{g}, \quad K_0 = \frac{g}{V^2}, \quad \Omega_0 = \frac{\omega V}{g} = \sqrt{\frac{K}{K_0}} \quad (5.3)$$

この二波系の波数は、動揺しない時には k_2 波が消えてケルビン波の波数に、そして、速度がない時には k_1 波が消えて円筒波の波数に一致する。このことは、上式の各波数の最終式で $\omega \to 0$、或いは $V \to 0$ としてみれば解る。即ち、以下のことが解る。

1) $\omega = 0$ の時、即ち、波源（特異点）が振動せず、一定速度 V で移動する時は、

$$K = 0 \to k_2 = 0, \quad \Omega_0 = 0 \quad : k_1(\theta) = K_0 \sec^2\theta \quad (5.4)$$

となる。これはケルビン波（Kelvin wave）の波数である。

2) $V = 0$ の時、即ち、波源（特異点）は移動しなく、振動のみしている時は全ての方向に同じ

円周波数を持つ波が伝播するので、

$$K_0=\infty \to k_1=\infty : \Omega_0=0 : k_2(\theta)=K=\omega^2/g \qquad (5.5)$$

となる。これは円筒波（Ring wave）の波数である。

　この様に二つの波系が共存していることの理解が大切である。このことは造波抵抗が抵抗増加の本質とすると、抵抗増加の理論式がこの二つの波系による造波抵抗の和になっていることを予想させる。

　実は船体が揺れると上記以外の波も発生している。これは、2.3節の「二次元浮体の運動」で説明したが、局所波と言う波で揺れる物体の近傍にあり無限遠方に伝播しない、即ち遠方にエネルギーを持ち出さない波である。それ故、抵抗増加には関係しないのでここでは議論しない。

コラム：ケルビン波（Kelvin wave）とグラスゴー大学

　静水中を航走する船の波を研究したケルビン（Kelvin）卿に因んで、この波をケルビン波と名付けられた。彼はグラスゴー大学の物理学教授であり、男爵の爵位をもらった時にケルビン卿と名のるようになった。名前は、ウイリアム・トムソン（WilliamThomson, 1824-1907）と言う。グラスゴー大学の脇を流れる小さな川、ケルビン河からその名前を取ったと言われている。なお、グラスゴー大学、その近くにあるストラスクライド大学は明治の初期、日本の工学教育の基礎を築くために多大な貢献をした。

5.1.2　素成波の伝播限界角

　(5.1)、(5.2) 式の根号の中は正でなければならないから、次の条件を満たさなければならない。すなわち、次の条件を満足しなければ k_1 波、k_2 波とも存在しえない。

$$1-4\Omega_0 \cos\theta \geq 0 \qquad (5.6)$$

この不等式を満足する条件は、Ω_0, θ の関係から違ってくるが、素成波の伝播角 θ の条件が、速度 V、動揺円周波数 ω によって違ってくることを、二つの場合に分けて考える。

(1) $\Omega_0 \geq 025$ の場合

　$\cos\theta \leq 0.25/\Omega_0$、即ち $\cos^{-1}(0.25/\Omega_0) \leq |\theta| \leq \pi$ の範囲に θ が存在していなければならない。別の言い方をすれば、θ は素成波の進行方向を表す変数であるから、この範囲以外の方向には伝播する素成波が存在しないことを示している。この $\cos^{-1}(0.25/\Omega_0)$ を θ_0 と表現して、限界角（critical angle）と言う。以下の(3)で記述してある波の中を船が走航している場合のΩを用いて求めたθ_0は、5.2節で述べる抵抗増加式(5.8)式の積分の上下端に現れているθ_0である。θ_0はΩで変わるから、(5.8) 式の積分の範囲もΩの値に応じて変わることが解る。

(2) $\Omega_0<0.25$の場合

　$\cos\theta$に関係なく常に根号内は正となる。すなわち、全方向に素成波が出ていくことになる。船速が0で揺れている時の波は円筒波であったが、Vが増加するに従ってその円筒波が歪んでゆ

き、更にVが増加すると前進方向に進行する素成波が存在できなくなる。その限界が (5.6) 式の等号が成立する時である。Vが一定でωが増加してゆくとΩ_0が増大し、Vが増大したと同じような傾向になる。この様に、Ω_0がある値になると素成波が存在しない角度領域が現れ、$\Omega_0 = 0.25$いう限界値が存在する。このΩ_0は、動揺問題では重要な係数である。$\Omega_0 = \sqrt{K/K_0}$とも表現され、Kは動揺することによって発生する波の波数を、K_0は一定速度で走る時に発生する波の波数を表すから、Ω_0は非定常性（動揺）の程度を示している。即ち、Ω_0が大きな値の時は、非定常性の度合いが強いということである。

なお、(5.6) 式が0になる時、即ち、(5.1) 式、(5.2) 式の根号内が0となる時は、限界角θ_0方向に伝播するk_1波系とk_2波系の波数は等しくなる。即ち、$k_1(\theta_0) = k_2(\theta_0)$である。$\theta$が$\theta_0$より大きくなると、波数$k_1(\theta)$は大きくなり（波長が短くなる）、$k_2(\theta)$は小さくなる（波長が長くなる）。

(3) 波の中を動揺しながら前進する船が造る波（Ω_0とΩ）

ここまでの話は、入射波が無い場合、即ち静止水面上を強制的に船を揺らしながら走行させた場合に造られる波の話である。それと違って、円周波数ωの入射波の中を運動しながら進行した場合は、円周波数ωの波が、χなる入射波角度で船速Vなる船体に入射してくる。すると、船体は出会い円周波数$\omega_e = \omega - KV\cos\chi$（$\chi = 180$度が向波）で揺れる。この時の花岡のパラメタ$\Omega$は、$\omega_e V/g$である。これを波が無い平水中を円周波数$\omega$で動揺しながら進行する場合のパラメタ$\Omega_0$と明別するために$\Omega$と表すと、以下の関係がある。

$$\Omega = \frac{\omega_e V}{g} = \frac{(\omega - KV\cos\chi)V}{g} = \Omega_0 - \Omega_0^2 \cos\chi \quad (5.7)$$

当然のことながら、$V = 0$の時と、$\chi = \pi/2$、$3\pi/2$（即ち、横波状態）の時は、$\Omega = \Omega_0$となる。

波の中を動揺しながら前進する船から無限遠に出て行く二つの波形は、出会い周波数で動揺している波源（特異点）が造り出す波系に対応している。この時の非定常パラメタはΩである。

波の中で運動している問題を扱っているのか、波が無く平水中を強制動揺させながら前進している問題を扱っているのか注意することが必要である。

5.2　丸尾の抵抗増加理論式の三つの構成要素

波浪中における抵抗増加は、船体が波の中で揺れる事によって生じた波によるエネルギー損失に対応する造波抵抗である。丸尾の抵抗増加理論式は、線形ポテンシャル理論の範囲内では制限なく適用できる一般性がある理論である。船速や、船体形状、波長や波との出会い角に関する仮定がなく理論式を厳密に計算すれば良いが、船体の表面条件を満たし、船体運動と無限遠に発散する波の関係を表現する関数の計算が複雑である。良く知られたGerritsmaの式なども他の抵抗増加の近似理論式も丸尾理論の中に含まれる。すなわち、丸尾の理論式で本来厳密に計算すれば（できれば）、肥大船短波長領域の藤井-高橋修正やFaltinsenの式など他の修正式を使う必要はない。問題はどれほど厳密に計算できるかである。丸尾理論以前、以後の抵抗増加に関する考え方もこの理論を基にして再解説されるとその近似の物理的意味が明らかになる。

大振幅運動した場合、極めて肥大化した船の船首船尾近傍等の流れ場が大きく変形している場

合、船首フレア角が大きな場合等の抵抗増加を求める問題を、線形理論で取り扱うことは難しく、それらは丸尾の理論を超えるため今後の課題となっている。

波浪中を船体が揺れながら航行した時の丸尾の抵抗増加理論式[*]は以下の (5.8) 式で示されるが、上記に記述した各々の波系に依る抵抗増加の和を示す二項で表現されており、各項は以下の三つの内容を示す項目から組み立てられている。三項目の内容は (5.8) 式中に [1]、[2]、[3] で示されている。

1. 式中 [1] で示されている内容は前進しながら動揺する船体が造る波を二次元素成波より構成されていると考え、その素成波がどの方向範囲内に発散して行くかを示しており、積分式の上限、下限として表されている。この積分範囲内だけに素成波は進む。
この積分範囲を理解するには、動揺しながら前進する特異点が造る波に関する理解が必要である。この波は前述するように二波系 (k_1 波系と k_2 波系) あり、各々の波系に対応する抵抗増加を示す項からなっている。
2. 式中 [2] で示されている内容は、θ 方向に進む素成波の波振幅と、その位相差に関連する項で、振幅関数、いわゆる Kochin 関数 $H_1(\theta)$、$H_2(\theta)$ といわれる関数である。抵抗増加の計算では、この関数の絶対値の 2 乗だけが必要である。
3. 式中 [3] で示されている内容は、θ 方向に発散する波が抵抗増加にどれほど寄与するかを示しており、一種の重み関数である。

下記の式中の抵抗増加量 [1] [2] [3] が上記三つの内容に対応し、右辺第 1 項、第 2 項がそれぞれ k_2 波系と k_1 波系による抵抗増加量に対応している。

$$\Delta R = \frac{\rho}{8\pi} \underbrace{\left[\int_{\theta_0}^{2\pi-\theta_0}\right.}_{[1]} \underbrace{|H_2(\theta)|^2}_{[2]} \underbrace{\frac{k_2(\theta)\{k_2(\theta)\cos\theta - K\cos\chi\}}{\sqrt{1-4\Omega\cos\theta}}}_{[3]} d\theta}_{k_2 \text{ wave system}}$$

$$+ \frac{\rho}{8\pi} \underbrace{\left[\int_{-\frac{\pi}{2}}^{-\theta_0} + \int_{\theta_0}^{\frac{\pi}{2}} - \int_{\frac{\pi}{2}}^{\frac{3\pi}{2}}\right]}_{[1]} \underbrace{|H_1(\theta)|^2}_{[2]} \underbrace{\frac{k_1(\theta)\{k_1(\theta)\cos\theta - K\cos\chi\}}{\sqrt{1-4\Omega\cos\theta}}}_{[3]} d\theta$$
$$k_1 \text{ wave system}$$

(5.8)

積分の前の係数 ($\rho/8\pi$) は振幅関数の定義によって変わるから注意すること。χ は入射波の角度を表し、向波の場合が180度である。この理論式に基づいて抵抗増加は計算されることが多いし、抵抗増加の各種近似公式もこの理論を基にしてみると理解が深まる。この理論式の導出については耐航性能編を学ぶとよい。

この理論式 (5.8) 式の[1]、[2]、[3]の項目について、以下5.2.1、5.2.2、5.2.3節で解説をす

---

[*] 脚注
(5.8) 式の積分前の係数 ($\rho/8\pi$) は、振幅関数 $H_{1,2}(\theta)$ の定義に $1/4\pi$ が付いた場合は、積分前の係数は $2\rho\pi$ になる。

る。
1) Havelock 型表示と Michell 型表示

抵抗増加式を表わす (5.8) 式は、θ 方向に進行する素成波の重ね合わせで表現されており、物理的に理解し易い。この表現式を Havelock 型の表現式と言う。(5.1)、(5.2) 式の波数を

$$m(\theta) = k_j(\theta)\cos\theta \quad : \quad j=1,2 \tag{5.9}$$

と変数変換して、(5.8) 式を表現した式を Michell 型の表現式と言う。波数 $k_j(\theta)$ に進行方向 $\cos\theta$ を含めた変数 m への変換をミッチェル変換（Michell transform）と言う。すると、(5.8) 式の様に、k_1 波系、k_2 波系に分かれている積分が一つにまとめられて数値計算に便利な式になる。しかし、(5.9) 式で分かるように θ の範囲に依って波数 m が負値（即ち、負の波数）となる場合があるので理解に戸惑うところがある。抵抗増加の物理を理解するには、ここで解説している Havelock 型の式で理解した方が解りやすい。この変換演算の詳細は述べないが、抵抗増加理論式を理解するのに良き演算になる。抵抗増加理論を学ぼうと思う読者にこの演算をされることを勧める。

この変換の意味について少し述べておく。(5.9) 式を、座標系図 (5.1) を見ながら考えれば解るが、この変換された波数 m は、θ 方向に進行する素成波の波数 $k_j(\theta)$ の船の前進方向成分、即ち、船の並進座標系の x 軸への射影成分になっていることが解る。近年、柏木が抵抗増加理論式を簡便に導く手法を提案しており、そこで述べられている波数は (5.9) 式の変換された波数 m と同じで、それを基にして解説されている。そして、非定常波動場の縦切り（x 軸上で切り取る）手法は、まさに x 軸上の波系の解析であるからこの波数 m の表現の方が便利であるとしている[2]。その解説では、波系の名前や、以下に記述する A、B、C、D 波等と違う名前であるが、各素成波がどの方向に進行する波かを理解すれば名前の相互関係は解る。

5.2.1 k_1 波系、k_2 波系と抵抗増加式の積分範囲

1) 二つの波系と四つの波

上記した二つの波形を更に波の進行方向を考えてそれぞれ二つに分け計四種の波と考える。k_2 波系の波を A 波、B 波と分け、k_1 波系の波を C 波、D 波と名付ける。進行方向を含めて一覧表にして以下に示す。

$$\begin{cases} k_2 波系 \begin{cases} A 波 : & \pi/2 \leq \theta \leq 3\pi/2 \\ B 波 : & \theta_0 \leq |\theta| \leq \pi/2 \end{cases} \\ k_1 波系 \begin{cases} C 波 : & \theta_0 \leq |\theta| \leq \pi/2 \\ D 波 : & \pi/2 \leq \theta \leq 3\pi/2 \end{cases} \end{cases} \tag{5.10}$$

・$\pi \leq \theta \leq 2\pi$ は上図 $0 < \theta < \pi$ を折り返す。

この4つの波を解り易く示したのが次の図である。点線矢印は、空間固定座標（O_s 系）から

5.2 丸尾の抵抗増加理論式の三つの構成要素

A wave	B wave	C wave	D wave
$\theta > \pi/2$	$\theta < \pi/2$	$\theta < \pi/2$	$\theta > \pi/2$

見た波の進行方向、実線矢印は、等速移動座標系（o系）、即ち特異点（船）から見た波の進行方向を示す。

(1) A 波系：O_s 系、o 系の両系から見ても特異点（船）後方に進む波
(2) B 波系：O_s 系、o 系の両系から見ても前方に進む波で、位相速度も群速度も特異点（船）の速度より早いので特異点（船）の前方に存在する。
(3) C 波系：O_s 系、o 系の両系から見ても前方に進む波だが、群速度が特異点より遅いので、特異点（船）の後方に存在する。
(4) D 波系：O_s 系から見ると前方に進む波だが、o 系から見ると後方に進む波で、群速度、位相速度ともに特異点（船）より遅い。

各波の波長の大小関係は、A 波＞B 波＞C 波＞D 波である。ここで興味のある波は A 波で、この波は空間固定座標系からみても後方に伝播することを考えると、この波からの反力として特異点は推力を得ている。即ち、波浪中を動揺しながら進行している船が造る波の中には抵抗成分だけでなく推力成分も存在している。通常この成分は小さいが、波浪推進が可能になる一つの理由である。

二波系（更に区分して四波）がそれぞれ抵抗増加式に反映されている。それらが丸尾の抵抗増加式の積分項に表現されていて、その波の存在範囲が積分の上、下限として示されている。理論式の積分がどの波の成分に依る抵抗増加成分を表しているか確認することができる。(5.8) 式の積分部分だけを抜き出し、その積分範囲がどの波に依るものかを積分記号の上に示す。

$$\Delta R \sim \overbrace{\int_{\theta_0}^{2\pi-\theta_0}}^{k_2 \text{ wave}} + \overbrace{\left[\int_{-\pi/2}^{-\theta_0} + \int_{\theta_0}^{\pi/2} - \int_{\pi/2}^{3\pi/2}\right]}^{k_1 \text{ wave}} = \left[\overbrace{\int_{\pi/2}^{3\pi/2}}^{A \text{ wave}} + \overbrace{\int_{\theta_0}^{\pi/2}}^{B \text{ wave}} + \overbrace{\int_{3\pi/2}^{2\pi-\theta_0}}^{B \text{ wave}}\right]^{k_2 \text{ wave}} + \left[\overbrace{\int_{-\pi/2}^{-\theta_0}}^{C \text{ wave}} + \overbrace{\int_{\theta_0}^{\pi/2}}^{C \text{ wave}} - \overbrace{\int_{\pi/2}^{3\pi/2}}^{D \text{ wave}}\right]^{k_1 \text{ wave}} \quad (5.11)$$

2) 波、速度の観点からの近似

二波系四種の波に分類したが、この波のどれかを合理的に近似あるいは無視する事に依って計算式が簡単になる。どのような近似が考えられるのであろうか。

(1) 一つの近似：k_1 波系を無視

k_1 波系のC、D波は、Kelvin 波系が変形した波系で抵抗増加への寄与は小さい。そのため k_1 波系を無視して計算される事がある。多くの近似理論はこの考え方を採用しているが、追波状態などの場合、抵抗増加量そのものが小さく、k_1 波、k_2 波の両波系による抵抗増加量は同じ程度

になる場合がある。その場合は両波系による抵抗増加を計算しなければならない。

(2) 一つの近似：横方向（$\theta = \pi/2, 3\pi/2$）の波に注目

有名な Gerritsma の抵抗増加式は、k_2 波系の、$\theta = \pi/2$、$3\pi/2$ 方向に出る波に依る抵抗増加成分を取り出したものと考えても良い。船から横方向（即ち、$\theta = \pi/2, 3\pi/2$ 方向）に出てゆく波による抵抗増加量を計算しているという事は、船体運動のストリップ法の理論的な考え方と共通性がある事が解ろう。

(3) 一つの近似：船速が遅い（$\Omega \approx \Omega_0$）

(5.7) 式に示されているように、$\Omega_0 (= \omega V/g)$ が小さな値の時、Ω_0^2 は更に小さいので、前進速度（V）が小さい場合は、$\Omega \approx \Omega_0$ として理論展開する近似法が成り立つことが理解できよう。この近似を使って、低速で航行する問題を簡素化する理論も提案されている。

---

*) 注「二つの波」

ここで議論されている波は何れも進行波で、その波について議論、分類している。(2.3.2) 節の6) で記述されている「二つの波」は、進行波と局所波（物体近傍にしかない進行しない波）の事で、違う波のことなので注意すること。

5.2.2 素成波伝播角と抵抗増加寄与率（重み関数）

抵抗増加式 (5.8) 式中の番号 [3] の内容は、θ 方向に進行する素成波がどの程度抵抗増加に寄与するかを表現している、所謂重み関数であり、抜き出して再記すると以下である。

$$W_j(\theta) = \frac{k_j(\theta)\{k_j(\theta)\cos\theta - K\cos\chi\}}{\sqrt{1 - 4\Omega\cos\theta}}, j = 1, 2 \qquad (5.12)$$

これを2項に分けて、以下のよう表す。

$$W_{j1}(\theta) = \frac{k_j(\theta)k_j(\theta)\cos\theta}{\sqrt{1-4\Omega\cos\theta}}, W_{j2}(\theta) = \frac{-k_j(\theta)K\cos\chi}{\sqrt{1-4\Omega\cos\theta}}, j=1,2 \qquad (5.12)'$$

$W_{j1}(\theta)$ 項は、入射波と直接に関係の無い項で、船体が揺れただけの場合の重み関数であり、$W_{j2}(\theta)$ 項は、入射波と動揺することによる干渉を表す重み関数と考えられる。これらの関数は、下記の例題に示すように、強い指向特性を持つ。分母は、$\theta = \theta_0$ の時に0になるので、重み関数値は無限大になるが、1/2 乗の発散なので θ に関する積分値は確定する。

【例題5-1】

船長 L = 4 m、船速 Fn = 0.2、$\lambda/L = 1$、向波状態（$\chi = \pi$）での、k_2 波系の重み関数 $W_2(\theta)$ の計算をして図に示しなさい。記述されてきた各式を使えば計算が簡単である。この時、限界角 θ_0 = 70.5deg. であることも確かめなさい。波の中を揺れながら進行する船の前方に進行する波（B 波）が抵抗増加に大きく寄与する極めて強い指向特性を重み関数が有している事を確認するとともに、図中に波数と波長も示しなさい。ここでの解説にある式に基づいて計算をすると図5.2と

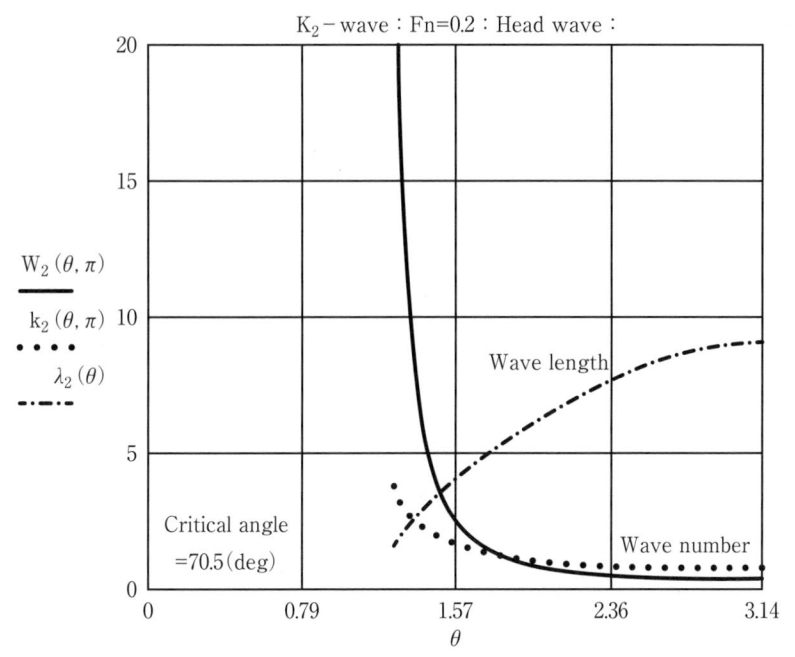

5.2 丸尾の抵抗増加理論式の三つの構成要素

図5.2 k₂波系の向波状態（λ/L＝1）での波数k₂、波長λ₂、重み関数W₂、限界角θ₀（約70.5度）

なる縦軸の数値は、W_2、k_2、λ_2とも共通である。

重み関数は（5.12）'式の様に二項から成っているが、正面向波状態（$\chi = \pi$）でk₂波系のそれぞれを計算した結果を図に示せば、$\pi/2 < \theta < \pi$の範囲でマイナスになっている成分があることに気が付く。この成分が波浪推進の成分である。即ち自分が造り出す波を自分より後方に造り出した反作用として推進力を受けるのである。これらも同時に計算しなさい。この図よりいかに抵抗増加は、船より前方に出て行く波による成分が大きいか、理解ができる。また、これは質点の衝突理論で議論された事との類似性に気がつくことであろう。

・横方向出る波の重み関数の値：(5.2.1) の1) の (2)

正面向波$\chi = \pi$で、k₂波系だけを考え、しかも、$\theta = \pi/2$、$3\pi/2$の方向に出て行く波成分の重み関数は次式になる。

$$W_2\left(\frac{\pi}{2}:\chi\right) = W_2\left(\frac{3\pi}{2}:\chi\right) = -KK\cos\chi \to (\text{when } \chi = \pi) \to = K^2 \tag{5.13}$$

重み関数が極めて簡単になる。計算された前図において、横軸$\theta = \pi/2$（≈1.57rad.）における値が重み関数の中でどれほどの値を持つかが解る*。

5.2.3 波浪中で運動する船の造る波： 振幅関数（Amplitude function *or* Kochin Function）

---

*) 注
$\lambda/L = 1$、$(g/2\pi L)T^2 = 1$より $\omega^2 = 2\pi g/L$、よって $K = \omega^2/g = 2\pi/L = \pi/2$よって $K^2 = \pi^2/4 \approx 2.46$

船が波の中で揺れた時に、船より遠方まで伝播する波が、波という形で船からエネルギーを遠方場に持ち去っている。このことは、遠方場における波振幅を知ることが出来れば船のエネルギー消散している量を知ることが可能なことを示している。即ち、第2章で示した発散波振幅比を定義したと同様に、船体の運動と遠方場に伝播する波とは深い関係があることを想像させるが、実際そうである。

ここまでの解説で、①船が揺れた時に造波され伝播する波の種類と性質、②その波の進行方向、③その波の進行方向と抵抗増加の関係、いわゆる重み関数を解説した。

次に必要な事は、「あるθ方向に出て行く波振幅をどのように決めるか」ということである。その振幅を表現する関数を、振幅関数、或いはこの関数を始めて定義した人に因んで Kochin 関数と言う。

波エネルギーは波振幅の2乗に比例するから、波振幅を求めることが出来れば動揺する船から伝播する波振幅の2乗が計算でき、動揺する船から供給された波エネルギーが解る。この波振幅を表現する関数が振幅関数で、厳密に書かれた式は難解に見えるが、どのように計算したらよいだろうか？ 厳密な理論的な背景、及び計算に関する議論は耐航性能編に記述されているが、簡単に次のように考える事ができる。

1) 特異点を分布させる

船から十分離れた遠方場から船を観察すると、進行しながら揺れる細長い物体に見え、かつ、その物体から造波された波が伝播してくるのが観察される。それは、船体が運動した結果として流体が噴き出したり吸い込まれたりして波が造られた、と見ることができる。大きく揺れれば、多くの流体が吸い込まれたり吐き出されたりする結果として、大きな波が造られるであろう。この「吸い込まれたり吐き出されたり」する現象を流体としてモデル化し、そのモデル化したものを船体の替わりに船体の表面上に分布させよう。このモデルを「流体力学的特異点を船体表面に分布させる。」という。その表面に分布させた特異点を各断面ごとに一つの特異点にまとめて、船体の中心線上に各断面の代表として分布させると考える。それを概念的に示したのが図5.3である。

特異点というのはまさに特異な点だからで、その詳細は定義しないが、船体が動揺することと流体の出入り量の関係だけを定義した特異な点であると考えておけば良い。この特異点はこの章

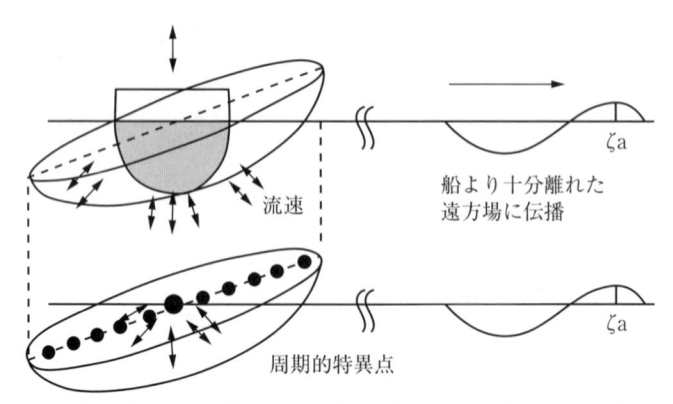

図5.3 運動と特異点：運動のエネルギーが波のエネルギーとして遠方場へ散逸

の最初に説明したk₁波、k₂波を発生させた周期的特異点と同じであり、流体と船体の相対運動の大きさや、その周期に関係して、入射して来る波と船体運動が与えられると、各断面の法線方向速度が解るので、断面に接した流体の法線方向速度が解る。その法線方向速度を使って、その断面内における流体の出し入れ総量が解り、それを使って断面における特異点の強さσ(x、ω)を決める。運動の円周波数ω毎に、その強さは変わる。流体を吸い込んだり、吐き出したりするのであるから、その強さを振幅として持った円周波数ωの三角関数で表現するのがよいと想像できる。各断面xにおいて特異点の強さを計算し、船長Lに渡って積分する事によって、遠方場に伝播する波の進行方向θと、波振幅の大きさに関係する量を決めることができる。この考え方をk₁,₂波系に関して、ある円周波数にωを固定して表現すると以下である。

$$H_j(\theta) \sim \int_L \sigma(x)\exp\{ik_j(\theta)\cos(\theta)x\}dx \quad :j=1,2 \tag{5.14}$$

この被積分関数の中の $\exp\{ik_j(\theta)\cos(\theta)x\}$ は、θ方向に伝播する波数$k_j(\theta)$の単位振幅の波を表している。(2.4.1節の4)を参照) 別の言葉で表現すると (5.14) 式はフーリエ変換で、σ(x)の中から波数$k_j(\theta)\cos(\theta)$に相当する素成波成分を抽出する操作になっている。造波する各x断面の運動の強さを表しているのが特異点σ(x)の大きさ(強さ)である。

正式には吹き出しσ(x)に二重噴き出しの特異点が加わるが、内容的には同じである。

厳密に考えるとしたら、船体の中心線上ではなく運動する船体の表面に特異点を張り付ければ、より厳密に流体の出し入れが表現できると想像される。確かに厳密な振幅関数は船体表面上に分布された特異点の積分、即ち面積分になっている。それを、船体中心線上に集約した特異点分布で表現した振幅関数が (5.14) 式と考えられる。横運動で造波される波は縦運動によって造波される波より小さいので無視される場合もある。

この様に振幅関数の計算手法には種々な考えがあり、各種の近似計算法が提案されている。この事は、裏返して考えると種々のアイデアを考え出すことができることを意味している。図5.4に振幅関数を初めて実験的に求める理論と実験解析法を提案した大楠[3]による実験結果の例を紹介する[4]。これが所謂、振幅関数、或いはコチン関数である。

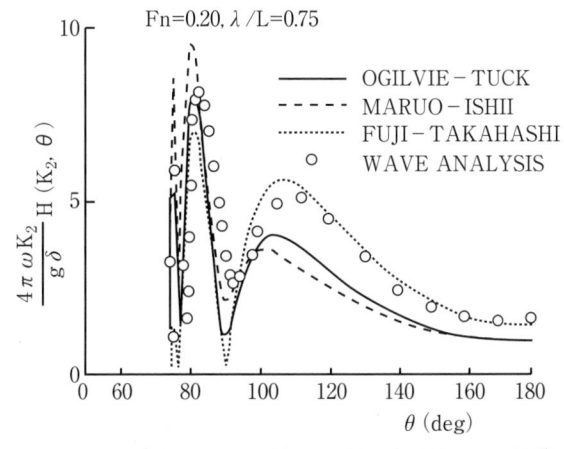

図 5.4 振幅関数 ($H_2(\theta)$) の計算と実験結果の比較[4]

振幅関数は、波の中における船体の挙動を流体の運動としてモデル化した関数であるが、どのようにモデル化し計算するかは自由度がある。丸尾はこの振幅関数の計算法を提案しているわけではない。故に、「丸尾の理論式で計算した」と主張しても、振幅関数をどのように求めたかを明示しない限り全く違った計算結果が得られる。逆に考えると、この振幅関数の表現については工学者の自由な発想が、各々の船型に関して生かされる可能性がある。

2) 振幅関数を実験的に求める。

この振幅関数を、大楠法のようにある決めた線上の非定常波動場の計測値ではなく、写真技術を使った面として計測した実験値より求める手法も提案されており、これらの手法も含めてさらに精度を高めた実験法を使うことにより、一層精密な抵抗増加理論の検証が可能になってきた[5]。図5.4は、強制縦揺れさせた時の振幅関数であるが、鋭い特徴ある素成波の指向特性を示すとともに、90度より前方に進行する素成波の振幅が大きいことが解る。図中の線は研究者の計算値で、振幅関数を種々の考え方で計算した結果であるが、理論が実験結果を良く説明していることが解る。研究者の豊かな発想が期待される。

これに、図5.2に示された重み関数を掛けた結果を積分して抵抗増加が求められるのであるが、素成波の伝播方向θが90度より前方に伝播される波が如何に抵抗増加に寄与するか良く理解できる。

5.2.4　漂流力（速度0の場合の抵抗増加）

前進速度が0の場合は、k_1波系は無く、(5.3) 式の各パラメタは次式になる。

$$\Omega = 0 : \theta_0 = 0 : k_2(\theta) = K = \omega^2/g$$

一方、k_2波系は全ての方向に同じ波数の波が進行することになり、(5.8) 式の積分範囲は次式になる。

$$\int_{\theta_0}^{2\pi-\theta_0} \sim d\theta \rightarrow \int_0^{2\pi} \sim d\theta$$

更に、重み関数は次式になるが、

$$\frac{k_2(\theta)\{k_2(\theta)\cos\theta - K\cos\chi\}}{\sqrt{1-4\Omega\cos\theta}} \rightarrow K^2(\cos\theta - \cos\chi)$$

前進速度が無いのであるから、波が来る方向はいつも向波に定義すればよく、即ち、$\chi=\pi$で、$\cos\chi = -1$である。よって、丸尾の抵抗増加式 (5.8) から容易に漂流力 (D_w) の公式が次の様に求められる。

$$D_w = \frac{\varrho}{8\pi} K^2 \int_0^{2\pi} |H_2(\theta)|^2 (\cos\theta + 1) d\theta \qquad (5.15)$$

前の脚注でも記したが、振幅関数の定義が積分の前に$1/4\pi$がつける場合は、この式の前の係数は$2\pi\rho K^2$になる。この件は（5.14）式に等号（＝）記号を付けていない理由で、注意を喚起するためである。

5.2.5 まとめ：図を使った総合解説

今までの解説を向波中を船速Vで前進する船の場合を例にとり抵抗増加（5.8）式を図的に、簡略化して示すと図5.5になる。

これまでの説明で、（5.8）式の抵抗増加は、船体より十分離れた遠方場に伝播する波の振幅に関係する振幅関数の2乗$|H_j(\theta)|^2$と、伝播方向が抵抗増加に寄付する重み関数$W_j(\theta)$をかけ、それを波が伝播するすべての方向$\theta_0 \leq \theta \leq 2\pi - \theta_0$に渡って、$k_1$波系、$k_2$波系毎に積分すれば抵抗増加が得られることを示している。図はこれらのことを概念的に示している。

抵抗増加の一例として、コンテナ船の向波中における抵抗増加の計算値を図5.6に示す。

速度が大きくなると抵抗増加量は大きくなり、そのピークはλ/Lが大きい方にシフトしていく

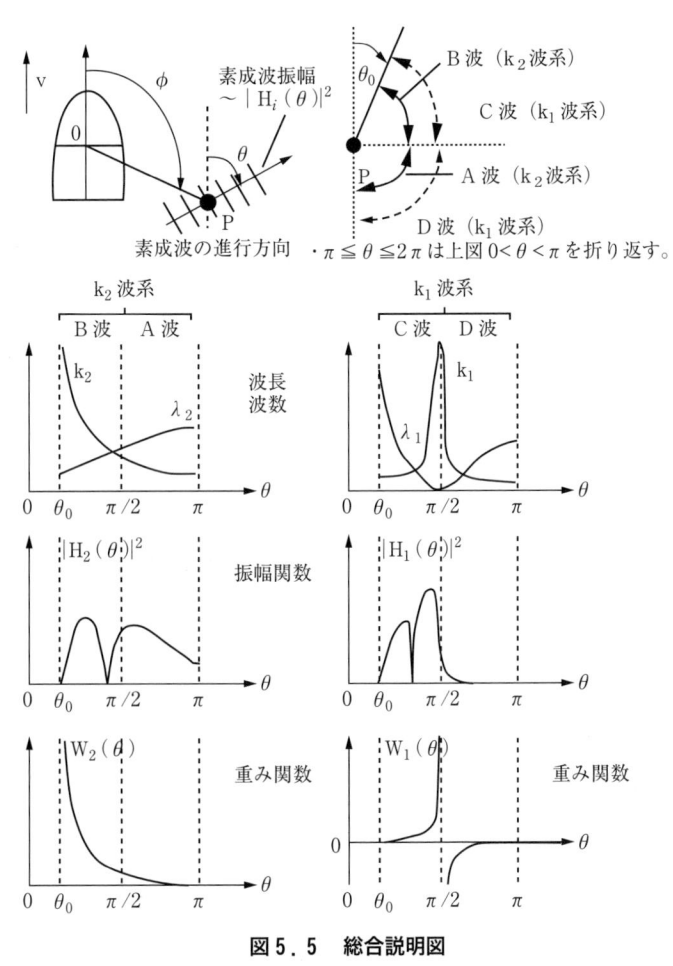

図5.5 総合説明図

・$\pi \leq \theta \leq 2\pi$は上図$0 < \theta < \pi$を折り返す。

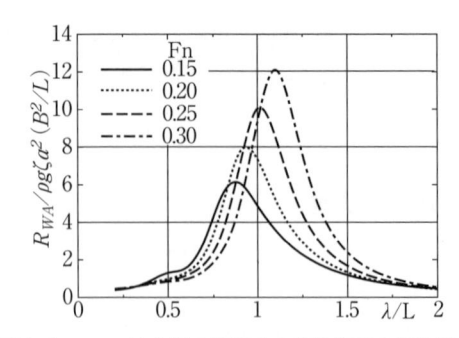

図 5.6　コンテナ船の波浪中の抵抗増加の無次元値

ことが解る。比較的痩せたコンテナ船の実験値と理論値との一致度は他船型に比較して良い。一方、肥大船においては、短波長域（$\lambda/L<0.6$）での実験値との一致が良くないことが解っており、各種の修正法が提案されているが、それらについては文献（4）を参考のこと。さらに浅喫水船の計算値と実験値の一致も良くない。

ここまで解説してきたように、丸尾の抵抗増加理論は船体より十分離れた遠方波動場に波がどのように伝播するか知ることができればよい。これは船体近傍の波の様子が詳細に解らなくても、抵抗増加が求められることを意味している。この手法と違って、船体表面上圧力の船長方向成分の積分時間平均値と、平水中を航走した時の値との差を取って抵抗増加とする計算手法もある。丸尾理論がその物理的意味が解り易いのに反し、複雑な式演算になり計算例はそれほど多くない。その手法は、ここでは解説をしない。

5.3　不規則波中の抵抗増加

不規則波中の問題を扱うために基礎的な事項について最初の2節で解説し、その後、不規則波中の抵抗増加について解説する。

5.3.1　フーリエ級数

不規則変動する現象は規則的な変動を重ね合わせて表現できると考え、どのような規則的変動の和によって不規則変動が表現されるか求める手法がフーリエ級数展開である。それは以下の様に行われる。

1) 区間 $-T/2 \leq t \leq T/2$ で与えられた関数 $f(t)$ が、周期 T で繰り返される関数とする。この関数は次の三角関数の級数で表現され、

$$f(t) = \frac{a_0}{2} + \sum_{n=1}^{\infty} \{a_n \cos(n\omega_0 t) + b_n \sin(n\omega_0 t)\}$$
$$= \frac{a_0}{2} + \sum_{n=1}^{\infty} \sqrt{a_n^2 + b_n^2} \sin(n\omega_0 t + \varepsilon_n) : \tan(\varepsilon_n) = \frac{a_n}{b_n} : T = \frac{2\pi}{\omega_0} \qquad (5.16)$$

係数 a_n、b_n は次式で求められる。a_0 は $f(t)$ の平均値であるが、次式に含まれる。

$$a_n = \frac{2}{T}\int_{-T/2}^{T/2} f(t)\cos(n\omega_0 t)dt \quad : \quad b_n = \frac{2}{T}\int_{-T/2}^{T/2} f(t)\sin(n\omega_0 t)dt \qquad (5.17)$$

(5.16) 式をフーリエ級数、(5.17) 式を f(t) のフーリエ係数と言う。普通に扱われる不規則に変動している波形も、同じ波形が周期 T で繰り返していると考えると、(5.17) 式で求められた係数を使って (5.16) 式の様に規則的変動の和で表現できる。即ち、不規則に変動している現象も、それを構成している規則変動の現象が解れば、それらを足し合わせることで解るという有意な関係である。さて、(5.16) 式、(5.17) 式を別な観点から考えてみよう。

不規則に変動する時系列 f(t) に、cos(nω_0t) 或いは sin(nω_0t) を掛けて周期 T 間で積分すると、f(t) から円周波数 nω_0t で変動する、cos(nω_0t) と sin(nω_0t) の振幅 a_n、b_n と位相 ε_n を求められることを両式は示している。n を変えながら同じ計算をすることによって、1ω_0、2ω_0、3ω_0、…、nω_0、…の円周波数成分の振幅と位相を求めることができる。この方法は不規則に変動している中から規則的に変動している成分を抽出する手法である。不規則波は規則波の足し合わせで構成されているから、規則波中におけ浮体の挙動が解れば不規則波中における挙動も知ることができるのである。

2) 任意に設定された時間基準の下で、与えられた規則的変動から cos 関数、sin 関数成分を分離してみよう。

ある規則的に変動する時系列関数 g(t) から一周期間のデータを任意に切り取り、データ点として図5.7の点線で与えられているとしよう。周期は T = 2π/ω で、区間 −T/2 ≤ t ≤ T/2 である。この規則変動するデータ点の振幅も位相も不明である。g(t) の中から任意に定めた時間基準から見た、cos(ωt)、sin(ωt) で変動する成分の振幅と、位相 ε を取り出すにはどのようにしたらよいか、(5.17) 式に従って考えて見よう。与えられたデータ列 g(t) の時間原点を図5.7に示すように設定する。

(1) データ列 g(t) に cos(ωt) を掛け一周期積分をすると次式を得た。求められた値は (5.17) 式より cos 関数の振幅である。

$$\frac{2}{T}\int_{-T/2}^{T/2} g(t)\cdot\cos(\omega t)dt = \frac{\sqrt{3}}{2} \qquad (5.18)$$

(2) データ列 g(t) に sin(ωt) を掛け一周期積分をすると次式を得た。求められた値は (5.17) 式より sin 関数の振幅である。

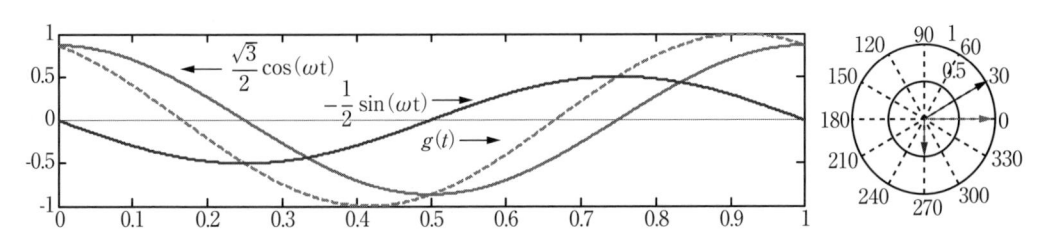

図5.7 g(t)(離散的に与えられるデータをイメージして点線) に隠れている sin 関数と cos 関数：右図は位相

$$\frac{2}{T}\int_{-T/2}^{T/2}g(t)\cdot\sin(\omega t)dt=-\frac{1}{2} \tag{5.19}$$

すると、(5.16) 式より g(t) は、振幅 $\sqrt{3}/2$ の cos(ωt) と振幅 $-1/2$ の sin(ωt) の和からなる関数、すなわち次式の最終式であることが解る。

$$g(t)=\frac{\sqrt{3}}{2}\cos(\omega t)+\left(-\frac{1}{2}\right)\sin(\omega t)=\cos(\omega t+\pi/6) \tag{5.20}$$

実は、(5.18)、(5.19) 式の g(t) として与えたデータ列は (5.20) 式から作ったものだった。実際に式で計算すると確かに、

$$\frac{2}{T}\int_{-T/2}^{T/2}\underbrace{\cos(\omega t+\pi/6)}_{g(t)}\cos(\omega t)dt=\frac{\sqrt{3}}{2} \quad : \quad \frac{2}{T}\int_{-T/2}^{T/2}\underbrace{\cos(\omega t+\pi/6)}_{g(t)}\sin(\omega t)dt=-\frac{1}{2} \tag{5.21}$$

が成り立つから、cos 成分の振幅がが $\sqrt{3}/2$、sin 成分の振幅が $-1/2$ で、位相は、sin 成分と cos 成分の比から $\pi/6$ であることが確認される。すなわち与えられたデータ列 g(t) は、関数 cos($\omega t+\pi/6$) のデータ列であり、これれらが図5.7に示されている。

　この演算は次のことを意味している。ある規則的に変動している関数の中に隠れている cos 関数（或いは sin 関数）で変動する成分の振幅を取り出すには、変動している関数に、cos 関数（或いは sin 関数）を乗じて、それを一周期間積分すると取り出す事ができ、それらの値から位相も知る事ができる。データがN周期分与えられている場合は、(5.18)、(5.19) 式の積分をN周期分行い、その平均をとればよい。このことが可能なのは、sin 関数と cos 関数が直交関数であるからだが、ここでは直交関数については述べない。自分で調べて見る事を勧める。なお、2.3.2節「上下運動方程式の係数の決定」の 2) の「付加質量と減衰力係数の算出」との関係では、ここの内容は、g(t) が計測された力に対応し、g(t) の中にある速度成分、加速度成分を取り出す手法を具体的に示した例である。

【演習問題 5-1】前述の解説と同様に

$$g(t)=\cos\left(\omega t+\frac{\pi}{3}\right)+\sin\left(2\omega t+\frac{\pi}{4}\right)$$

なる波から、ω で振動する成分の振幅 $a(\omega)$ と位相 $\varepsilon(\omega)$、2ω で振動する振幅成分 $a(2\omega)$ と位相 $\varepsilon(2\omega)$ を分離してみなさい。

【演習問題 5-2】
　ある不規則に変動する時系列（$-T/2\leq t\leq T/2$）がある。この時系列は、ω_0、$2\omega_0$、$3\omega_0$、・・・・、$n\omega_0$ 成分が重ねあった不規則な時系列である。ただし、$\omega_0=2\pi/T$ である。この時系列から各円周波数成分の振幅と位相を分離する方法について考察してみなさい。

5.3.2 時系列と自己相関関数とスペクトル

不規則波のような、ある不規則に変動する時系列 x(t)：$-T/2 \leq t \leq T/2$ が与えられている。この時系列から自己相関関数（Auto-correlation function）$R_{xx}(\tau)$ を次式で定義する。

$$R_{xx}(\tau) = \lim_{T\to\infty} \frac{1}{T} \int_{-T/2}^{T/2} x(t)x(t+\tau)dt = L_T[x(t)x(t+\tau)] \tag{5.22}$$

以後、$\lim_{T\to\infty} \frac{1}{T} \int_{-T/2}^{T/2} \sim dt$ の操作がしばしば出てくるので、この操作を L_T と表記する。この時系列 x(t) の平均値がゼロの場合は、時系列の分散値を与えることが解る。

$\tau = 0$ とすると、(5.22) 式は時系列の2乗平均を与え、自己相関関数は最大値をとる。

$$R_{xx}(0) = \overline{x(t)^2} \geq R_{xx}(\tau), \text{ when } \overline{x(t)} = 0 \to R_{xx}(0) = \sigma^2 \tag{5.23}$$

更に、$R_{xx}(-\tau) = L_T[x(t)x(t-\tau)]$ であり、$(t-\tau) = \mu$ と変数変換すると自己相関関数は偶関数であることが解る。即ち

$$R_{xx}(\tau) = R_{xx}(-\tau) \tag{5.24}$$

である。$R_{xx}(\tau)$ を自己相関関数の最大値 $R_{xx}(0)$ で割ったものを正規化した自己相関関数という。(5.22) 式を良く眺め自己相関関数の特性をイメージできることが大切である。

この自己相関関数のフーリエ変換（Fourie transform）がスペクトルの定義であり、逆に自己相関関数はスペクトルのフーリエ逆変換である。即ち、両関数は以下のようにフーリエ双対を成す。

$$S(\omega) = \frac{1}{2\pi} \int_{-\infty}^{\infty} R_{xx}(\tau) e^{-i\omega\tau} d\tau \quad \leftrightarrow \quad R_{xx}(\tau) = \int_{-\infty}^{\infty} S(\omega) e^{i\omega\tau} d\omega \tag{5.25}$$

このスペクトラムを、あるシステムへの入力と出力の二つの時系列から求めた相互相関関数のフーリエ変換から求めるクロススペクトルと区別してオートスペクトル（Auto-spectrum）という。しかし、混同することがない場合は単にスペクトルという。

フーリエ変換の定義は、積分の前の定数の付加の仕方で種々ある。(5.25) 式と相違して、フーリエ変換の定数は1で逆変換に $1/2\pi$ を付ける場合もあるし、変換、逆変換ともに $1/\sqrt{2\pi}$ を付ける場合もある。著者は、上式 (5.25) の定義を推薦する。その理由は、スペクトルの面積値が時系列の分散値と一致する定義だからである。これを間違えるとスペクトラムの面積値が分散値と一致しないために何かと問題を起こすことになる。

(5.25) 式右式で、$\tau = 0$ とすると、スペクトルの面積を表し、更に (5.23) 式で記述したように平均値を引いた分散値と一致することも解る。即ち、時系列から求められた分散値と、スペクトルの面積値が一致するということは、時間領域で計算された量と周波数領域で計算された量が一致するという重要なことである。

自己相関関数が偶関数であるから、(5.25) 式左式の積分で、$-\infty \leq \tau \leq 0$ の範囲の積分を、変数変換 $\tau = -\tau^*$ をして変形すると次式を得る。

$$S(\omega) = \frac{1}{2\pi}\int_{-\infty}^{\infty} R_{xx}(\tau)e^{-i\omega\tau}d\tau = \frac{1}{\pi}\int_{0}^{\infty} R_{xx}(\tau)\cos(\omega\tau)d\tau \tag{5.26}$$

これからスペクトルも偶関数であることが解る、更に、$R_{xx}(\tau)$に$\cos(\omega\tau)$を乗じて積分していることより、ωで変動している成分を$R_{xx}(\tau)$より抽出したものがスペクトルであることも解る。

さて、この定義式から簡単に、時系列、自己相関関数、スペクトラムの相互の関係が次の例題を解くことによって理解できる。

【例題5-2】

$x(t) = a \cdot \cos(\omega_0 t)$と規則的に変動する時系列の自己相関関数を求めてみよう。(5.22) 式の定義に従って演算すると次式になる。

$$R(\tau) = L_T[a\cos(\omega_0 t)\cdot a\cos\{\omega_0(t+\tau)\}]$$

$$= \frac{a^2}{2}\cos(\omega_0\tau) + \frac{a^2}{4\omega_0}\lim_{T\to\infty}\left[\frac{\sin\{\omega_0(T+\tau)\}}{T} - \frac{\sin\{\omega_0(-T+\tau)\}}{T}\right]$$

$$= \frac{a^2}{2}\cos(\omega_0\tau) \tag{5.27}$$

これを$x(t)$と一緒に図に書きなさい。$R(\tau)$が時系列の円周波数ω_0をそのまま保持し、振幅が$a^2/2$の余弦波形が、原点を始点とした関数になっていることが解る。

更に、$x(t) = a \cdot \cos(\omega_0 t + \varepsilon)$と位相がある場合の自己相関関数は (5.27) 式と同じになり、位相に関係が無い事を確認しなさい。同様にこの問題を拡大して、数種類の規則波が重なった場合（即ち不規則波になるが）はどのようになるか、規則波の数が多い場合と少ない場合はどのような違いがあるか考察しなさい。

上記の例題の自己相関関数 (5.27) 式を (5.25) 式の左式に示す様にフーリエ変換するとスペクトルが求められる。

$$S(\omega) = \frac{1}{2\pi}\int_{-\infty}^{\infty} \frac{a^2}{2}\cos(\omega_0\tau)e^{-i\omega\tau}d\tau = \frac{a^2}{2\pi}\int_{-\infty}^{\infty}\frac{e^{i\omega_0\tau}+e^{-i\omega_0\tau}}{4}e^{-i\omega\tau}d\tau$$

$$= \frac{a^2}{4}\{\delta(\omega-\omega_0) + \delta(\omega+\omega_0)\} \to \frac{a^2}{2}\delta(\omega-\omega_0) \tag{5.28}$$

ここで、$\delta(x)$はディラック (Dirac) のデルタ関数と言い、$x=0$だけにパルス的な値がある関数で、ϵを小さな実数とすると次のような関数である。

$$\lim_{\varepsilon\to 0}\int_{-\frac{\epsilon}{2}}^{\frac{\epsilon}{2}}\delta(x)dx = 1 : \delta(x) = \begin{cases} 0, & x\neq 0 \\ \infty, & x=0 \end{cases} \tag{5.29}$$

求められたスペクトルは、$\omega = \pm\omega_0$に強さ$a^2/4$のパルス的な値を有するが、ωの負の部分を正に折り返し、$\omega = +\omega_0$に強さ$a^2/2$のスペクトルがあると定義する。(5.28) 式を求める際に使

5.3 不規則波中の抵抗増加

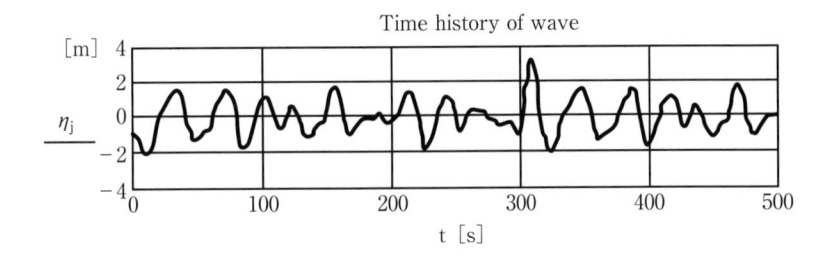

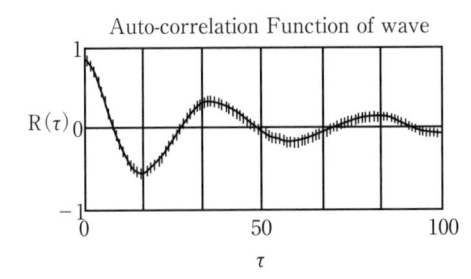

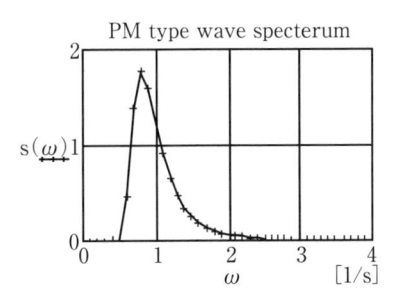

図5.8 上図：有義波高4m、平均波周期6秒のピアソン・モスコビッツ型の不規則波の時系列
下左図：不規則波η_jの正規化した自己相関関数、下右図：不規則波η_jのスペクトル($H_{1/3}$= 4 m、T_0= 6 s)

用したデルタ関数のフーリエ変換は、次の（5.30）式に示す関数$[e^{i\omega_0\tau}]$のフーリエ変換である。

$$\delta(\omega-\omega_0)=\frac{1}{2\pi}\int_{-\infty}^{\infty}[e^{i\omega_0\tau}]e^{-i\omega\tau}d\omega$$

$$\text{when } \omega_0=0 \to \delta(\omega)=\frac{1}{2\pi}\int_{-\infty}^{\infty}1e^{-i\omega\tau}d\omega \tag{5.30}$$

これより、$\delta(\omega)$が1のフーリエ変換である事が解る。即ち、ここで検討した一つの規則波は減衰しない自己相関関数（5.27）式を持ち、（5.28）式の様なパルス的なスペクトルを有することが解る。図5.8に、計算機上で発生した不規則波の（5.22）式による自己相関関数と、（5.26）式によるスペクトルの一例を示す。この例題のスペクトルを求める演算はデルタ関数が出てきて少し難しいが学んで欲しい。デルタ関数は多くの参考書に記述されているので参考にされたい。

【演習問題5-3】
例題【5-2】の様に時系列が規則的変動でなく、幾つかの周波数成分から構成され次式で与

---

*）脚注
デルタ関数はその定義から種々の表現が導き出されるが、重要な式を示す。式を見てデルタ関数の性質を種々想像してみるとよい。

$$\int_{-\varepsilon}^{\varepsilon}\delta(t)dt=1 : \delta(t)=\delta(-t) : \int_{-\infty}^{\infty}\delta(t-t_0)f(t)dt=f(t_0)$$

上式右式の積分において、δ関数ではなく、$t=t_0$近傍だけにしか値が無い様な関数、例えば分散値が極めて小さな平均値t_0の正規確率密度関数（ガウス関数）は、その積分値は1で、かつ偶関数であるからδ関数と同じように考えられる。ガウス関数は性質のよい関数だから利用が可能である。

えられている。C＝Nの場合と、C＝2Nの場合の自己相関関数についてその違いを論じなさい。Cが非常に大きな場合はどのようになるか考察しなさい。

$$x(t) = \sum_{j=1}^{C} a_j \cdot \cos(\omega_j t + \varepsilon_j)$$

そして、フーリエ変換してスペクトルを求めなさい。

ここまで議論した時系列、自己相関関数、スペクタルの相互関係を纏めて、図と言葉で表すと次のようになる。

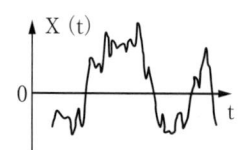

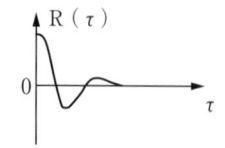

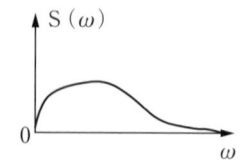

図5.9 (1)　広帯域現象：ゼロクロス間で多くの極値を持つ時系列（左図）、早く減衰する自己相関関数（中間図）、広い周波数帯のスペクトル（右図）

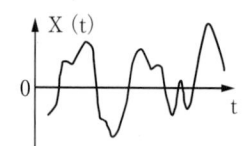

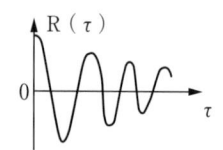

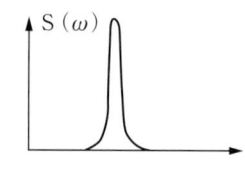

図5.9 (2)　狭帯域現象：ゼロクロス間で少数の極値を持つ時系列（左図）、減衰の遅い自己相関関数（中間図）、狭い周波数帯のスペクトル（右図）

1. 時系列に含まれる円周波数の成分が、大きな円周波数成分から小さな円周波数成分まで満遍なく含まれている。(図5.9(1))
   →自己相関関数が早く減衰する。
   →スペクトラムは幅が広い、即ち広帯域のスペクトラムになる。
   この様な不規則過程の典型的な例は熱雑音と言われ、波形を「ゼロクロスから次のゼロクロスの間で多くの極値を持った波型」と言われる。
2. 時系列に含まれる円周波数成分のうち、ある一つの円周波数の成分が卓越しており、その周りの狭い範囲の周波数成分のみが含まれている。(図5.9(2))
   →自己相関関数が卓越した円周波数成分で、減衰が小さい振動をする。
   →スペクトラムの幅が狭い、即ち狭帯域のスペクトラムになる。
   海の波などが典型的な狭帯域のスペクトラムを持つ。この様な波形を「ゼロクロスから次のゼロクロスの間で一つの極値を持った波形」と言われる。

このように、時系列、自己相関関数、スペクトラムの一つの形を見るだけで、他の関数がどのように変動しているか判断できる。この知識は少ない情報から波系の性質を判断するために重要なことである。

5.3.3 不規則波中平均抵抗増加の推定

ここまで議論してきたような、同じ方向に進行する、種々の振幅、周期、位相を持つ規則波が重なった波を長波頂不規則波（long-crested irregular waves）と言う。同じ方向に進行するから、波の頂が揃うのでこの名前が付いている。同じ方向という仮定を外し、種々の方向から到来する不規則波が重なった波動場を短波頂不規則波（short-crested irregular waves）と言う。当然のことながら、短波頂不規則波の方が実海域を良く表現している。各々の不規則波中における抵抗増加は以下の方法で推定する。

1) 長波頂不規則波中における抵抗増加

円周波数ω、波振幅ζ_aの規則波の中における抵抗増加$\Delta R(\omega)$が、理論的に或いは実験的に求められると、抵抗増加は波振幅の2乗に比例するので次式で無次元化されることが多い。

$$R_{AW}(\omega) = \frac{\Delta R(\omega)}{\rho g \underline{\zeta_a^2}(B^2/L)} \left(or \; \frac{\Delta R(\omega)}{\rho g \underline{\zeta_w^2}(B^2/L)} \right) \tag{5.31}$$

これらを抵抗増加の応答関数と言うこともあれば、$\zeta_a^2 (or \zeta_w^2)$だけで除したものを応答関数と言う場合もある。上式両者の無次元表示の違いは、分母が、下線を引いた波の片振幅か両振幅かの違いであるが、注意が必要である。間違えると4倍の違いとなる。Bは船幅、Lは船長である。なお、推力増加の無次元表示は抵抗増加の無次元表示と同じである。分母の(B^2/L)は、長さの次元を有しているが考察している問題に応じて、(B^2/L)の所はLやBや喫水dだけであってもよいが、波振幅の2乗は変えられない。

この応答関数を使って与えられた長波頂不規則波—そのスペクトラムを$S_w(\omega)$—中における平均抵抗増加$\overline{R_{AW}}$は以下のようにして求められる。

$$\overline{R_{AW}} = \int_0^\infty \frac{\Delta R(\omega)}{\zeta_a^2} [\sqrt{2S_w(\omega)d\omega}]^2 = 2\int_0^\infty \frac{\Delta R(\omega)}{\zeta_a^2} S_w(\omega)d\omega \tag{5.32}$$

言葉で表すと、「不規則波中の平均抵抗増加は、抵抗増加を波振幅の2乗で除した応答関数と、不規則波を構成する円周波数成分の波振幅の2乗（$2S_w(\omega)d\omega$）を掛けて、全ての円周波数に渡って積分すれば求められる。」と表現される。上式で示されるように、この式は極めて簡便な式であり、不規則波スペクトル$S_w(\omega)$が与えられれば、規則波中で求められた抵抗増加の応答関数から不規則波中の平均抵抗増加量が求められる。なお、短波頂不規則波中の平均抵抗増加は、(5.32)式を各方向波について求め加算すればよいが、簡単に以下に示す。

2) 短波頂不規則波中における抵抗増加

実海域の波動場は長波頂不規則波であることは稀で、実際は種々の方向から到来する不規則波が重なった短波頂不規則波である。船の針路のθ方向から到来する斜め規則波中における抵抗増加の応答関数を$\Delta R(\omega、\theta)/\zeta_a^2$とすると、船の針路に対して主方向が$\theta$方向から到来する短波頂不規則波$S(\omega、\chi)$中における抵抗増加は、(5.32)式と同様な考え方で以下の式で求められる。

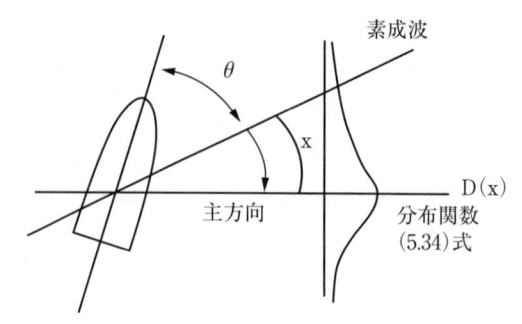

図5.10 船の進行方向と波の主方向及び素成波の関係

$$\overline{R_{AW}}(\theta) = 2\int_0^\infty \int_{-\pi/2}^{\pi/2} \frac{\Delta R(\omega, \theta-\chi)}{\zeta_a^2} S(\omega, \chi) d\chi d\omega \tag{5.33}$$

θを固定してこの式を考えれば理解が深まる。実際は、$S(\omega、\chi)$ を、$S(\omega、\chi)=S_w(\omega)D(\chi)$ の様に角度特性 $D(\chi)$ と周波数特性 $S_w(\omega)$ を分離して計算される。角度特性 $D(\chi)$ は種々提案されているが、余弦関数を使って以下の式が提案されている。

$$D(\chi) = K(\cos\chi)^{2n} : -\frac{\pi}{2} \leq \chi \leq \frac{\pi}{2}$$

そして、係数 K は $D(\chi)$ を $-\pi \sim \pi$ で積分した時に1になるように決められる。n＝1,2の場合が採用されることが多いが、その時は次式になる。

$$D(\chi) = \frac{2}{\pi}(\cos\chi)^2 \quad、\quad \frac{8}{3\pi}(\cos\chi)^4 : -\frac{\pi}{2} \leq \chi \leq \frac{\pi}{2} \tag{5.34}$$

ある方向のうねりが卓越した海域等などはn値が大きく、いわゆる長波頂不規則波に近くなり、集中度が高くなる。この様に海域の状態等によってn値は違う。（図5.10）

3）抵抗増加の実験

理論だけでなく、船舶推進性能を実態に即して把握するために実海域、即ち不規則波がある海域における抵抗を正しく推定しようとすると、実験的に不規則波中における平均抵抗増加を求める必要がある。実験的に（5.32）式を検証しなければならないが、この実験は、船体運動の計測などに比べて難しい。特に不規則波中における実験は、規則波中における実験に比べ、更に難しさがある。それは振幅が変動している波の中で、有限長さの水槽を使って時間平均的な抵抗を求めなければならないためである。実験時における計測例を図5.11に示す。

不規則波中で計測された抵抗の時系列を $R_W(t)$、事前に求められた平水中抵抗を R_0（図中の②）とすると、不規則波中平均抵抗増加は以下である。

$$\overline{R_{AW}} = \frac{1}{T}\int_0^T \{R_W(t) - R_0\} dt \tag{5.35}$$

この値（図中：④-②）が、周波数領域の議論から求められた（5.32）式と一致するはずであ

5.3 不規則波中の抵抗増加

水平黒線は状態②、④の平均値

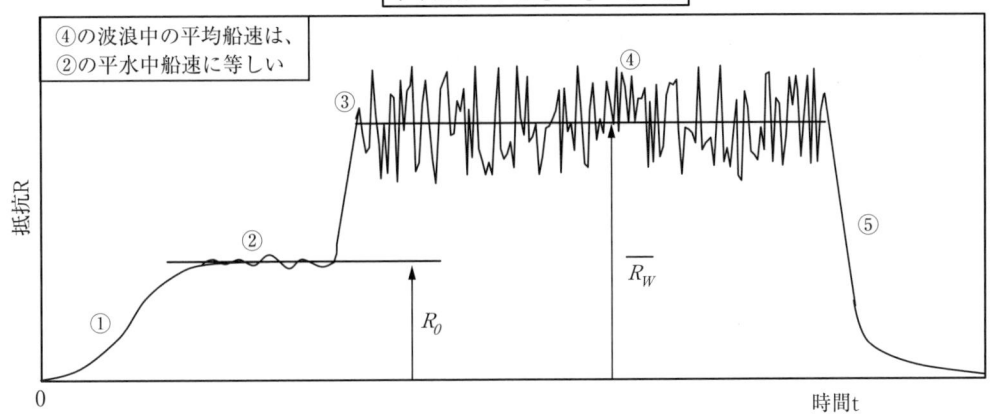

④の波浪中の平均船速は、
②の平水中船速に等しい

図5.11 不規則波中の抵抗増加実験時に計測される抵抗値の例

る。このことは実験的に確認される必要があるが、計測時間 T（③の状態）をどれ程取るべきか、計測時間に関する問題が難しい。この点を検討した結果によると、船体運動等の計測で求める分散値に比較して長時間の実験が必要であることが判明している。しかし、現有の試験水槽で精度の良い実験結果を得るために長時間の実験を実施することは難しい。そのため、同じスペクトラムを有するが、違った時系列を有するいくつかの不規則波中での実験結果の平均をとる等の工夫がされている。なお、船体運動などの波振幅に比例する（一次の）計測量は、現有の水槽でも十分精度の良い結果を得られることが前述の検討で解っている。[6)7)] 更に短波頂不規則波中の抵抗増加を実験的に確認することは、いかに大きな角水槽を有していようとも困難である。有意な結論を得られるような実験例は十分蓄積されていない。

5.3.4 不規則過程の計算機上での再現とスペクトルの定義

スペクトル S(ω) を不規則波の時系列から求められた分散値と ［0＜ω＜∞］ の範囲で定義されたスペクトラムの面積が等しくなるように (5.26) 式で定義されたものとする。このスペクトラムを持つ不規則時系列 ζ(t) を計算機上で発生する事は各種のシミュレーション計算を行う時に必要になるが、その時系列は次式で与えられる。

$$\zeta(t) = \int_0^\infty \sqrt{2S(\omega)d\omega} \sin(\omega t + \varepsilon(\omega)) \tag{5.36}$$

ここで、ε(ω) は、$-\pi \leq \varepsilon \leq \pi$ の範囲に一様分布するランダム位相である。この「一様」で、かつ「ランダム」である事が重要である。同じスペクトルであっても位相が異なるランダム位相列であれば違った時系列が得られる。即ち、同じスペクトルを有する時系列は無限にあり得る。離散化した計算をする時、同じ波形が繰り返されることを避けるために、Δω を不等間隔にする等の工夫がなされている。計算をする時、右辺の根号内に２が付いている理由は次である。なお、この議論は正弦関数、余弦関数どちらで議論しても全く同じである。

コラム　過渡水波（transient wave）

過渡水波とは、不規則波を模擬するする時に必要になる「一様分布」で「ランダム」に発生させるという位相$\varepsilon(\omega)$の発生条件である「ランダム」条件を外した波である。位相に人工的に操作を加えて不規則波信号を発生させて造波する。スペクトラムは同じであるが、定常性が無い。即ちある時間区間のデータを解析すると、時間区間の取り方で波の分散値が異なる。

不規則波をフーリエ級数展開して次式で表現する。平均値がある場合は、あらかじめその値は差し引いておく。

$$\zeta(t)=\sum_i \zeta_a(\omega_i)\sin(\omega_i t+\varepsilon(\omega_i)) \tag{5.37}$$

$\zeta^2(t)$を計算すると次式になる。

$$\zeta^2(t)=\sum_i\sum_j \zeta_{ai}(\omega_i)\zeta_{aj}(\omega_j)\sin(\omega_i t+\varepsilon_i)\sin(\omega_j t+\varepsilon_j)$$
$$=\frac{1}{2}\sum_i\sum_j \zeta_{ai}(\omega_i)\zeta_{aj}(\omega_j)[\cos\{(\omega_i-\omega_j)t+(\varepsilon_i-\varepsilon_j)\}-\cos\{(\omega_i-\omega_j)t+(\varepsilon_i-\varepsilon_j)\}]$$

この時間平均値を計算する。$\omega_i \neq \omega_j$の時は、0平均値周りに円周波数$(\omega_i-\omega_j)$あるいは$(\omega_i+\omega_j)$で振動するから、時間平均は0になる。$\omega_i=\omega_j$の時のみ、$\cos\{(\omega_i-\omega_i)t+(\varepsilon_i-\varepsilon_i)\}=\cos(0)=1$となり定数値が残り、次式になる。

$$\overline{\zeta^2(t)}=\sum_i \frac{1}{2}\zeta_a^2(\omega_i)$$

平均値が0の時系列$\zeta(t)$の2乗平均値は分散値と同じで、次の左式で与えられ、それと上式を使うと次の右式となる。

$$\overline{\zeta^2(t)}=\lim_{T\to\infty}\frac{1}{T}\int_0^T \zeta^2(t)dt=\sigma_\zeta^2 \ : \ \sigma_\zeta^2=\sum_i\frac{1}{2}\zeta_a^2(\omega_i)$$

$[0<\omega<\infty]$の範囲で定義されたスペクトル$S(\omega)$は、分散値とスペクトラムの面積が等しくなるように定義されたスペクトルであるから次式となる。

$$\int_0^\infty S(\omega)d\omega=\sigma_\zeta^2=\sum_i\frac{1}{2}\zeta_a^2(\omega_i)$$

総和記号で分割を細かくすれば積分になることを考えれば、あるω_i成分波については次式になる。

$$\zeta_a^2(\omega_i)=2S(\omega_i)d\omega \to \zeta_a(\omega_i)=\sqrt{2S(\omega_i)d\omega} \tag{5.38}$$

これが（5.36）式の振幅部である。なお、Pierson-Moskowitz型スペクトル$S^{PM}(\omega)$は上記した

形式のスペクトルである。積分刻みのdωが根号内にあるが、これは積分が拡張されたものと考えておけばよい。

コラム　スペクトラムの単位

波スペクトラムの単位は（5.38）式に示すように次式である。$\frac{[L]^2}{1/[S]} = [L]^2[S]$：不規則時系列をフーリエ展開した時の波振幅の単位は［L］である。スペクトラムは分母に1/［s］、即ち円周波数（通常スペクトルの図面の横軸）の単位で除してあるからスペクトラム密度と言う。

5.4　実海域における船速低下

　船舶が実海域を航行した場合の船速を正しく把握することが船舶性能を評価する時に必要となる。船長は二つの指令で船舶運航をコントロールする。それは、①燃料投入量の指示を通じて船速の増減を指示することと、②舵角の指示を通じて針路を指示することの二つである。

　①の指示は主機からトルクとしてプロペラの回転数へと伝達され、それが推力となって船に伝達され、船体の抵抗との釣り合いの中で船速が決まる。

　②の指示は操舵機からトルクとして舵角変化へと伝達され、船体の旋回モーメントとの釣り合いの中で船の針路が決まる。

　この様子を図示したのが図5.12で、左半分が、①の系であり、右半分が②の系である。このように、船舶を構成する6機能を持った要素が、様々に変化する海気象に適応しながら船舶は運航されている。

　即ち、実海域での船速低下を求めるということは、これらの機能が与えられた海域の中でどのような釣り合い状態にあるのかを求めることである。これらの意味から、実海域での船速低下を求める課題は、船舶の総合的な観点を必要とする課題である。

　実海域における船舶性能に関して文献（8）を参照されたい。そこには詳しい文献を含めて実海域性能に関する総合的知見がまとめらている。

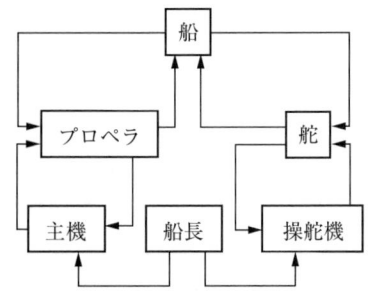

図5.12　船舶を構成する6機能（船長：主機：プロペラ：操舵機：舵：船）＊

＊）脚注
　荷役装置や通信装置等、船舶には種々の機能があるが、ここでは、航海に必要な機能に限定して議論をする。さらに、この図では「船」は荷物の入れ物としての機能を表し、「船舶」は6機能を有しているシステムとしている。

5.4.1 自然減速（nominal speed loss：involuntary speed loss）

　実海域においては風波浪の影響で船速が低下する。もちろん、長期にわたってみると図5.13に示すように、経年変化（Aging）、汚損影響（Fouling）、季節によって違う風波等の影響（Seasonal effect）によって船速低下が起こるが、経年変化、汚損影響については考えずに、ここでは、風、波による船速低下だけに焦点を絞る。なお、同図では、各影響を解り易くするため誇張して模式的に示している。

　実海域中では、波および風によって抵抗が増加するために船速が低下する。同時に主機馬力も増加したり減少したりする。すなわち、船速は搭載主機の性能によって同じ海象中でも違うこととなる。それは、健脚の若人は、歳をとった方と違って坂道や強風中でも歩く速さを落とすことなく進むことができるが如きである。主機の設定を変えることなく、波風の影響で自然に船速が低下することを自然減速と言う。それらの様子を馬力速度図5.14に示す。図は波風がある海象中で航海した時の主機作動点が平水中航行時の作動点①からどのように移動するかを表しているが、船速一定制御時には作動点は②に、回転数一定制御時の作動点は④に、主機トルク一定制御時の作動点は③に、馬力一定制御時には点線との交点■に移動する。この図から主機性能の違いによって船速低下量が違うことが解る。このことを船速低下量だけではなく回転数、トルク、推力の増減も含めて、主機特性を模擬した自航試験器を使った実験で明確に抽出した結果を図5.15に示す。この実験には、風による抵抗増加は含まれていない。

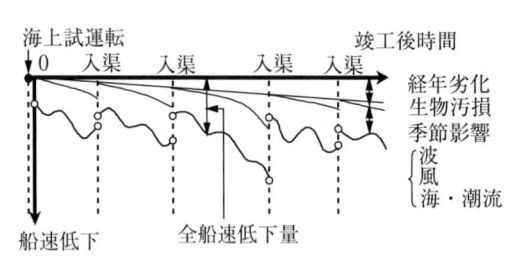

図5.13　航海速度の時系列

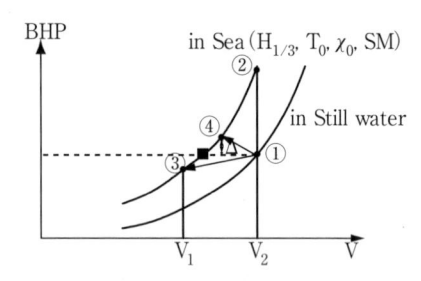

図5.14　主機の馬力・船速図：主機作動点の移動

　船長が、船を操船するために操作できる量は、燃料投入量、操舵の二量である。この操作をしないとして自然減速量を求めるためには、以下の二つの釣り合い式が時間平均的に成り立つ必要がある。

　すなわち、

(1) 船速Vから求まる抵抗とプロペラ回転数 N_p から求まる推力の釣り合い、と

(2) プロペラ回転数 N_p から求まるプロペラトルクと主機回転数 N_e から求まる主機トルクの釣り合いである。プロペラが主機と船体との繋ぎ役、即ちプロペラが推力を通じて船体と、トル

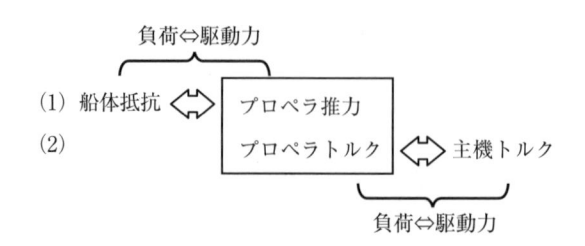

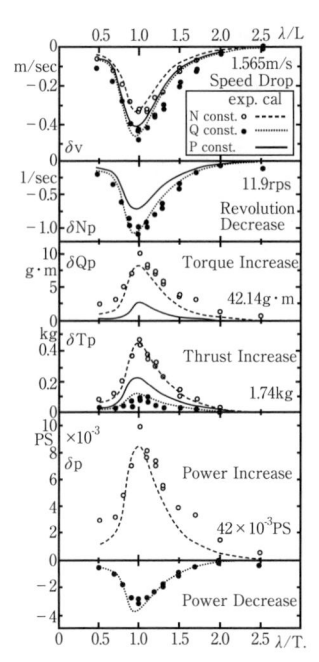

図5.15 自航モーター性能と船速低下、各種自航諸量の関係（模型実験結果）[9]

クを通じて主機とを結び付ける二役を果たしている。上記の時間平均的な釣り合い式から自然減速量が求められる。

なお、抵抗増加量から馬力増加を推定する場合、波浪中における自航要素について知る必要があるが、それについては参考文献を参照されたい。これらのことが、従来から確立されている馬力推定手法の中に組み込まれ、主機性能に応じた船速低下量が推定されるようになっている。

なお、実海域では風による抵抗も無視することはできないが、その件は5.5節に述べられている。波と風を含めた船速低下を求める場合は両者を単純に加え合わせた量を風波中における抵抗増加量として同様な計算をする方法もある。しかし、実際には横流れ、当舵など斜航することに伴う多くのことを考慮しなければならない。それらについては参考文献（8）を参照されたい。

5.4.2 意識的減速（deliberate speed loss : voluntary speed loss）

船長がそのままの航行が危険と判断した時に意識的にエンジン出力を落としたり針路を変えたりすることで船速を落とすことを意識的船速低下と言う。この時、船長は前述した燃料投入量Λを加減するか、舵角を操作し波との出会い角χを変化させて危険な状況を回避する。どれほど減速あるいは変針したら良いかは船長の経験に拠るところが大きい。その船長判断の基準は大まかに提唱されているが、個々の具体的な状況下での判断基準は一概に言えるものではない。

この様に考察すると、船速V、回転数（Np、Neは減速ギヤー比を介して比例関係を持つ）、燃料投入量Λ、海象状況を代表させる出会い角χの四量が船体の実海域における挙動を決める重要なパラメタである事が解る。船長の荒天下での危険回避の操船判断は、ある現象に関して「限界値」とその値を超える確率、即ち「発生確率」がセットになって与えられるが、それらを数量化した一例を表にした結果を表5.1に示す。

表5.1　コンテナ船に関する運航限界値の例（北沢ほか、1975[13]）

項目	限界値	発生確率	備考
船首上下加速度	0.8g	10^{-3}	コンテナ強度JISによる
スラミング	限界速度＝$0.09\sqrt{(g \cdot L)}$	10^{-2}	
船首海水打ち込み		2×10^{-2}	
縦曲げモーメント	70,000t-m	10^{-5}	
プロペラレーシング		10^{-1}	90rpm以上、プロペラ先端露出
St.8 1/2左右加速度	0.5g		コンテナ強度JISによる
横揺れ	22.2°～25.8°	10^{-3}	

5.5　風による抵抗増加と船速低下

風による抵抗増加は、水面上の船体に働く風圧力に基づくものの他、風によって船体が横流れをして、流体に対して斜航角をもつことによって水から受ける流体力のうちの前進抵抗成分、斜航によって船体に働く回頭モーメントを打ち消すための当て舵に伴う舵により生じる前進抵抗成分がある。

5.5.1　風圧力による抵抗

風による抵抗は、水面上船体に働く風圧力に基づく抵抗であり、そのほとんどは流れの剥離に基づく粘性圧力成分である。この風圧力 F_w は、水面上船体が受ける相対流速 U_r の2乗に比例し、下記のように表される。

$$F_w = \frac{1}{2}\rho_a A_r C_d U_r^2 \tag{5.39}$$

ここで、ρ_a は空気の密度、A_r は正面投影面積、C_d は抵抗係数である。

抵抗係数 C_d は、物体の形状とレイノルズ数に依存する。また、空気の密度は、水の密度の約1/800なので、水面上船体に働く風圧抵抗は、一般的には、水面下の船体に働く抵抗に比べると非常に小さい。

しかし、正面から風を受けた場合には、相対風速は船速と風速のベクトル和となり、ある一定以上の風速では風圧抵抗が無視できない場合もでてくる。

抵抗係数は、船体の長さ方向の形状によって大きく変わり、箱型形状では約1～1.2なのに対し、剥離を抑えることのできる流線形状では0.05以下になり[14]、この流線形状の場合には摩擦抵抗が大部分となる。

図5.16に、各種形状の客船形状の抵抗係数の計測値の一例を示す。この図から、船尾を階段状にすぼませても剥離が抑えられて抵抗係数が減ること、船首前面の丸みを付けることによっても抵抗係数が減ることが分かる。

図5.11は、各種の船型の正面風圧抵抗係数の計測値を示す。この図から、細長いほど（L/Bが大きいほど）、また水面上船体の幅に比べて平均高さが高いほど、抵抗係数は小さい傾向が分

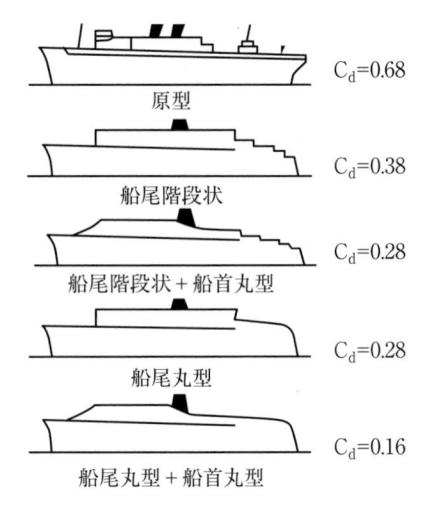

図 5.16 船体の流線形化による風圧抵抗係数の変化[14]

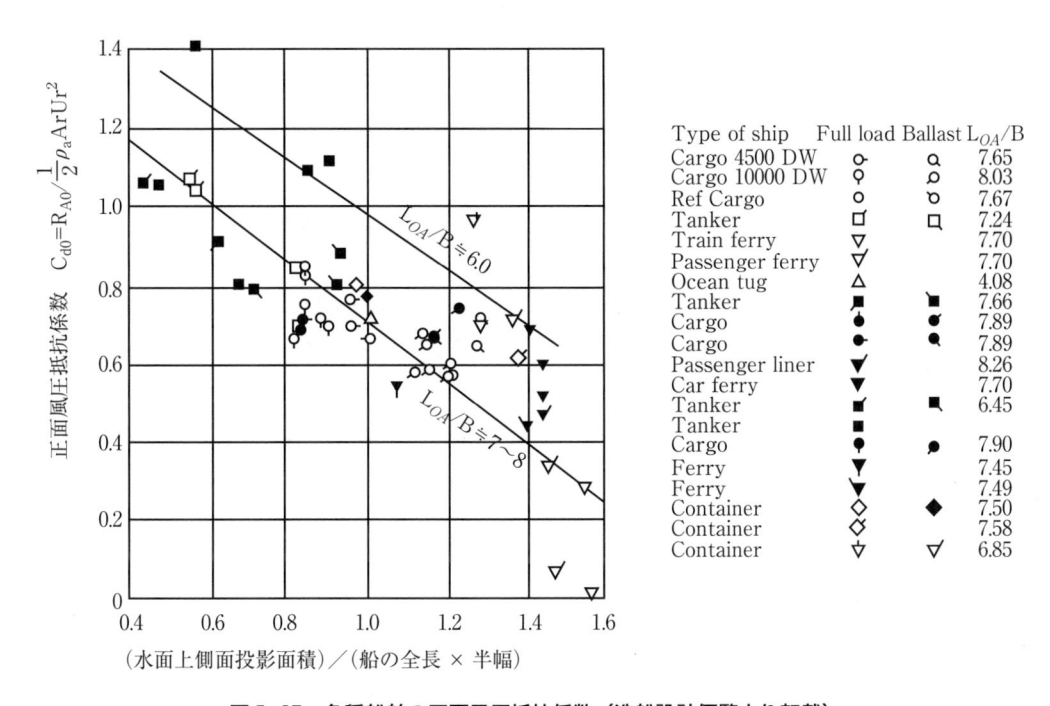

図 5.17 各種船舶の正面風圧抵抗係数（造船設計便覧より転載）

かる。船尾のデッキ上に大きな上部構造物がある船では、一般的に抵抗係数が大きい。

また、正面風以外の斜め前方からの風に対する風圧抵抗の推定には、(5.39) 式に風向影響係数を掛ける方法（造船設計便覧等参照）が簡便である。

風圧抵抗係数のデータのない、新しい複雑な水面上形状をもつ船体の風圧力特性を正確に知るためには、模型に風を当てて風圧力を計測する風洞試験が実施される。その一例を図5.18に示す。

また、数多くの風洞試験に基づく推定法としては、イッシャーウッド（Isherwood）の方法[15]、藤原の方法[16]などがある。

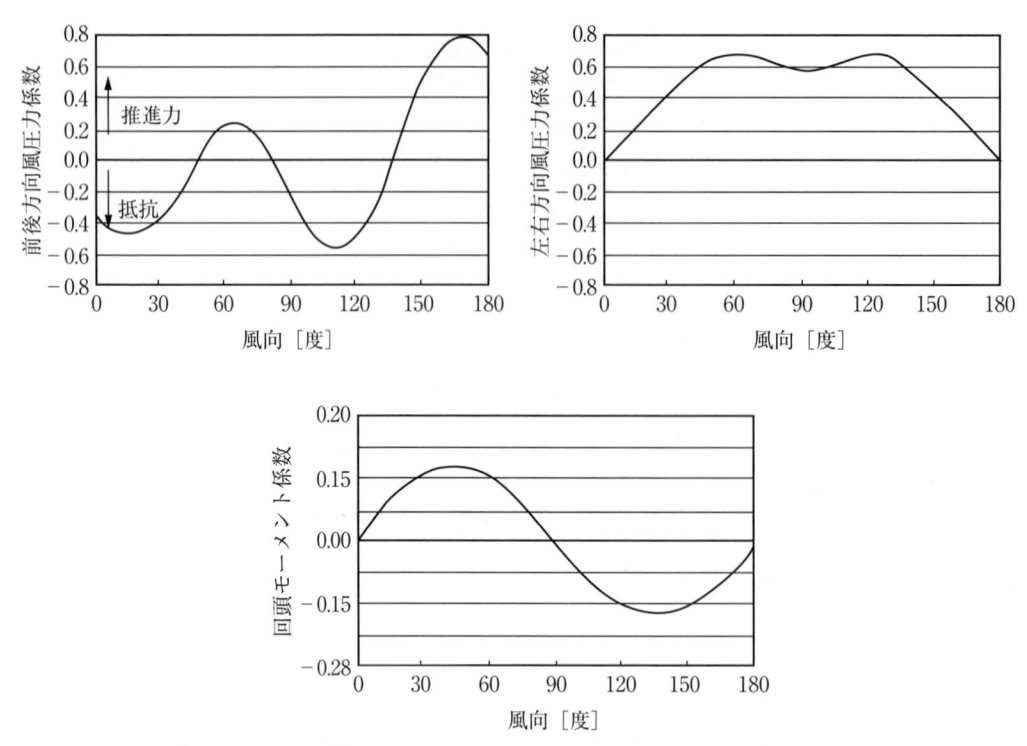

図 5.18　6000台積み大型自動車運搬船に働く風圧力の計測値（抵抗、横力、回頭モーメント）［大阪府立大学での計測値］

（注）　風圧力係数については（5.39）式を用いるが Ar は前後方向では正面投影面積、左右力では側面投影面積を使用している。また回頭モーメントについてはさらに船長 L で割る。

風圧抵抗の低減のためには、船体全体を流線形化することが最も効果があるが、比較的四角い形状の上部構造物においては、前面形状の両端に丸みをつける、角を落とす、隅切りをする、ベーンを取り付けるといった方法も効果が実証されている。

5.5.2　風による横流れに伴う抵抗増加

斜め前方から横風を受けて航行する船では、風圧力によって横流れをすることによる斜航抵抗によって抵抗が増加し、速力が減少することがある。特に、自動車運搬船やクルーズ客船のように、水面上船体構造が大きく、かつ水面下がやせ形で喫水が浅い船型では、この抵抗が特に大きくなることが田中によって報告されている[17]。また、VLCC においても予想以上に斜航量が大きいとされている。この斜航による抵抗増加は、図5.19に示すように船種によってかなり違い、ヨット船型では斜航するほうがむしろ抵抗が小さくなることもある。

風による斜航に伴う抵抗増加の推定にあたっては、図5.20に示すように、空気および水から受ける流体力（Fx、Fg、Mz）と、船の推力と舵力が釣り合うこととなるため、前後、左右方向および回頭モーメントの釣合式を解くと風による斜航角度、当て舵量、抵抗増加を求めることができる。

この時の風圧力の計算は、図5.18で示しているような流体力を用いて行うが、風向角Ψについ

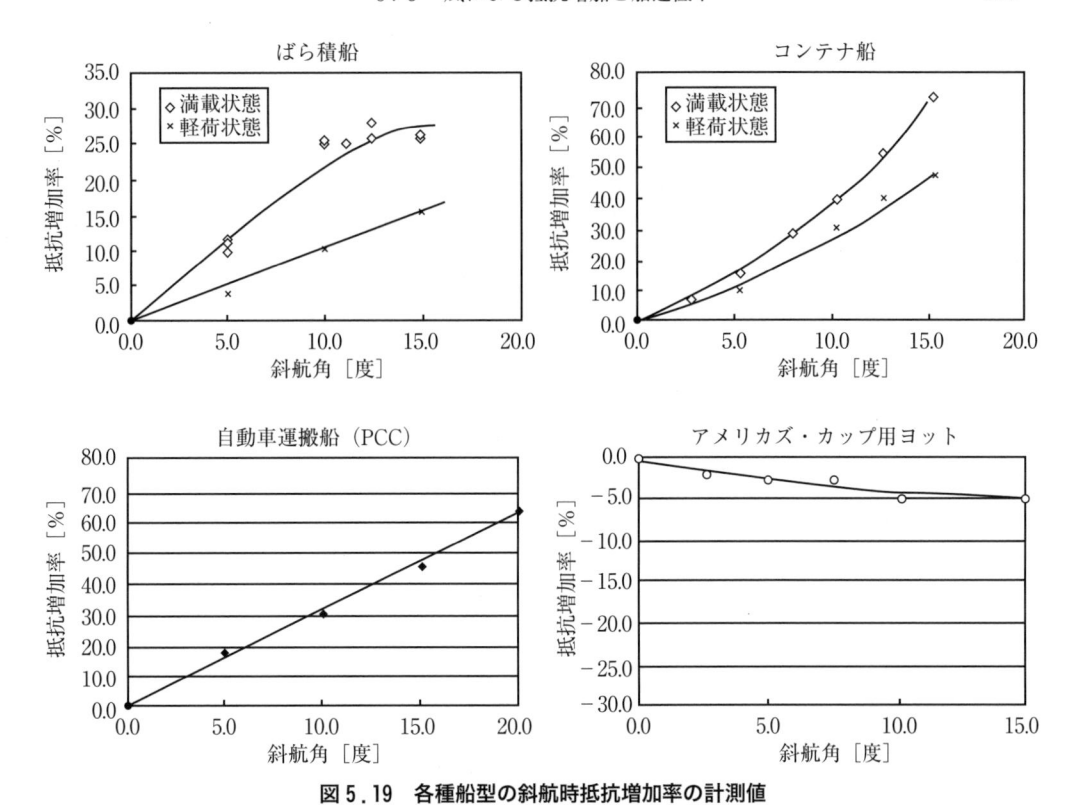

5.5 風による抵抗増加と船速低下

図 5.19　各種船型の斜航時抵抗増加率の計測値
[バルクキャリア（田中）[17]、コンテナ船（田中）[17]、自動車運搬船（大阪府大）、アメリカズ・カップ用ヨット（大阪府大）]

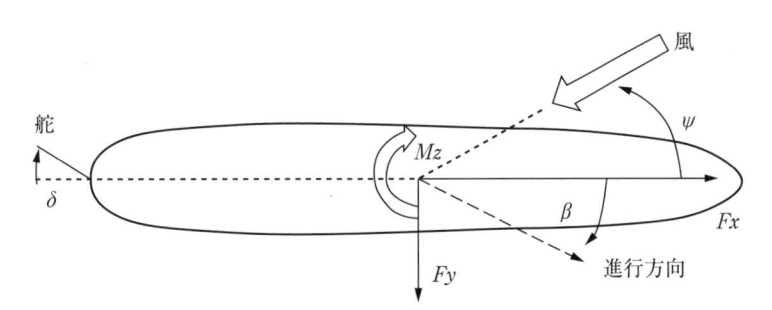

図 5.20　風によって斜航が発生するメカニズム。斜め前方からの風で船体に横力 Fy が働き、推進力 Fx との合力の方向に進むため、β の斜航角の方向に進む。

ては船速に伴って変化する相対風の風向と相対風速を用いなければならないことに注意が必要である。

相対風速 Ur および相対風向角 Ψr は次式で計算ができる。

$$U_r = (U_{wind}^2 + U^2 + 2U_{wind}U\cos\Psi)^{\frac{1}{2}} \tag{5.40}$$

$$\Psi_r = \tan^{-1}(U_{wind} \sin \Psi)/(U_{wind} \cos \Psi + U) \tag{5.41}$$

ただし、U_{wind} および U は、風速および船速、Ψ は絶対風向角を表す。

風圧力による斜航による抵抗増加の大きい自動車運搬船の強風下における斜航角と船速低下の一例を図5.21、5.22に示す。

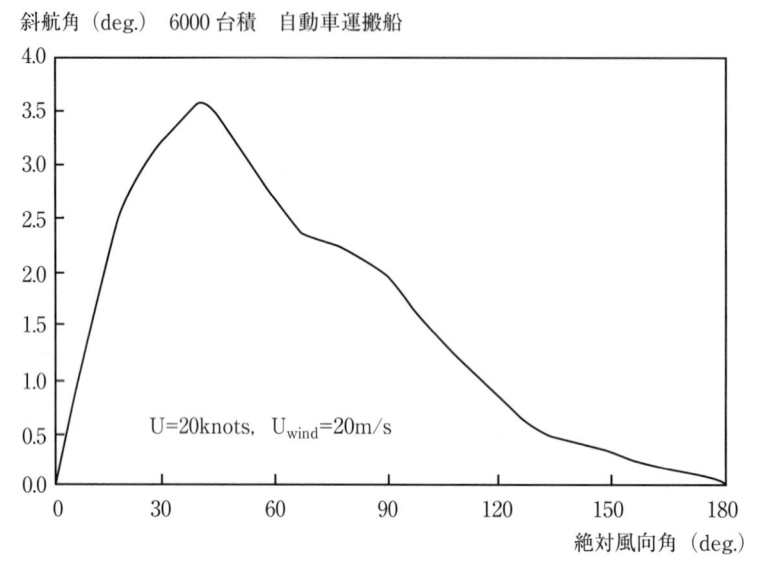

図5.21 6000台積 PCC の風による斜航角（風速20m/s、船速20ノット）

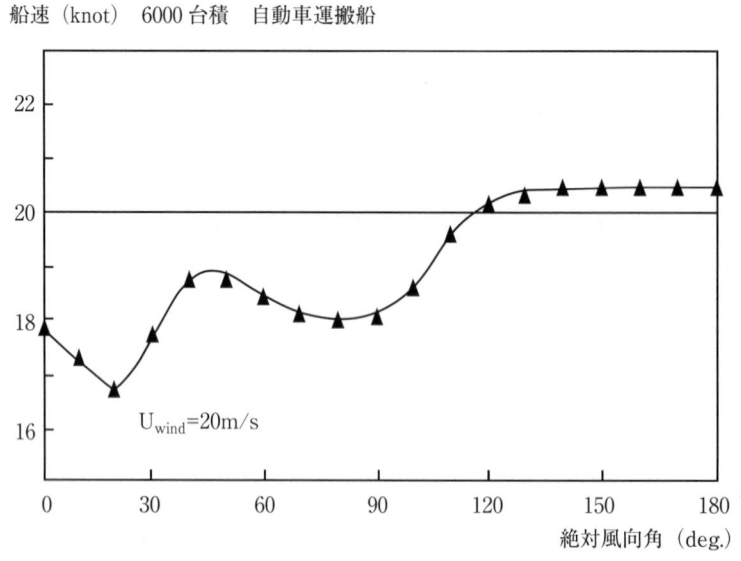

図5.22 6000台積 PCC の風による船速低下（風速20m/s、平水中で20ノットの推力を維持した場合）

参考文献

1. 丸尾 孟:「波浪中の船体抵抗増加に関する研究（第1報）、（第2報）」、造船協会論文集第101号（昭和32.8）33～39頁、108号（昭和35.8）5～13頁
2. Kashiwagi,M:「Prediction of Surge and Its effect on Added resistance by mean of the Enhanced Unified Theory」, Trans West-Japan Society of Naval Architects, No.89, pp77-89, 1995
3. 大楠 丹:「一定速度で前進し、動揺する船の波系解析」、日本造船学会論文集、第142号（昭和52年12月）、pp33～44
4. 「波浪中推進性能と波浪荷重」、運動性能研究委員会第1回シンポジウム、大楠丹、小林正典：「第3章波浪中抵抗増加の計算法」、日本造船学会、昭和59年12月、37～59頁
5. Erwandi, T.Suzuki:「Analysis of the Unsteady Waves around a ship Model Using Projected Light Distribution Method」, Joumol of Society of Naval Architects of Japan, Vol.190, 2001, pp263-270
6. Yamanouchi, Y.: Analysis of irregular water test from multiple runs, The Seakeeping Committee Report, 13th ITTC (Feb. 1972)
7. 内藤 林、木原 一：「波浪中計測量の精度と計測時間に関する研究」、日本造船学会論文集第174号、平成5年、p397～408
8. 「実海域における船舶性能に関するシンポジウム」、日本造船学会試験水槽委員会シンポジウム、平成15年12月、日本造船学会
9. 中村彰一、内藤林:「波浪中における船速低下および推進性能について」、関西造船協会誌、166号、1977、pp.25～34
10. 「波浪中推進性能と波浪荷重」、運動性能委員会第1回シンポジウム、内藤林、菅信「第5章船速低下の推定法」、日本造船学会、昭和59年12月、pp.81～100
11. 中村彰一、細田龍介、内藤 林、井上盛夫：「コンテナ船の波浪中推進性能に関する研究（第4報）」、関西造船協会誌159号、昭和59年
12. 谷初蔵、大型専用船運航マニュアル、日本航海学会、船舶の荒天運航に関するシンポジウム、昭和57年5月、p.36～47
13. 北沢孝宗、黒井昌明、高木又男：「コンテナー船の波浪中での限界速度」、日本造船学会論文集、第138号、昭50.12、p.269
14. 牧野光男、流体抵抗と流線形、産業図書発行
15. Isherwood R. M., Wind Resistance of Merchant Ships, Transactions of the Royal Institution of Naval Architects, Vol. 115, 1973
16. 藤原敏文、上野道雄、二村正，船体に働く風圧力の推定、日本造船学会論文集、183 (1998)
17. 田中良和、経済運航とライフサイクルバリュー、実海域における船舶性能に関するシンポジウム、日本造船学会 (2003)

第6章 船舶性能の統計的予測

実海域には常時、波風が存在し、その現象は確率統計的な特性を持つ。それ故に、そこを航行する船舶の挙動とその性能を評価するためには、波風に対応して、確率統計的手法が必要となる。本章では、船舶が全世界の海域を数年間にわたって航海した結果として、どのような性能を示したかを確率統計理論で表現する基礎的な方法を解説する。

6.1 統計的予測

規則的な波を人工的に造り出し、その中で行われる水槽実験と違って、実海域を航走する船舶の挙動を調べるためには不規則波中における挙動を調べなければならない。不規則波中で行われる実験から種々のデータ、それを解析した種々の関数が得られるが、それらの相互関係を示すと共に、規則波中で得られた各種の結論との相互関係を示す。これらのデータの中で、最も大切な量は、平均値と分散値である。平均値を求めることは簡単である。通常計測値から平均値を引き算しておくことが可能な場合が多いので、計測値の解析で重要な量は分散値である。分散値はその名の如く、平均値周りの挙動の大きさの程度を表す量であるから、大きな値を持つほど大きな挙動をしていることを示す代表値である。この分散値を知ることで多くの確率統計的な知見を得ることができる。

6.1.1 確率過程の平均値（期待値）、分散値、確率密度関数、分布関数

1）周波数領域で求められる分散値

船体運動等の周波数応答関数 $H(\omega)$ が求められると、船舶が航行する実海域海象を表現する波スペクトル $S_w(\omega)$ が与えられた場合、船体運動等のスペクトラム $S_m(\omega)$ は、次式の左式で与えられ、その分散値（Variance）σ^2 は右式のように求められる。

$$S_m(\omega)=|H(\omega)|^2 S_w(\omega) \; : \; \sigma^2=\int_0^\infty S_m(\omega)d\omega=\int_0^\infty |H(\omega)|^2 S_w(\omega)d\omega \tag{6.1}$$

分散値は σ^2 であるが、σ は標準偏差値（Standard deviation）という。この分散値から実に多くの実海域における船舶性能を予測できる諸量が導き出される。なお、ここで使われているスペクトラム $S_w(\omega)$ の定義については第5章5.3.4節を参考のこと。

上式 $H(\omega)$ に縦揺れの周波数応答関数として $|H_p(\omega)|^2$ を代入すると、縦揺れのスペクトラム $S_p(\omega)$ が次式で求められ、それを使って縦揺れの分散値 σ_p^2 が求められる。

$$S_p(\omega)=|H_p(\omega)|^2 S_w(\omega) \; : \; \sigma_p^2=\int_0^\infty S_p(\omega)d\omega=\int_0^\infty |H_p(\omega)|^2 S_w(\omega)d\omega \tag{6.1}'$$

一例として縦揺れを使ったが、波の振幅に関して比例関係にある現象（他の運動、荷重等）な

ら全てにいい得ることである。

抵抗増加の場合には、与えられた海象中における平均抵抗増加量を知りたいが、抵抗増加は波高の2乗に比例するので扱い方が異なるため第5章に記述されている。

2) 時間領域で求められる分散値

ある不規則に変動する時系列の瞬時値を $x(t)$ とし、T 時間だけ計測された時間内でN個のデータを収録したとする。その時の平均値（Mean value）$\overline{x(t)} = x_0$ と、分散値 $\overline{\{x(t)-x_0\}^2}$ は次式で与えられる。上付きバーは、時間平均を意味する。最初の表示は離散的な表示であるが、連続的な表示が積分式で表現されている。

$$\overline{x(t)} = \frac{1}{N}\sum_{1}^{N}x(t) \rightarrow \frac{1}{T}\int_{0}^{T}x(t)dt = x_0 \tag{6.2}$$

$$\overline{\{x(t)-x_0\}^2} = \frac{1}{N}\sum_{1}^{N}[x(t)-x_0]^2 \rightarrow \frac{1}{T}\int_{0}^{T}[x(t)-x_0]^2 dt = \overline{x(t)^2} - x_0^2 \tag{6.3}$$

例えば、$x(t)$ を船体運動の時系列とすると、その時系列から求めた分散値 (6.3) の結果は、波スペクトルと運動の周波数応答関数の絶対値の2乗から求めた (6.1)' 式の値と同じ値になる。

3) 確率密度関数と確率分布関数

実海域で計測される各種の時系列、例えば船体運動、風波の荷重等の瞬時値 $x(t)$ を、時間に沿ってある時間間隔でN個読み取る。横軸に、$[0, \pm \delta x]$、$[\pm \delta x, \pm 2\delta x]$、$[\pm 2\delta x, \pm 3\delta x]$、…、$[j\delta x, (j+1)\delta x]$、…（複合同順）と δx 間隔で横軸を区切り、縦軸に各間隔に入った x 値の個数を取る。即ち、瞬時値が区間 $[\pm j\delta x, \pm (j+1)\delta x]$（複合同順）に何個あるかカウントし、それを n_j とする。Nと n_j から、n_j/N を全ての区間において計算する。こうして求められた関数を確率密度関数（P.D.F.: Probability Density Function）という。

連続関数で表示された確率密度関数を $f(x)$ とおくと、平均値 $E[x]$、分散値 $E[\{x(t)-x_0\}^2]$ は次式である。

$$E[x] = \int_{-\infty}^{+\infty} xf(x)dx \quad ; \quad E[\{x(t)-x_0\}^2] = \int_{-\infty}^{+\infty} \{x(t)-x_0\}^2 f(x)dx = E[x(t)^2] - x_0^2 \tag{6.4}$$

平均値が0の場合は、分散値は $E[x(t)^2]$ となる。

ここで、上式の $E[\cdot]$ は集合平均を示す。波を例にして簡単に記述すると、時間を固定して得られる空間的に変化している波の変動量の平均値（集合平均）を表し、期待値といわれる。これは、波の時系列を積分して得た波の変動量の平均値（時間平均）とは厳密には区別されている。通常、船舶海洋の分野では、両平均値を同じ意味に使うことが多い。（エルゴードの仮説）なお、$E[\cdot]$ の「・」は、波の瞬時値、二乗値など、なんでも良い。

6.1 統計的予測

我々の学ぶ確率過程は、ほとんどの場合このような性質が満たされているといえる。その例外として、例えば4.7節を参照されたい。それ故に、平均値 $\bar{x}$、$E[x]$ や分散値等 $\overline{|x-x_0|^2}$、$E[|x-x_0|^2]$ の表示式が同じように使用される。

確率密度関数を使った時の平均値が、(6.4) 式で示されることを、具体的な例で計算してみよう。100人の試験結果の点数が、表6.1のように得られたとする。

表6.1 試験結果の得点分布表

x: 点数	10	20	30	40	50	60	70	80	90	100
n: 人数	1	5	10	15	15	20	10	15	9	0

平均値は、良く知られているように次式で求められる。

$$\bar{x} = \frac{10\times1+20\times5+30\times10+40\times15+50\times15+60\times20+70\times10+80\times15+90\times9}{100}$$

$$= 10\times\frac{1}{100}+20\times\frac{5}{100}+30\times\frac{10}{100}+40\times\frac{15}{100}+50\times\frac{15}{100}+60\times\frac{20}{100}+70\times\frac{10}{100}$$

$$\quad +80\times\frac{15}{100}+90\times\frac{9}{100}$$

$$= 10\times\underline{0.01}+20\times\underline{0.05}+30\times\underline{0.1}+40\times\underline{0.15}+50\times\underline{0.15}+60\times\underline{0.2}+70\times\underline{0.1}$$

$$\quad +80\times\underline{0.15}+90\times\underline{0.09}$$

$$= 56.7$$

上式下線部が、点数 x を取った人数の全体人数に対する割合、即ち確率 f(x) を表している。これが、連続的に与えられていると平均値が (6.4) 式の左式で表現される。

また、確率密度関数 f(x) は、前記の説明から次式を満たさなければならないことが解ろう。

$$\int_{-\infty}^{\infty} f(x)dx = 1 \tag{6.5}$$

最も重要な確率密度関数は、正規確率密度関数 (normal probability density function)（ガウス分布、Gaussian distribution）で、海の波の瞬時値等多くの自然現象がこの密度関数で表現することができる。平均値0の場合は以下の式で与えられる。

$$f_G(x) = \frac{1}{\sqrt{2\pi}\,\sigma} \exp\left(-\frac{x^2}{2\sigma^2}\right) \tag{6.6}$$

この関数は偶関数で、σ^2 は分散値である。
関数 $f_G(x)$ の最大値は、$x=0$ の時 $1/(\sqrt{2\pi}\,\sigma)$ で、以下の性質を有する無限回微分が可能な性質の良い関数である。

$$f_G(x) = f_G(-x) \;:\; \lim_{x\to\pm\infty} f_G(x) = 0 \tag{6.7}$$

この関数は偶関数であるから、$xf_G(x)$ は奇関数となり（6.4）式左式で与えられる積分は0となる。すなわち（6.4）式の表現では平均値が0である。（6.6）式中 x に、$(x-x_0)$ を代入すると x_0 が平均値の確率密度関数となる。この関数の概略を図6.1に示す。

一般的な確率密度関数を $f(x)$ で表すと、確率分布関数 $F(x)$ として次の関数が定義される。

$$F(x) = \int_{-\infty}^{x} f(\mu)d\mu : \quad f(x) = \frac{dF(x)}{dx} \tag{6.8}$$

これらの関数を使うと確率変数 x が、$x_1 \sim x_2$ の間にある確率（probability）は次式で表される。

$$p[x_1 \leq x \leq x_2] = \int_{x_1}^{x_2} f(\mu)d\mu = F(x_2) - F(x_1) \tag{6.9}$$

確率密度関数の n 次モーメントが次式で定義される。

$$m_{fn} = \int_{-\infty}^{+\infty} x^n f(x) dx \tag{6.10}$$

上式に n = 0 を代入した、0次モーメントが確率密度関数の面積を表し、それは（6.5）式で示すように1である。1次モーメントが平均値を示し（6.4）式左式となり、2次モーメントが分散値を示し（6.4）式右式で与えられることが解る。

【演習問題6-1】
平均値が0の分散値の定義 $E[x^2]$ を使い、（6.6）式で表される正規分布 $f_G(x)$ の分散値が確かに σ^2 になることを、次式を演算することによって確かめてみなさい。

$$\text{Variance} = E[x^2] = \int_{-\infty}^{+\infty} x^2 f_G(x) dx = \int_{-\infty}^{+\infty} x^2 \frac{1}{\sqrt{2\pi}\sigma} \exp\left(-\frac{x^2}{2\sigma^2}\right) dx = \sigma^2$$

海に生じる波を考えた場合、その波の瞬時値の確率分布は正規分布に従うことが知られているが、このことは経験的な直感に当たっている。実は自然界の多くの現象の確率分布が正規分布で表現できる。確率密度関数を数式で与えると、x が非常に大きな領域まで値があることは実際と合わないが、数式的に確率分布を与えることで種々の現象を数理的に取り扱うことができるようになる。

最も代表的な正規確率分布の平均値1、分散値1の確率密度関数 $f(x)$ と累積分布関数 $F(x)$ を図6.1に示す。

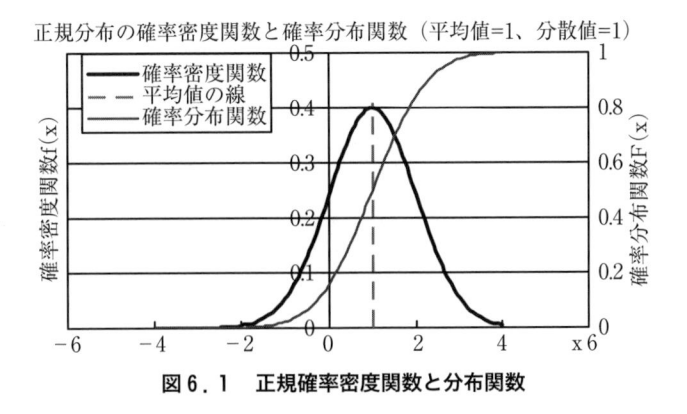

6.1 統計的予測

正規分布の確率密度関数と確率分布関数（平均値=1、分散値=1）

図6.1 正規確率密度関数と分布関数

正規確率密度関数とともに多く用いられるレーリー確率密度関数を図6.2に示すが、船舶海洋工学分野では極値の確率分布の議論によく利用される。レーリー分布を使った問題が6.2.1で記述される。

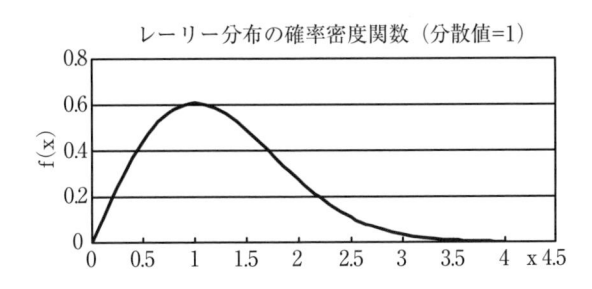

レーリー分布の確率密度関数（分散値=1）

図6.2 レーリー分布の確率密度関数

以下に、正規分布以外で良く使われる確率密度関数の式とその形を図6.3に示す。

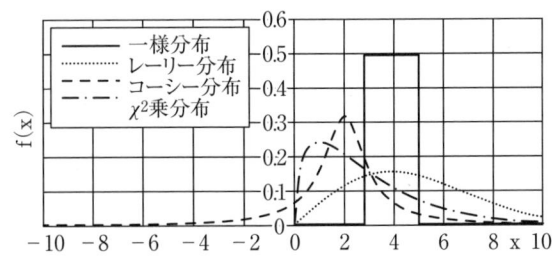

一様分布（a=3、b=5）、レーリー分布（σ^2=15）、コーシー分布（λ=2、a=1）、
χ^2乗分布（n=3）の確率密度関数

図6.3 一様分布、レーリー分布、コーシー分布、χ^2分布、ポアソン分布

・一様分布

$$f(x) = \frac{1}{b-a}, (a \leq x \leq b) : f(x) = 0, (x < a, x > b)$$

不規則波をシュミレーションする時に位相の確率的特性として使用される。6.1.1節の4）を参照されたい。

・レーリー分布（図6.2）

$$f(x) = \frac{x}{\sigma^2}\exp\left(-\frac{x^2}{2\sigma^2}\right), \ (0<x<\infty)$$

・コーシー分布

$$f(x) = \frac{a}{\pi(a^2+(x-\lambda)^2)}, \ (-\infty<x<\infty)$$

・カイ2乗分布

$$f(x) = \frac{1}{2^{n/2}\Gamma\left(\frac{n}{2}\right)}x^{(n/2)-1}e^{-x/2}, \ (0<x<\infty)$$

・ポアソン分布

$$f(x) = e^{-\lambda}\frac{\lambda^x}{x!}, \ (0<x<\infty)$$

これら以外にも多くの確率密度関数があるが、それらは数学辞典を参照されたい。

なお、100年に一度の最大波高や20年に一度の最大曲げモーメントを推定したりする極値に関した問題を扱う時に対数正規分布が出てくる。それは、確率変数 x（x>0）の自然対数 lnx が正規分布に従うことで、この確率密度関数 $f_{ln}(x)$ は以下で与えられる。左式が自然対数で表現された場合で、右式が常用対数で表現された場合である。

$$f_{ln}(x) = \frac{1}{\sigma\sqrt{2\pi}\,x}\exp\left\{\frac{-\left(\ln(\frac{x}{m})\right)^2}{2\sigma^2}\right\} : f_{log}(x) = \frac{\log(e)}{\sigma\sqrt{2\pi}\,x}\exp\left\{\frac{-\left(\log(\frac{x}{m})\right)^2}{2\sigma^2}\right\} : \log(e) = 2.30259$$

なお、m、σは、それぞれ自然対数、常用対数変換された平均と分散値である。

【演習問題6-2】

$$f(x) = \frac{1}{\alpha}\exp\left\{-\frac{(x-x_0)^2}{2\sigma^2}\right\}$$

で与えられる確率密度関数の平均値及び分散値をそれぞれの定義（6.4）式に従って求めなさい。求められた結果を式に代入してみると、上記のf(x)は正規確率密度関数であることを確かめなさい。

4）与えられた確率密度関数を持つ確率変数の発生

不規則波等を発生すると同じように、種々の不規則な現象を計算機上で模擬する時に、ある与えられた確率密度関数g(x)となるようなランダムな確率変数を発生させる必要がある。正規分布やレーリー分布を持つ確率変数の作成などが行われるが、船舶分野では、不規則波の造波信号を作る時に一様分布のランダム位相を発生させる必要がしばしばある、現在は、計算機上で簡単に発生することができるが、それは以下の手順で行う。

（1）与えられた確率密度関数g(x)を積分することによって、その分布関数y＝G(x)を求める。
（既知の関数で与えられたg(x)であれば、G(x)も関数で与えられる。）
（2）yに、[0〜1]間のランダム変数y_iを発生させ、それに対応する$x_i = G^{-1}(y_i)$を求める。
求められたx_iは、与えられた確率分布関数、確率密度関数を持つ。

例えば、レーリー分布となるような確率変数xを発生させた例を図6.4に示す。

実線に示したレーリー分布となるように発生させた確率変数の分布が棒グラフで示し、両者を比較した図である。与えたレーリー分布を良く再現していることが解る。

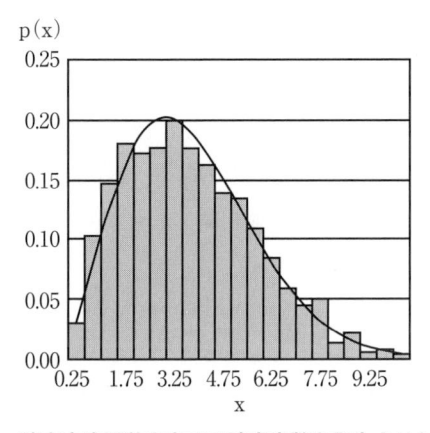

図6.4　レーリー確率密度関数を有する確率変数を発生させた例（偏差値は3）

（2）の作業で、ランダム変数を発生させる初期値を変えてやれば同じ分布を有するが、違ったランダム変数列が得られる。

5）二つの確率変数、独立、相関

船舶工学の分野で確率変数が二つの問題を扱う場合は多くはないが、基本的な性質については知っておくほうが便利である。二変数の場合は結合確率密度関数が定義される。ランダム変数をx、yとすると、次のことが定義される。

①無相関：$E[xy] = E[x]E[y]$、②直交：$E[xy] = 0$、③独立：$f(x, y) = f(x)f(y)$　　　（6.11）

また、確率変数 x と y の相関度を示す相関係数 ρ は次式で与えられる。

$$\rho = \frac{E[(x-\bar{x})(y-\bar{y})]}{E[(x-\bar{x})^2]E[(y-\bar{y})^2]}, \quad \bar{x}=E[x], \ \bar{y}=E[y] \tag{6.11}'$$

これらの定義された関係より、次のことを導くことができる。
二つの確率変数 x, y が独立の場合、f(X, Y) = f(X)f(Y) となるので次式が成り立つ。

$$E[xy] = \iint_{-\infty}^{+\infty} xy f(x,y) dx dy = \int_{-\infty}^{+\infty} x f(x) dx \int_{-\infty}^{+\infty} y f(y) dy = E[x]E[y]$$

これは上記①が成り立つから無相関である。即ち、独立であれば無相関である。しかし、無相関であっても独立とは限らない。

二変数正規確率密度関数 f(x,y) の場合で、無相関の場合、即ち、(6.11)′式の相関係数 $\rho = 0$ の場合には下式が成立する。

$$f(x,y) = \frac{1}{2\pi\sigma_x\sigma_y\sqrt{1-\rho^2}} \exp\left\{-\frac{1}{2(1-\rho^2)}\left(\frac{x^2}{\sigma_x^2} - \frac{2\rho xy}{\sigma_x\sigma_y} + \frac{y^2}{\sigma_y^2}\right)\right\} \xrightarrow{\rho=0} \frac{1}{\sqrt{2\pi}\sigma_x}\exp\left(-\frac{x^2}{2\sigma_x^2}\right)$$
$$\cdot \frac{1}{\sqrt{2\pi}\sigma_y}\exp\left(-\frac{y^2}{2\sigma_y^2}\right) = f(x)f(y) \tag{6.12}$$

最後の式は x と y が独立を意味するから正規型の場合、無相関と独立は等価であることが解る。さらに、$E[x]=\eta_x : E[y]=\eta_y$ とし、かつ、無相関 $E[xy]=E[x]E[y]$ とすると、

$$E[(x-\eta_x)(y-\eta_y)] = E[xy] - \eta_x E[y] - \eta_y E[x] + \eta_x\eta_y = \eta_x\eta_y - \eta_x\eta_y - \eta_y\eta_x + \eta_x\eta_y = 0$$

となる。確率変数 x, y から平均値 η_x, η_y を引いた確率変数の和 $z = (x-\eta_x) + (y-\eta_y)$ の分散値は

$$E[z^2] = E[(x-\eta_x)^2] + E[(y-\eta_y)^2] + 2E[(x-\eta_x)(y-\eta_y)]$$

となる。よって、下式が成り立つ。

$$\sigma_z^2 = \sigma_x^2 + \sigma_y^2$$

6.1.2 スペクトル解析から得られる分散値と確率的諸量

不規則過程の時系列 x(t) から、(6.3) 式のように分散値が求められるが、そのスペクトル (spectrum : 複数形は spectra) からも分散値が (6.1) 式と同様に次式で求められる。

$$\sigma^2 = \int_0^\infty S(\omega)d\omega \qquad (6.1)'$$

これはスペクトルの面積である。スペクトラムは積分変数ωが正の領域で定義されるのが普通であるから、積分範囲は[$0 \sim \infty$]である。

スペクトルのモーメントは、確率密度関数のモーメントと同様に次式で定義される。

$$m_n = \int_0^\infty \omega^n S(\omega)d\omega \qquad (6.13)$$

(6.13)式からスペクトラムの0次モーメントがスペクトルの面積を表し、それは不規則過程の分散値を与えることが解る。この定義を使って、スペクトラムとして波スペクトラムを用いれば有義波高(significant wave height)、平均波周期(wave mean period)、ゼロクロス波周期(zero-crossing wave period)が理論的に以下の式で求められる。この導出の詳細は耐航性能編を参照されたい。

$$H_{1/3} = 4\sigma_w = 4\sqrt{m_0} \quad : \quad T_{01} = 2\pi \frac{m_0}{m_1} , \left(T_{02} = 2\pi\sqrt{\frac{m_0}{m_2}}\right) \qquad (6.14)$$

σ_wは、波の瞬時値の標準偏差である。この$H_{1/3}$、T_{01}は、不規則波を数量的に表現するうえで最も大切な量である。なお、T_{02}は、波変位がゼロレベルを上向き(または下向き)に交差する間隔であり、やはり波の平均的な周期といえるが、波の山や谷付近でのさざ波がカウントされずにT_{01}よりもいくらか長くなる。不規則波スペクトルを代表的に表現するPierson-Moskowitz型(PM型)のスペクトル$S_{PM}(\omega)$もこの2量を指定すれば求められるが、このスペクトルは下式の型をしていて、A,Bが有義波高と平均波周期から決められる。

$$S_{PM}(\omega) = \frac{A}{\omega^5}\exp\left(-\frac{B}{\omega^4}\right) \qquad (6.15)$$

上式中の(A/ω^5)は、波が風のエネルギーを吸収して成長しつつある波長が短い領域のスペクトル形状を、$\exp(-B/\omega^4)$の項は、波が減衰域に入った波長の長い領域の形状を表現している。それらが積の形になって表現されている式である。一例として有義波高4m、平均波周期6秒のPM型のスペクトルが図5.8に示されている。

1) 有義波高と平均波周期、ビューフォート風力階級

有義波高とは「観測された波高N個の大きいほうから1/3を取り、それを平均した波高」であり、$H_{1/3}$と表示される。具体例を以下の表6.2を基にして示す。ピックアップされた波高(単位m)は15個であるから1/3は、5個である。大きな方から5個(表中実線枠)を取り出

表6.2 有義波高と平均波周期も計測例

ピックアップ個数	波高	順位	波周期	順位
1	0.1	15	8.2	5
2	0.5	14	0.7	15
3	1.0	11	3.0	13
4	2.0	6	5.3	8
5	1.2	10	5.1	9
6	0.7	13	3.2	11
7	0.9	12	1.9	14
8	1.8	7	5.7	7
9	3.0	3	8.4	4
10	4.0	2	9.5	2
11	1.3	9	3.6	10
12	5.0	1	9.9	1
13	1.4	8	3.1	12
14	2.8	4	8.8	3
15	2.6	5	7.4	6

した波高を平均すると、$(5+4+3+2.8+2.6)/5=3.48$で、これが有義波高3.48mである。この値が上述したスペクトルから求める分散値 (6.14) 式を使って求められた結果と、スペクトル幅が十分小さい場合には一致する。なお、一致するということは、確率的に一致するということであって完全に数値が一致するということではない。同じ海象であれば（海象が定常であれば）、いろいろの場所で計測された時系列から求められた有義波高は、それらの平均値の周りに分布するということである。

なお、有義波周期が稀に使われることがある。それは、有義波高を求めた時に使われた波高に対応する波周期（単位 s）の値の平均値で、表では点線枠欄の波周期の平均で、8.80 s である。

なお、一般的に観測された波高 N 個の大きいほうから 1/n 個（即ち、N/n 個）を選択し、それを平均した波高を $H_{1/n}$ と記す。n=10の時、$H_{1/10}$ が大きな波高を表現したい時などに使われる場合がある。$H_{1/10}$ と σ_w の関係は、次式で与えられる。同時に $H_{1/100}$ と σ_w の関係も示す。

$$H_{1/10}=5.1\sigma_w \quad : \quad H_{1/100}=6.45\sigma_w$$

これらの関係式についても耐航性能編を参照されたい。

実海象は波、風が併存しており、それらは何らかの関係があり、かつ、波高と波周期も何らかの関係がある。これらの関係が観測結果に基づいて提案されているが、その一例を表6.3に示す。これは WMO（World Meteorological Organization）と Roll の北大西洋の観測データの解析結果である。

表 6.3 Roll と WMO の、風力階級、風速、有義波高、平均波周期

Beaufort NO.		1	2	3	4	5	6	7	8	9	10	11	12
Wind speed (m/s)		0.95	2.5	4.45	6.75	9.4	12.35	15.55	19	22.65	26.5	30.6	34.85
Roll	$H_{1/3}$ (m)	1.1	1.25	1.4	1.7	2.15	2.9	3.75	4.9	6.2	7.45	8.4	8.5
	T_{01} (s)	5.9	5.9	5.9	6.1	6.5	7.3	7.8	8.4	9	9.5	10	10.3
WMO	$H_{1/3}$ (m)	0.1	0.2	0.6	1	2	3	4	5.5	7	9	11.5	14
	T_{01} (s)	1.2	1.7	3	3.9	5.5	6.7	7.7	9.1	10.2	11.6	13.1	14.1

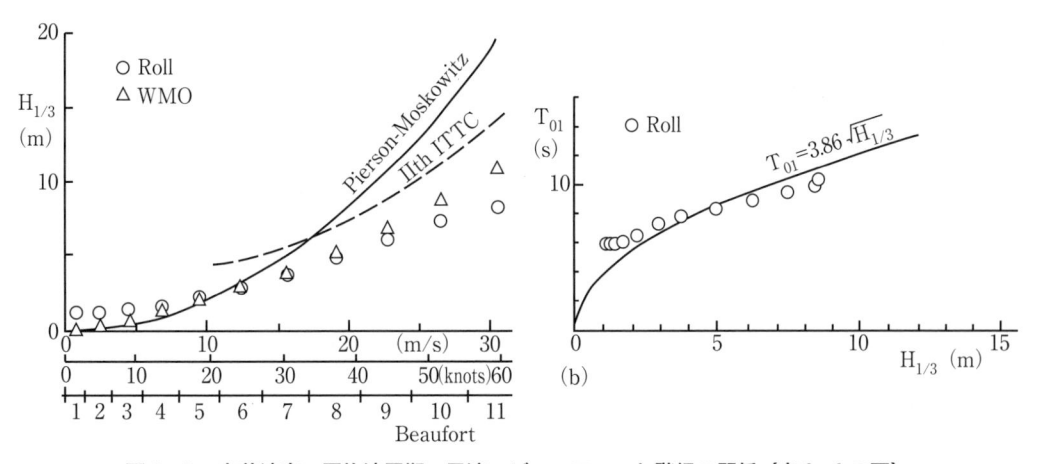

図 6.5 有義波高、平均波周期、風速、ビューフォート階級の関係（表 6.3 の図）

表の上段は Beaufort No.（風力階級）が 1-12 まで分類され、2 段目で各々の風力階級に対応する風速が示されている。そして、Roll と WMO が提案する各風速に対応した $H_{1/3}$、T_{01} が示されている。表 6.3 を図に示したのが図 6.5 である。

この関係を利用すれば、有義波高から平均波周期を予測できる。更に、風速 V (m/s) から有義波高 (m)、平均波周期 (s) も下式で予測できるので、初期段階で資料が不十分な時に実海域の状態を想定することができる。

$$H_{1/3} = 0.0213V^2 : T_0 = 0.564V \rightarrow T_0 = 3.86\sqrt{H_{1/3}} \tag{6.16}$$

上式の最後の有義波高と平均波周期の関係は、表中の WMO が示す関係と一緒である。これらの関係式は、ある風の中で波が十分発達した状態下の完全発達波の関係式であり、風の吹き始めの状態では違う。

2) 出会いスペクトルとモーメント

波の計測が定速 V で動く船上で実施された場合に解析されるスペクトルは、出会いスペクトル $S(\omega_e)$ である。ω と ω_e の関係は (2.88) の関係があり、固定点で計測されるスペクトル $S(\omega)$ との関係は、対応するエネルギーは等しいので以下の関係が成り立つ。

$$S(\omega_e)d\omega_e = S(\omega)d\omega \rightarrow S(\omega_e) = S(\omega)/\left|1+\frac{2V}{g}\right|$$

出会いスペクトル $S(\omega_e)$ の n 次モーメント m_{en} は、(6.13) 式と同様に次式で定義される。

$$m_{en} = \int_0^\infty \omega_e^n S(\omega_e)d\omega_e = \int_0^\infty \left(\omega + \frac{V}{g}\omega^2\right)^n S(\omega)d\omega \tag{6.17}$$

$S(\omega_e)$ の 0 次、1 次、2 次モーメント m_{e0}、m_{e1}、m_{e2} を上式から具体的に計算し、(6.13) 式の固定点でのスペクトルモーメント m_n で表現すると次式になる。

$$m_{e0} = m_0 : m_{e1} = m_1 + \frac{V}{g}m_2 : m_{e2} = m_2 + \frac{2V}{g}m_3 + \left(\frac{V}{g}\right)^2 m_4$$

波とある角度 χ で出会う場合（ここの議論では、$\chi = 0$ の場合が向波、$\chi = \pi$ の場合が追波）は、上式の V に $V\cos\chi$ を代入すれば良い。但し、追い波状態の場合は (2.88) 式の関係に示すように ω と ω_e の関係が一意に定まらなくなる場合が生じるので注意が必要である。

6.2 船体応答の短期予測と長期予測

　船体応答を確率統計的に予測する理論は、短期予測と長期予測とに分けそれを組み合わせることによって成り立っている。即ち、

　（1）海象を代表する有義波高と平均波周期などの確率特性がある時間変わらない海象中—これを確率的に定常な状態という—における応答を予測することを短期予測といい、予測された値を短期予測値という。

　（2）考えている海域で、短期的に定常である海象状態が長期的にどのような確率で存在する、或いは発生しているか、を表す長期間の波浪発現頻度表を使い、長期間に(1)で求めた短期の予測値が発生する確率を求めることを長期予測という。

　短期予測では、船と海象が与えられれば、その海象中における応答の分散値等を求めることは理論でも実験でも可能である。それらは水槽実験等においても確認することができるので理論を発展させるためにも有効な手法である。

　長期予測では、海象がどのような確率で発生しているかが課題であるから、全地球レベルでの波浪観測が必要である。近年の観測技術の発展で急速にデータの蓄積がなされている。

　ある海域の海象の発生と、そこを通過する船舶の応答は、全く独立であるので短期予測値と海象の長期間の発生確率を掛け合わせることで応答の長期予測値を求めることが可能になる。

　なお、この問題に関しては、章末に参考文献として示す福田淳一九大名誉教授の良い解説書[1]がある。詳細に書かれておりこれを勉強されることを勧める。

6.2.1 短期予測とレーリー確率密度関数

　船体の不規則海象中における各種の応答を考える。応答は不規則波と同様に不規則な変動をしている。この変動を、横軸を時間の経過に従って表現した時系列 x(t) の標準偏差を σ、その時系列の極値を ξ で表すと、その現象が狭帯域現象である場合、その極値の確率密度関数はレーリー分布で表現され次式で与えられる[*]。

$$p(\xi) = \frac{\xi}{\sigma^2} \exp\left(-\frac{\xi^2}{2\sigma^2}\right)$$

　このように表現できる現象を以下、代表して現象 A として記述する。（現象として、例えば船体運動の上下運動、加速度や船体断面に働く曲げモーメント等を指す。）
　極値 ξ がある値 x_j を超える確率 $P[\xi > x_j]$ は

$$P[\xi > x_j] = \int_{x_j}^{\infty} \frac{\xi}{\sigma^2} \exp\left(-\frac{\xi^2}{2\sigma^2}\right) d\xi = \exp\left(-\frac{x_j^2}{2\sigma^2}\right) \tag{6.18}$$

で与えられる。この確率は、与えられた波浪と船舶の航行状態が一定という条件下において現象 A の極値 ξ が、x_j を超える確率、即ち、超過確率である。図 6.6 にその確率が面積であることを示す。

　このような海気象状況が一定である状況は、数十分から数時間位しか続かないといわれているので、上述の確率のことを、『現象 A の極値が、指定された極値 x_j を超える短期の超過確率』という。この超過確率を求めるために標準偏差値 σ が必要なことが (6.18) 式より解る。この現象 A の時系列の分散値 σ^2 は、船速 V、波と船の進行方向のなす角（出会い角）θ、有義波高 $H_{1/3}$、平均波周期 T_{01} の関数とすると、変数を明示して表わすと、$\sigma^2(V, \theta, H_{1/3}, T_{01})$ と表現される。載荷状態などによっても違うがこれらの量は一定と考えておく。

　具体的な例として、船首の乾舷が F である船が、確率的に定常な海面を一定速度で一定の針

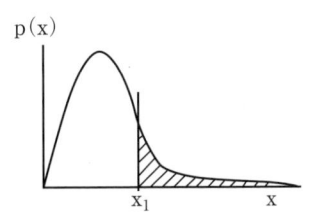

図 6.6　極値 ξ がある与えられた値 x_j を超える確率 $P[\xi > x_j]$ を示す斜線部の面積

---

[*] 脚注
・不規則時系列の隣り合うゼロクロス間に一個の極値があるような時系列を狭帯域の時系列という。その不規則時系列の瞬時値が正規分布に従う場合、その極値だけをとり出した分布はレーリー分布である。耐航性能編を参照。なお、レーリー確率密度関数は図6.2を参照。

路を保持して航行している場合を想定し、波スペクトルと船首相対運動の周波数応答関数から求められる船首相対運動の標準偏差を、船速 V は一定であるから変数から除いて $\sigma_f(H_{1/3}, T_{01}, \theta)$ と表記する。船首相対運動の極大値 m_r が船首乾舷 F を超える確率、即ち甲板に海水が打ち込む確率、q は (6.17) 式と同様に次式で与えられる。

$$q[m_r > F] = \int_F^\infty \frac{\xi}{\sigma_f^2} \exp\left(-\frac{\xi^2}{2\sigma_f^2}\right) d\xi = \exp\left(-\frac{F^2}{2\sigma_f^2(H_{1/3}, T_{01}, \theta)}\right) \tag{6.18}'$$

これを、$H_{1/3}, T_{01}, \theta$ が一定の海象状態下での確率であるから、短期の発生確率という。

【演習問題6-3】
上式の確率は、海水打ち込みの起こる回数と船が波に出会う回数の比に対応するが、その理由を考えてみなさい。（注）波が狭帯域な現象であることを想起すること。

6.3　長期予測理論と波浪発現頻度表

船舶が長期間（例えば20年間などの船の一生）航海した場合、船体運動や荷重等を総称した船の応答の極値が、設計条件等から決められた限界値 x_j を超えるような海象がどの位の確率で発生しているかがわかると、長期間の間に x_j を超える確率を知ることができる。

このことは、長期間に生起する現象の確率を求めるためには、短期の分散値 σ_w^2（言葉を換えると、σ_w^2 で表される短期海象）が長期間に発生する確率を求めることが必要なことを意味している。即ち、長期予測には、「短期海象 S 中で生起する現象 A の発生確率」と、「長期間における短期海象 S の発生確率」の二つの確率を知る必要がある。

長期間の波浪発現の確率密度関数は、短期海象を代表する有義波高 $H_{1/3}$ と平均波周期 T_{01} の結合密度関数として $p(H_{1/3}, T_{01})$ と表記される。それは船舶がどのように運動し、どのような状態であろうとも関係なく、その海象が確率密度 $p(H_{1/3}, T_{01})$ に従って自然に生起している。即ち、自然現象の確率を表す $p(H_{1/3}, T_{01})$ は、船舶毎に遭う現象 A の発生確率 $P[\xi > x_j]$ と全く関係がない、即ち両確率は独立である。

6.3.1　長期波浪発現の確率密度関数

長期間に $(H_{1/3}, T_0)$ が発生する確率密度関数 $p(H_{1/3}, T_0)$ は、確率密度関数の定義から次式を満たす。なお、波浪情報をまとめた波浪頻度表が使われることが多いが、波周期の定義は種々異なって使われているので、ここでは T_{01} や T_{02} でなく一般の平均的な波周期という意味で T_0 と以下表記する。

$$\iint_0^\infty p(H_{1/3}, T_0) dH_{1/3} dT_0 = 1 \tag{6.19}$$

通常、この長期波浪発現の確率密度関数は式で与えられるのでなく（式で与えられるほど研究

6.3 長期予測理論と波浪発現頻度表

が十分進んでいない)、航行船舶の目視観測結果、人工衛星による観測結果、波浪推算結果等を整理した表の形で与えられていることが多い。当然、この分野の研究も進展しているので、近年のデータ収集力、解析力の向上の上に立って信頼される式が提案される日も近い。表の形で与えられた一例として、ワルデン (Walden) の北大西洋冬季の波浪頻度表を図6.4に示す。なお、現在、IMOや船級協会では、別の北大西洋の波浪出現頻度表を標準的に用いることが多く、IACS Recommendation No.34として勧告されており、これは、船舶の計測した風速データより波高、波周期を推定したものとなっている。

この表の読み方は、例えば表中太い実線で囲ってある特定の海象 (周期は7秒から9秒、有義波高は2.75mから3.75m) は、長期間の全事象を1,000 (表中右下下線の数値) としているから、114.74/1,000＝0.114、即ち、長期の間に約11.4%の確率で発生することを示している。この欄の数値が最大であるから、この海域の冬季では最も発生確率が高い海象である。この海象は、いわゆる短期の海象であるが、仮にこの短期海象下で、現象Aの発生確率を0.15とすると、この海象の長期間の発生確率は上記に示したように0.114であるから、表中太い実線で囲ってあ

表6.4 Waldenの北太平洋冬季波浪頻度表

Wave Frequency in the North Atlantic (According to Walden's Date)
Winter (for All Nine Weather Ships)   (55,825 Obs.)

Wave Height (m)	Wave Period (sec)								Sum over All Periods
		5	7	9	11	13	15	17	
0.75 – 1.75		6.00	4.03	2.10	0.99	0.21	0.14		0.18	13.65
1.75 – 2.75		29.50	79.77	41.40	13.06	2.63	0.18	0.09	0.21	166.84
2.75 – 3.75		16.84	108.86	108.02	37.87	5.36	0.77	0.05	0.52	278.29
3.75 – 4.75		3.30	57.77	114.74	45.03	7.50	0.91	0.13	0.34	229.72
4.75 – 5.75		0.79	24.20	64.76	36.45	9.26	1.93	0.18	0.23	137.80
5.75 – 6.75		0.21	6.32	26.31	22.46	6.05	1.07	0.18	0.04	62.64
6.75 – 7.75		0.11	5.34	15.53	16.80	6.23	1.29	0.05	0.07	45.42
7.75 – 8.75		0.07	2.47	6.86	10.94	3.80	0.84	0.09	0.04	25.11
8.75 – 9.75		0.02	2.67	4.35	7.86	4.12	1.33	0.02	0.04	20.41
9.75 – 10.75			1.61	2.44	5.34	3.78	1.79	0.61	0.14	15.71
10.75 – 11.75				0.20	0.23	0.36	0.16	0.09		1.04
11.75 – 12.75			0.02	0.13	0.07	0.43	0.18			0.83
12.75 – 13.75			0.11		0.39	0.57	0.29			1.36
13.75 – 14.75			0.07		0.23	0.18	0.04	0.04	0.04	0.60
14.75 – 15.75			0.07		0.05	0.16	0.11	0.04	0.05	0.48
15.75					0.05				0.05	0.10
Sum over All Heights		56.84	293.31	386.84	197.82	50.64	11.03	1.57	1.95	1000.00

る海象に遭遇し、現象Aが長期間に発生する確率は、［現象Aの短期確率］×［海象の長期発生確率］＝0.15×0.114＝0.017、約1.8％である。

　二つの確率を掛けて求められるのは、前記されたように「現象Aが発生する確率」と「短期海象が発生する確率」は独立であるからである。

　短期海象の発生確率とその海象下での現象Aの発生確率を掛け合わせ、全ての短期海象（即ち表中の各欄の海象状態）での現象Aの発生確率を足し合わせれば、現象Aのこの海域の冬季における長期の発生確率を求めることができる。このことを幾つかの仮定のもとに次に示す。

6.3.2　波と船との出会い角の確率分布

　長期間の航海を考えると、船はあらゆる方向からくる波と出会う。船の進行方向と波との出会い角 θ の確率分布を $p_\theta(\theta)$ とすると、この関数は以下の条件を満たす。

$$\int_0^{2\pi} p_\theta(\theta) d\theta = 1 \tag{6.20}$$

　ある特定航路を想定した場合は、その航路の過去から蓄積された海気象情報より特定方向からの波と出会う確率が多い等、$p_\theta(\theta)$ の具体的な分布を知ることができる。

　一方、種々の航路を種々の季節に長期間に渡って航海すると、あらゆる方向の波と出会う状況になると考えられるから、$p_\theta(\theta)$ は次式で与えられると考えて良い。すなわちすべての方向からやってくる波に出会うと考える。

$$p_\theta(\theta) = \frac{1}{2\pi} \tag{6.20}'$$

　これは、有義波高や平均波周期の確率分布とは独立として考えることができるので、出会い角度まで含めた出会う波浪の結合密度関数 $p(H_{1/3}, T_0, \theta)$ は、次式のように $p_\theta(\theta)$ を独立させて表すことができる。

$$p(H_{1/3}, T_0, \theta) = p(H_{1/3}, T_0) p_\theta(\theta) \tag{6.21}$$

6.3.3　長期予測

　(6.21)式の条件を課すと、極値が閾値 x_1 を超える(6.18)式から求められた短期の確率と、海象の発現確率を掛けて積分すると長期の閾値 x_1 を超える確率が、

$$q_{x > x_1} = \iint_0^\infty \int_0^{2\pi} \overbrace{\exp\left\{-\frac{x_1^2}{2\sigma^2(H_{1/3}, T_0, \theta)}\right\}}^{p1} \overbrace{p(H_{1/3}, T_0, \theta)}^{p2} dH_{1/3} dT_0 d\theta \tag{6.22}$$

で与えられる。上式中のp1の部分が短期海象中に現象Aが生起する確率で、p2の部分が長期間に短期海象が生起する確率である。それらを全ての有義波高と平均波周期、そして出会い角の

6.3 長期予測理論と波浪発現頻度表

組み合わせの海象下で計算した確率を足し合わせた結果になっている。この式が、ルールや設計者等から与えられた現象Aの閾値x_1を超える、長期の発生確率を求める式である。

(6.22) 式の結果を、出会い角θに関した式 (6.20)'、(6.21) を使用して式変形すると、次式となる。

$$q_{x>x_1} = \int_0^{2\pi}\left[\underbrace{\iiint_0^\infty \exp\left\{-\frac{x_1^2}{2\sigma^2(H_{1/3}, T_0, \theta)}\right\}p(H_{1/3}, T_0)dH_{1/3}dT_0}_{q(\theta)}\right]p_\theta(\theta)d\theta \quad (6.23)$$

波浪との出会い角が、(6.20)'式の様に$0\sim2\pi$に一様に分布していると考えると、上式は以下のように簡単になる。

$$q_{x>x_1} = \frac{1}{2\pi}\int_0^{2\pi} q(\theta)d\theta \quad (6.24)$$

こうして、現象Aが閾値x_1を超える長期の確率が求められる。

現在広く利用されている福田法は、この式に基づき「全方向の波に等しく遭遇」し、「どのような波浪状況下でも船速一定」の条件下での長期予測法であることがわかる。波や風が存在する実海域では船速が低下するが、その影響を上式に含めるためには船速低下の短期確率分布が必要になる。船速の確率密度関数が理論的に求められるようになった現在、より一層現実的な船舶性能の長期予測が可能になる。

ここまでの議論で、長期予測を行うには、考えている海域の長期の波浪情報（波浪頻度表あるいは確率密度関数）が重要なことがわかる。違う波浪情報を使うと違う長期予測値が得られるので、長期予測をした場合、使用した波浪情報を明確にしておくことが大切である。

6.3.4 超過確率と分散値

ここで超過確率と分散値の関係について、若干の略算をしてみる。極値分布は、これまでの議論の様にレーリー分布と仮定する。

ある現象の極値xが、与えられた閾値x_0を超える確率を10^{-8}とすると

$$P[x>x_0] = \exp(-x_0^2/2\sigma^2) = 10^{-8}$$

であるから、この時の分散値をσ_{-8}^2とし、両辺の自然対数を取ると、$\sigma_{-8}^2 = x_0^2/(8\cdot 2\ln(10))$ となる。同様に同じ閾値x_0を超える超過確率を10^{-7}とすると、その時の分散値は$\sigma_{-7}^2 = x_0^2/(7\cdot 2\ln(10))$ となる。両者の超過確率は10倍違う。

両式を次式の様に変形し($x_0=$)$\sigma_{-8}^2\cdot 16\ln(10)/\sigma_{-7}^2\cdot 14\ln(10)$)、分散値両者の比を取ると、どのくらいの分散値の違いがあるか知ることができるが、次式になる。

$$\sigma_{-8}^2/\sigma_{-7}^2 = 7/8 \approx 0.875$$

即ち、分散値が7／8倍、約11.4%減になっただけで、超過確率は10倍だけ変化する。

超過確率が10^{-4}と10^{-3}の場合を比較すると、前述と同様な演算をすれば、分散値が25%だけ変化したら超過確率が10倍だけ違う。更に、超過確率が10^{-3}と10^{-2}の場合について計算してみると、約33%の分散値の変化が10倍の超過確率の変化を生じさせる。超過確率が同じ10倍違うのに、分散値がそれぞれ、11.4%、25.0%、33.3%違うのである。

これらのことは、超過確率が小さい状況、即ち、船の一生に稀に遭遇するような厳しい状況下の推定をする場合ほど、正確な分散値の推定が必要なことを示している。長期間で船の一生を左右するような厳しい海象下で稀に生起する、即ち発生確率の小さい状況下の推定をすることの難しさを示している。

これまでの長期予測の説明を、波を例にして図6.7で解説すると次のようになる。

波の代わりに船体運動等の波の中における応答であっても同じである。

1. 図6.7の上図に示す時系列（時間をtで示す）は、波（あるいは船の応答）の瞬時値を示す。波は、普通数十分から数時間（図はその区間時間をTで示す）は確率統計的に定常な状態が続くといわれている。この短期に生起している確率事象を代表的に示す量は、分散値である。なお、波の瞬時値は正規分布で、極値分布はレーリー分布であることは知られている。図の右側上図にそのPDFが示されている。波の分散値σ_w^2が分かれば、有義波高（$H_{1/3} = 4\sigma_w$）を知ることができ、スペクトルを計測できれば平均波周期（T_0）も判明する。なお、波が計測できなく平均風速V（m/s）しか解らない時は、(6.16)式（$H_{1/3} = 0.0213V^2$, $T_0 = 0564V$）の関係式が使われる。波の分散値しか解らなく、スペクトルが解らないためにスペクトルモーメントが求められない場合、式$T_0 = 3.86\sqrt{H_{1/3}}$が平均波周期を求める場合に使われる。
2. 気象衛星などにより、その海域のスペクトルが正確に計測できればより一層正確な情報が得られるであろう。
3. この短期の確率論的性格を決定する波のデータから求められる標準偏差（分散値の平方根）を区間時間毎に一点ずつ模式的に時系列で示したものが図6.7の下図である。
4. これが長期間に渡る波の分散値（或いは平均波周期など）の分布、即ち波浪発現頻度表のような有義波高と平均波周期の結合密度関数となる。図の右側下図にそのPDFが示されている。

短期間の波の確率論的性格は、その区間の分散値を通じて知ることができる。次に、その分散値の長期間における発生確率が解れば、長期間における波の確率的性格が解り、長期予測の組み立て計算が可能になる。

長期間にわたる波の分散値（有義波高等に推定に利用される）の確率密度関数について、ワイブル分布、レーリー分布などが提案されている。しかし、現状ではまだ表6.4に示すような波浪頻度表が利用されることが多い。一方、多数集積された実海象データから海象の確率モデルを求める研究も進んでいる。これらの結果を使うことで、今後の長期予測の精度向上が期待される。波浪の長期の発生確率に関する研究が進めば、それを用いた船体応答の長期にわたる研究的

6.3 長期予測理論と波浪発現頻度表

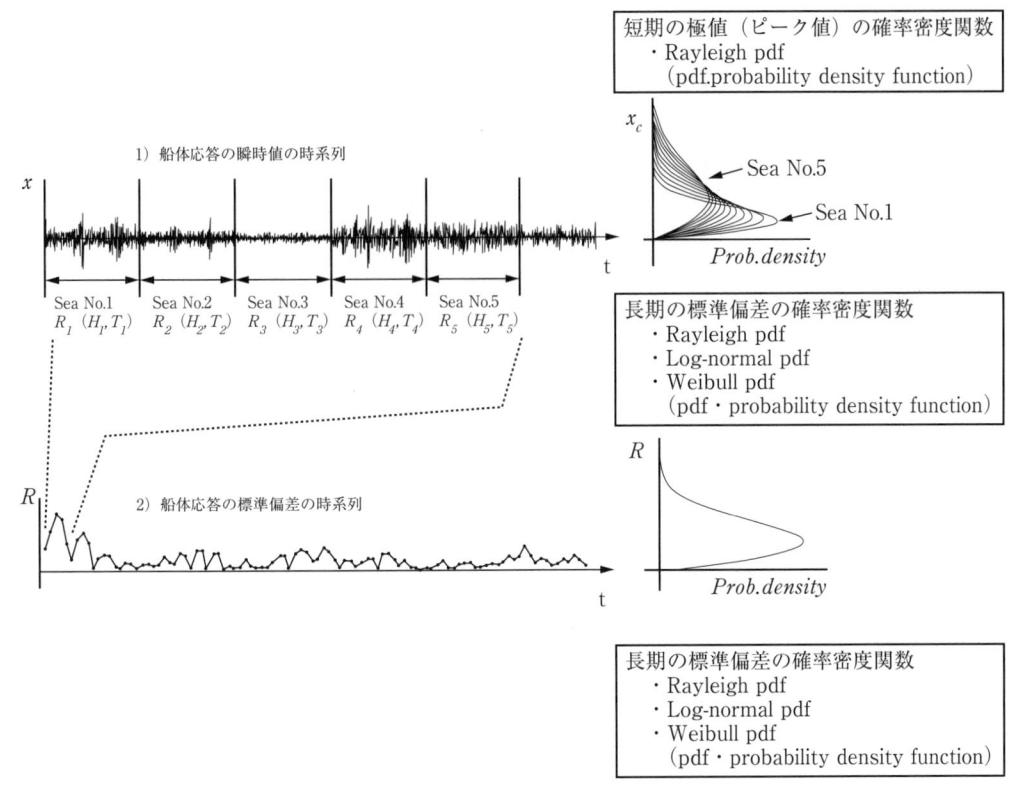

図6.7 短期予測と長期予測の関係

性格が一層明らかになる。

6.3.5 長期予測の計算例

具体的な例として、船体中央（ミッドシップ）の曲げモーメントの長期予測をした結果を図6.8示す。例えば、横軸の10^{-8}が示す縦軸値には、船が10^{8}回揺れた時に10^{-8}の確率で生じる曲げモーメント値（それは、10^{8}回揺れて一番大きなモーメント値である）が示されている。どのような小さな揺れも考慮して、一回の揺れが平均で7秒位だと考えると、略20年弱程の期間である。という意味で、船舶の寿命を20年位と考えた場合、上記の値が設計値の目安になる。なお、この計算で利用した波浪頻度表は Walden の通年の波浪頻度表である。このような図面が、種々の現象の設計値について示される。この値を精度の高い値にするためには、短期予測の精度と共に波浪頻度、即ち世界中における海洋波浪についての知識が必要なことがわかる。

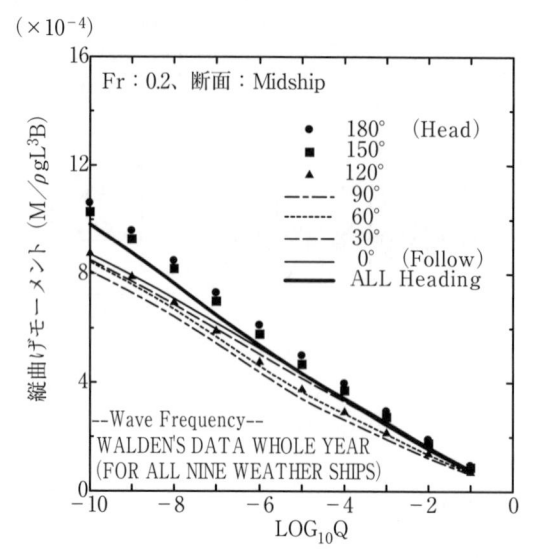

図6.8 ミッドシップの曲げモーメントの長期予測[1]

コラム　対数

図（6.8）の横軸は対数である。対数には常用対数（common logarithm）と自然対数（natural logarithm）の2種類がある。底が10である常用対数は、log記号が用いられる。底がeである自然対数は、ln記号が用いられる。底を明示して書くと両者には以下の関係がある。

$$\ln(x) = \log_e x \quad : \quad \log_{10} x = \frac{\ln x}{\ln 10} \quad : \quad \ln 10 = 2.30259 \tag{6.25}$$

底が明示されない場合が多いので注意すること。

更に、各種の計算が可能になったもとで船速の長期間の計算を行った図面を図6.9に示す。これは、コンテナ船が北太平洋航路を10年間航行した時の船速の確率密度関数と、それから求め

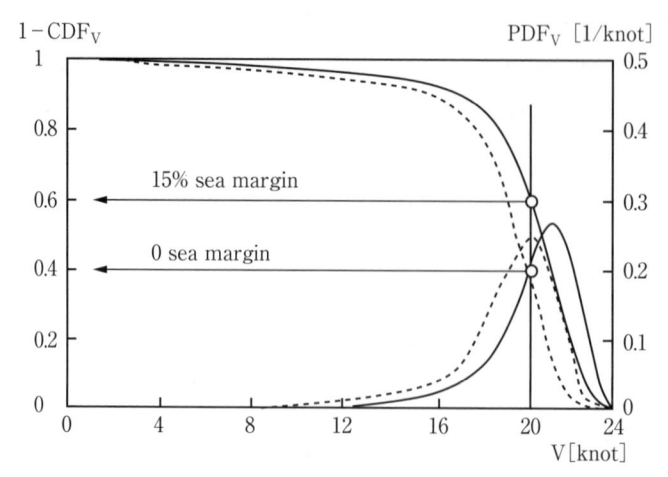

図6.9　船速の確率密度関数（右縦軸）、船速維持率（左縦軸）：20ノットを維持する確率を見る

られるシーマージンと船速維持率の関係を示した図である。15%シーマージンを持つ船舶とシーマージンを持たない船舶について計算を実施した結果である。[2]

この図から次のような評価が可能である。「この船が北太平洋航路を10年間航行した時、船速20ノットを維持する確率は、15%シーマージンを持つ船は約60%、シーマージンを持たない船は40%であり、船速維持率で約20%の違いがある。」

この様な評価ができることは、船の長期配船計画を立てる時に有効な情報となる。

参考文献

1．福田淳一：「船体応答の統計的予測」、日本造船学会「耐航性に関するシンポジウム」、99頁～119頁、昭和44年7月
2．「実海域における船舶性能に関するシンポジウム」、日本造船学会試験水槽委員会シンポジューム、平成15年12月

第6章演習問題の解

【演習問題6-1の解と6-2の解】解説を良く読めば容易に証明できる。

【演習問題6-3の解】

波が狭帯域な現象であるから、船首相対運動の一回の揺れに、一回の極値がある。それ故、波に出会った数に対して、海水打ち込みが起こった数の比は、海水打ち込みの確率（6.17）'式に、略等しい。

第7章　船舶設計への応用

　海洋を航行する船舶は風波浪のために6自由度の運動を余儀なくされる。風波浪中の船体運動は船舶運航の経済性と関わる抵抗増加や船舶自身の構造強度等に関わる甲板上への海水打ち込み、船首尾底衝撃（スラミング）あるいはプロペラレーシングといった現象を誘発する。

　一般に、これらの現象を包含する船舶の耐航性の研究［1］は、風波浪中における船体運動に基づく諸現象を力学的に解明し、与えられた海象での安全限界を把握すると共に、風波浪中においても人と荷物を安全且つ円滑に輸送できる優れた性能を持つ船型を開発することことにあると考えられる。

　一方、耐航性に優れた船舶の設計・建造に当たっては、前述のような耐航性の研究で得られた結果と評価に基づいて、実海域においても人にとって乗り心地が良く、あるいは大量な積荷を安全且つ計画通りに輸送できる船型・構造にする必要がある。

　この章では、これまでに得られた耐航性の研究結果を踏まえて、船舶設計への応用について説明する。

7.1　波面と船体との相対水位変動

　前述の甲板上への海水打ち込み、船首尾底衝撃（スラミング）あるいはプロペラレーシングといった現象は、波浪中で6自由度の運動をしている船舶の船側における波面と船体との相対水位変動の大きさと位相の相互関係によって発生する。従って、波浪中を航行する場合の甲板上への海水打ち込み、船首尾底衝撃（スラミング）あるいはプロペラレーシングといった現象に対応できる船舶を設計するためには、波面と船体との相対水位変動の大きさとその位相を正確に推定することが必要となる。

　波面と船体との相対水位変動を推定する際に考慮すべき諸要素［2］［3］としては、波面の船側での上下変位、船体の動揺による船側の上下変位、船体の動揺に基づく動的水位変動［4］［5］および入射波が船体によって攪乱されるために生じる動的水位変動［5］［6］［7］がある。

　相対水位変動の把握には、波浪中の船体運動の推定が必要であるため、ここではストリップ法に基づく運動の計算法を用いることとする。このため、図3.1に示す座標系を用いる［8］。

　この節では、波面と船体との相対水位変動を推定する際に考慮すべき諸要素についての計算法を順に説明し、最後に波面と船体との相対水位変動の計算式を示す。

7.1.1　波面の船側での上下変位 ζ_w

　今、入射波の波振幅を ζ_a、出会い円周波数を ω_e およびそのときの波数を k そして入射波の進行方向と船の航行方向のなす角を χ とおけば、波面の船側での上下変位 ζ_w は、次式で表すことができる。

$$\zeta_w(x_P, y_P) = \zeta_a \cos(k x_p \cos\chi - k y_p \sin\chi - \omega_e t) \qquad (7.1)$$

ここで、x_p および y_p は船側での相対水位変動を求めようとする船側の任意点の座標を示す。

7.1.2 船体の動揺による船側の上下変位

船体の前後揺れ、左右揺れおよび船首揺れは静水面に平行な動揺であり、船側の上下変動はないので、上下揺れ z、横揺れ ϕ および縦揺れ θ による船側での任意点の上下変位 ζ_r は、次式で表すことができる [2]。

$$\zeta_r^{W or L}(x_P, y_P) = z + y_p\phi - (x_p - x_G)\theta \tag{7.2}$$

ただし、添え字の W は Weather Side、L は Lee Side、x_G は船体重心の x 座標を表す。

図7.1を用いて、(7.2) 式の構成について説明する。右辺第二項の y_p は、船側の任意点の座標であるため、船体の右舷側（Starboard side）を正、左舷側（Port Side）を負に取る。従って、右辺第二項は船体が右舷側へ横揺れした場合、すなわち横揺れ ϕ が正の場合、y_p を右舷側の任意点を取ると正（＋）となり、左舷側の任意点を取ると負（－）となる。また、(7.2) 式の右辺第三項は、船首側上昇と船尾側下降の縦揺れ、すなわち縦揺れ θ が正の場合、船体縦（長さ）方向の任意点 x_p を船体重心 x_G よりも前に取ると負（－）、後ろに取ると正（＋）になる。

(7.2) 式で用いた船体の上下揺れ z、横揺れ ϕ および縦揺れ θ は、ストリップ法に基づいた計算

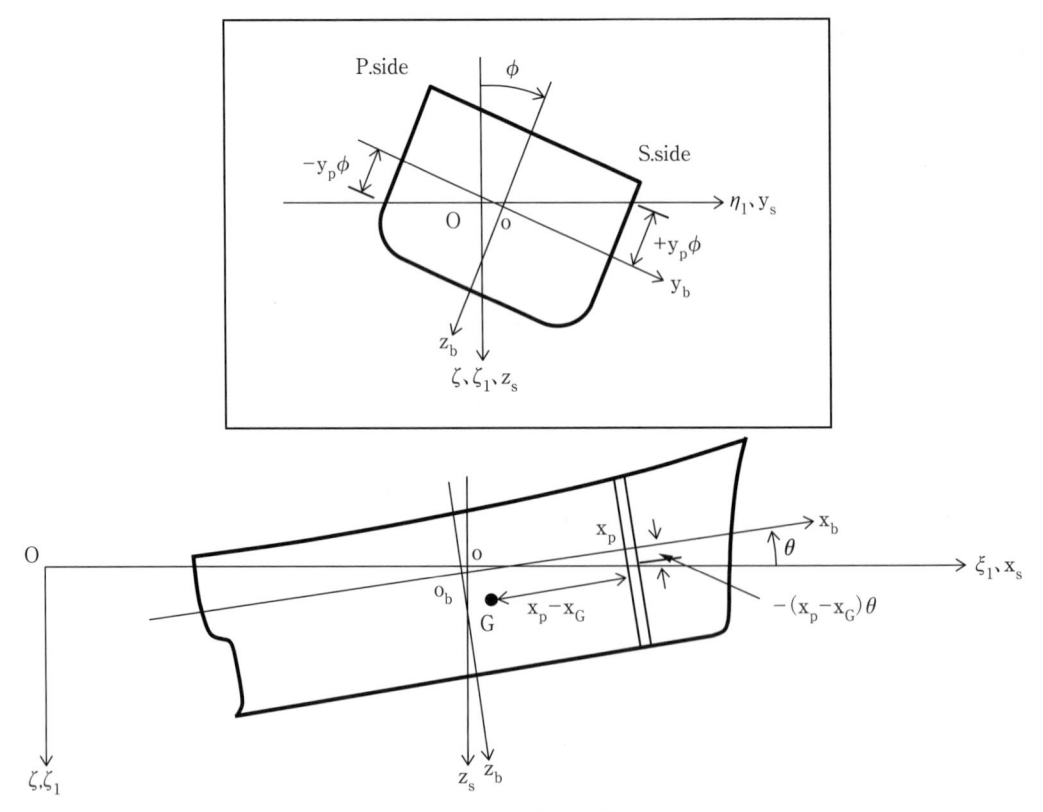

図7.1 船側変位の座標系

法［1］［9］によって求めると夫々次式のようになる。

$$z = z_a \cos(\omega_e t + \varepsilon_3)$$
$$\phi = \phi_a \cos(\omega_e t + \varepsilon_4) \qquad (7.3)$$
$$\theta = \theta_a \cos(\omega_e t + \varepsilon_5)$$

ただし、z_a、ϕ_aおよびθ_aは、それぞれ上下揺れ、横揺れおよび縦揺れの振幅
ε_3、ε_4およびε_5は、入射波と各動揺との位相差

7.1.3 船体の動揺に基づく動的水位変動

波浪中での船体運動がストリップ法により推定できるものと仮定すれば、いわゆるラディエイションポテンシャルは、船体縦（長さ）方向の任意点x_pにおける yz 平面内のストリップ断面について二次元的に求めることができる［4］［5］。この二次元的なストリップ断面が静水面上で円周波数ω_eの動揺 $X_j e^{i\omega_e t}$ をしているときのラディエイションポテンシャルφ_jは、次式で表すことができる。二次元のラディエイションポテンシャルについては「本教科書シリーズ④船体運動耐航性能編」を参照のこと。

$$\varphi_j = i\omega_e X_j \phi_j$$

ただし、添え字 j は、2 = 左右揺れ、3 = 上下揺れおよび4 = 横揺れを表す。

このラディエイションポテンシャルを用いると、yz 平面内の船体側面（$y_p, 0$）での動揺による動的水位変動ζ_jは、次式で表すことができる。

$$\zeta_j(y_p, 0) = \frac{\omega_e^2}{g} \phi_j(y_p, 0) X_j \cos \omega_e t \qquad (7.4)$$

(7.4) 式において、$\phi_j(y_p,0) = \phi_{jc}(y_p,0) + i\phi_{js}(y_p,0)$とおけるので、次式のように表すことができる。

$$\zeta_j(y_p, 0) = \zeta_{ja} X_j \cos(\omega_e t + \varepsilon_{Rj}) \qquad (7.5)$$

ここで、ζ_{ja}は船体側面での動揺による動的水位変動の振幅を示し、ε_{Rj}は位相差を示している。従って、夫々次式のように求めることができる。

$$\zeta_{ja} = k\sqrt{\{\phi_{jc}(y_p,0)\}^2 + \{\phi_{js}(y_p,0)\}^2}$$
$$\varepsilon_{Rj} = \tan^{-1} \frac{\phi_{jc}(y_p,0)}{\phi_{js}(y_p,0)}$$

今、船体動揺は、入射波に対してある位相差を持っているため、これを考慮すると、二次元的

なストリップ断面の左右揺れ y、上下揺れ z および横揺れ φ による動的水位変動は、次式で表すことができる。

$$\zeta_2(y_p,0) = y_a \zeta_{2a} \cos(\omega_e t + \varepsilon_2 + \varepsilon_{R2})$$
$$\zeta_3(y_p,0) = z_a \zeta_{3a} \cos(\omega_e t + \varepsilon_3 + \varepsilon_{R3})$$
$$\zeta_4(y_p,0) = y_p \phi_a \zeta_{4a} \cos(\omega_e t + \varepsilon_4 + \varepsilon_{R4})$$
$$\qquad + \overline{OG} \phi_a \zeta_{2a} \cos(\omega_e t + \varepsilon_4 + \varepsilon_{R2}) \tag{7.6}$$

(7.6) 式の横揺れに対する式は、横揺れが船体重心 G 回りの動揺であることを考慮して導かれている。右辺第一項は二次元ストリップ断面の o 点回りの横揺れ φ によるものであり、第二項は G 回りに横揺れした場合の o 点の左右方向への移動を左右揺れに置き換えた影響を示している。このとき船体重心 G は o 点より下の場合を正（+）とする。

また、縦揺れ θ と船首揺れ ψ による動的水位変動は、動的水位変動を求めようとする船体縦（長さ）方向の任意点 x_p における yz 平面内の二次元的なストリップ断面の上下揺れと左右揺れに置き換えると、次式で求めることができる。

$$\zeta_5(y_p,0) = -(x_p - x_G)\theta_a \zeta_{3a} \cos(\omega_e t + \varepsilon_5 + \varepsilon_{R3})$$
$$\zeta_6(y_p,0) = (x_p - x_G)\psi_a \zeta_{2a} \cos(\omega_e t + \varepsilon_6 + \varepsilon_{R2}) \tag{7.7}$$

ただし、添え字 5 は縦揺れ、6 は船首揺れを示す。

7.1.4　船体の存在による入射波の攪乱に基づく動的水位変動

船体が固定されていると仮定した場合、入射波は船体の存在によって攪乱させられる。この場合もストリップ法が適用できると仮定すれば、いわゆるディフラクションポテンシャルは各ストリップ断面内で二次元的に求めることができる［6］［7］。

今、入射波の振幅を ζ_a とした場合の船体の存在による攪乱波のみによる速度ポテンシャルをディフラクションポテンシャル φ_7（「本教科書シリーズ④船体運動 耐航性能編」では scattered ポテンシャルと称している）とすると、次式で表すことができる。

$$\varphi_7 = \frac{g\zeta_a}{i\omega}\phi_7$$

ただし、添え字 7 は、入射波の攪乱を示す。

このディフラクションポテンシャルを用いると、船体側面での入射波の攪乱に基づく動的水位変動 ζ_7 は、次式で表すことができる。

$$\zeta_7(y_p,0) = -\zeta_a \phi_7(y_p,0) \cos \omega_e t \tag{7.8}$$

(7.8) 式において、$\phi_7(y_p,0)=\phi_{7c}(y_p,0)+i\phi_{7s}(y_p,0)$ とおけるので、次式のように表すことができる。

$$\zeta_7(y_p,0)=\zeta_{7a}\zeta_a\cos(\omega_e t+\varepsilon_7) \tag{7.9}$$

(7.9) 式において、ζ_{7a} は船体側面での入射波の攪乱に基づく動的水位変動の振幅を示し、ε_7 は位相差を示している。従って、夫々次式のように求めることができる。

$$\zeta_{7a}=k\sqrt{\{\phi_{7c}(y_p,0)\}^2+\{\phi_{7s}(y_p,0)\}^2}$$
$$\varepsilon_7=\tan^{-1}\frac{\phi_{7c}(y_p,0)}{\phi_{7s}(y_p,0)}$$

従来、船体の存在による入射波の攪乱に基づく動的水位変動は、ディフラクションポテンシャルの代わりに相対運動の概念を用いて、ある平均位置での入射波の流体粒子と同じ運動をする船体の動揺に基づく動的水位変動に置き換えることが可能であるとの仮定に基づいて推定されてきた［2］［3］［9］。この場合、各ストリップ断面内で二次元的に考えれば、船体側面での動的水位変動の大きさは、船体中心線に対する対称あるいは反対称のいずれの運動においても船側の Weather Side と Lee Side で等しい結果となる。

入射波の波長が非常に長い場合（波長λ≫船幅）、入射波はほとんど攪乱されずに透過するので、入射波の攪乱に基づく動的水位変動の推定に相対運動の概念を用いてもさほど問題ない。しかし、波長が短くなるにつれ入射波の攪乱が大きくなり、透過率が小さくなってくると、船側の波上側（Weather Side）と波下側（Lee Side）では入射波の攪乱に基づく動的水位変動が大きく異なるため、相対運動の概念を用いることができない。

7.1.5 波面と船体との相対水位変動 ［2］［3］［7］

波面と船体との相対水位変動は、これを推定する際に考慮すべき諸要素が前節までに述べた方法により求めることができるので、これらの諸要素を用いると次式のように表すことができる。ただし、相対水位変動は波上側 $z_{R.W.}$ と波下側 $z_{R.L.}$ で大きさが異なるため、それぞれに対応した式として示す。

$$\begin{aligned}z_{R.W.}=&-\zeta_W+z+y_p\phi-(x_p-x_G)\theta\\&-\zeta_2-\zeta_3-\zeta_4-\zeta_5-\zeta_6-\zeta_7\end{aligned} \tag{7.10}$$

$$\begin{aligned}z_{R.L.}=&-\zeta_W+z+y_p\phi-(x_p-x_G)\theta\\&+\zeta_2-\zeta_3+\zeta_4-\zeta_5+\zeta_6-\zeta_7\end{aligned} \tag{7.11}$$

(7.10) 式および (7.11) 式で得られる船側における波上側と波下側の相対水位変動 $z_{R.W.}$ と $z_{R.L.}$ は、これらを推定する際に考慮すべき諸要素が全て線形理論により求められている。

一例として、一軸コンテナ船に関する理論計算と水槽実験の比較を図7.2に示す。図7.2に

おいて、実線（―――）は、動的水位変動の諸要素を全て考慮した計算結果であり、破線（-------）は、これらを考慮していない船体運動だけによる計算結果を示す。この結果からも明らかなように、(7.10) 式および (7.11) 式で得られる相対水位変動の推定値の精度は良好である。図7.2 は $\chi=150°$ の斜め向波中の実験結果を示しているため、一見して動的水位変動の諸要素の影響が大きく表れていないように見えるが、横波中の船体中央部付近においてはその影響が顕著にあらわれることが知られている。

しかし、船側形状が喫水線部から上甲板に向かって大きなフレア（Fall out or Flaring）を有する船首部付近での相対水位変動は、大きなフレア形状になるほど線形理論による推定が難しく

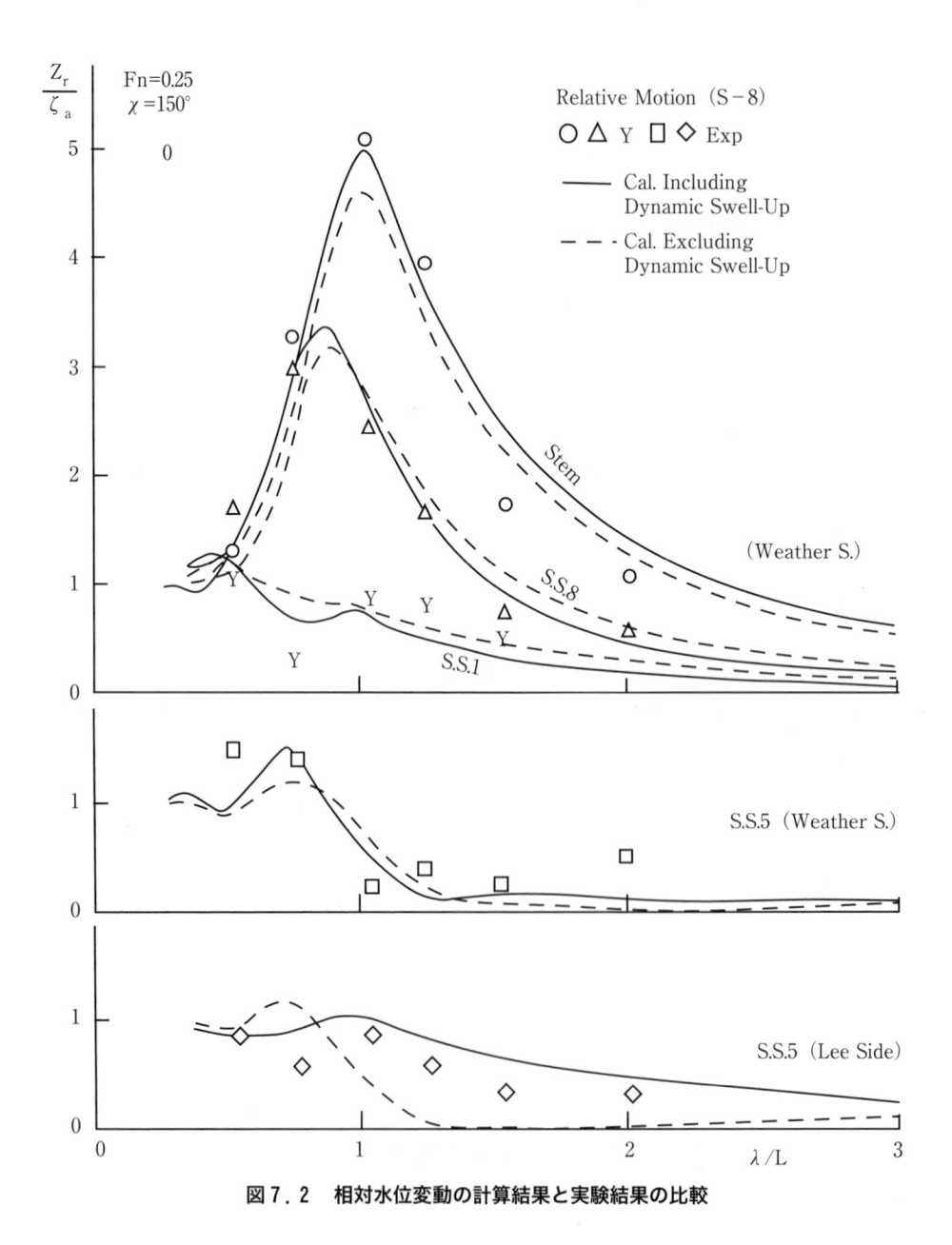

図7.2 相対水位変動の計算結果と実験結果の比較

なる。

従って、現状での波面と船体との相対水位変動は、線形理論による推定と水槽実験による推定等を組み合わせて推定することが肝要である。

7.2 甲板上海水打ち込み

甲板上への海水打ち込みは、一般的に風波浪中を航行する船舶の上甲板に、波の一部が打ち込む現象をいう。この現象は入射波と6自由度の船体運動とが絡み合うので非常に複雑であるが、基本的は次のように分類することができる[10]。

1) 船首部からの海水打込み

正面あるいは斜め向波中において、船首楼甲板船側線（Forecastle Deck Side Line）や船首楼甲板最前端に位置する波切板であるバウチョック（Bow Chock）あるいは船首楼後端のブルワーク・トップ（Bulwark Top）を越えて甲板上に打ち込む現象。

2) 船尾部からの海水打込み

追波あるいは斜め追波中において、船尾楼甲板船側線（Poop Deck Side Line）や船尾楼前端のブルワーク・トップ（Bulwark Top）を越えて甲板上に打ち込む現象。

3) 船側からの海水打込み

横揺れ、上下揺れと入射波との関連によって、船体中央部のブルワーク・トップ（Bulwark Top）を越えて甲板上に打ち込む現象。

この甲板上への海水打込み現象は、船が波浪中を航行するときに、船体動揺と波面の盛り上がりのため、船側における波面と船体との相対的な水位が変動し、この変動の大きさが船側の有効乾舷高さ f_e（次節で定義）を越えるときに発生する。甲板上への海水打込みが発生すると、小型船舶の場合は甲板上の滞留水の影響等により復原性の劣化と転覆の危険性が高まり、一方、一般商船の場合は甲板上構造物の損傷等の影響が顕著になる。

そのため、甲板上への海水打込みは、小型船舶の場合は復原力劣化や転覆発生の観点から復原性の問題として取り扱われ、一般商船の場合は海水打込み荷重や構造強度の観点から直接設計に関わる問題として取り扱われる。

小型船舶の場合は甲板上への海水打込みが発生するか否かが安全性上大きな問題となるため、打込み限界波高を把握することが重要である。従って、小型船舶の場合、線形理論であっても甲板上への海水打込み限界波高を求めれば、波浪中の安全性を議論することができる[11]。

一方、一般商船の場合は海水打込みによる荷重が大きいか否かが構造設計上大きな問題となるため、海水打込み発生時の海水打込み荷重を把握することが重要となる[12]。一般的に青波（green sea *or* green water）と呼ばれている現象は、風波浪中を航行する船舶において、主として船首部の甲板上に海水が打ち込む現象[13]を指しているが、単なる打ち込みではなく、一度に大量の海水が水塊となって打ち込まれる現象をいう。

7.2.1 甲板上への海水打込み限界波高

一般に、有効乾舷高さ f_e とは、船が静水面上を航行するときのトリム (Trim)、船体沈下 (Sinkage) および船首波の盛り上がりによる水面の上昇量を実験などで推定し [10]、甲板上への海水打ち込みを予測しようとする位置での静水面からの船側高さ H からそこでの水面の上昇量 f_s を引いた値と定義する。

従って、(7.10) 式および (7.11) 式あるいは水槽実験等で推定された波面と船体との相対水位変動が、図 7.3 に示すように、船側の有効乾舷高さ f_e と等しくなる場合をもって甲板上への海水打込みの限界とすると、その条件式は単に次式で表される。

$$\left. \begin{array}{c} z_{R.W.} \\ z_{R.L.} \end{array} \right\} \geq f_e \tag{7.12}$$

従って、甲板上への海水打込み限界波高は、次式で表すことができる。

波上側 (Weather Side)

$$\frac{\zeta_a}{\lambda} \geq \frac{1}{z_{R.W.}} \frac{f_e}{\lambda} \tag{7.13}$$

波下側 (Lee Side)

$$\frac{\zeta_a}{\lambda} \geq \frac{1}{z_{R.L.}} \frac{f_e}{\lambda} \tag{7.14}$$

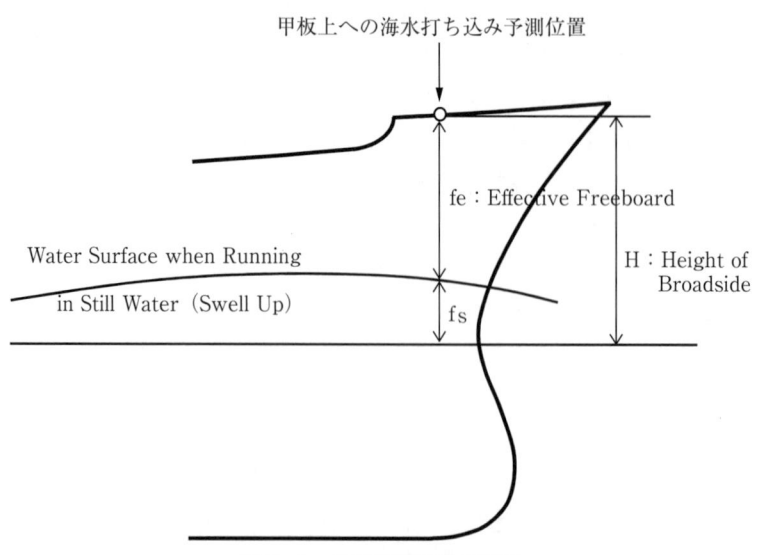

図 7.3 有効乾舷高さの定義

ただし、(7.13) 式および (7.14) 式において、$\bar{z}_{R.W.}$ と $\bar{z}_{R.L.}$ は船側における波上側 (Weather Side) と波下側 (Lee Side) の相対水位変動 $z_{R.W.}$ と $z_{R.L.}$ を入射波振幅 ζ_a で無次元化した値である。$\bar{z}_{R.W.} = z_{R.W.}/\zeta_a$、$\bar{z}_{R.W.} = z_{R.W.}/\zeta_a$ を示している。

舷弧（シアー）の曲率が比較的に大きい船舶の場合、特に漁船のような小型船舶は船体中央部付近の船側高さHが最も低く、従って比較的に小さい波高の波でも甲板上への海水打込み限界波高になりやすい。また、漁船のような小型船舶の場合、入射波高が小さくても甲板上への海水打ち込みが発生すると、船体深さに対するブルワーク高さの比が大きいため、甲板上に海水が滞留し、復原性に大きな悪影響を及ぼす。最悪の場合は転覆を引き起こすこともある。従って、小型船舶の場合、線形理論であっても甲板上への海水打込みが発生する位置とそこでの限界波高を把握しておくことは安全性を考える上で重要である。

一方、一般商船の場合、船体中央平行部での舷弧がほとんど水平であり、しかも、船体深さに対するブルワーク高さの比が小さいため、単なる甲板上への海水打込み限界波高を把握し、甲板上の滞留水について議論することは、滞留水の船内浸水防止や甲板上での作業時安全性確保等を除けば、小型船舶に対するような船舶安全性上の大きな意義を持たない。従って、一度に大量の海水が水塊となって甲板上に打込む青波のような波の予測とそれに対する対応策を講じることが重要となる。

7.2.2 海水打込みと最小船首高さ

向波中における船首部からの海水打込みは、船毎に船首フレア形状が異なり、形状によっては船首甲板が大きな船体運動で水面に近づくとスプレーが発生するなど、きわめて難しい問題を含んでいる [14]。従って、前節で示した線形理論による波面と船体との相対水位変動に基づいた海水打込み限界波高を用いて船首部甲板への海水打込みの有無を判定することは甚だ困難である。

国際満載喫水線条約 (International Convention on Load Lines, 1966：以降 ICLL66 と称する) [15] 第39規則は、船首部甲板への海水打込みの有無を判定する以前の問題として、向波中での海水打込みを制限する目的で、乾舷よりも大きな値として最小船首高さ (Minimum Bow Height) を規定している [12]。国土交通省も ICLL66 に従って「満載喫水線規則」第58条で最小船首高さを次式のように規定している [16]。

$$F_b = [6075(L/100) - 1875(L/100)^2 + 200(L/100)^3] \\ \times [2.08 + 0.609C_b - 1.603C_{wf} - 0.0129(L/d_1)] \quad (7.15)$$

ただし、(7.15) 式は ICLL66第39規則の式であるが、式の内容は「満載喫水線規則」第五十八条に記載の式と等しい

F_b は ICLL66第39規則で記述されている最小船首高さ (mm)

L は「満載喫水線規則」第4条で定義されている船の長さ（下記参照）(m)

B は「満載喫水線規則」第7条で定義されている幅（いわゆる一般的な型幅）(m)

d_1 は「満載喫水線規則」第10条で定義されている最小の型深さの85％の喫水（m）

▽は「満載喫水線規則」第10条で定義されている喫水 d_1 における船体の型排水容積（m^3）

C_b は「満載喫水線規則」第10条で定義されている上記の▽と L、B および d_1 を用いた方形係数

C_{wf} は「満載喫水線規則」第58条で定義されている船体前半部（L/2）の水線面積係数：$C_{wf} = A_{wf}/[(L/2)\times B]$

A_{wf} は「満載喫水線規則」第58条で定義されている喫水 d_1 のときの船体前半部（L/2）の水線面積（m^2）

ICLL66第39規則第1項において、船首高さ（Bow Height）は、夏期乾舷（Summer Freeboard）や計画トリム（Designed Trim）に対応する喫水線（Waterline）と暴露甲板の船側における最上点の間の船首垂線（F.P.）上の垂直距離であると定義されている。

また、「満載喫水線規則」第58条で船首高さは、「・・・・満載喫水線と船側における暴露甲板の上面との間の船首垂線上の距離をいう」と規定されている。ここで船首垂線（F.P.）は、キール線から最小型深さ（The Least Moulded Depth）の85％の位置にある喫水線と船首材（Stem）との交点を通る鉛直線である。ただし、最小型深さの85％の位置にある喫水線よりも上方の船首材の一部が船尾方向へ凹状になっている場合は、図7．4に示す通り、当該喫水線よりも上方の船首材の前端のうち最後端での鉛直線を船首垂線とする（［16］第4条参照）。この船首垂線がICLL66で定義される船の長さ（L）の前端となる。

ちなみに、「満載喫水線規則」第4条で「船の長さとは、最小の型深さの85％の位置における計画喫水線に平行な喫水線の全長の96％又はその喫水線上の船首材の前端から舵頭材の中心までの距離のうちいずれか大きいもの（最小の型深さの85％の位置における計画喫水線に平行な喫水線より上方の船首材の前端の全部又は一部が当該喫水線上の船首材の前端より後方にある船舶にあっては、当該喫水線より上方の船首材の前端のうち最も後方にある前端における垂線と当該喫水線との交点から当該喫水線上の船尾外板の後端面までの距離の96％又は当該交点から当該喫水

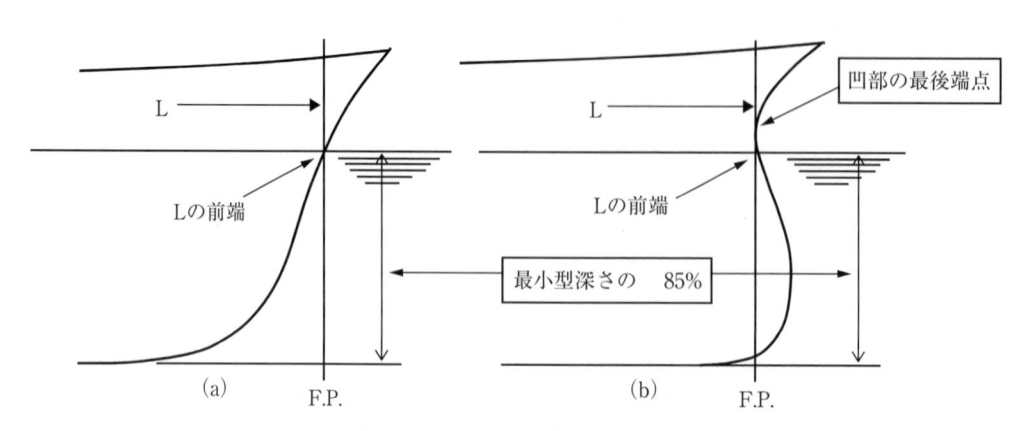

図7．4　ICLLの船首垂線の定義

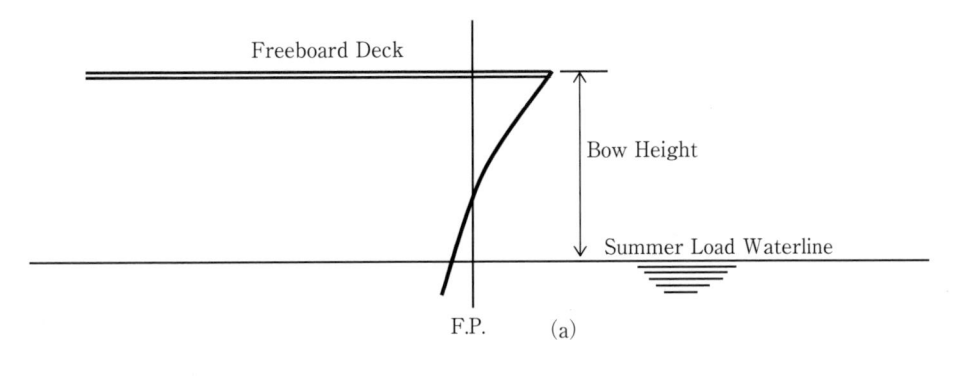

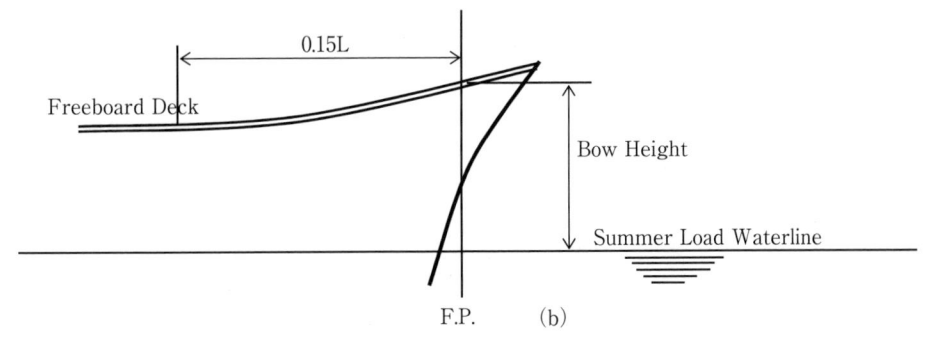

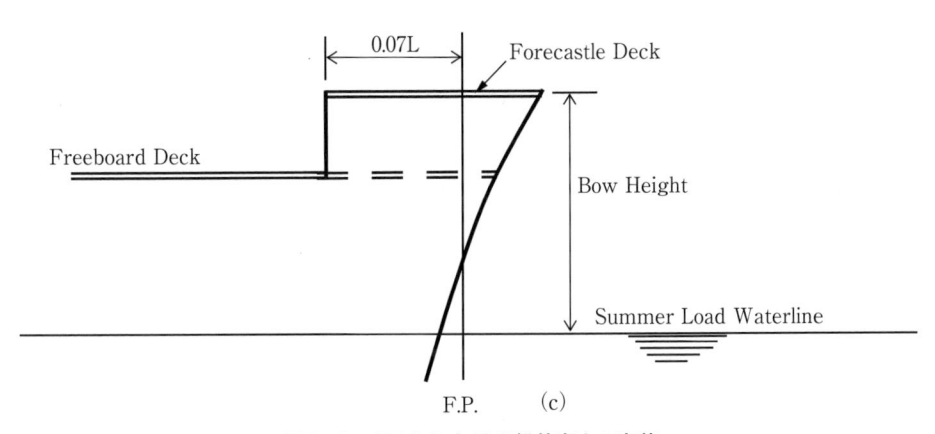

図7.5　ICLLにおける船首高さの定義

線上の舵頭材の中心までの距離のうちいずれか大きいもの）をいう。」と規定されている。

船首部での定義に従って船首高さを図7.5に図示する［17］。

図7.5（a）は、ICLL66第39規則第1項が示す船首高さである、船首垂線（F.P.）での夏期満載喫水線から暴露甲板の船側における最上点までの垂直距離を示している。

また、「満載喫水線規則」第58条が示す船首高さである［16］。

図7.5（b）は、ICLL66第39規則第2項が示す船首高さを示している。すなわち、船首高さが舷弧（シアー）によって得られる場合、舷弧は船首垂線（F.P.）から測って少なくとも船の長さ（L）の15％のところまで伸ばさなければならない。（「満載喫水線規則」第58条第3項参照［16］）

図7.5 (c) は、ICLL66第39規則第2項の中で、船首楼（Forecastle）がある場合の船首高さを示している。船首高さを船首楼によって求めようとするとき、船首楼は船首（Stem）より取り分け船首垂線（F.P.）から少なくとも0.07Lの位置まで伸ばす必要があり、閉じてなければならない。（「満載喫水線規則」第58条第4項参照［16］）

7.2.3 海水打込みと船首部予備浮力

船首部での海水打込みで、船倉内に浸水するような事態に陥り、短時間のうちに沈没するような大きな海難事故が過去に発生している。特に、バルクキャリアに多く見られた海難事故である。このような海難事故の教訓から航海中の船舶がより安全性が保たれるよう船首部の予備浮力を増加させることが求められている。

ICLL66第39規則第5項において、オイルタンカー、ケミカルタンカーおよびガス運搬船以外の全ての船舶（B型船舶と呼ばれる）の乾舷は、船首部で予備浮力を付加しなければならず、船首垂線から船尾方向に0.15Lの範囲の中で、船側での夏期満載喫水線と甲板間の投影面積（図7.6のA1とA2）と閉じられた上部構造物の投影面積（図7.6のA3）の総和は次の（7.16）式より小さくならないように規定されている。

また、「満載喫水線規則」第58条2で「B型船舶」（船舶設備規程（昭和九年通信省令第六号）第131条各号に掲げる船舶を除く）にあっては、船首垂線から後方に船の長さの15％までの部分（以下この項において「15％までの部分」という。）の第52条から前条までの規定により修正した乾舷に対応する満載喫水線と船側における乾舷甲板との間の船体縦断面に対する投影面積（図7.6のA1とA2）に15％までの部分の閉囲船楼の船体縦断面に対する投影面積（図7.6のA3）を加えた値が次の算式で算定した値より小さい場合には、15％までの部分の乾舷に対応する満載喫水線と船側における乾舷甲板との間の船体縦断面に対する投影面積に15％までの部分の閉囲船楼の船体縦断面に対する投影面積を加えた値が次の算式で算定した値となる場合の当該乾舷と第五十二条から前条までの規定により修正した乾舷との差を基準乾舷に加えるものとする。」と規定されている。

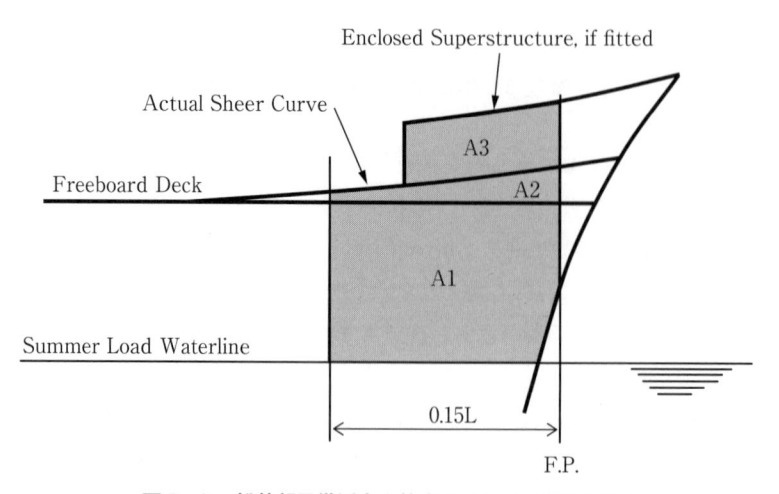

図7.6　船首部予備浮力を算出するための投影面積

7.2 甲板上海水打ち込み

$$投影面積の総和 = (0.15F_{min} + 4.0(L/3 + 10))L/1000 \, m^2 \quad (7.16)$$

ただし、(7.16) 式は「満載喫水線規則」第58条の2の記載内容に従っている
　　　L は「満載喫水線規則」第4条で定義されている船の長さ（前節参照）
　　　　（m）
　　　F_{min} は次式で計算されるものとする。

$$F_{min} = (F_0 \times F_1) + F_2$$

F_0 は、「満載喫水線規則」第45条の規定による表定乾舷（第49条又は第50条の規定による修正を行つた場合は、当該修正後の表定乾舷）(mm)
F_1 は、「満載喫水線規則」第51条の算式で算定した値
F_2 は、「満載喫水線規則」第52条の規定による修正の幅 (mm)

7.2.4 海水打込みとハッチカバーと設計荷重

　船は世界経済に必要不可欠な物流をその大量輸送能力によって支えているが、積荷の迅速な荷役作業には甲板上の大きな開口部を必要とする。この荷役作業のための開口部を倉口・昇降口というが、一般的にはハッチ（Hatchway）と称する。

　一般商船において大きなハッチを設けることは荷役作業にとっては好都合であるが、貨物船倉の積荷を甲板上への海水打込みによる海水浸入から保護するため、完全な水密構造をなすハッチカバーを設計・製造することや船体強度上の構造問題として考えると相反する関係にあることがわかる。

　船体強度上の構造問題はさておき、ハッチカバーの水密構造の問題は、航海中のハッチカバーから海水が侵入し積荷への損害をもたらすことから、製造者、船舶管理者と運行者との間で重要事項として取り扱われてきた。

　したがって、上甲板上のハッチに関しては、国際満載喫水線条約（ICLL66）[15] において、ハッチの位置、ハッチコーミング（Hatchway coamings）、ハッチカバー（Hatch Covers）やハッチカバーの最小設計荷重等が規定されている。この条約が採択された1966年当時のハッチに関する規則には経験則に基づいた条項もあったが、最近は、耐航性理論の発展に基づく条項の見直しも進んでおり、2002年8月開催のIMO（国際海事機関）の第45回「復原性と満載喫水線および漁船の安全性に関する小委員会（SLF）」において改定案がまとめられ、2003年6月に開催されたIMOの第77回海上安全委員会（MSC）において、技術要件の明確化および貨物船の船首部の保護対策を目的とした附属書が改正された。

　船舶が国際満載喫水線証書の交付を受けるためには、これらの規定を満足しなければならないが、一般的には、船級協会が船籍国の承認の下に検査と各種証書の交付を行っているので、国際満載喫水線証書の交付もその範疇の中で取り扱われる。しかも、船級協会の国際組織であるIACS（International Association of Classification Society）は、2003年4月にバルクキャリアのハッチカバー強度に関する統一要件 UR-S21を改正しており、船舶が船体に関する船級証書を取

得するためには、これらの要件に準じていなければならない。

ICLL66第13規則から第16規則において鋼製のハッチカバーに対する設計要件が下記のように規定されている。

1) ハッチの位置（ICLL66第13規則）
　Position 1：暴露乾舷甲板と低船尾部甲板および船首垂線から船の長さの1/4に位置する点の前方にある暴露船楼甲板の上
　Position 2：船首垂線から船の長さの1/4より後方に位置する暴露船楼甲板および乾舷甲板上の標準船楼高さ一層分以上上に位置する暴露船楼甲板の上
　　　船首垂線から船の長さの1/4に位置する点の前方にある点の前方に位置する暴露船楼甲板および乾舷甲板上で標準船楼高さ二層分以上上に位置する暴露船楼甲板の上

2) ハッチコーミング（ICLL66第14-1規則）
　ハッチコーミングはそれらの位置に従って頑丈な構造で、そして、甲板からの高さは少なくとも以下の通りである：
　（a）　Position 1ならハッチコーミングの高さは600mm
　（b）　Position 2ならハッチコーミングの高さは450mm

3) ハッチカバーの設計荷重（ICLL66第16規則）
　船の長さが24mから100mまでの船に対しては、F. P.と0.25Lの間の波浪荷重は、表7.1に示すように、一次補間によって得られる。

　ただし、表中のEquation in 16（2）(a) は、ICLL66第16規則のハッチカバー最小設計荷重の条文（2）(a) で規定されている式である。

表7.1　ハッチカバーの設定荷重

	longitudinal position		
	FP	0.25 L	Aft of 0.25 L
L>100 m			
Freeboard deck	Equation in 16(2)(a)	3.5 t/m^2	3.5 t/m^2
Superstructure deck	3.5 t/m^2		2.6 t/m2
L=100 m			
Freeboard deck	5 t/m^2	3.5 t/m^2	3.5 t/m^2
Superstructure deck	3.5 t/m^2		2.6 t/m^2
L=24 m			
Freeboard deck	2.43 t/m^2	2 t/m^2	2 t/m^2
Superstructure deck	2 t/m^2		1.5 t/m^2

この式は、船の長さの前方1/4に位置しているPosition 1でのハッチカバーの設計波浪荷重を船首垂線で波浪荷重として規定しており、次式で計算するものとしている。

$$\text{Load} = 5 + (L_H - 100)a \text{ in t/m}^2$$

ここで、L_Hは、100m $\leq$ L $\leq$ 340mの船の長さLあるいはL > 340mの場合はL = 340mとする船の長さLを示し、この船の長さLは7.2.2節で示したものである。また、係数aは、B型乾舷船舶に対しては0.0074、B-60およびB-100型乾舷船舶に対しては0.0363を適用する。

4) 鋼船規則のハッチカバーの外圧

鋼船規則 CSR-B編「ばら積貨物船のための共通構造規則」第4章第5節にハッチカバーの外圧に関して規定されている。

7.2.5 海水打込みと打込み荷重

ハッチカバーの設計荷重は、造船設計の現場においては前節の通りICLLおよび鋼船構造規則に則って計算しなければならないが、これで船体や船倉積荷の安全が全て保証されるわけではない。技術的な規則は、ある意味で経験則も含めてこれまで考究された技術の中でほとんどの専門家および専門家集団が許容できうる結晶だともいえる。従って、より優れた技術的な結果が導かれ認められれば、一般論としては技術的な規則に反映されるべきことになる。しかし、乾舷の基準については、長く船舶設計に使われ、他の安全基準のベースともなっているため、安全基準全体としての包括的な見直しが必要となる。

海水打込みと打込み荷重については、前節までの記述の通り、甲板上への海水打込みの現象が波浪と6自由度の船体運動とが相俟って非常に複雑であるため、線形理論の範囲で推定することはできない。しかも、ICLL66の見直し作業の中でも海水打込みによる荷重はハッチカバー荷重の見直しと共に議論されてきたものの、定量的な推定法が確立されておらず、従って、技術的な成果が規則に反映されていない。しかし、海水打込みによる荷重の定量的な推定法を確立するために、模型船による水槽実験結果から、甲板上への海水打込み現象と打込み荷重を推定する方法が提案されている[12][18]ので参照されたい。

7.3 スラミング

波浪中を航行する船舶は、波浪と船体との相対的な運動が大きくなると、船首あるいは船尾の船底が水面上に露出し、水中へ再突入する際に波面から衝撃を受ける現象が発生する場合がある。このような船体が波面を強く打つことにより発生する衝撃現象をスラミングという。スラミングは発生する場所により、船首部船底に発生する場合を船底スラミング、船首部フレアに発生する場合を船首部フレアスラミング、船尾形状が平らに近い船尾部に発生する場合を船尾スラミングという。これらの概念図を図7.7に示す。

特に、船首部船底に発生する船底スラミングは、図7.7 (a) (b) (c) に示すような衝撃現象が報告されている[19][20]。

(a)傾斜衝撃

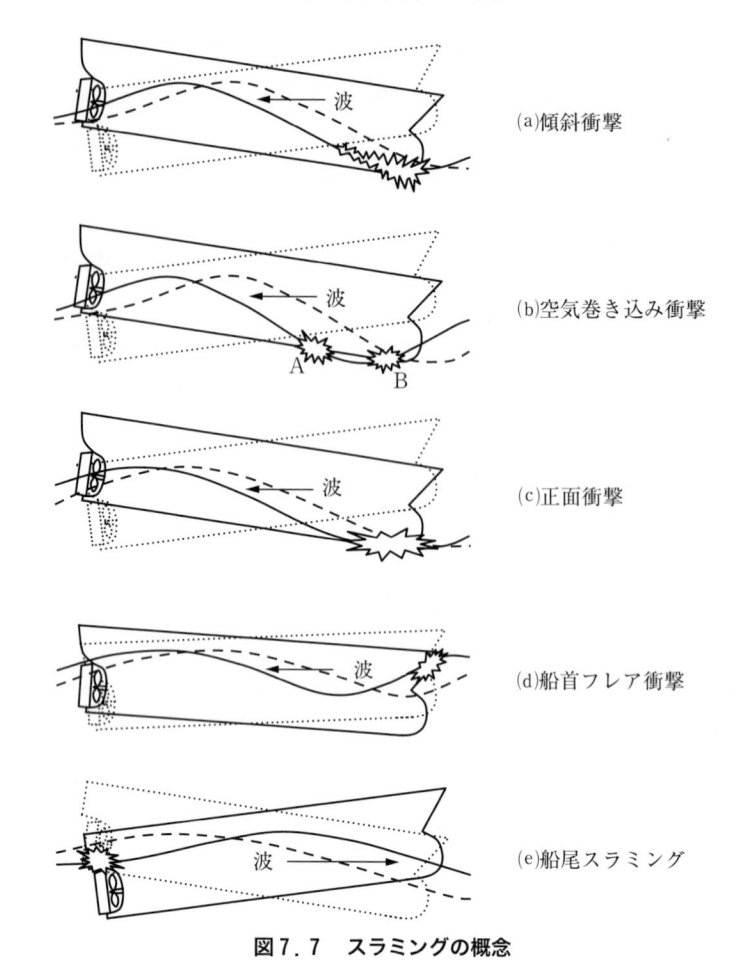

(b)空気巻き込み衝撃

(c)正面衝撃

(d)船首フレア衝撃

(e)船尾スラミング

図7.7 スラミングの概念

　スラミングによる船体への大きな衝撃荷重は、時に船体の損傷事故につながることもあり、船体構造設計においては高い精度での推定が要求される事項であり、その現象の概要は下記の通りである。

1) 傾斜衝撃

　図7.7の(a)に示すように、傾斜衝撃は、露出した船底が船尾方向から船首方向に向かって連続的に海面に突入するとき発生する衝撃圧であり、波傾斜が小さく、船速が低速の場合に発生する現象である。

2) 空気巻き込み衝撃

　図7.7の(b)に示すように、空気巻き込み衝撃は、露出した船底が船尾方向から船首方向に向かって連続的に海面に突入していくが、途中で船首部船底が次の波の中腹に突っ込むため、傾斜衝撃が発生するA点と船首部船底のB点に発生する衝撃圧であり、このとき、両点の間の船底部に空気の巻き込みを伴う現象である。巻き込まれた空気は、船底部と前後の波面により圧縮されるため船側から吹き出される。

3) 正面衝撃

図7.7の (c) に示すように、正面衝撃は、非常に短時間の間に船首船底部の広範囲がほぼ同時に海面に突入するとき発生する衝撃圧であり、船速が比較的速い場合に発生する現象である。空気の巻き込みも伴うがその範囲と量はさほど大きくはない。

4) 船首フレア衝撃

図7.7の (d) に示すように、船首フレア衝撃は、船首フレアが大きく張り出した船が、水面上の船首部に波面から受ける衝撃圧であり、比較的に高速時に発生する現象である。

5) 船尾スラミング

図7.7の (e) に示すように、船尾スラミングは、船尾形状が平らで、追波や斜め追波中を航行するときに船尾部に波面から受ける衝撃圧であり、比較的に低速時に発生する現象である。

7.3.1 楔理論による衝撃圧の計算法

図7.8に示すように、二次元の楔形状の物体が一定の速度 v で静止水面に突入する場合の物体に働く衝撃圧を求める理論は、Kàrmàn [21] と Wagner [22] の理論が知られている。

Kàrmàn は、楔形状の物体が一定の速度 v で静止水面に突入すると付加質量が急激に変化することに着目し、静止水面に突入する楔形状物体の底面勾配角 β が $\beta \ll 1$ として、物体に働く衝撃圧を求めている。

Wagner は楔形状の物体が静止水面に突入する場合の水面の盛り上がりを考慮して、Kàrmàn の理論を改善している。即ち、楔形状物体の中心から水平方向に x だけ離れた物体表面に働く衝撃圧を次式で示している。

$$P(x) = \frac{1}{2}\rho v^2 \left[\frac{\pi \cot\beta}{\sqrt{1 - \frac{x^2}{c^2}}} \cdot \frac{\frac{x^2}{c^2}}{1 - \frac{x^2}{c^2}} \right] + \ddot{Z}\rho\sqrt{c^2 - x} \tag{7.17}$$

(7.17) 式において、$\ddot{Z}$ を v に対して十分に小さいとみなし、x で微分することにより、最大衝撃圧 P_{max} とその発生位置 x_{max} を、近似的に次式のように求めることができる。

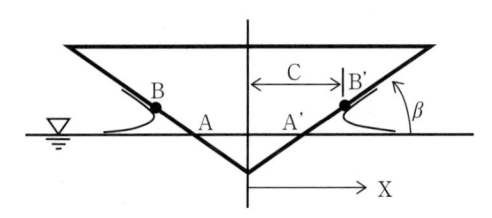

図7.8 楔形状の静水面突入の概念

$$P_{\max} = \frac{1}{2}\rho v^2 \left(1 + \frac{\pi^2}{4\tan^2\beta}\right)$$
$$x_{\max} = c\sqrt{1 - \frac{4}{\pi^2}\tan^2\beta}$$
(7.18)

7.3.2 設計用スラミング衝撃圧推定法

鋼船規則検査要領C編［23］における船首船底部のスラミング衝撃圧を与える基本算式は、基本的には西部造船会技術研究会研究報告第9号［24］の手法を踏襲しながらも、船体と波面との相対速度の算出においては、有義波高と縦揺れ（Pitching）周期および縦揺れ角度の関係を重視している。しかも、縦揺れに対して最大の応答を与えるものとしてL-180の波を用いて、これに対応する波面速度等を考慮している。こうして導かれた船首船底部のスラミング衝撃圧を与える算式が次式である。

$$P = \frac{\pi^2 \rho}{4} v^2 \tan\beta_e \tag{7.19}$$

ここで、ρ は海水の密度

β_e は、図7.9に示すように、考慮する位置における船底傾斜角で、基線から高さ$0.0025L$の水平線と船底／船側外板との交点と基線と船体中心線との交点を結んだ線が船体中心線となす角を示す。ただし、85度を超える時は85度とする。

v は、考慮する位置における船底と水面との相対速度で次式で与えられる。

$$v = c_0 \left[\begin{array}{l}(l+0.05L)\phi_0 \dfrac{2\pi\sqrt{1-\left(\dfrac{d_l}{\phi_0(l+0.05L)}\right)^2}}{T_p} \\ + kH_{L-180}\dfrac{2\pi}{T_{01(L-180)}}\cos\phi' + \left(V + \dfrac{\lambda_{L-180}}{T_{01(L-180)}}\right)\sin\phi'\end{array}\right]$$

ただし、右辺第1項の平方根内が負になる場合（船底が露出しない場合に相当）は、第1項を

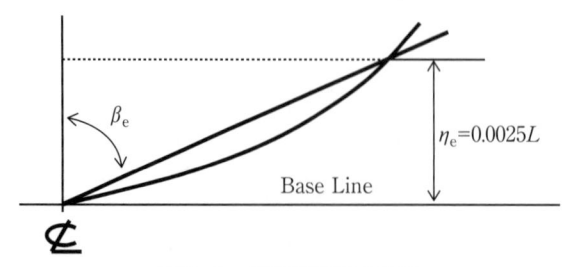

図7.9 船底傾斜角の定義

0とする。

lは、船体中央部から計算位置までの長さ
d_lは、船体中央から距離lの点における喫水
ϕ_0は、縦揺れ角で次式の計算による値。

$$\phi_0 = \frac{3(V+5)^{0.2}}{L^{1.2}\sqrt{C_b}} H_{L-180}$$

H_{L-180}は、規則波高で次の算式による値。
$H_{L-180} = C_1 \cdot C_2 \cdot C_3 \cdot C_4 \cdot C_5 \cdot C_6$
C_1は、次の算式による値。
$L \leq 300$の場合

$$C_1 = 10.75 - \left(\frac{300-L}{1.0}\right)^{1.5}$$

$300L \leq 300$の場合
$C_1 = 10.75$
$300L$の場合

$$C_1 = 10.75 - \left(\frac{L-350}{150}\right)^{1.5}$$

$$C_2 = \sqrt{\frac{L + \lambda_{L-180} - 25}{L}}$$

λ_{L-180}は、波長で次の算式による値。

$$\lambda_{L-180} = C_c\left(1 + \frac{d_i}{d}\right)L$$

$C_c = 0.6$とする。
d_iは、次の算式による値。

$$d_i = \frac{d_b + d}{2}$$

d_bは、当該状態における中央部喫水
dは、満載時における中央部喫水

$C_3 = 1.9$

$C_4 = 0.65$

$C_5 = 0.90$

$C_6 = 1.0$

$T_{01(L-180)}$ は、平均波周期で次の算式による値。

$$T_{01(L-180)} = 0.85\sqrt{\frac{2\pi\lambda_{L-180}}{g}}$$

T_p は、縦揺れ周期で次の算式による値。

$$T_p = \sqrt{\frac{2\pi\lambda_{L-180}}{g}}$$

C_0 は、船長による修正係数で次の算式による値。

$$C_0 = 1 - 0.015\left(\frac{L-150}{150}\right)$$

k は、スラミング衝撃圧が生じるときに船底に衝突した波の波高と規則波高の比を表す係数で、次の算式による値。

$$k = \frac{H_W}{H_{1/3(L-180)}}\left(0.35 + 0.65\left(\frac{V}{V_{\max}}\right)\right)$$

H_W は、考慮する有義波高

$H_{1/3(L-180)}$ は、次式で求められる有義波高

$$H_{1/3(L-180)} = C_1 \cdot C_2$$

$V_{\max}$ は、最大船速

ϕ' は、考慮する位置でスラミング衝撃圧の最大値が生じる時に、当該位置の船底と静水面がなす角（rad.）で、次の算式による値。

$$\phi' = \tan^{-1}\left(\frac{d_l}{l+0.05L}\right) + \tan^{-1}\left(\frac{2(d_b-d_f)}{L}\right)$$

d_f は、考慮する状態における船首喫水

V は、考慮する船速

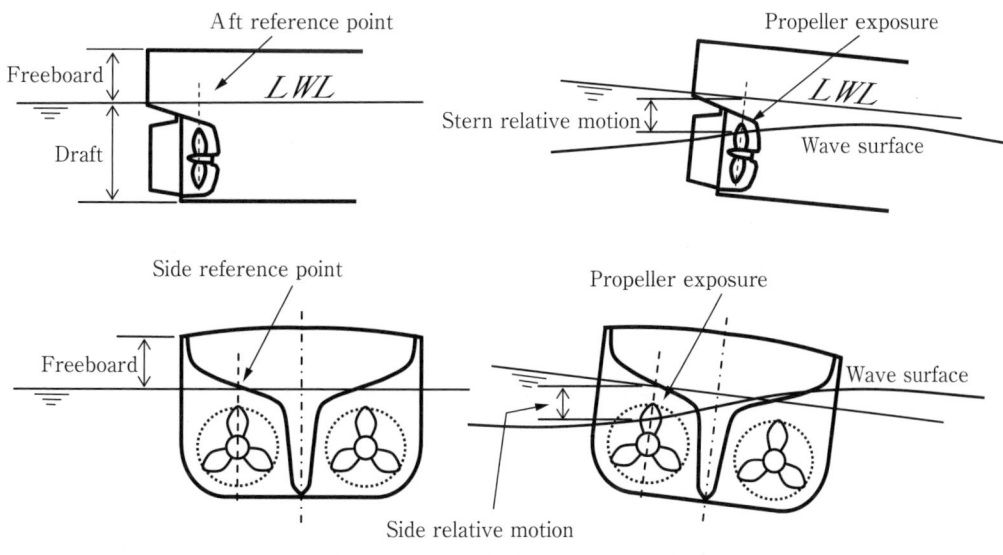

7.4 プロペラレーシング

プロペラレーシングとは、風波浪中での船体運動が大きく、しかも波面と船体船尾との相対的な運動が大きくなる場合、プロペラの一部あるいは全部が水面上に露出し空転する現象をいう。これらの概念図を図7.10に示す。

プロペラの一部あるいは全部が水面上に露出することにより、全没時の回転とは異なる異常な回転を引き起こし、トルクや推力等に著しい変動を生じ主機および軸系に悪影響を与えるため、船の運航性能と安全性を左右する重要な耐航性能因子とみなされている。

船舶設計の立場からのプロペラレーシングは、「最大プロペラ直径の検討」、「喫水の検討」、「運航限界の検討」等に関連して検討されることが多いが [25]、図7.10に示す概念図からも推測できるように、主として波面と船体との相対水位変動を如何に精度よく推定するかが要求される。

7.4.1 プロペラレーシングの運動学

波浪中を航行する船の運動は、線形のストリップ法を適用した連成運動方程式を解くことによって、上下揺れ z、左右揺れ y、横揺れ ϕ、縦揺れ θ および船首揺れ ψ を求めることができる。

これらの解を用いて、7.1.5節において、波面と船体との相対水位変動を求める式として (7.10) 式および (7.11) 式を導いた。(7.10) 式および (7.11) 式は、相対水位変動を求めようとする船側での、船体の動揺に基づく動的水位変動や船体の存在による入射波の攪乱に基づく動的水位変動といった、船体の横断面形状に大きく左右される項が含まれている。

しかし、プロペラレーシングの現象は、図7.10からも分かるように、プロペラの一部あるい

図7.10 プロペラレーシングの概念

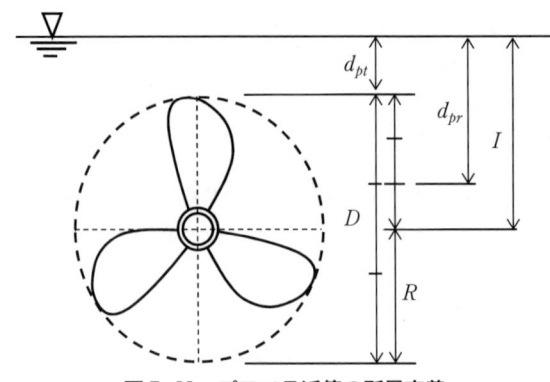

図7.11 プロペラ近傍の所量定義

は全部が水面上に露出するため、プロペラ近傍の水面が船体から直接的な影響を受けないものと考えても差し支えない。従って、(7.10) 式および (7.11) 式から、船体動揺や入射波の攪乱に基づく動的水位変動の項を無視し、船側の任意点を示している x_p と y_p を用いてまとめると、波上側（Weather Side）と波下側（Lee Side）のいずれの相対水位変動 z_R も次式で求めることができる。

$$z_R = -\zeta_w + z + y_p\phi - (x_p - x_G)\theta \tag{7.20}$$

ただし、z、ϕ および θ は、それぞれ上下揺れ、横揺れおよび縦揺れ

x_G は、船の重心の x 座標

x_p および y_p は船側の任意点の座標

プロペラレーシングの発生をプロペラ露出をもって判定する時、これまでの研究では、プロペラの先端露出、直径の1／3露出あるいは軸の露出等の定義が採用されている。各露出の定義を数式で明示するため諸量を図7.11のように定める [28]。

プロペラの直径を D（プロペラの半径 $R \times 2$）、静止水面からプロペラ中心軸の没水深度を I、プロペラ先端の没水深度を d_{pt} とすれば、静止水面からプロペラ直径の1／3の位置までの没水深度は、次式で求まる。

$$d_{pr} = d_{pt} + D/3 = d_{pt} + 2R/3$$

以上から、判別箇所（reference point）におけるプロペラレーシングは、以下のように判別する。

1) 先端の露出に基づくプロペラレーシング

垂直方向の相対水位変動 z_R の大きさがプロペラ先端の没水深度 d_{pt} を超過する状態を持って判定する。すなわち、

$$z_R > d_{pt}$$

2) 1/3プロペラ直径の露出に基づくプロペラレーシング

垂直方向の相対水位変動 z_R の大きさがプロペラ直径の1/3の位置までの没水深度 d_{pr} を超過する状態を持って判定する。すなわち、

$$z_R > d_{pr}$$

3) 軸の露出に基づくプロペラレーシング

垂直方向の相対水位変動 z_R の大きさがプロペラ中心軸の没水深度 I を超過する状態を持って判定する。すなわち、

$$z_R > I$$

上記の判定はプロペラと波面の幾何学的関係のみに着目した便宜的なものであり、厳密には主機、ターボチャージャーの特性を考慮したプロペラ軸の回転の運動方程式を用いることとなる。

7.4.2 プロペラレーシングの回避

航行中の船舶が荒天に遭遇し、激しい運動を余儀なくされる場合、プロペラの一部あるいは全部が水面上に露出するプロペラレーシング現象が発生することがある。

波浪中におけるプロペラレーシングの発生状態を推定することは、造船設計における「最大プロペラ直径の検討」や「喫水の検討」に直結することであり、適正なプロペラ直径や喫水の決定は、設計上のプロペラレーシングの回避策ともいえる。

一方、操船者は、操船している船の波浪中における運動特性と船尾での相対水位変動を把握し、プロペラが波面から露出しないよう操船するための「運航限界の検討」が必要となる。すなわち、船尾における波面との相対運動を小さくし、プロペラ没水深度を深く保つような波浪中での操船方法について工夫することである。

一般的に、波浪中を航行している船は、7.1.5節の図7.2からも分かるように、波長 λ が船の長さ L に等しくなるような向波状態で縦運動が大きくなり、相対水位変動も非常に大きくなり、プロペラレーシングの発生確率は大きくなる。波長が短くなる程、相対水位変動も小さくなり、プロペラレーシングの発生確率は小さくなる。このように、波面と船尾との相対運動は強い周波数特性を持っているので、波との出会い角を変化させること、即ち変針することによって相対運動を減らすことができる [26]。

7.5 運航限界

船体運動の振幅や加速度、さらにスラミング、プロペラレーシング、デッキへの海水打ち込み（青波）によって、船舶の運航限界や、船上での作業限界が決まる。

船舶の運航限界の一例として、ノルウェーのNORDFORSKが1987年に運動加速度をベースにして提示したものを表7.2、3を示す。

表7.2　船舶の運航限界（NORDFORSK, 1987）

	商船	軍艦	高速船
上下加速度（船首垂線位置）	0.275g（L100m）	0.275g	7.65
	0.05g（L330m）[a]		
上下加速度（ブリッジ）	0.15g	0.2g	8.03
左右加速度（ブリッジ）	0.12g	0.1g	7.67
横揺れ	6.0deg	4.0deg	7.24
スラミング（確率）	0.03（$L \leq$100m）	0.03	0.03
	0.01（L300m）[b]		
海水打込（確率）	0.05	0.05	0.05

g: 重力加速度（9.8m/s^2）

表7.3　船上作業の限界値（NORDFORSK, 1987）

Root mean square criteria(RMS)			
上下加速度	左右加速度	横揺れ	作業
0.20g	0.10g	6.0°	軽作業
0.15g	0.07g	4.0°	重作業
0.10g	0.05g	3.0°	知的作業
0.05g	0.04g	2.5°	移動客
0.02g	0.03g	2.0°	クルーズ客

7.6　船酔い

　客船については、旅客の快適性が重要となるため、乗り心地の観点からの運航限界も重要となる。特に船酔いは、他の交通機関による乗物酔いに比べてもきつく、これは人間が一般生活ではあまり体験しない比較的長い周期での運動であるためと見られている。特に5～6秒程度の上下加速度に人間は弱いことが分っているが、この周期の運動が船の運動には多い。また、船酔いの原因は、内耳にある加速度を検知する耳石からの運動情報と、目などの他器官からの運動情報が異なることによって、脳が混乱することに端を発しているというのが定説になっている。

　実用的には、MSI（Motion Sickness Incidence）と呼ばれる指標が使われる。

　MSIは、船酔率または嘔吐率とも呼ばれる指標で、船上の乗客のうち船酔いで嘔吐にまで至る人の率を示す。一般的には、O'Hanlonらが実験値をベースにして作成した図7.12に示す上下加速度の大きさと周期の関数を使って推定される。船酔いには、個人の体質や体調、さらには精神的な要因まで関係するが、MSIはあくまで平均的な値を表す指標であって、ドーバー海峡横断フェリーによる調査でその妥当性が確認され、さらに日本人でも平均的には妥当なことが確認されている。

　また、MSIは暴露時間にも影響を受けるが、一般的に用いられているMSIは2時間暴露した

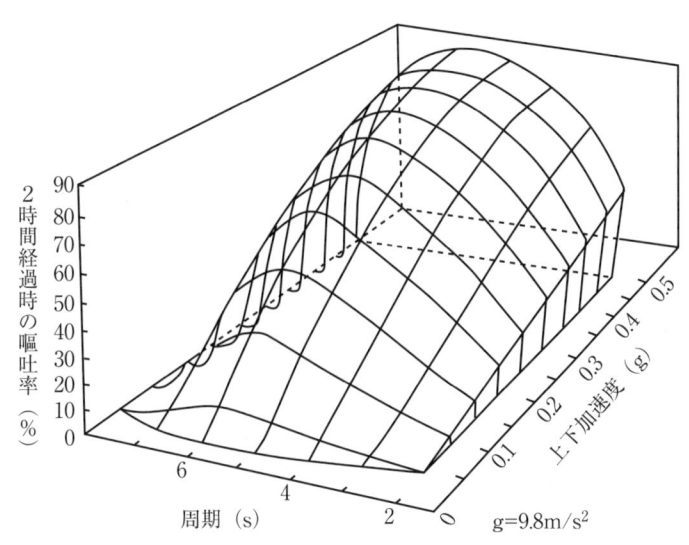

図7.12 船酔い率（MSI）と上下加速度（振幅と周期）の関係
（O'Hanlon らの実験値）

場合のものである。また、MSI には慣れの影響も顕著であり、長期間の航海では大きな船体運動が2日間以上続くと MSI が急激に低下することが確認され、その慣れの影響を表す関数も提案されている。

図7.13に、双胴型と単胴型高速カーフェリーの MSI の推定値を示す。船は約100m で、波高が4.8m という荒天状態の中を30ノットの向波で航海した時のもので、船体運動には水槽実験結果を用いて、図7.14の実験データを使って MSI を算出したものである。波長の長い $\lambda=150m$ の時が最も MSI が大きくなっており、特に上下加速度が大きい船首部で80％以上の乗客が嘔吐に

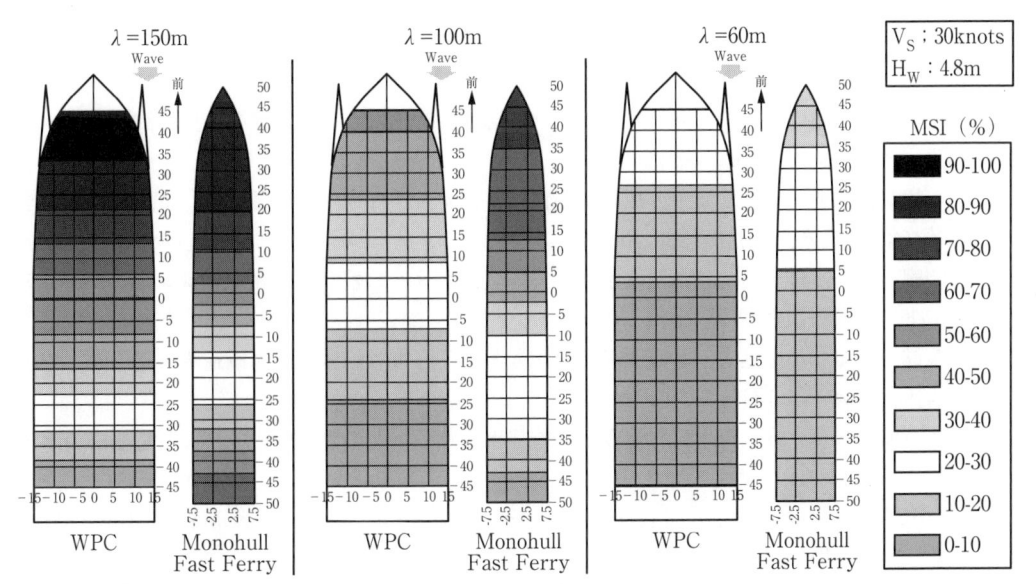

図7.13 100m 級高速客船（双胴船と単胴船）が波高4.8m の向波の中を30ノットで航海する時の MSI 推定値（前川、池田）

至ることが分かる。船長方向に MSI が変化し、船体中央より後方に最も MSI が小さいところがあることも分かる。

この MSI の推定と経済性評価に用いられる犠牲量モデルを使って、MSI が船主経済性に及ぼす影響を評価する手法が黒田らによって提案されている。

参考文献

1. 田才福造、高木又男：規則波中の応答理論および計算法、日本造船学会「耐航性に関するシンポジウム」テキスト、pp 1-52、昭和44年7月
2. 雁野昌明：斜波中を航行する船への海水打込みに関する一考察、関西造船協会誌第145号、pp75-81、昭和47年9月
3. 高石敬史ほか：斜め波中における船側の相対水位変動について、日本造船学会論文集第132号、pp147-158、昭和47年10月
4. F.Tasai：Wave Height at the Side of Two-dimensional Body Oscillating on the Surface of a Fluid, reports of Research Institute for Applied Mechanics, Kyushu University. Vol. Ⅸ, No.35, 1961
5. 慎　燦益：二次元柱状体甲板上への海水打ち込み限界波高について、西部造船会会報第56号、pp.207-227、昭和53年8月
6. 慎　燦益、柿見紀一郎、濱浜　清：横波中にある傾斜船の甲板上への海水打ち込み限界波高について、西部造船会会報第64号、pp.135-143、昭和57年8月
7. Chanik Shin：The Prediction of Deck Wetness in Oblique Waves and Effects of Shipping Water on Stability of Ships, Proceedings of The 4th Int. Conference on Stability of Ships and Ocean Vehicles, VOLUME Ⅱ, pp. 479-486, 1990年9月
8. 福田淳一ほか：波浪中の船体運動と船体表面に働らく変動水圧及び横強度に関する理論計算、日本造船学会論文集第129号、pp83-102、昭和46年6月
9. 高石敬史、黒井昌明：波浪中船体運動の実用計算法、日本造船学会「第2回耐航性に関するシンポジウム」テキスト、pp109-133、昭和52年12月
10. 田崎　亮：船舶の波浪中における甲板上への海水打込みについて、運輸技術研究所報告、第11巻第8号、pp357-388、昭和36年8月
11. 慎　燦益、大楠　丹：横波中の船の安定性に及ぼす海水打込みの影響について、日本造船学会論文集第161号、pp115-122、昭和62年5月
12. 小川剛孝：海水打込み、日本造船学会「実海域における船舶性能に関するシンポジウム」テキスト、pp199-216、平成15年12月
13. 元良誠三監修、小山建夫、藤野正隆、前田久明：改訂版　船体と海洋構造物の運動学、成山堂書店、平成4年6月
14. 高木　健、内藤　林：海水打ち込みと船首部水面上形状の影響について、関西造船協会誌第220号、pp111-120、平成5年9月
15. International Convention on Load Lines, 1966 (revised as approved at MSC77, June 2003)
16. 満載喫水線規則、国土交通省令第九五号、平成16年11月24
17. United States Coast Guard、USCG Load Line Technical Manual、CHAPTER Ⅱ、Load Line Calculation、8/8/2008

18. 小川剛孝、田口晴邦、石田茂資：海水打ち込みによる甲板水量及び甲板荷重に関する実験的研究、日本造船学会論文集第182号、pp177-185、平成9年12月
19. 渡辺　巌、谷澤克治、沢田博史：高速ビデオと透明模型を用いた船底衝撃現象の観測、日本造船学会論文集第164号、pp120-126、昭和63年12月
20. 高木又男、新井信一：船舶・海洋構造物の耐波理論、株式会社成山堂書店、平成8年1月
21. T. von. Kármán：The Impact on Seaplane Floats during Landing, NACA TN321, 1929
22. H. Wagner：Uber Stoss-Gleitvorgange an der Oberflache von Flussigkeiten, ZAMM Band 12 Heft 4, 1932
23. 日本海事協会：2005年度版鋼船規則及び同検査要領等における改正点の解説、日本海事協会誌、第271号、平成17年
24. 西部造船会技術研究会：船体の損傷に関する調査研究（1）、西部造船会技術研究会研究報告第9号、昭和45年1月
25. 新開明二、万　順濤、小西陽一：船舶のプロペラレーシングに関する研究、日本造船学会論文集第182号、pp435-444、平成9年12月
26. 新開明二、内藤　林：プロペラレーシング、日本造船学会「実海域における船舶性能に関するシンポジウム（試験水槽委員会シンポジウム）」テキスト、pp237-245、平成15年12月

第8章　模型実験

　船の耐航性能を調べる模型実験も広く行われている。抵抗推進性能を調べる模型実験とは違い、水槽に波を発生させるのが特徴で、その中での船の挙動や船体に働く力を調べる。

　抵抗推進性能の場合には、船体に働く流体力の各成分が複数のパラメタ（レイノルズ数とフルード数）にそれぞれ依存するが、模型船では両方を同時に合わせることができない。このため、巧妙なやり方で実験および解析を行う必要がある。これを尺度影響と呼び、模型実験を行う上では非常に重要となる。

　一方、耐航性能の模型実験にあたっては、横揺れの減衰力の摩擦成分を除くと尺度影響はほとんどない。しかも、横揺れの減衰力の摩擦成分は、実船ではほとんど無視できるほど小さく、小型の模型船においても横揺れ減衰力のせいぜい10%程度を占めるにすぎない。従って、ある程度の大きさ以上の模型船（一般的には船長が2m以上）を使うと、模型船で得られた結果をそのまま実船に適用することができる。

　本章では、模型実験の基礎的な事項についてまとめているので、規則波中の実験に主眼を置いて説明し、不規則波中の実験については必要に応じて説明を加えることとする。

　また、耐航性に関する模型実験については、日本造船学会の耐航性に関するシンポジウム「Ⅵ．耐航性に関する水槽試験法と実船試験法」（1）および第2回耐航性に関するシンポジウム「第Ⅲ編第1章耐航性に関する動的船型試験法」（2）に詳細に記述されており、「実践 浮体の流体力学 後編－実験と解析」（成山堂）（3）でも示されているので、そちらもご参照いただきたい。この章で示した図や記述の一部は、これらの資料を参考にし、図はより理解しやすい図に描き換えている。

　試験水槽における模型船を用いた実験は、平水中か波浪中かを問わず、学術的な研究色彩の濃い実験と船型改良という実用的な目的を持った実験に大別される。船体の持つ基本的な性能や船型開発のための学術的な研究・開発の濃い実験は主として大学や研究機関等の試験水槽で実施され、新しい船の建造に際して船体性能を担保し船型を決定するための実用的な実験は主として造船所等の試験水槽で実施される。

　実用的であっても学術的であっても、試験水槽における模型船を用いた実験は、これまで構築してきた耐航性理論の妥当性を検証するとともに、新しい知見を得て、新しい次のステップを示唆する結果をもたらしてきた。

　波浪中の模型実験は、次の3種類に大別することができる。

　第1：波浪中の船体運動は、O.S.M.（Ordinary Strip Method）やN.S.M.（New Strip Method）およびE.U.T.（Enhanced Unified Theory）（4）等の理論計算法によって計算できるが、これらの理論計算法による結果の妥当性を検証するために実施される模型実験。

　第2：波浪中船体運動を表す運動方程式は、直線往復運動に関する付加質量、減衰力および波浪強制力や、回転往復運動に関する付加慣性モーメント、減衰モーメントおよび波浪強制モーメントのような運動に直接的な流体力と、連成運動から誘発される連成流体力からなっている。これらの流体力の理論計算の妥当性を確認するための模型実験。

表 8.1 耐航性能試験に用いられる試験水槽の形状、実験目的および計測項目

水槽の形状	実験目的	計測項目
短水槽	停船時の船体運動	入射波形状、横揺れ運動、横揺れ減衰力、波浪強制力等
長水槽	航走時の向波中・追波中の船体運動	入射波形状、縦運動の変位と位相差、波浪荷重、甲板上への海水打ち込み等、波浪強制力、付加質量力、減衰力等
角水槽	航走時の斜め向波中・斜め追波中の船体運動	入射波形状、6自由度の船体運動の変位と位相差、波浪荷重、甲板上への海水打ち込み等波浪強制力、付加質量力、減衰力等
二次元水槽	二次元断面に働く流体力	波浪強制力、付加質量力、減衰力等

角水槽

第3：荒天中を航行中の船は、甲板上への海水打ち込み、スラミングあるいはプロペラレーシングといった船体および運航に支障をもたらす現象に遭遇する。これらの現象の把握と、その推定法の妥当性を検証するための実験である。

このような実験目的の違いによって、耐航性能のための模型実験では、様々な水槽が用いられる。表8.1に耐航性能試験に用いられる試験水槽の形状と、主な実験目的および調査項目について示す。

本章では、まず、試験水槽の水面に発生させた波浪中における模型船の運動性能等を直接的に測定するための模型実験について説明し、これを直接法ということにする。次に、運動する船体に働く流体力特性を計測するための強制動揺法等の水槽実験法について説明し、これを間接法ということにする。表8.2には、波浪中の模型実験の調査方法と調査項目および前述した実験の

表 8.2 波浪中の模型実験における調査項目

		調査方法	
		直接法	間接法（解析的）
調査項目	第一	1. 入射波 2. 船体運動	1. 波による強制外力 2. 付加質量力
	第三	1. 波浪荷重 2. 甲板上への海水打ち込み 3. スラミグ 4. プロペラレーシング 5. 波浪中抵抗増加 6. その他	3. 減衰力 4. その他

種類を大別して示す。

8.1 造波方法と波の計測

　模型船を用いた波浪中の船体運動に関する実験を実施するには、当然のこととして試験水槽には造波装置の設置が不可欠である。

　試験水槽の造波装置は、水槽水面に任意の人工的な波浪を発生させるための攪乱装置ともいえる。従って、その攪乱方法によって造波方法が異なるが、ここでは代表的な造波装置について紹介する。

　また、波浪中の船体運動に関する実験では、造波装置により発生した波を連続的に測定することが必要となる。このために各種の波高計が用いられるが、ここでは主に試験水槽で用いられている代表的な波高計について紹介する。

8.1.1 入射波の発生法

　船体性能に関する学術的な研究目的であれ、建造船の船体性能を担保し、船型を決定する実用的な目的であれ、波浪中の船体運動に関する水槽実験は主として深水波を対象として実施される。従って、試験水槽の造波装置としては水槽の水面近くを攪乱して波を発生させる機能をもてばよいこととなる。そこで、この目的のために広く使われている代表的な1）フラップ式と2）プランジャ式の二種類の造波装置について説明することにする。その他に空気式の造波装置やピストン型の造波装置もあるが、船舶関係の水槽ではあまり使用されていないので、ここでは説明を省略する。

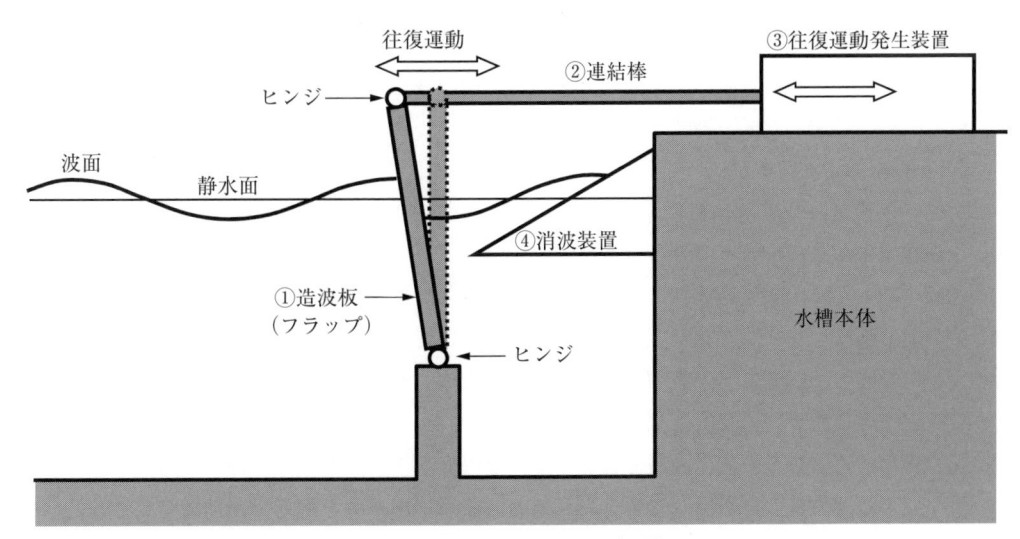

1）フラップ式造波装置

　フラップ式造波装置は、図8.1に示すように、基本的には①造波板、②連結棒および③往復運動発生装置から成っており、垂直に立てられた①造波板の下端は水槽本体に、上端は③往復運

図8.1　フラップ式造波装置

図8.2 プランジャ式造波装置

動発生装置による往復運動を伝える②連結棒にヒンジを介して連結する機構になっている。一般的に①造波板の上端は、その面に対して直角方向に往復運動をするので、波は①造波板の前面（実験水面側）と後面（往復運動発生装置側）に生成される。このとき③往復運動発生装置の駆動力は正負等しいので、①造波板の前後には反対称の波が生成されることになる。しかし、造波板後面側の生成波は実験には不必要なので、④消波装置を設けて消波するようになっている。

フラップ式造波装置の長所は次の通りである。
　①造波板を動かす往復運動発生装置の駆動力を一定（正負等しく）にすることが容易である。
　②発生する波の形状が非常に滑らかで美しい。特に、規則波の生成に適している。
一方、短所は次の通りである。
　①　造波板の後面にも一定長さの水面が必要であり、その分水槽が短くなる。
　②　造波板の後面に生成される波を消すための消波装置が必要である。

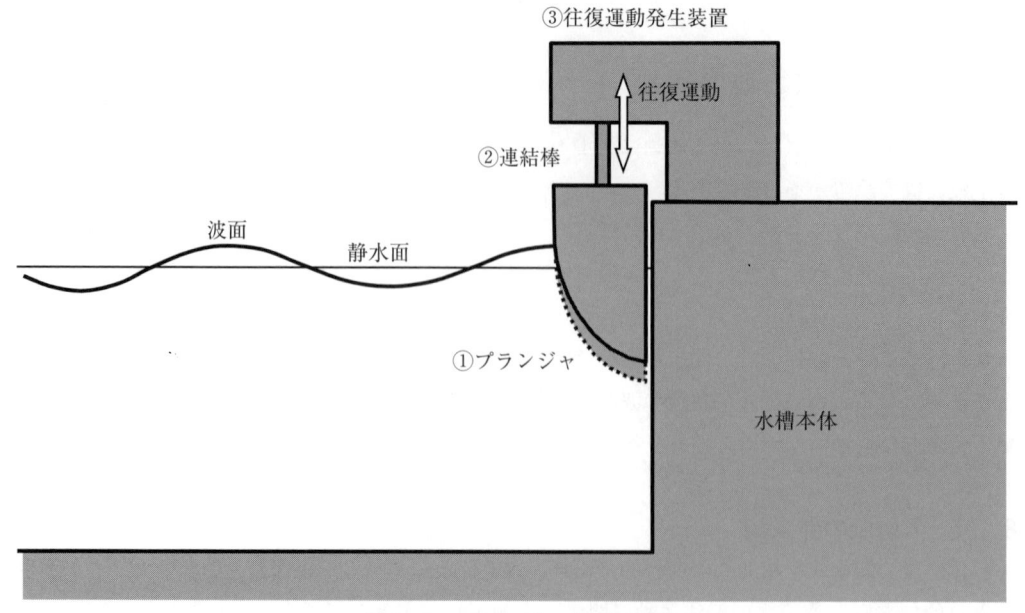

2) プランジャ式造波装置

プランジャ式造波装置は、図8.2に示すように、基本的には①プランジャ、②連結棒および③往復運動発生装置から成っている。造波用の①プランジャは、水槽端の面に沿って垂直方向に往復運動するように、②連結棒によって③往復運動発生装置と連結する機構になっている。プランシャの上下動によりプランジャ本体には静的な浮力の変化と動的な水圧の変化が生じる。これらの変化に対応し、円滑に上下方向へ往復運動するような機構にしている。

プランジャ式造波装置の長所は次の通りである。
　①水槽端の狭いスペースに設置できるので、その分水槽水面を多く確保できる。
　②生成する造波特性を考慮してプランジャの断面形状を単純な楔形、凹曲線型および凸曲線型やその他の任意形状に選択できる。

一方、短所は次の通りである。
　①常にプランジャの浮力と重力が釣合うように調整する必要がある。特に、水槽の水深が多少でも変わるような場合には、その都度釣り合いを調整しなければならない。
　②プランジャの上下方向の往復運動が常に正負等しく、円滑になっているかチェックする必要がある。

3) フラップ式とプランジャ式造波装置の長所

　フラップ式、プランジャ式のいずれの造波装置も、規則波のみを生成するのであれば、往復運動発生装置としてモーターの回転運動を偏心機構（scotch yoke）により直線往復運動に変える機構を採用すると比較的に簡便な装置となる。しかも、モーターの回転運動を直接直線往復運動に変えているので、往復運動そのものが滑らかであり、従って、生成される波も非常に滑らかな波面の波となる。

8.1.2　入射波の計測法

　模型船を用いた波浪中の船体運動等に関する実験を実施する場合、模型船に対する入射波の計測は最も重要で基本的な計測項目である。
　以下に、試験水槽で用いられている波高計について簡単に説明しておくことにする。ただし、どの波高計についても使用にあたっては一長一短あるが、最も大切なことは、いうまでもなく、使用前に丁寧にキャリブレーション（calibration）を行うことである。

1) 電気容量式

　電気容量式の波高計は、波高計センサーワイヤーの一部を水面下に没水させて固定し、波面が上下動することによって生じるセンサーワイヤーの電気容量の変化をとらえて波面位置を測定するものである。急激な波面の上下動に対しての応答や分解能力は高いが、センサーワイヤー部に汚れが付着すると測定結果に乱れが生じるので注意を要する。

2) 電気抵抗式

　電気抵抗式の波高計は、2本の電極（細い金属線）を支持枠で固定し、その一部を水面下に没水させ、波面が上下動することによって生じる2本の電極間の電気抵抗の変化とらえて波面位置を測定するものである。電極としては純白金線を用いると、実験室でも簡単に製作することができる。

3) 超音波式

　超音波式の波高計は、波面より上部（空中）か下部（水中）に設置された超音波の送受信波器から送信された超音波が水面で反射されて送受信波器に戻ってくるまでの所要時間を計り、これを水面までの距離として換算して波面位置を測定するものである。

4) サーボ式

サーボ式波高計は、検出器先端の触針電極が僅かに水面に接触した状態で固定し、波面が上下動すると触針部分が変化し、アース電極との間の電気抵抗が変化するので、この電気抵抗が一定になるようにサーボモータにより触針部分を波面に追従させることによって波面変位を計測するものである。サーボモータの応答の速さによっては、短周期の波を正確には計測できないので注意を要する。

8.2 波浪中船体運動の水槽実験（直接法）

試験水槽に波を発生させ、その中を模型船がある一定の速度で航走するときに、模型船の船体運動や抵抗増加等を直接測定する実験を、本書では「直接法」と呼ぶ。この実験では模型船が波浪中を航走するため、入射波の造波方法と計測方法、模型船自身の物理的な状態、模型船の航走方法やそれに伴うガイド法および船体運動や推進特性等の計測方法が、互いに整合性が取れた一体的なものになっていなければならない。

ここでは、波浪中船体運動の模型実験（直接法）に必要不可欠なもっとも基礎的事項について述べる。

8.2.1 入射波の状態

1) 規則波の造波

波浪中船体運動の模型実験を実施するためには、試験水槽の水面に所定の波を発生させる必要がある。そのため、耐航性試験に用いられる水槽には、8.1節で示したような造波装置が備えられている。

この造波装置は、水槽の大きさや形状、あるいは水深等に適合させて、その型式や大きさ、あるいは駆動部の機構や動力源そして制御装置等で構成される。従って、造波装置は、水槽毎に異なる波を生成する。また、同じ水槽においても、水深が変化すれば、異なる波を生成する。

従って、水槽の造波装置には、通常、図8.3に示すような、任意の波を生成するための運転曲線が用意されている。これを造波特性曲線ともいう。

発生した波の波長は、図8.3の波周期 T_w から、試験水槽の水深を考慮すれば、次式から求めることができる。

$$\lambda = \frac{g}{2\pi} T_w^2 \tanh \frac{2\pi d_w}{\lambda} \tag{8.1}$$

ただし、λ は、波長（m）
g は、重力加速度（m／sec^2）
T_w は、波周期（sec）
d_w は、水槽の水深（m）

(8.1) 式において、波周期が小さく、波長が短くなるとなると、深水波の公式へ移行し、波長

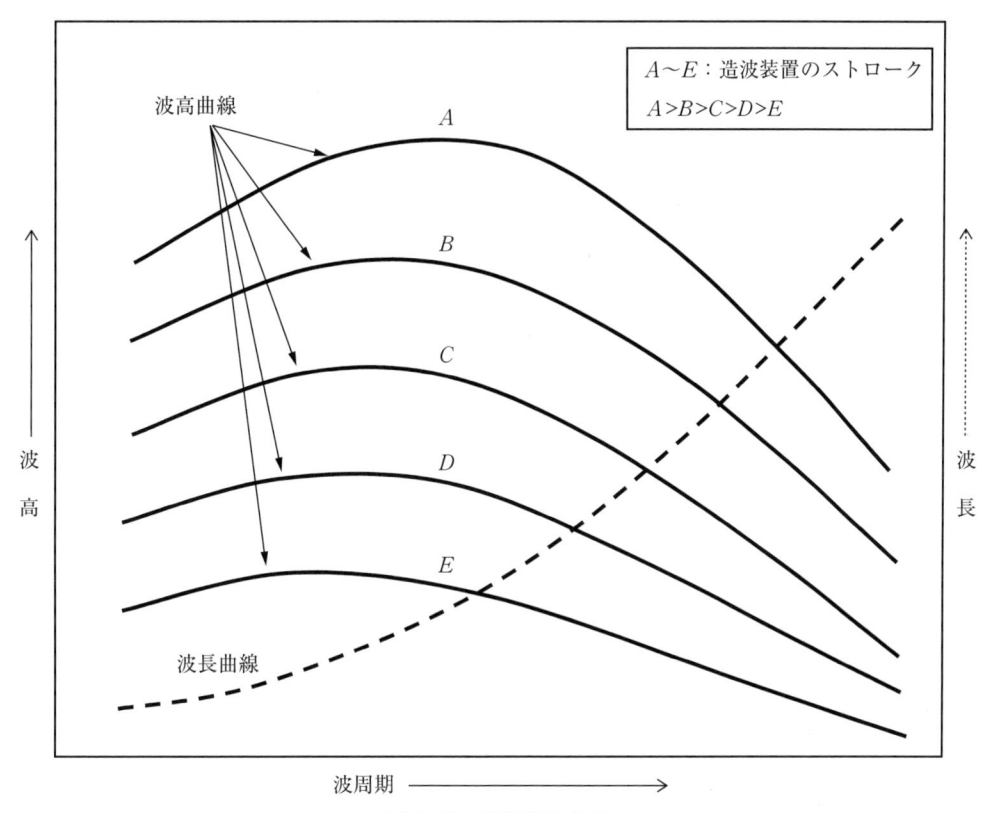

図8.3　造波特性曲線

は次式で求めることができる。

$$\lambda = \frac{g}{2\pi} T_w^2 \fallingdotseq 1.56 T_w^2 \tag{8.2}$$

　造波する波の波高は、造波装置のストロークの大きさに対して図8.3に示すように波周期によって変化する。

　一般的な波浪中船体運動の模型実験では、波高あるいは波傾斜を一定とする実験が行われるが、このような実験では波周期を変える毎に造波装置のストロークを設定しなければならない。しかも、図8.3に示すような造波特性曲線だけでは、全波周期に対するストロークを見出せない。従って、図8.3に示すような造波特性曲線をチェックする意味からも、あるいは、使用する試験水槽の造波特性を熟知する意味においても、造波可能な全波周期に対して、できるだけ細かくストロークを変化させて波高測定（Wave height survey）を行い、詳細な造波特性曲線を作成しておくことが肝要である。また、詳細な造波特性曲線を利用して、図8.4に示すような、波高一定の造波特性曲線を作成しておくと非常に便利である。

　通常、造波装置は、入力信号である電圧 $V(\omega)$ に比例して造波機ストローク $S_t(\omega)$ が変化する。このストロークの振幅特性（周波数伝達関数あるいは周波数応答関数ともいう）を $A_{vs}(\omega)$、ス

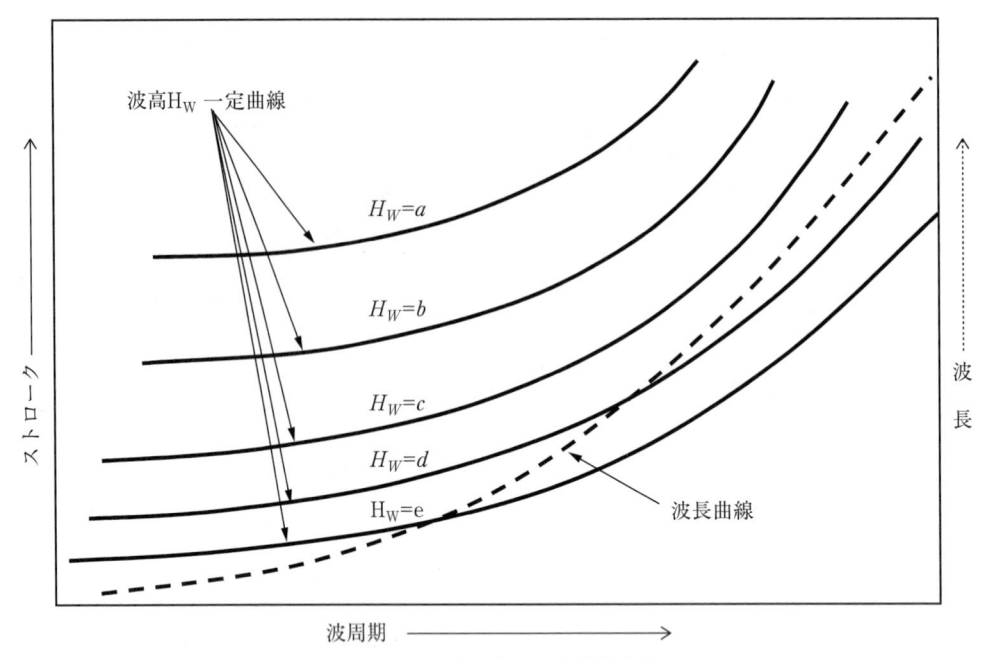

図8.4　波高一定の造波特性曲線

トロークに対する造波装置の造波特性（例えば図8.4）を$A_{sw}(\omega)$とすれば、任意の周波数ω（$=2\pi/T_w$）において希望する波振幅$\zeta_a(\omega)$を得るための造波機ストローク$S_t(\omega)$と入力信号$V(\omega)$は、次式で求めることができる。

$$S_t(\omega)=\frac{\zeta_a(\omega)}{A_{sw}(\omega)}$$

$$V(\omega)=\frac{\zeta_a(\omega)}{A_{vs}(\omega)A_{sw}(\omega)} \tag{8.3}$$

2) 入射波の計測

　理想的には、造波する波が造波特性曲線どおりに生成できれば、実験毎に入射波を計測する必要はない。しかし現実的には、造波特性曲線に基づく同一の入射波の生成、特に再生ははなはだ難しい。造波装置により生成された波は、前述のように外力として船体に働くため、どのような波形で入射しているか正確に計測しておく必要がある。この入射波の計測は、水槽の任意の場所かあるいは模型曳引車のどこかに波高計を取り付けて、そこで計測すれば事足りるといったことではない。この入射波の計測における留意点を下記に示す。

① 入射波計測用の波高計は、造波装置の造板あるいはプランジャから、造波時に生成される定常波の影響がない位置（生成波の1波長程度の距離）まで離して設置する。

② また、造波した波の波長が長い場合は、模型船からの反射波が短時間で波高計に到達するので、できるだけ純粋な入射波形が計測できる位置に設置する。

3) 入射波の消波

　一般的に水槽の一端に造波装置を設置すれば、造波された波が進行して行く反対側の端には、図8.5に示すような、波のエネルギーを吸収し、波を消すための消波装置が設置されている。この消波装置の能力が低ければ、造波されて消波装置まで進行した波の一部が消波されず反射波となって戻ってくるため、波浪中船体運動の模型実験に大きな影響を及ぼす。従って、消波装置の消波能力には造波および実験計測と全く同程度の細心の注意を要する。

　図8.5に示す消波装置は、表面傾斜角が10度程度のもので、原理的には緩傾斜のビーチのように自然の波崩れによって波のエネルギーを吸収しようとする受動型のものである［1］。この効果については Miche によるビーチ傾斜角や波岨度と反射率の理論式が示されており、消すべき波の波長と同程度の長さのビーチが必要とされている。

　このような緩傾斜のビーチ式消波装置では、図8.5中にあるような角材形状の物を用いて傾斜面を構成したり、傾斜面に長めのスパイラルタワシや人工芝のようなものを敷き詰める場合もある。また、側壁に可動式のビーチや多孔板を設置して、造波終了後に水面位置まで下ろして消波する装置も広く使われている。

　さらに、造波装置に消波機能をもたせて、水槽全面に設置した多分割型造波装置で、造波と消波を同時に行って、任意の波を水槽に造ることも可能になっている。ただし分割された造波ユニットの幅よりも短い波は消すことができない。

8.2.2　模型船

波浪中船体運動の模型実験に用いる模型船の製作上の留意点を下記に示す。
① 波浪中での実験に用いるので変形しない強度を有すること。
② できるだけ経時変化がないこと。
③ 計測機器の搭載等のため船内空間を広く確保すること。
④ 排水量や重心の調整用可動ウエイトが固定しやすいこと。
⑤ 甲板上への海水打込み等に関する実験時には、必要部分の甲板および上部構造物を実船に合わせて製作すること。
⑥ 等々

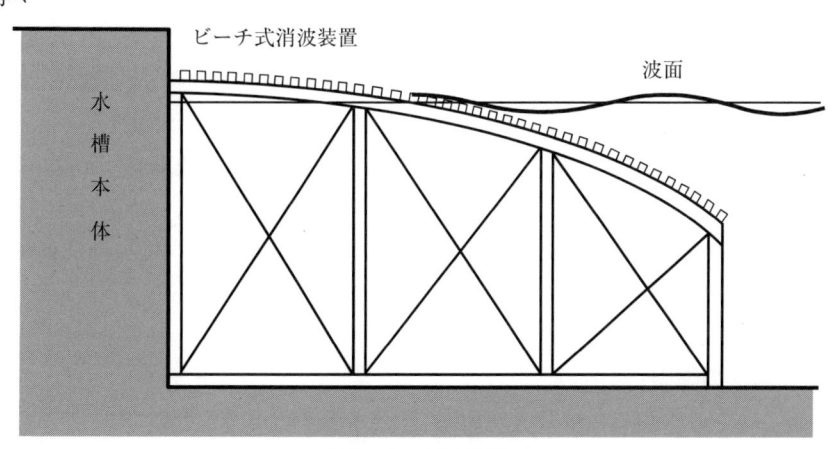

図8.5　消波装置

(a)

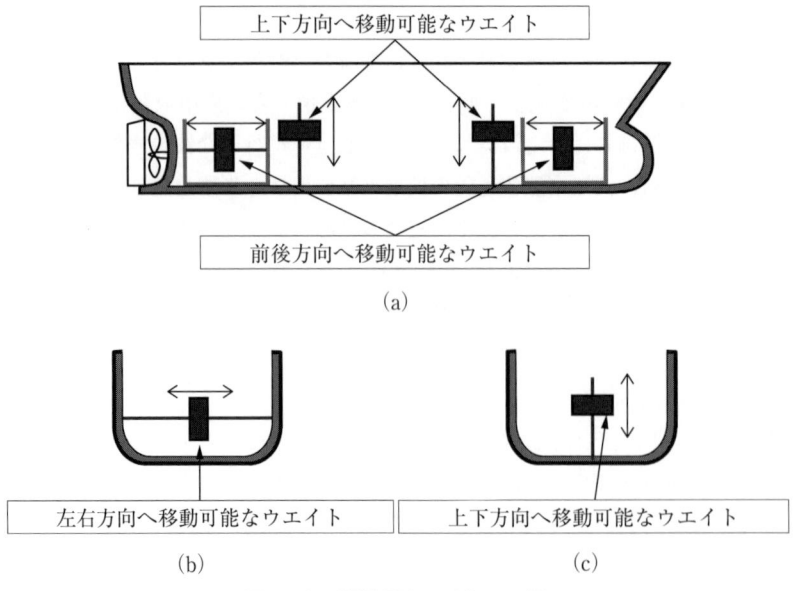

(b)　　　　　　　　　　　　　　(c)

図8.6　調整用ウエイトの一例

　以上のような要件を満足するためには、一般的に木製の模型船が多く用いられているが、硬質の発泡スチロール製やFRP製の模型船を用いる場合は、上記留意点が確保されるよう模型船内に木製枠を設置する等の工夫が求められる。

8.2.3　模型船の状態の調整

　模型船の状態の調整は、その排水量や重心位置といった模型実験の最も基礎となる諸量を合わせる作業なので、非常に重要である。模型船の排水量や重心位置の調整は、模型船が小さくなる程、誤差が大きくなるため慎重に調整しなければならない。

　模型船が正確に製作されている場合、台秤等で計測した模型船の重量を正確に合わせれば、当然のことながら排水量と一致して喫水は合うはずである。しかし、模型船をトリミングタンクに浮かばせた状態で、トリム（縦傾斜）やヒール（横傾斜）、そして喫水が合っているか否かをチェックしておくことが大事である。このチェックは、ほとんどが目視によるので、喫水線の太さや喫水線付近での水面張力による水面の上昇等から、その合否の判断には経験を必要とする。

　トリムやヒールの調整を行うには、図8.6の（a）および（b）に示すような、前後あるいは左右方向へ移動可能なウエイトを用いると便利である。これにより、模型船の重心の前後方向についても調整が可能である。

　重心の上下位置の調整には、図8.6の（a）および（c）に示すような、上下方向へ移動可能なウエイトを用いると便利である。

8.2.4　重心高さの調整

　模型船の重心高さの調整には、浮かべた状態で錘を横移動させて模型船の傾斜を計測して求める傾斜試験、または空気中で重心を測って合わせる方法の2つがある。

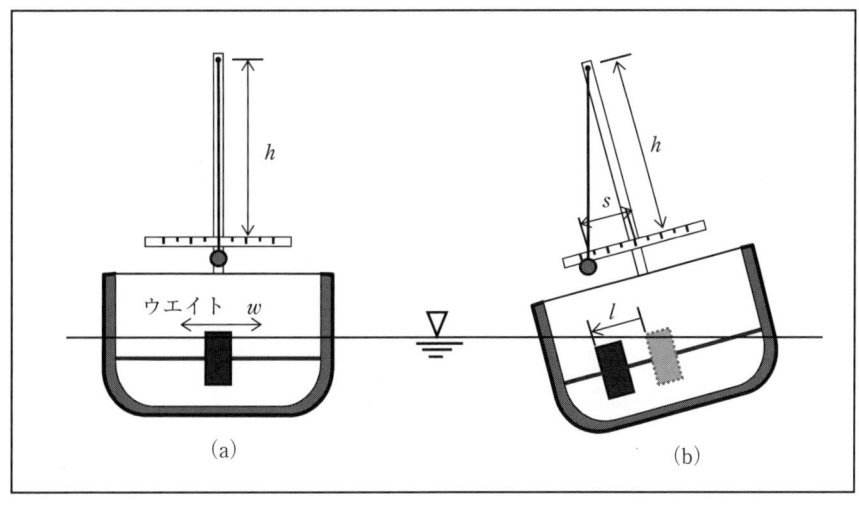

8.2 波浪中船体運動の水槽実験（直接法）

図 8.7　傾斜試験

1) 傾斜試験による方法

まず傾斜試験（Inclining Test）の方法について解説する。傾斜試験では、模型船内の重りを左右方向に移動させることによって発生するモーメントと、船がもつ復原モーメントのつり合いから重心位置を求める。図8.7に示すように移動させる錘の重さを w、移動距離を l、模型船の排水量を W、計測される横傾斜角 ϕ とすれば、$\overline{GM}$ は次式となる。

$$\overline{GM} = \frac{wl}{W\sin\phi} \tag{8.4}$$

$\overline{KM}$（キールからメタセンタまでの高さ）は、船体形状に固有の量なので、オフセットデータを使った排水量計算等で計算ができる。したがって、キールから重心までの高さ $\overline{KG}$ が、

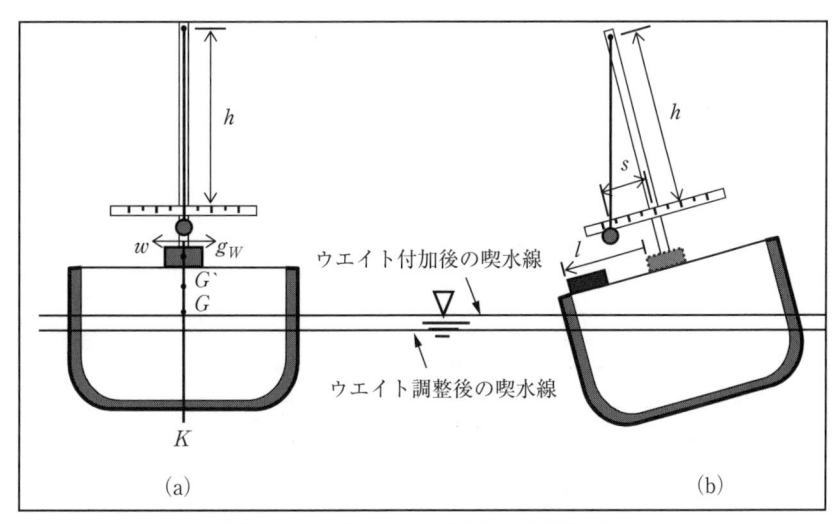

図 8.8　移動ウエイト付加による傾斜試験

$$\overline{KG} = \overline{KM} - \overline{GM}$$

で求まる。

横傾斜角φの計測には、図8.7に示すような錘を吊り下げた「下げ振り」と呼ばれる振り子、Uチューブ、電子式傾斜計、ジャイロなどが用いられる。

また、傾斜試験の解析に (8.4) 式を用いる場合には、$\overline{GZ}$ が1次式 $\overline{GM}\phi$ で表される範囲でなければならないので、2°程度までの傾斜で測定しなければならない。

模型船内に水平移動が可能な錘がない場合には、図8.8に示すように甲板上等の中心位置に錘を置き、それを横移動させて傾斜試験を行うが、この時には、厳密には錘による排水量の増加（喫水の増加）と、重心の移動の補正が必要となる。

2) 台秤を利用した重心位置の求め方

トリミングタンクでの傾斜試験によらず、両端単純支持梁のある位置に重さが既知の船体を置いた時の片側支持点の反力を台秤で測定し、その船体の重心位置を求めることができる [5]。その方法は、次の通りである。

- 図8.9の示す AB 間に長さ l の板状の物を水平に置き、その状態で台秤の目盛を読む。目盛から読み取られる重さを w' とする。
- B 点から l_K の位置に、重さ W の模型船の船底部が鉛直になるように置く。その状態で台秤の目盛をよむ。目盛から読み取られる重さを W' とする。
- 従って、重さ W の模型船だけによる A 点の反力 R_A は、$R_A = W' - w'$ で得られる。
- $R_A \times l = W \times l_G$ であることから、$\overline{KG}$ は次式で求まる。

$$\overline{KG} = l_G - l_K = \frac{R_A \times l}{W} - l_K$$

- 実験計画予定の $\overline{KG}$ となるようにウエイト調整を行う時は、模型船の重さ W、l_K および l が既知であり、模型船の重心 G が、実験計画予定通りの位置にあるとすれば、A 点の反力 R_A' は、次式より求めることができる。

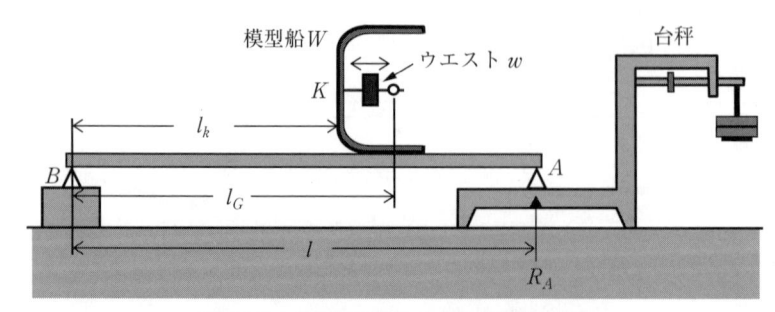

図8.9 台秤を利用した重心位置測定法

$$R_A{'}=\frac{(l_K+\overline{KG})\times W}{l} \tag{8.5}$$

- 台秤で読み取られる A 点の反力 R_A を $R_A{'}$ と等しくなるよう読み取り目盛を固定し、模型船に取り付けられた移動ウエイト w を $R_A=R_A{'}$ となるように移動させて調整することで、模型船の重心 G を実験計画予定通りの位置にすることができる。

8.2.5 模型船の環動半径の合わせ方

模型船の慣性モーメントまたは環動半径を、設定値に合わせる方法について説明する。

① 固有周期が与えられている場合

実験状態として $\overline{GM}$ と横揺れ固有周期 T_R が与えられる場合について考えてみよう。
(2.12) 式および (4.32) 式から固有周期は次式で与えられる。

$$T_R=2\pi\sqrt{\frac{M\kappa_{xx}{}^2+A_{44}}{W\overline{GM}}} \tag{8.6}$$

ただし、W は船の排水量、M は船の質量（$=W/g$）、κ_{xx} は横環動半径、A_{44} は付加慣性モーメント、$\overline{GM}$ はメタセンター高さである。A_{44} は角加速度に比例する流体力の係数で、船体形状、重心位置、運動周期が決まれば決まる量である。

したがって、まず傾斜試験で重心高さを合わせ、次にその重心位置が変わらないように錘を水平に移動させることによって慣性モーメントを変化させて、横揺れ固有周期 T_R を与えられた値に合わせると、横環動半径 κ_{xx} は設定値に合ったこととなる。

② 空気中での横環動半径 κ_{xx} が与えられている場合

まず簡単な物理振子で考えてみよう。

1) 物理振子の原理を用いた環動半径の算出法

図8.10に示すような剛体の振子が空間の o 点を支点として自由に回転できる場合、剛体の質量を m_m、o 点周りの慣性モーメントを I_{mo}、o 点から重心 G_m までの距離を l_m とし、支点に摩

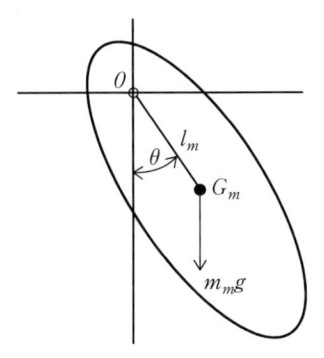

図8.10 物理振子

擦がないとすれば、o 点を支点とする運動方程式は (2.30) 式を再記すれば次のようになる。

$$M_o(t) = I_o \ddot{\theta}(t) \tag{8.7}$$

ここで、$M_o(t)$ は重心 G_m に働く重力 $m_m g$ の o 点周りの復原モーメントであるから、o 点と重心 G_m を通る直線と鉛直線とのなす角が小さい場合、次式で表すことができる。

$$M_o(t) = -m_m g l_m \sin\theta(t) \fallingdotseq -m_m g l_m \theta(t) \tag{8.8}$$

また、o 点周りの慣性モーメント I_o は、重心 G_m 周りの慣性モーメントを I_{Gm} とすると、(2.36) 式を用いて次のような関係にあることが分かる。

$$I_o = m_m l_m^2 + I_{Gm} \tag{8.9}$$

(8.8) 式と (8.9) 式を用いれば (8.7) 式は次式のように表される。

$$(m_m l_m^2 + I_{Gm}) \ddot{\theta}(t) + m_m g l_m \theta(t) = 0 \tag{8.10}$$

(8.10) 式は抵抗のない単振動の式であるから、振動の周期 T_m は次式で求められる。

$$T_m = 2\pi \sqrt{\frac{m_m l_m^2 + I_{G_m}}{m_m g l_m}} = 2\pi \sqrt{\frac{m_m(l_m^2 + \kappa_m^2)}{m_m g l_m}} \tag{8.11}$$

従って、図 8.10 に示すような物理振子の振動の周期 T_m を正確に計測すれば、剛体の質量を m_m、o 点から重心 I_{Gm} までの距離 l_m および重力加速度 g は既知であるから、(8.11) 式から剛体の環動半径 κ_m を求めることができる。

2) 振り子式架台を用いた模型船の環動半径の算出法

図 8.11 に示すように、支点 o から吊り下げた振り子式架台 opq に模型船を載せて、前述の物理振子の原理を応用して、模型船の環動半径を求めることができる。

ここでは、その方法について簡単に記述する。

① 振り子式架台のみの重心周りの慣性モーメントの算出法

図 8.11 (a) において、振り子式架台のみの o 点周りの運動方程式は、(8.10) 式と同様に次式のようになる。

$$(m l_0^2 + I_{G_0}) \ddot{\theta}(t) + m g l_0 \theta(t) = 0 \tag{8.12}$$

ただし、m(= w/g) は振り子式架台 opq の質量、w は重量

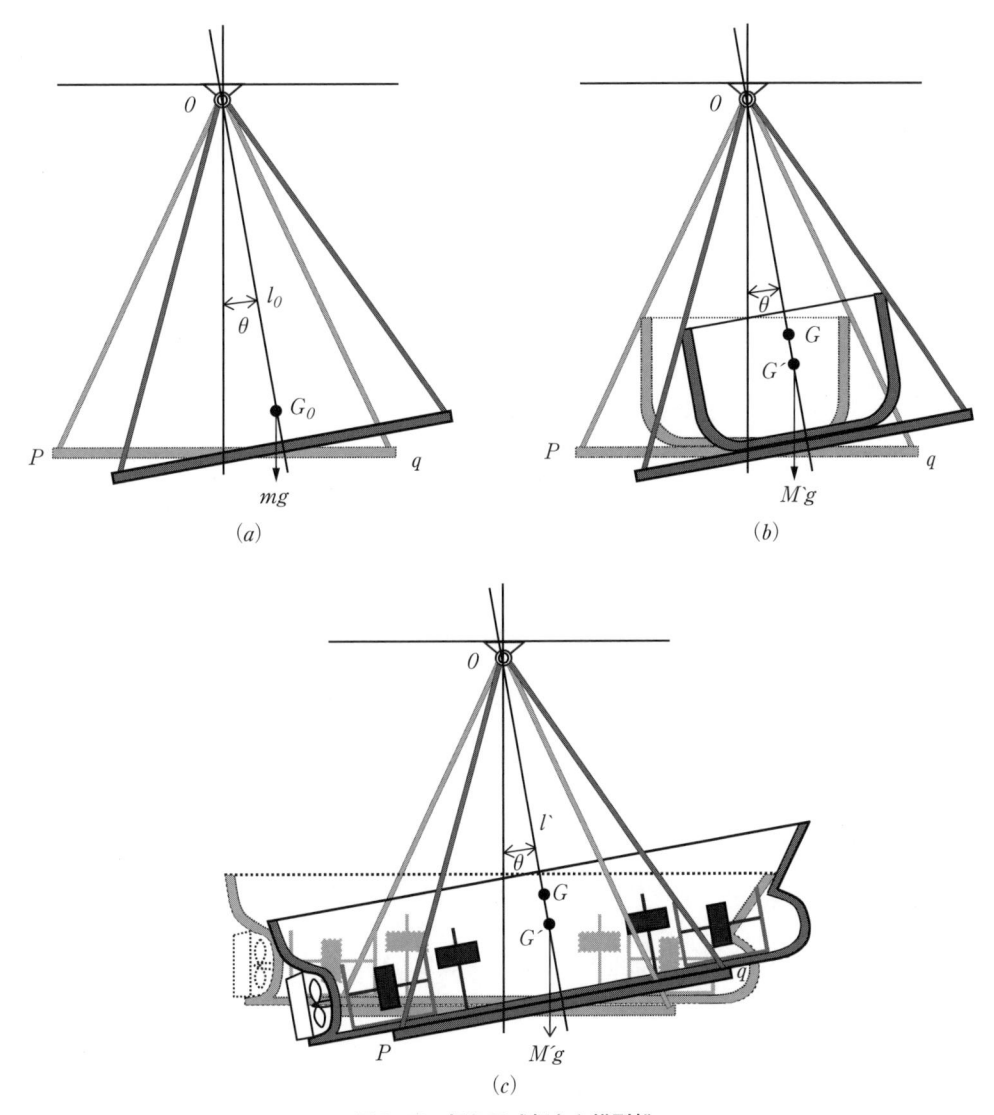

8.2 波浪中船体運動の水槽実験（直接法）

図 8.11 振り子式架台と模型船

l_0 は、支点の o 点から振り子式架台重心 G_0 までの距離（重量 w を計測するときに 8.2.4 節の台秤を利用した重心位置の求め方を応用すれば比較的簡単に求まる。あるいは、他の方法でも比較的簡単に求めることができる。）

I_{G_0} は、振り子式架台の重心 G_0 周りの慣性モーメント

(8.12) 式は振り子式架台の抵抗のない単振動の式であるから、振動の周期 T_0 は次式で求められる。

$$T_0 = 2\pi \sqrt{\frac{ml_0^2 + I_{G_0}}{mgl_0}} \qquad (8.13)$$

ここで、抵抗は小さいものとして、振り子式架台のみの o 点周りの固有周期 T_0 を計測し既知と

すれば、(8.13) 式から振り子式架台の重心 G_0 周りの慣性モーメント I_{G_0} は次式で求められる。

$$I_{G_0} = \frac{T_0^2}{4\pi^2} mgl_0 - ml_0^2 \tag{8.14}$$

②振り子式架台に載せた模型船の環動半径の算出法

振り子式架台に模型船を載せた状態で、支点 o から全体の重心 G' までの距離 l' は、次式で求めることができる。

$$l' = \frac{Wl + wl_0}{W + w} \tag{8.15}$$

ただし、W は、模型船の重量（排水量）
　　　　w は、振り子式架台の重量
　　　　l は、支点 o から模型船の重心 G までの距離
　　　　l_0 は、支点の o 点から振り子式架台重心 G_0 までの距離

図 8.11 (b) (c) に示すように、振り子式架台に模型船を載せた状態の全体の重心 G' に働く重力 $M'g$ の o 点周りの復原モーメントは、o 点と重心 G' を通る直線と鉛直線とのなす角が小さい場合、次式で表すことができる。

$$M_0(t) = -M'gl'\sin\theta(t) \fallingdotseq -M'gl'\theta(t) \tag{8.16}$$

また、振り子式架台に模型船を載せた状態での o 点周りの慣性モーメント I_0' は、(8.9) 式と同様に考えて次のような関係にあることが分かる。

$$I_0' = M'l'^2 + I_{G_0} + I_G \tag{8.17}$$

ただし、M' は、振り子式架台に模型船を載せた状態の全体 $(W+w)$ の質量
　　　　　 $= (W+w)/g$
　　　　I_{G_0} は、振り子式架台そのものの重心 G_0 周りの慣性モーメント
　　　　I_G は、模型船のみの重心 G 周りの慣性モーメント
　　　　l' は、振り子式架台に模型船を載せた状態での o 点から全体の重心 G' までの距離

(8.16) 式と (8.17) 式を用いれば (8.6) 式は次式のように表される。

$$(M'l'^2 + I_{G_0} + I_G)\ddot{\theta}(t) + M'gl'\theta(t) = 0 \tag{8.18}$$

(8.18) 式は抵抗のない単振動の式であるから、振動の周期 T' は次式で求められる。

$$T' = 2\pi \sqrt{\frac{Ml'^2 + I_{G_0} + I_G}{M'gl'}} = 2\pi \sqrt{\frac{Ml'^2 + I_{G_0} + M\kappa^2}{M'gl'}} \tag{8.19}$$

従って、図8.11（b）あるいは（c）に示すように、振り子式架台に模型船を載せた状態での振動の周期 T' を正確に計測すれば、全体の質量 M'、o 点から重心 G' までの距離 l' および重力加速度 g は既知であり、振り子式架台の重心 G_0 周りの慣性モーメント I_{G_0} は（8.14）式から得られるので、（8.19）式を用いて模型船の空気中環動半径 κ を求めることができる。

図8.11（b）のように、模型船を振り子式架台に振れる方向と直角方向に置いて振動の周期 T' を計測すれば、横環動半径 κ_{xx} を求めることができる。また、図8.11（c）のように、模型船の船首尾方向を振れる方向と同じ向きに置いて振動の周期 T' を計測すれば、縦環動半径 κ_{yy} を求めることができ、また、横に90度倒した状態で船首尾方向を振れる方向と同じ向きに置いて振動の周期 T' を計測すれば、船首揺れの環動半径 κ_{zz} を求めることができる。

8.2.6　模型船の重量および重心位置の調整

模型実験をする場合には、各諸量についての相似則が必要となる。

模型船の縮尺が実船の $1/n$ の場合、模型船の重量は $1/n^3$ となり、$\overline{GM}$ は $1/n$ となる。

船の前進速度は、フルード数を同じにしておく必要がある。模型船の船速を V_m、実船の船速を V_A とすれば、フルード数は次式となり、

$$F_n = \frac{V_m}{\sqrt{gL_m}} = \frac{V_m}{\sqrt{gL_A/n}} = \frac{V_A}{\sqrt{gL_A}} \tag{8.20}$$

模型船の速度は、

$$\therefore V_m = \sqrt{\frac{1}{n}} V_A \tag{8.20}'$$

となる。すなわち模型船の船速は、実船の船速の $\sqrt{1/n}$ 倍であることが分かる。

次に入射波について考えよう。模型船の波長／船長比（$= \lambda/L$）は、実船と同じにならねばならない。

すなわち、模型実験時の入射波の波長は実海域の波長の $1/n$ 倍となり、波高も同様である。

一般に、深海波の波長 λ は、波周期 T_W が与えられれば、次式で求めることができる（2.4.1節参照）。

$$\lambda = \frac{g}{2\pi} T_W^2 \tag{8.21}$$

今、（8.21）式を用いて、実海域の波長を λ_A、波周期を T_{AW} とし、模型実験時の波長を λ_m、波

周期を T_{mW} として表せば、次式のような関係が成り立つ。

$$\frac{\lambda_m}{\lambda_A}=\frac{T_{mW}^2}{T_{AW}^2}=\frac{1}{n} \tag{8.22}$$

(8.22) 式から、模型実験に用いる試験水槽の波周期 T_{mW} と実海域での波周期 T_{AW} との間には、次式のような関係にあることが分かる。

$$T_{mW}=\sqrt{\frac{1}{n}}\,T_{AW} \tag{8.23}$$

すなわち、模型実験時の波周期は実海域の波周期の $\sqrt{1/n}$ 倍となるように設定しなければならない。

模型実験での入射波の円周波数を ω_m、実海域での入射波の円周波数を ω_A とすると、入射波の模型実験時の円周波数と実海域での円周波数の比 ω_m/ω_A は次式の関係から $\sqrt{n}$ であることが分かる。

$$\frac{\omega_m}{\omega_A}=\frac{\dfrac{2\pi}{T_{mW}}}{\dfrac{2\pi}{T_{AW}}}=\frac{\dfrac{2\pi}{\sqrt{\dfrac{1}{n}}\,T_{AW}}}{\dfrac{2\pi}{T_{AW}}}=\sqrt{n} \tag{8.24}$$

また、船が波浪中を航行する場合、船と波との出会い円周波数 ω_e は、船速を V とすると次式で求められる (2.4.2節参照)。

$$\omega_e=\omega+\frac{\omega^2}{g}V \tag{8.25}$$

(8.24) 式と (8.25) 式から、模型実験時の出会い円周波数 ω_{me} は、実海域での出会い円周波数 ω_{Ae} の $\sqrt{n}$ 倍であることも分かる。

最大波傾斜は、一般に次式のように表すことができる (2.4.1節参照)。

$$k\zeta_a=\frac{\pi H_W}{\lambda} \tag{8.26}$$

したがって、波傾斜は、実船でも模型船でも変わらない。

1) 模型船の走航方法

模型実験における模型船の走航方法を次表に表す。

8.2 波浪中船体運動の水槽実験（直接法）

走航方法	走航状態	曳引車の有無	模型船の船速
自航	完全自由走航	無	あらかじめ決められた船速になるようプロペラ回転数で調整
曳航	一部の運動拘束	有	曳引車の速度で曳航

2) 模型船のガイド法

　模型船を完全自由な状態で波の中で運動させる場合を除くと、一般的に運動のガイド装置が必要となる。運動によっては他の運動からの連成影響が大きいため、ある運動を拘束すると計測する運動が大きく変わってしまう。従って、波浪中の模型実験においては、6自由度の運動を自由にすることが必要となる。

　図8.12に、最も一般的に用いられているサブキャリジ型ガイド装置の概念図を示す。サブキャリジ（Sub-carriage）型ガイド装置は、基本的には次の三要素からなっている。

① 前後揺れと左右揺れに追随し、それらの運動を計測するするサブキャリジ部（図中のS_{bx}とS_{by}）。

② サブキャリジ部と船体（ジンバル部）を連結し、上下揺れと船首揺れを計測するヒービングロット（Heaving rod）（図中H_R）。

③ 模型船内に固定されている、横揺れと縦揺れを計測するための、自在継手のジンバル（Gimbals）部。

　これらのうち、ヒービングロット（Heaving rod）部とジンバル部の重量は、模型船の排水量に含めておくことが必要となる。

　模型船の運動は重心Gでの変位として定義されるために、ジンバル部の中心点（横揺れ軸と縦揺れ軸が交差する点）は、模型船の重心G位置に一致するように設置する。

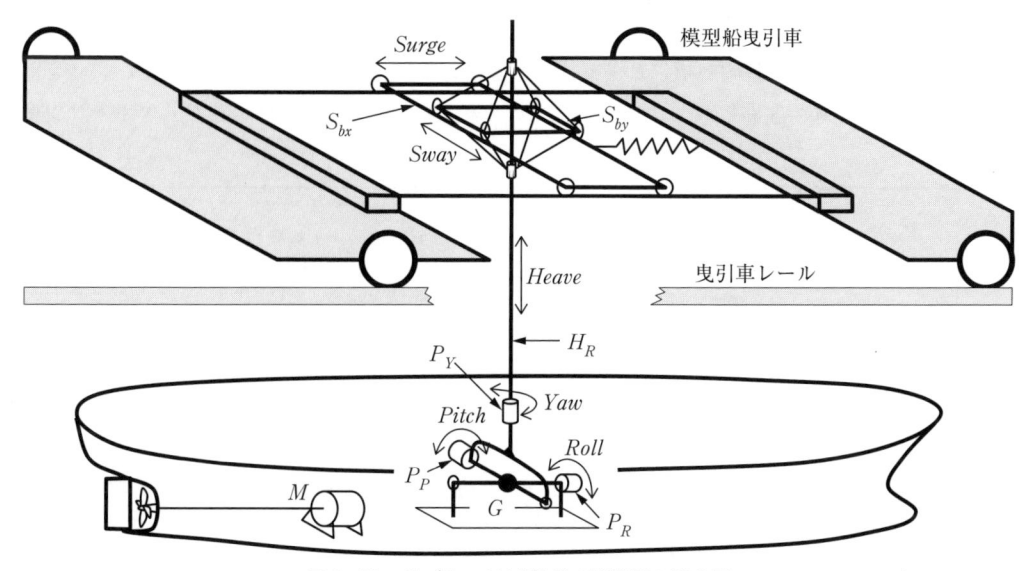

図8.12　サブキャリジ型ガイド装置の概念図

サブキャリジ型ガイド装置は、前後揺れと左右揺れに追随する2つのサブキャリジを有するため、サブキャリジの質量による慣性力が、前後揺れおよび左右揺れへの付加慣性力して働くこととなる。従って、使用する模型船の慣性力に対して、この付加慣性力の影響が無視できるようにサブキャリジの軽量化に努めなければならない。

3) 波の測定方法

試験水槽に造波した波を正確に測定することは、波浪中の模型実験の前提条件の1つである。

造波装置により発生させた進行波は、図8.13の波高計Aのように、水槽の定められた場所で計測する。この場合、定在波の影響を受けないように、造波装置から、少なくても生成波の1波長程度以上離した場所に波高計を固定することが必要である。この波高計で、波高と波周期が計測できる。

一方、電車で模型船を曳航する場合には、出会い波を、図8.13の波高計Bのように、模型曳引車に固定した波高計で波との出会い周期が計測できる。この場合、通常、模型船からの反射波の影響を受けないように、模型船の前方に設置される場合が多い。この波高計での計測結果から、入射波と船体運動との位相差を求める場合には、模型船の重心位置と波高計の測定位置までの距離 l を計測しておいて、波の位相速度を使って距離 l 相当の位相修正を行う必要がある。

4) 船体運動の計測方法

①サブキャリジ型ガイド装置を用いる運動の計測方法

波浪中船体運動の模型実験では、試験水槽の水面に実験計画に合う波を発生させ、一般的には、模型曳引車に取り付けられたサブキャリジ型の模型船ガイド装置を用いて、6自由度の船体運動を計測する。

模型船の波浪中における6自由度の運動を計測する概念図は図8.12に示した通りであるが、ここでは具体的な計測方法について言及する。

模型船の6自由度の運動は、三つの直線運動と三つの回転運動、すなわち、前後揺れ、左右揺れおよび上下揺れの直線運動と横揺れ、縦揺れおよび船首揺れの回転運動である。

模型船の前後揺れ、左右揺れおよび上下揺れの直線運動は、図8.12に示したサブキャリジ型

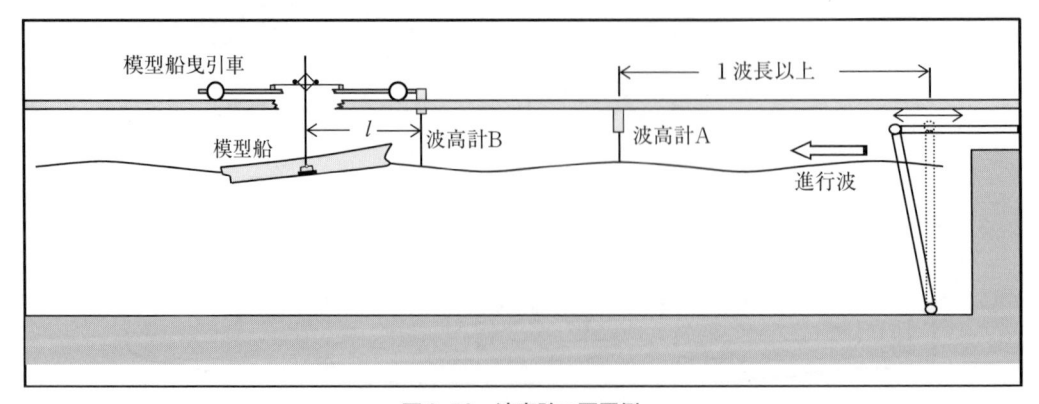

図8.13 波高計の配置例

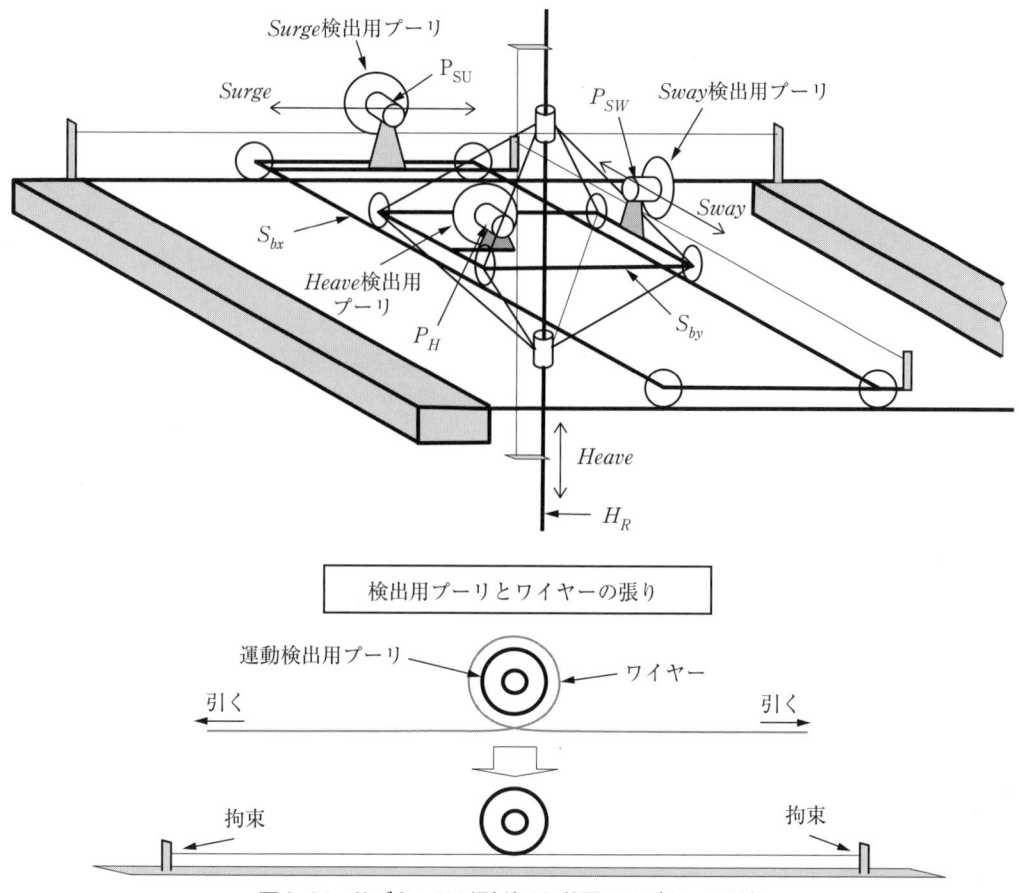

図8.14 サブキャリジ型ガイド装置のサブキャリジ部

ガイド装置のサブキャリジ S_{bx} と S_{by} の水平運動およびヒービングロット H_R が模型船の重心の直線運動に追随する動きをするので、その運動を検出することで得られる。前後揺れ、左右揺れおよび上下揺れの直線運動の検出部の概念図を示したのが、図8.14である。

直線運動の検出方法としては、ポテンショメータ（potentiometer）の回転部にV形溝のプーリを取り付け、ワイヤーを介して直線運動を回転運動に変換させるものである。ポテンショメータは機械的な直線運動や回転運動を電気的に検出するために一般的に用いられているもので、模型船の運動計測用としては、回転が滑らかなものを用いる。

模型船の横揺れと縦揺れの回転運動は、図8.12に示したサブキャリジ型ガイド装置のジンバル部によってヒービングロット部が常に鉛直方向を保つことができることから、ジンバル部の回転運動をポテンショメータ P_R と P_P によって直接計測する。

船首揺れは、ヒービングロットが上下方向に自由に動くものの水平方向への回転運動が拘束された機構をなし、その下方にポテンショメータ P_Y 介して横揺れと縦揺れを計測するジンバル部が船体に取り付けられることで、ポテンショメータ P_Y により計測することができる。

長水槽での向波中や追い波中の模型実験においては、ほとんどの場合、船首揺れを拘束しているので、計測装置のヒービングロットは水平方向への回転運動を拘束する必要がなく、従って、

円筒形のアルミ製パイプで十分である。

②光学式変位測定装置

ターゲットと称するLEDを計測する物体（試験水槽では模型船や海洋構造物）に貼り付け、その位置を連続して半導体位置検出素子PSD（Position Sensitive Detector）により計測・解析することで運動を測定するものである。

ターゲットが非常に軽量であるため、模型船の運動に対してサブキャリジ型ガイド装置のように付加慣性の影響を及ぼさないことや、ジンバルのようなものを取り付ける必要がないので、排水量の小さな模型船やジンバル部等を取り付けることが困難な場合に有効である。

光学式変位測定装置は、ターゲットとPSDとの間に一定の距離を保つことが要求されるので、その点実験時において注意を要する。また、回転運動を直接計測することができず、少なくとも二つのターゲットの横運動と縦運動から回転角を算出するため、ターゲット間の距離と模型船の重心に対するターゲットの位置を正確に測定しておく必要がある。

③その他の運動計測方法

模型実験において、波浪中の模型船の運動を模型曳引車に設置された運動測定装置等で追随できない場合や転覆実験等においては、ジャイロを用いる。ジャイロには回転角や角速度を検出するものがあるが、直線運動を直接検出することはできない。

CCDカメラを利用した画像センサは、光学式変位測定装置と同様な計測方法で直線運動を計測し回転運動を算出するものである。

5）波浪荷重等の測定方法（6）

船体構造強度の設計において、一般的に波浪垂直曲げモーメントの推定は最も重要事項であり、甲板上に大きな開口を有するコンテナ船やLG運搬船については波浪捩りモーメントに対する検討も必要である。

模型実験による波浪荷重の測定は通常分割模型船を用いて行う。模型船の分割数は、模型船の長さ方向に対して2分割、4分割あるいは7分割等があるが、船体剪断力の最大値は1／4船長付近にあり、また捩りモーメントも同様な場合もあるので、測定の目的が捩りモーメントにある場合は少なくとも4分割模型を用いるのがよい。

まず、波浪荷重測定で最も重要な事項は、実施する模型実験に適合した検力装置を設計・製作することである。

検力装置の設計にあたっては次のことに注意しなければならない。

① 曲げモーメント、捩りモーメントおよび剪断力の夫々の計測量に合わせて、計測時に夫々の間で相互干渉がないような構造にする。

② 捩りモーメントは、曲げモーメントに比べてその大きさのオーダーが1桁小さいことを考慮した構造にする。

③ 模型船の質量を含めた検力装置の固有振動数を波との出会い円周波数よりも十分高く（できれば10倍以上）なるような構造にする。

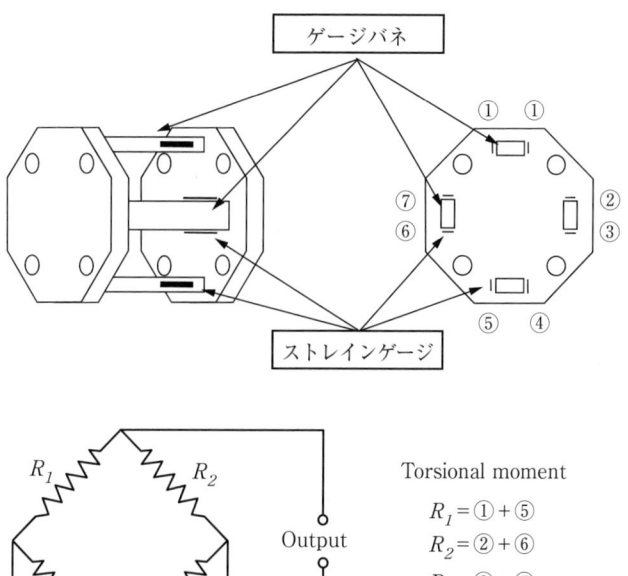

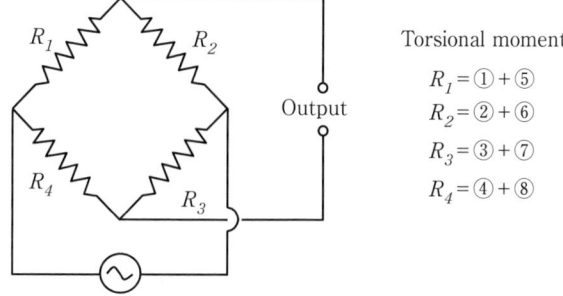

8.2 波浪中船体運動の水槽実験（直接法）

図8.15　4本柱のブロックゲージの一例

Torsional moment
$R_1 = ① + ⑤$
$R_2 = ② + ⑥$
$R_3 = ③ + ⑦$
$R_4 = ④ + ⑧$

　このような要求を全て満すような多分力の検力装置の設計ははなはだ難しく、計測の目的に合わせて3分力の検力装置を設計・製作して用いることが多い。

　検力装置の形式をいくつか列記すると、パイプゲージを用いたもの、4本柱のブロックゲージを用いたもの、板ばねゲージを組み合わせたもの、曲げモーメントは丸棒のひずみで検出し捩りモーメントは磁わい式トルクゲージを用いたものなどがある。

　検力装置の一例として図8.15に4本柱のブロックゲージの一例を示す。

　この形式の検力装置は、構造が簡単で設計も容易であり、信頼性も高く好ましい形式のひとつであるといえる。計測する各分力の間で相互干渉の少ない検力装置とするためには、工作精度の確保とともにストレインゲージの貼り方にも注意が必要である。

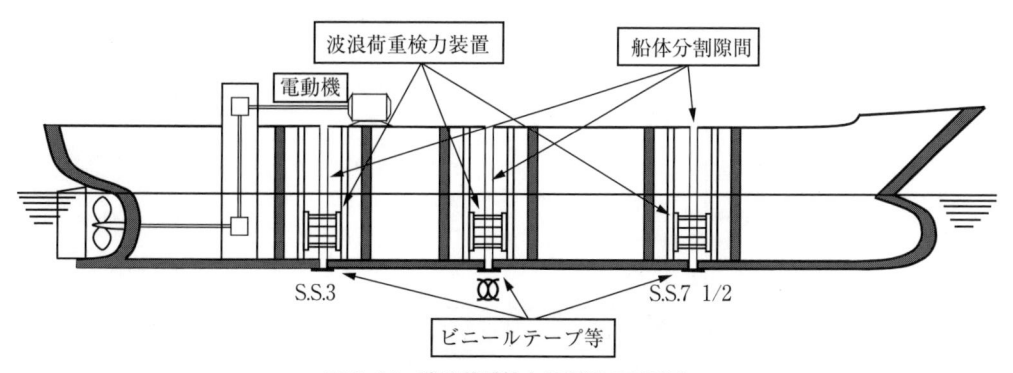

図8.16　波浪荷重検力装置等の配置例

次に、模型実験に用いる模型船は、長さ方向に必要な数に分割し、2～5 mm 程度の隙間を設けて波浪荷重検力装置で連結する。分割した船体間の隙間は柔軟なビニールテープ等を用いて水密を保つようにする。また、船体の分割数が多くなると自航モーターの配置やプロペラの駆動法についても工夫が必要である。図8.16に波浪荷重計測のための検力計の配置例を示す。

6) 不規則波中の計測方法 [2]
①不規則波の造波

規則波の造波に対して、不規則波は造波装置を不規則に作動すれば造波できるものと一般的に考えられる。しかし、模型実験に用いる規則波が、図8.3～4に示したような造波特性の情報を基に波高と波長を明確に造波・計測できるのに対して、不規則波はただ単に不規則に造波し、計測・解析すればよいわけではない。

不規則波中の模型実験の目的は、一般、ある希望した不規則波中での船体運動を検討することにあるので、実験に用いる不規則波は希望した通りに造波されなければならない。ここでいう希望する不規則波とは、有義波高と平均周期で定義される理論式で与えられるか実測された不規則波のパワースペクトルをもつ波のことを示す。

今、図8.17に示すように造波装置からxだけ離れた位置で任意の波振幅のタイムヒストリー$w_x(t)$を得るための入力信号のタイムヒストリー$v(t)$を算出することを考えてみる。

試験水槽に造波した希望するパワースペクトル$S_m(\omega_m)$を持つ不規則波の、ある場所(x点)における波高の不規則時系列を$w_x(t)$とする。そして、この不規則波を造波するために造波装置に入力する信号の時系列を$v(t)$とする。また、この入力信号$v(t)$のフーリエスペクトルを$V(\omega_m)$、

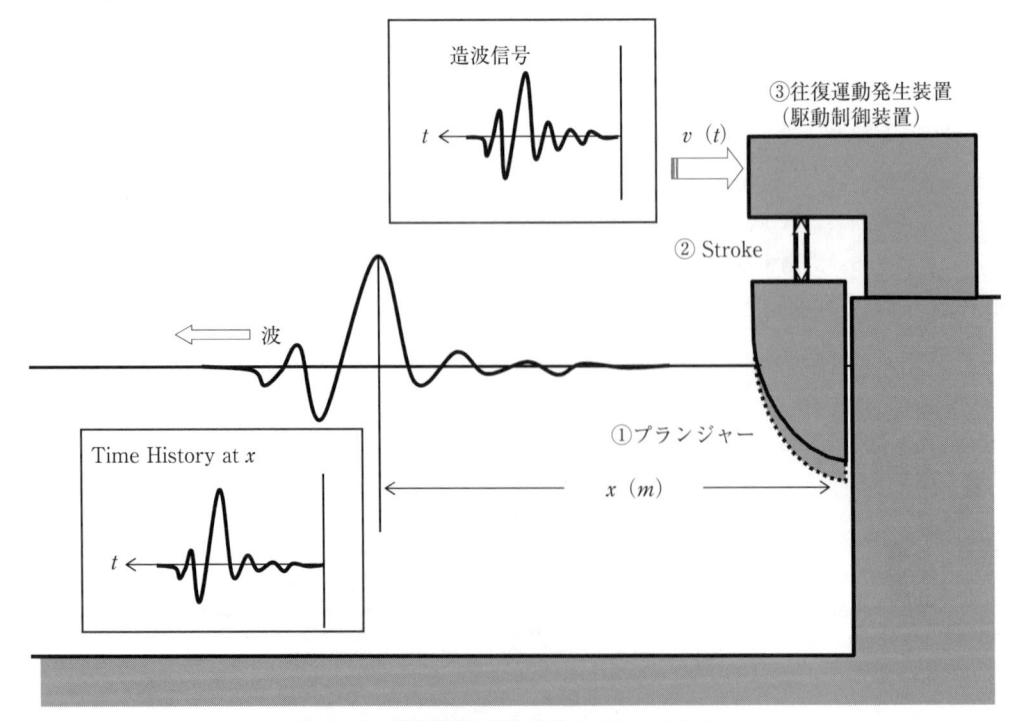

図 8.17 造波装置に関わる各タイムヒストリー

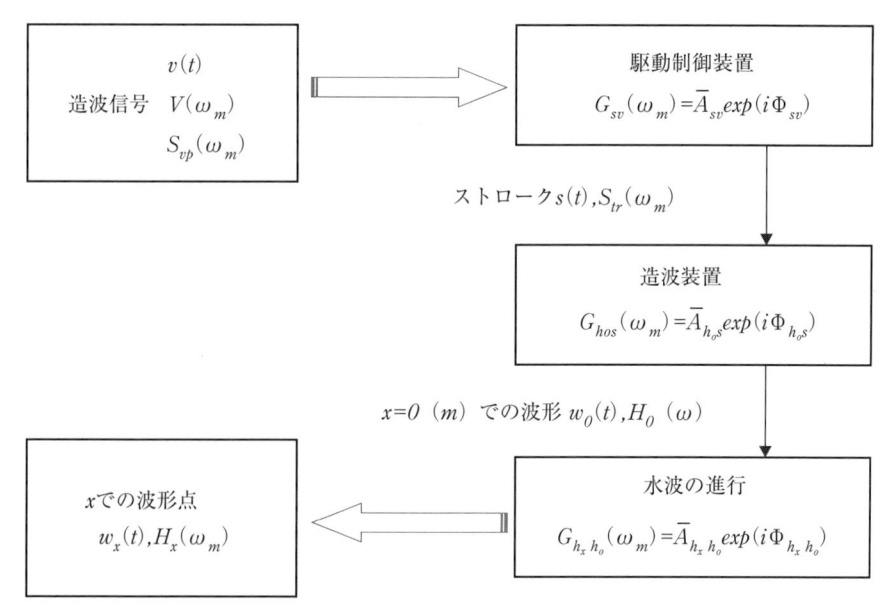

8.2 波浪中船体運動の水槽実験（直接法）

```
┌─────────────────┐           ┌─────────────────────────┐
│     v(t)        │           │      駆動制御装置        │
│ 造波信号 V(ωₘ)   │ ════════▶ │ G_sv(ωₘ)=Ā_sv exp(iΦ_sv)│
│     S_vp(ωₘ)    │           │                         │
└─────────────────┘           └─────────────────────────┘
                                         │
                              ストロークs(t), S_tr(ωₘ)
                                         ▼
                              ┌─────────────────────────┐
                              │       造波装置          │
                              │G_hos(ωₘ)=Ā_hos exp(iΦ_hos)│
                              └─────────────────────────┘
                                         │
                              x=0(m)での波形 w₀(t), H₀(ω)
                                         ▼
┌─────────────────┐           ┌─────────────────────────┐
│  xでの波形点     │ ◀════════ │      水波の進行         │
│ w_x(t), H_x(ωₘ) │           │G_{h_x h_o}(ωₘ)=Ā_{h_x h_o}exp(iΦ_{h_x h_o})│
└─────────────────┘           └─────────────────────────┘
```

図8.18 造波システム

パワースペクトルを $S_{vp}(\omega_m)$ とすると、試験水槽に発生させる不規則波の造波は、$S_{vp}(\omega_m)$ と $V(\omega_m)$ を求め、その入力信号 $v(t)$ を得ることに帰着する。

この時の造波システムのブロックダイアグラムを書くと図8.18のようになる。

図8.18において、$V(\omega_m)$、$S_{tr}(\omega_m)$、$H_0(\omega_m)$ および $H_x(\omega_m)$ は夫々 $v(t)$、$s(t)$、$w_0(t)$ および $w_x(t)$ のフーリェ変換を示し、$G_{sv}(\omega_m)$、$G_{hos}(\omega_m)$ および $G_{h_xh_o}(\omega_m)$ は駆動制御系、造波装置および造波特性の夫々の伝達関数（周波数応答関数ともいう）である。

すなわち、$w_x(t)$ あるいは $H_x(\omega_m)$ が与えられていて、$v(t)$ を求める場合を考えると、そのパワースペクトル $S_{vp}(\omega_m)$、フーリェスペクトル $V(\omega_m)$ および位相 $\Psi_v(\omega_m)$ は次式となる。

$$S_{vp}(\omega) = \frac{S_m(\omega_m)}{G_{h_xh_o}(\omega_m)^2}$$
$$V(\omega_m) = \sqrt{S_m(\omega_m)\Delta\omega_m}/[\bar{A}_{sv}\cdot\bar{A}_{h_0s}] \tag{8.27}$$

$\Psi_v(\omega)$：$0\sim2\pi$ にわたって全くランダムな一様分布

以上の関係から、次式のようにフーリェ逆変換して、不規則波発生のための入力信号 $v(t)$ が得られる。

$$v(t) = \sum_{i=1}^{N} \frac{\sqrt{2S_m(\omega_m)\Delta\omega_m}}{\bar{A}_{svi}(\omega_m)\bar{A}_{h_0si}(\omega_m)} \cos[\omega_{mi}t + \Psi_v(\omega_{mi})] \tag{8.28}$$

ここで、希望するパワースペクトル $S_m(\omega_m)$ は、以下のようにして求める。

海洋波を模擬する場合、次式のPierson-Moskowitz型（P-M型）のスペクトルが用いられる

ことが多い。

$$S(\omega) = A\omega^{-5}\exp[-B\omega^{-4}] \tag{8.29}$$

なお、風速 Um/sec の完全発達した風波では、係数 A、B は次の実験式で与えられる。

$$\begin{aligned}A_U &= 0.0081g^2, \ g = 9.8m/\sec^2 \\ B_U &= 0.74g^4 U^{-4}\end{aligned} \tag{8.30}$$

ISSC、ITTC のスペクトルでも、次式のように P-M 型を採用している。

$$\begin{aligned}A &= 0.11(2\pi)^4 H_V^2 T_V^{-4} \\ &= 0.11 H_V^2 \omega_V^4 \\ &= 173 H_V^2/T_V^4 \\ B &= 0.44(2\pi)^4 T_V^{-4} \\ &= 0.44 \omega_V^4 \\ &= 691/T_V^4\end{aligned} \tag{8.31}$$

ただし、H_V（目測波高）$\equiv H_{1/3}$（有義波高）

T_V（目測波周期）$\equiv T_0$（平均波周期）

$\omega_V \equiv 2\pi/T_V$

模型実験において、模型船と実船の寸法比を 1/n とすれば、試験水槽に発生させる不規則波は実海面の 1/n としなければならない。もちろん、試験水槽に発生させる不規則波の波高の平均値あるいは各成分波の波高については 1/n 倍、波周期は $\sqrt{1/n}$ 倍である。また、模型実験での波周波数は $\omega_m = \omega_A \sqrt{n}$ であり、$S_m(\omega_m)\Delta\omega_m = S(\omega)\Delta\omega(1/2)^{-2}$ なる関係がある。従って、(8.27)式を試験水槽内で発生させる波のスケールで書き直すと次式となる。

$$S_m(\omega_m) = A_m \omega_m^{-5}\exp[-B_m \omega_m^{-4}] \tag{8.32}$$

ただし、$A_m = A$

$B_m = B \cdot (1/n)^{-2}$ \tag{8.33}

実海面での H_V、T_V の値を与えて (8.31) 式、(8.32) 式から、また、実海面での風速あるいは風力階級に対応する風速を与えて (8.29) 式、(8.30) 式から、模型実験時の不規則波のパワースペクトル $S_m(\omega_m)$ が求められる。

②不規則波中の運動計測

模型実験時の模型船の大きさが実船の 1/100 とすれば、実海域における 30 分は模型実験時の 3

分に相当する。実船試験で波浪中の統計的性能を十分な精度で知るためには30分程度の記録が必要とされているので、不規則波発生用の信号の長さはこれの数倍用意しておいたほうが良い。一方、模型船の長さを2mとすると、フルード数$F_n = 0.15$で船速0.7m/secであるから、実海域での30分間に相当する航走距離は約130mとなる。2mの模型船を使用する水槽の長さは100m程度が多いので、不規則波中試験でその統計的性能を知ろうとするならば、航走を数回行わないと十分な長さの記録が得られないこととなる。

7）波浪中抵抗増加計測法

　波浪中を航行する船体に働く抵抗は、平水中の抵抗よりも増加する。この波浪中抵抗増加を計測するのは、模型船が波浪中で6自由度の運動を行っているので、その分、平水中の抵抗計測よりも困難が伴う。模型実験による波浪中抵抗計測の概念図を図8.19に示す。

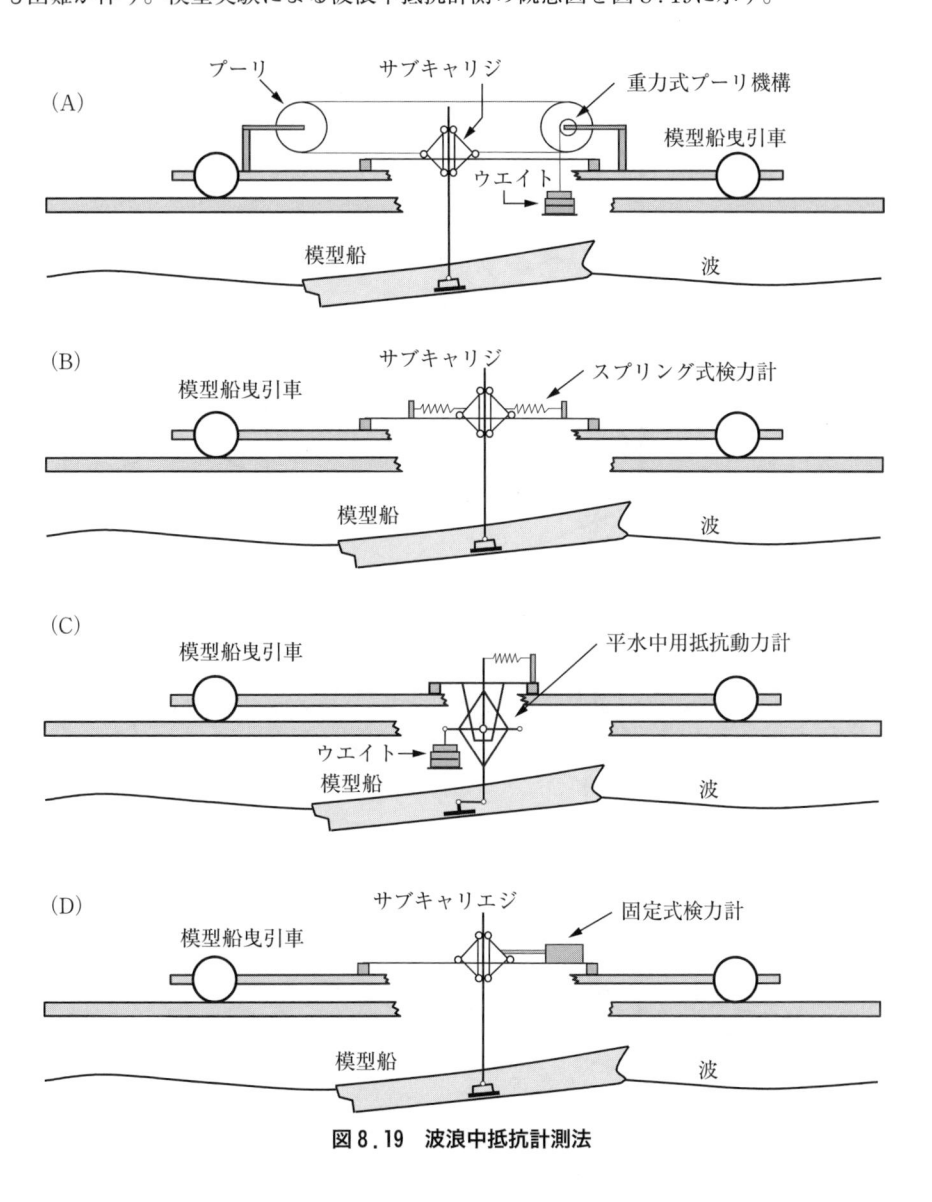

図8.19　波浪中抵抗計測法

252　　　　　　　　　　　　　　第8章　模型実験

　図8.19の（A）は、重力式抵抗動力計による波浪中抵抗計測の原理を示す。波浪中における船体の6自由度の運動を計測するサブキャリジをエンドレスプーリと連結し、重力式プーリ機構を介して錘のウエイトと船体抵抗が釣り合うような機構にしている。

　この波浪中抵抗計測を用いて模型船の平水中抵抗を計測すると、サブキャリジやプーリの抵抗等が非常に小さいとすれば、同一フルード数に対応する錘のウエイトは通常の平水中抵抗で得られるものに等しい。

　波浪中での模型実験では、平水中と同一のフルード数に対応する錘のウエイトを用いて模型船を航走させようとすると船速が低下し、その分、サブキャリジが船体後方に移動し、エンドレスプーリが時計回りの方向にゆるやかに回転する。この船速低下が波浪中抵抗増加によるものであり、錘のウエイトを増加することで同一のフルード数を得ることができる。このウエイトの増加分が波浪中の抵抗増加である。

　図8.19の（B）は、波浪中における船体の前後揺れ（Surging）がサブキャリジをスプリング

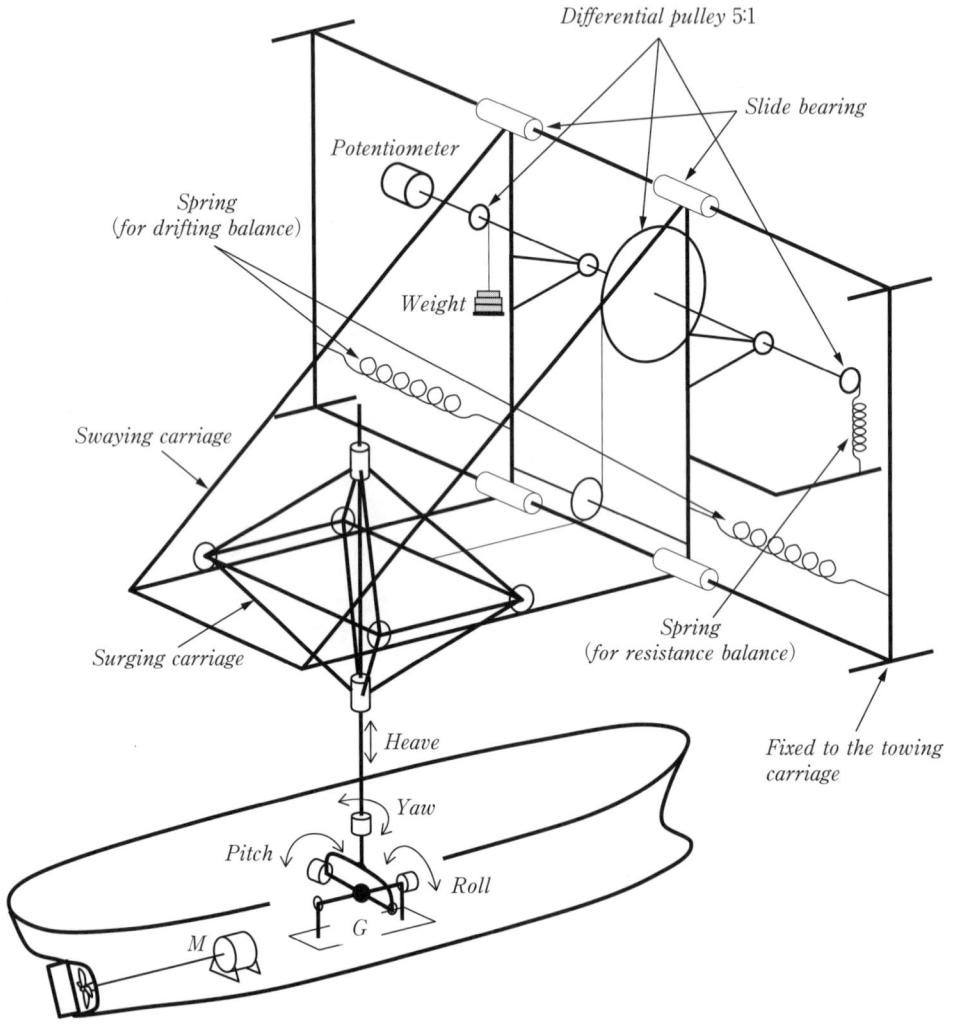

図8.20　斜め波中試験用の重錘式抵抗動力計の一例

と連結することである程度拘束されるものの、模型船はある一定の前後揺れをしながらサブキャリジと連結しているスプリングの張力によって特定のフルード数が維持できるような機構の波浪中抵抗計測の原理を示す。この時の波浪中抵抗はスプリングの変位を電気量に変換して求められる。波浪中における船体の6自由度の運動を同時に計測することも可能であるが、前後揺れをスプリングによってある程度拘束しているために、前後揺れの計測は行わない。また、サブキャリジをスプリングによって連結していることで、船体運動との共振が発生しないスプリング係数を求めることも重要である。

図8.19の(C)は、原理的には図8.19の(B)と同じであるが、平水中で用いる抵抗検力計を使用することと、図8.19の(B)に比べて船体の前後揺れが小さい場合に有効である。この計測装置では、ほとんどの運動は計測できない。

図8.19の(D)は、図8.19の(B)のスプリング係数を大にして船体の前後揺れをほとんど拘束してしまった状態と同じ機構である。従って、波浪中の抵抗は固定式検力計を用いて計測する。

図8.20に、斜め波中における船体抵抗増加の計測装置の概念図(7)を示す。

斜め波中の抵抗増加に関する実験データとしては、船体方位と重心軌跡とを一致させ、斜航角のない状態で計測されたデータの方が理論計算と対応させる上からも都合がよい。このような計測を実現するための一つの手段として工夫されたものが図8.20に示すような斜め波中試験用の重錘式抵抗動力計である。波による横漂流を抑える程度の弱いスプリングで横方向の支持をしているので、左右揺れに対してはある程度自由になっている。ただし、所定の方位を保つため当舵をしており、その分の抵抗増加も計測データに含まれているので、当舵の影響を別途評価しておく必要がある。

8.3 船体強制動揺試験と波浪強制力計測試験

波浪中船体運動を表す運動方程式の左辺の各項は、慣性力を除くとすべて流体から受ける反力であり、その流体力を実験的に求めるのが強制動揺試験である。静水中で模型船を強制的に運動させて、その反力をロードセル等の力の計測器で測ることにより、運動方程式中の主要項および連成項を求めることができ、またストリップ法等に用いられる理論計算法で得られる流体力の妥当性の検証にも用いられる。また、強制動揺試験に用いられる装置によって波浪強制力も計測ができるので合わせて説明する。

8.3.1 船体強制動揺法の考え方

試験水槽における波浪中の模型実験では、造波装置で造波した波が模型船に強制外力として作用し、模型船はこの波浪強制力を受けて6自由度の運動をする。このことは、波浪中の船体運動を引き起こすのは波浪強制力であることを意味する。この波浪強制力により運動する船体には、その船体が運動することによって流体力が働く。

船体強制動揺法とは、模型船に働く波浪強制力を機械的な強制外力に置き換えて、模型船を強制的に既知の運動をさせ、模型船に作用する流体力を推定する実験方法である。したがって船体強制動揺法の基本的な考え方は、船体運動方程式に基づいている。また波は起こさず、静水面状

態で実験を行う。

　まず、簡単のために二次元の場合について考えよう。船体の任意の横断面形状を有する二次元浮体の運動方程式は、上下揺れ（heave）、左右揺れ（sway）と横揺れ（roll）となる。これらの運動をそれぞれ単独の正弦運動として模型船に与えて、その時の強制運動方向の反力を計測する。この計測値をフーリエ級数に展開して、運動と同位相成分（正弦成分）と$\pi/2$だけ位相差のある成分（余弦成分）に分解する。正弦成分には運動方程式の慣性項と復原項が含まれており、慣性力および復原力を差し引くと付加慣性力が得られる。また余弦成分からは減衰力が得られる。また、強制運動と異なるモードの反力からは運動方程式中の連成項が得られる。

　模型船の6自由度の船体運動方程式の各流体力を求める強制動揺試験も、原理的には前述の二次元の場合と同じであるが、左右対称な船の場合には、縦運動（surge, heave, pitch）と横運動（sway, roll, yaw）は連成しないので、それぞれ独立に扱うことができる。

8.3.2　強制動揺試験装置

1）二次元模型の強制動揺試験装置

　二次元模型を使った強制動揺試験の目的は、ストリップ法で使われる二次元断面に働く流体力の理論計算結果の妥当性を検証するために行われることが多く、実験のための水槽は幅の比較的狭い水槽で行われる。水槽幅とほぼ等しい長さの二次元模型が用いられるが、水槽幅が広い場合には、二次元模型の両端にエンドプレートを設けて3次元影響ができるだけでないようにする必

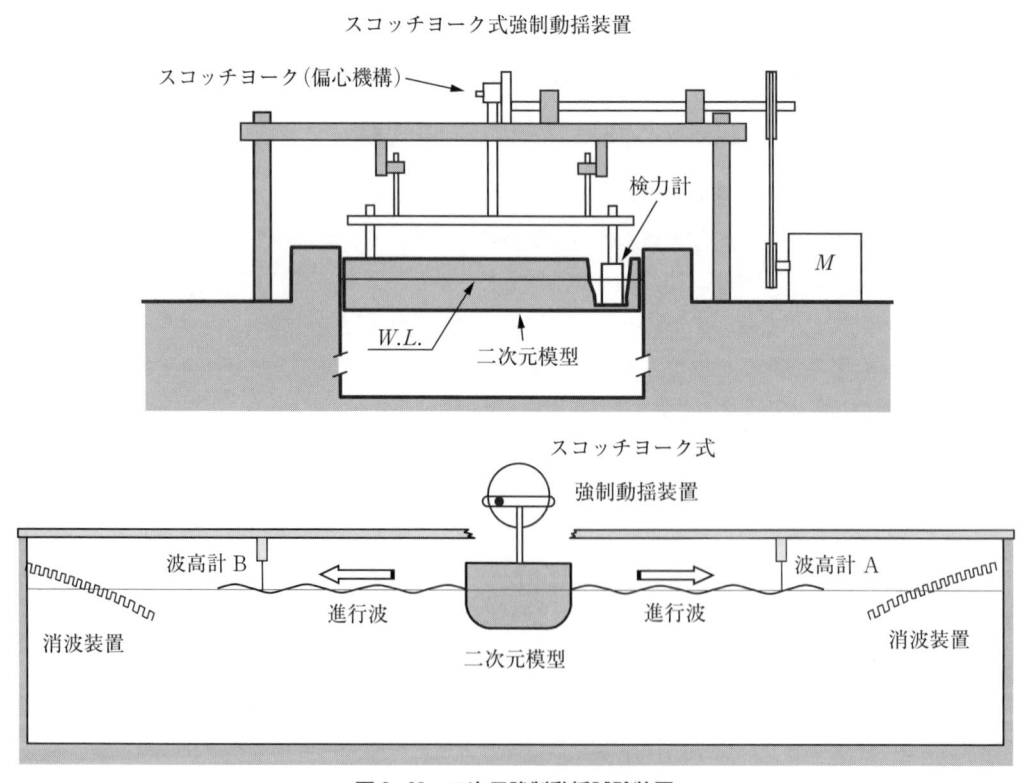

図8.21　二次元強制動揺試験装置

要がある。二次元模型の強制動揺試験装置の一例を図8.21に示す。

図8.21に示す二次元強制動揺試験装置は、強制上下揺れの試験装置の一例を示している。すなわち、モーターによる回転運動を、偏心機構（scotch yoke）を介して直線上下運動に変換し、模型船に取り付けた検力計で流体力を計測する機構となっている。強制左右揺れや強制横揺れの試験装置も、強制運動のモードが変わるだけで原理的には同じである。

2) 模型船の縦方向強制動揺試験装置

縦方向強制動揺試験では、強制的に上下揺れあるいは縦揺れをさせ、模型船に作用する流体力を実験的に求める。

図8.22に、縦方向強制動揺試験装置の一例を示す［2］。図中の（A）は、強制上下揺れ試験装置の概念図であり、モーターによる回転運動を偏心機構（scotch yoke）によって上下の直線運動に変換して模型船を上下揺れさせ、模型船に取り付けた検力計で流体力を計測する機構となっている。

図8.22の（B）は、強制縦揺れ試験装置の一例である。この試験装置では、模型船の重心を

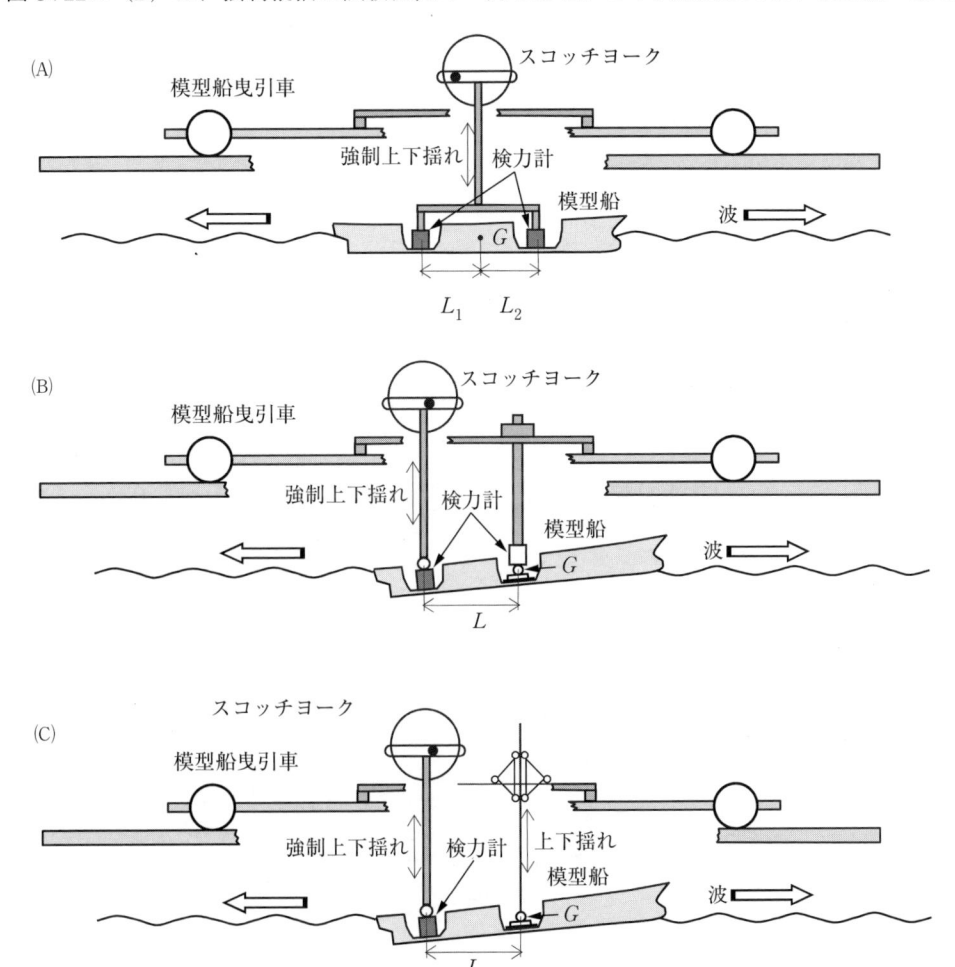

図8.22 縦方向強制動揺試験装置

固定棒の下端に検力計とヒンジ（hinge）で連結して回転運動ができるようにし、重心から後方に離れたところに設置した棒を上下に運動させて模型船に縦揺れをさせる。上下に可動する棒の下に取り付けた検力計によって計測される力に、重心から検力計までの距離を乗じて縦揺れモーメントを得る。

図8.22の（C）は、（B）の場合に重心の上下揺れを自由にした強制動揺装置であり、強制縦揺れに連成して上下揺れが発生する機構となっている。

3）模型船の横方向強制動揺試験装置（8）

横方向強制動揺試験は、模型船を強制的に左右揺れ、横揺れまたは縦揺れをさせ、模型船に作用する流体力を実験的に求める。

図8.23に模型船の横方向強制動揺試験装置の一例を示す。

この装置では、曳引車に固定される外枠（external frame）の中に、左右方向に滑動する左右揺れ機構（swaying frame）があり、その上に駆動用モーター（driving motor）および左右揺れ（Swaying）、船首揺れ（Yawing）、横揺れ（Rolling）用の3枚のギヤー（gear）が設置されている。それぞれのギヤーには偏心機構（scotch yoke）が取り付けられていて、左右揺れ機構の運動の上に船首揺れあるいは横揺れの運動を重ねることができる。左右揺れ用ギヤー軸の上部には位相設定板（phase shifter）が取り付けてあって、左右揺れと船首揺れあるいは左右揺れと横揺れの位相を変更することができる。

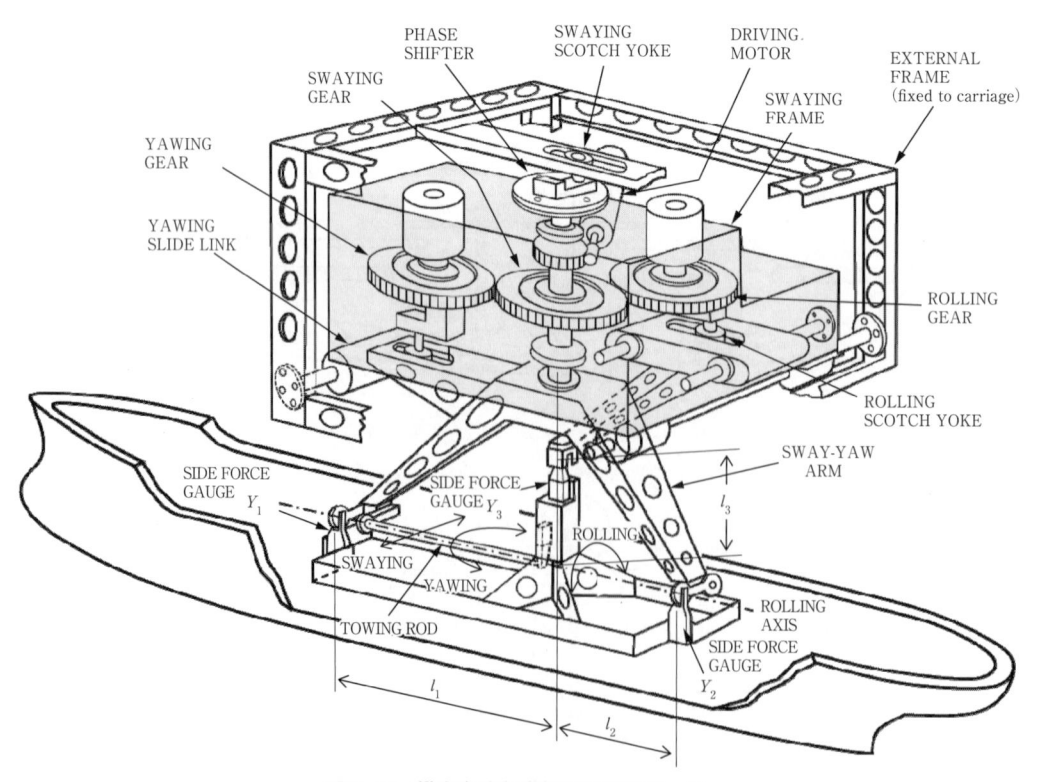

図8.23 横方向強制動揺試験装置の一例

8.3 船体強制動揺試験と波浪強制力計測試験

波浪中における模型船の運動計測では模型船重心 G に横揺れの回転軸を置くが、流体力の数値計算では一般的に水線面と船体中心線の交点まわりについて求められるので、この装置の強制横揺れ回転軸は、水線面上の船体中心線に一致するように設置する。この時、船首揺れ中心は、模型船の重心 G の前後位置と一致するように設置されるので、船首揺れ中心から前方 l_1 の位置にある検力用のゲージバネでは横方向の力 Y_1 を、後方 l_2 の位置にあるゲージバネでは横方向の力 Y_2 を、水面上 l_3 の位置でのゲージバネでは横方向の力 Y_3 を検出することになる。

従って、左右揺れ方向に作用する流体力（Sway force）、船首揺れ方向に作用する流体力（Yaw moment）ならびに横揺れ方向に作用する流体力（Roll moment）はこれらの力を合成して次式で求められる。

従って、左右揺れ方向に作用する流体力（Sway force）、船首揺れ方向に作用する流体力（Yaw moment）ならびに横揺れ方向に作用する流体力（Roll moment）はこれらの力を合成して次式で求められる。

$$\begin{aligned} \text{Sway force} \quad & F_y = Y_1 + Y_2 + Y_3 \\ \text{Roll moment} \quad & M_\phi = Y_3 l_3 \\ \text{Yaw moment} \quad & M_\phi = Y_1 l_1 - Y_2 l_2 \end{aligned} \tag{8.34}$$

4）波浪強制力の計測

波浪強制力の測定には、上述の強制動揺装置を使うことができる。強制動揺装置に取り付けた模型船に強制動揺をさせずに固定し、波をあてて、その時に模型船に働く力を計測する。また、同時に入射波の計測も行い、波浪強制力と入射波との位相も計測する。

また、一部の運動を自由にした状態での波浪強制力の計測も可能だが、装置の一部を構成する部分が運動することによる付加慣性力の影響を考慮する必要がある。

8.3.3 流体力係数の求め方

1）二次元模型の強制動揺試験の場合

上下揺れに関する強制動揺試験については、2.3.2節の中で詳細に記述されているので、ここでは省略する。

左右揺れと横揺れに関する強制動揺試験についても基本的な考え方は上下揺れと同じであるが、2.3.2節の内容に沿って、左右揺れと横揺れに関する強制動揺試験の解析法について運動方程式にしたがって説明しよう。

左右揺れと横揺れの連成運動方程式は、(4.23) 式を書き変えて (8.35) 式とする

$$\begin{aligned} (M + m_{22}(\omega))\ddot{y} + n_{22}(\omega)\dot{y} + m_{24}\ddot{\phi} + n_{24}\dot{\phi} &= F_{w2} \\ (I_{44} + m_{44}(\omega))\ddot{\phi} + n_{44}(\omega)\dot{\phi} + W \cdot \overline{GM} \cdot \phi + m_{42}\ddot{y} + n_{42}\dot{y} &= M_{w4} \end{aligned} \tag{8.35}$$

ただし、W は二次元柱状体の排水量
$\overline{GM}$ は二次元柱状体のメタセンター高さ

M は二次元柱状体の質量

I_{44} は二次元柱状体の横慣性モーメント

$m_{22}(\omega)$、$n_{22}(\omega)$ は左右揺れの付加質量と減衰力係数

$m_{44}(\omega)$、$n_{44}(\omega)$ は横揺れの付加慣性モーメントと減衰モーメント係数

$m_{24}(\omega)$、$n_{24}(\omega)$ は横揺れによる左右揺れ方向の連成項

$m_{42}(\omega)$、$n_{42}(\omega)$ は左右揺れによる横揺れ方向の連成項

F_{w2} は左右揺れ方向の強制外力

M_{w4} は横揺れ方向の強制モーメント

(8.35) 式は重心に原点をおいた運動方程式であるが、強制動揺試験では、水線と船体中心線の交点 O に横揺れ回転軸を設置して実験する場合も多い。以下にはこのような場合の計測値から重心周りの流体力係数を求める方法について説明する。(8.35) 式を O 点周りの方程式に書きかえると次式のようになる。

$$\begin{aligned}&(M+m_{22})\ddot{y}+n_{22}\dot{y}+m_{22}(\overline{OG}-l_\eta)\ddot{\phi}+n_{22}(\overline{OG}-l_w)\dot{\phi}=F_{f2}\\&(I_{44}+m_{44}-2m_{22}l_\eta\overline{OG}+m_{22}\overline{OG}^2)\ddot{\phi}+n_{22}(l_w-\overline{OG})^2\dot{\phi}+W\cdot\overline{GM}\cdot\phi\\&+m_{22}(\overline{OG}-l_\eta)\ddot{y}+n_{22}(\overline{OG}-l_w)\dot{y}=F_{f2}(\overline{OG}-l_w)\end{aligned} \quad (8.36)$$

ただし、$\overline{OG}$ は O 点から重心 G までの距離

l_η と l_w は $m_{22}(\omega)$ と $n_{22}(\omega)$ が夫々作用する点の O 点からの距離で等価レバー (equivalent lever) と呼ばれる。

F_{f2} は機械的な左右方向の強制圧力

横揺れを拘束して強制左右揺れさせた場合、検力計では左右方向の力 F_{f2} と O 点周りのモーメント M_{f2} が計測される。この場合、横揺れを拘束しているので (8.36) 式は次式のようになる。

$$\begin{aligned}&(M+m_{22})\ddot{y}+n_{22}\dot{y}=F_{f2}\\&m_{22}(\overline{OG}-l_\eta)\ddot{y}+n_{22}(\overline{OG}-l_w)\dot{y}=M_{f2}\end{aligned} \quad (8.37)$$

検力計に力の計測と同時に左右揺れの変位 y を計測する。この変位を次式で表す。

$$y=y_0(\omega)\exp(-i\omega t) \quad y_0 : real\ number$$

さらに計測された力を、フーリエ級数展開をすると次式の様に表われる。

$$\begin{aligned}F_{f2}&=F_{f20}\exp(i\varepsilon_{yF})\exp(-i\omega t) & F_{f20}&:real\ number\\M_{f2}&=M_{f20}\exp(i\varepsilon_{yM})\exp(-i\omega t) & M_{f20}&:real\ number\end{aligned}$$

ε_{yF} は左右揺れと力の位相差、ε_{yM} は左右揺れと O 点周りのモーメントの位相差を示す。これ

8.3 船体強制動揺試験と波浪強制力計測試験

らを (8.37) 式に代入すると、次式になる。

$$[-\omega^2(M+m_{22})+i\omega n_{22}]y_0 = F_{f20}\exp(i\varepsilon_{yF})$$
$$[-\omega^2 m_{22}(\overline{OG}-l_\eta)+i\omega n_{22}(\overline{OG}-l_w)] = M_{f20}\exp(i\varepsilon_{yM})$$

上式の左右両辺の実部および虚部を比較すると次の2つの式が得られる。

実部

$$-\omega^2(M+m_{22}) = \frac{F_{f20}}{y_0}\cos(\varepsilon_{yF})$$

$$-\omega^2 m_{22}(\overline{OG}-l_\eta) = \frac{M_{f20}}{y_0}\cos(\varepsilon_{yM})$$

虚部

$$\omega n_{22} = \frac{F_{f20}}{y_0}\sin(\varepsilon_{yF})$$

$$\omega n_{22}(\overline{OG}-l_w) = \frac{M_{f20}}{y_0}\sin(\varepsilon_{yM})$$

ここで、F_{20}とε_{yF}、M_{20}とε_{yM}およびy_0は実験結果から求まっているから、未知数は$m_{22}(\omega)$、$n_{22}(\omega)$、l_ηおよびl_wの4つであり、それぞれ次式で左右揺れ方程式の全ての流体力係数が求まる。

$$m_{22} = -\frac{1}{\omega^2}\frac{F_{f20}}{y_0}\cos(\varepsilon_{yF})-M$$

$$n_{22} = \frac{1}{\omega}\frac{F_{f20}}{y_0}\sin(\varepsilon_{yF})$$

$$l_\eta = \frac{1}{\omega^2 m_{22}}\frac{M_{f20}}{y_0}\cos(\varepsilon_{yM})+\overline{OG}$$

$$l_w = -\frac{1}{\omega n_{22}}\frac{M_{f20}}{y_0}\sin(\varepsilon_{yM})-\overline{OG}$$

これらの流体力係数は運動周波数の関数となるから、強制動揺試験では円周波数を変えた実験を行う。また、粘性影響の強い場合には運動振幅にも依存するので、その場合には運動振幅も変えた実験が行われる。

左右揺れを拘束した強制横揺れ試験で、全く同様な考え方で流体力係数を求めることができるが、事前に横復原力係数を計算または傾斜試験で、横慣性モーメントI_{44}を計算または空気中での実験で求めておく必要がある。また、検力計によっては、運動することによって出力がある場合もあるので、空気中で検力計の強制動揺試験を行ってチェックを行い、解析時に補正をすることが必要となる。

また、強制動揺試験時に、模型船から発散波を計測すれば、その計測値から造波減衰力成分が得られ、検力計で計測解析される減衰力と比較すると粘性影響も評価もできる。

2) 縦方向強制動揺試験の場合

波浪中における船体の上下揺れと縦揺れの連成運動方程式は、第3章の（A.1.4）式と（A.1.5）式を書き換えて（8.38）式とする。

$$A_{33}\ddot{z}+B_{33}\dot{z}+C_{33}z+A_{35}\ddot{\theta}+B_{35}\dot{\theta}+C_{35}\theta=F_{w3}$$
$$A_{55}\ddot{\theta}+B_{55}\dot{\theta}+C_{55}\theta+A_{53}\ddot{z}+B_{53}\dot{z}+C_{53}z=M_{w5}$$
(8.38)

ただし、A_{33}には模型船の質量 M が、A_{55}には縦方向の質量慣性モーメント I_{55} が含まれているとする

① 図8.22（A）の強制上下揺れ試験の場合、縦揺れを拘束しているので、（8.38）式は次式のようになる。

$$A_{33}\ddot{z}+B_{33}\dot{z}+C_{33}z=F_{f3}$$
$$A_{53}\ddot{z}+B_{53}\dot{z}+C_{53}z=M_{f5}$$
(8.39)

変位計で計測した上下揺れの変位 z、検力計で計測した上下方向の力 F_{f3} および重心 G 周りのモーメント M_{f5} を次式で表す。

$$z=z_0(\omega)\exp(-i\omega t) \qquad z_0:\text{real number}$$
$$F_{f3}=F_{f30}\exp(i\varepsilon_{zF})\exp(-i\omega t) \qquad F_{f30}:\text{real number}$$
$$M_{f5}=M_{f50}\exp(i\varepsilon_{zM})\exp(-i\omega t) \qquad M_{f50}:\text{real number}$$

上式から、（8.37）式と同様な方法で、A_{33}、B_{33}、A_{53} および B_{53} を求めると次のようになる。

$$A_{33}=[C_{33}-\frac{F_{f30}}{z_0}\cos(\varepsilon_{zF})]\frac{1}{\omega^2}$$
$$B_{33}=\frac{1}{\omega}\frac{F_{f30}}{z_0}\sin(\varepsilon_{zF})$$
$$A_{53}=[C_{53}-\frac{M_{f50}}{z_0}\cos(\varepsilon_{zM})]\frac{1}{\omega^2}$$
$$B_{53}=\frac{1}{\omega}\frac{M_{f50}}{z_0}\sin(\varepsilon_{zM})$$

ただし、上下揺れおよび縦揺れの復原力係数 C_{33} と C_{53} は計算で求めておく必要がある。また上式の A_{33} には、模型船の質量 M が含まれているので、付加質量係数を算出するためにはこれを差し引くことになる。

② 図8.22の（B）の強制縦揺れ試験の場合には、上下揺れを拘束しているので、(8.38) 式は次式のようになる。

$$A_{35}\ddot{\theta}+B_{35}\dot{\theta}+C_{35}\theta=F_{f3}$$
$$A_{55}\ddot{\theta}+B_{55}\dot{\theta}+C_{55}\theta=M_{f5}$$
(8.40)

変位計で計測した縦揺れ変位 θ、検力計で計測した上下方向の力 F_{w3} および重心 G 周りのモーメント M_{f5} を次式で表す。

$$\theta=\theta_0(\omega)\exp(-i\omega t) \quad \theta_0:real\ number$$
$$F_{f3}=F_{f30}\exp(i\varepsilon_{zF})\exp(-i\omega t) \quad F_{f30}:real\ number$$
$$M_{f5}=M_{f50}\exp(i\varepsilon_{zM})\exp(-i\omega t) \quad M_{f50}:real\ number$$

上式から (8.39) 式と同様な方法で、A_{35}、B_{35}、A_{55} および B_{55} を求めると次のようになる。

$$A_{35}=[C_{35}-\frac{F_{f30}}{\theta_0}\cos(\varepsilon_{\theta F})]\frac{1}{\omega^2}$$
$$B_{35}=\frac{1}{\omega}\frac{F_{f30}}{\theta_0}\sin(\varepsilon_{\theta F})$$
$$A_{55}=[C_{55}-\frac{M_{f50}}{\theta_0}\cos(\varepsilon_{\theta M})]\frac{1}{\omega^2}$$
$$B_{55}=\frac{1}{\omega}\frac{M_{f50}}{\theta_0}\sin(\varepsilon_{\theta M})$$

ただし、縦揺れの復原力係数 C_{55} と縦揺れから上下揺れへの連成復原力係数 C_{35} は事前に計算で求めておく。また上式の A_{55} には模型船の縦方向の質量慣性モーメント I_{55} が含まれているので、付加慣性モーメントを算出するためにはこれを差し引くことになる。

③ 図8.22の（C）の上下揺れと縦揺れの連成運動試験の場合には上下揺れと縦揺れが連成する運動状態であるので (8.38) 式をそのまま用いることとなる。

$$A_{33}\ddot{z}+B_{33}\dot{z}+C_{33}z+A_{35}\ddot{\theta}+B_{35}\dot{\theta}+C_{35}\theta=F_{w3}$$
$$A_{55}\ddot{\theta}+B_{55}\dot{\theta}+C_{55}\theta+A_{53}\ddot{z}+B_{53}\dot{z}+C_{53}z=M_{w5}$$
(8.41)

変位計で計測した上下揺れの変位 z と縦揺れの変位 θ、検力計で計測した上下方向の力 F_{f3} および重心 G 周りのモーメント M_{f5} を次式で表す。

$$z=z_0(\omega)\exp(-i\omega t)\exp(i\varepsilon_\alpha) \quad z_0:real\ number$$
$$\theta=\theta_0(\omega)\exp(-i\omega t)\exp(i\varepsilon_\beta) \quad \theta_0:real\ number$$

$$F_{f3} = F_{w30}\exp(i\varepsilon_\gamma)\exp(-i\omega t) \qquad F_{f30}: real \quad number$$
$$M_{f5} = M_{f50}\exp(i\varepsilon_\gamma)\exp(-i\omega t) \qquad M_{f50}: real \quad number$$

上式から、A_{35}、B_{35}、A_{53}およびB_{53}を求めると次のようになる。

$$A_{35} = \left\{ \begin{array}{l} C_{35} - \dfrac{F_{f30}}{\theta_0}\cos(\varepsilon_\gamma - \varepsilon_\beta) \\ + \dfrac{z_0}{\theta_0}[(C_{33} - A_{33}\omega^2)\cos(\varepsilon_\alpha - \varepsilon_\beta) - \omega B_{33}\sin(\varepsilon_\alpha - \varepsilon_\beta)] \end{array} \right\} \dfrac{1}{\omega^2}$$

$$B_{35} = \left\{ \begin{array}{l} \dfrac{F_{f30}}{\theta_0}\sin(\varepsilon_\gamma - \varepsilon_\beta) \\ - \dfrac{z_0}{\theta_0}[(C_{33} - A_{33}\omega^2)\sin(\varepsilon_\alpha - \varepsilon_\beta) + \omega B_{33}\cos(\varepsilon_\alpha - \varepsilon_\beta)] \end{array} \right\} \dfrac{1}{\omega}$$

$$A_{53} = \left\{ \begin{array}{l} C_{53} - \dfrac{M_{f50}}{z_0}\cos(\varepsilon_\gamma - \varepsilon_\alpha) \\ + \dfrac{\theta_0}{z_0}[(C_{55} - A_{55}\omega^2)\cos(\varepsilon_\beta - \varepsilon_\alpha) - \omega B_{55}\sin(\varepsilon_\beta - \varepsilon_\alpha)] \end{array} \right\} \dfrac{1}{\omega^2}$$

$$B_{53} = \left\{ \begin{array}{l} \dfrac{M_{f50}}{z_0}\sin(\varepsilon_\gamma - \varepsilon_\alpha) \\ - \dfrac{\theta_0}{z_0}[(C_{55} - A_{55}\omega^2)\sin(\varepsilon_\beta - \varepsilon_\alpha) + \omega B_{55}\cos(\varepsilon_\beta - \varepsilon_\alpha)] \end{array} \right\} \dfrac{1}{\omega}$$

ただし、復原項であるC_{55}、C_{33}、C_{35}、C_{53}は事前に計算もしくは傾斜試験等で、また、A_{33}、B_{33}、A_{55}、B_{55}は上下揺れおよび縦揺れの強制動揺実験等で求めておく必要がある。

3) 横方向強制動揺試験の場合

図8.23に示す横方向強制動揺試験装置を用いた実験の解析法についても、前述の縦方向強制動揺試験と同様にして解析して、運動方程式中の流体力係数を求めることができる。

以下に結果のみ示す。計測する力は横方向のY_1、Y_2およびY_3であり、これらの力から左右揺れ方向の力、および横揺れ方向のモーメント、船首揺れ方向のモーメントはそれぞれ次式となる。

$$\begin{aligned}
Sway \quad force \quad & F_y = Y_1 + Y_2 + Y_3 \\
& = Y_0\exp(i\varepsilon_y)\exp(-i\omega t) \qquad Y_0: real \quad number \\
Roll \quad moment \quad & M_\phi = Y_3 l_3 \\
& = M_0\exp(i\varepsilon_\phi)\exp(-i\omega t) \qquad M_0: real \quad number \\
Yaw \quad moment \quad & N_\phi = Y_1 l_1 - Y_2 l_2 \\
& = N_0\exp(i\varepsilon_\phi)\exp(-i\omega t) \qquad N_0: real \quad number
\end{aligned}$$

一例として、強制左右揺れ試験によって求まる流体力係数A_{22}、B_{22}、A_{42}、B_{42}、A_{62}、B_{62}は次式のようなる。

$$A_{22} = -\frac{1}{\omega^2}\frac{Y_0}{y_0}\cos(\varepsilon_y)$$

$$B_{22} = \frac{1}{\omega}\frac{Y_0}{y_0}\sin(\varepsilon_y)$$

$$A_{42} = -\frac{1}{\omega^2}\frac{M_0}{y_0}\cos(\varepsilon_\phi)$$

$$B_{42} = \frac{1}{\omega}\frac{M_0}{y_0}\sin(\varepsilon_\phi)$$

$$A_{62} = -\frac{1}{\omega^2}\frac{N_0}{y_0}\cos(\varepsilon_\phi)$$

$$B_{62} = \frac{1}{\omega}\frac{N_0}{y_0}\sin(\varepsilon_\phi)$$

ただし、A_{22}には模型船の質量Mが含まれているので、付加質量係数を算出するためにはこれを差し引くことになる。また、A_{42}、B_{42}には横揺れの回転中心の影響があるので、実験時の回転中心が重心位置にない場合には、重心位置補正が必要となる。横揺れと船首揺れに対しても同様な方法で流体力の計測および解析が可能である。

4) 波浪強制力の計測の場合
① 二次元断面に働く波浪強制力の場合

まず、図8.21に示すように二次元強制動揺試験装置の全ての運動を、三分力計等の検力計を介して拘束して固定し、その状態で模型に波を当てると、上下揺れ、左右揺れ、横揺れ方向に作用する波浪強制力を計測できる。また、図8.22の（A）に示す単純強制上下揺れ試験装置の上下運動を拘束した状態で、検力計を介して模型船を取り付け、水槽に発生させた波の中を航走させると、模型船に作用する波浪強制力を測定することができる。

② 模型船に働く横方向波浪強制力の場合

模型船に働く横方向波浪強制力は、縦方向波浪強制力の測定と同様に、強制動揺装置を使って、全ての運動を拘束した上で、波を当てて力を計測することによって求めることができる。

ただし、横波または斜波中での波浪強制力の測定には、入射波に対して横波中あるいは斜波中を航走させることが必要で、曳引車を有する角水槽が必要となる。

8.4 耐航性に関する諸現象の計測

波浪中を航行する船は、海象によっては大きな運動を余儀なくされ、甲板上への海水打ち込みやスラミングあるいはプロペラレーシングといった船体および運航に支障をもたらす現象に遭遇することがある。また、小型船の場合、遭遇する波との相対的な関係や甲板上への海水打ち込み等により転覆に至ることさえある。これらの現象を把握し、モデル化して理論計算法を構築し、あるいはその妥当性を検証するために様々な実験が行われている。ここでは、波浪中における船体運動に伴って発生する各種現象の中から、代表的な現象を取り上げて、その計測法について説明する。

① 船首尾あるいは船側での相対水位変動の計測法

　船首尾あるいは船側での相対水位変動の計測は、甲板上への海水打ち込み発生の判定、船底露出の判定、プロペラレーシングの判定等のために行われており、船首尾あるいは船側に取り付けた電気容量式あるいは電気抵抗線式の水位計で測定する。正確な計測をするためには、取り付けた水位計のキャリブレーション（calibration）を行っておく必要がある。

② 変動水圧の計測

　船体の横強度を検討するためには、波浪中において船体表面に作用する水圧の動的変化を調べる必要があり、模型船に圧力変換器を取り付けて船体表面に作用する変動水圧および衝撃水圧の測定が行なわれる。圧力変換器は高感度のものが要求されるが、ノイズ等を伴うこともありその対策が要求される。

　船体表面の変動水圧分布を計測するためには、一断面につき5～8個の圧力変換器を配置し、数断面について行えば全体で20～30点の多点計測となる。

③ プロペラレーシングに関する計測

　プロペラレーシングは主機の動特性をも含んだ現象であり、プロペラおよび軸系の慣性モーメント、過給機の特性、レーシングガバナーの特性など全てを満足するような模擬自航装置を製作することは不可能なので、模型実験では、ある程度近似的に模擬した状態で行わざるを得ない。それにも拘らずレーシングに関する模型実験が必要なのは、レーシングに伴うプロペラのスラスト・トルク・回転数の変動と船体運動、船速低下および海象との相関関係を明らかにし、プロペラレーシング現象の解明や運航の指針として有用なデータを提供し得るからである。

④ 甲板上への海水打ち込み量の計測

　甲板上への海水打ち込み水については、波浪中における復原性あるいは構造強度等の安全性を確保する観点から重要な項目の一つであるが、その挙動が非常に強い非線形性を伴う複雑な現象のために、模型実験に頼らざるを得ないのが現状である。

コラム　IMOの横波中模型実験法ガイドライン

　IMOでは、その非損傷時復原性基準のひとつ、ウェザークライテリオンの適用に際し、そこで経験式により求めている風圧傾斜モーメントや同調横揺れ角を模型実験で求めることも認めている。そしてその模型実験のガイドラインを定めている。その内容の概略は、船舶海洋工学シリーズ①「船舶算法と復原性」の付録5.5と5.6に紹介されている。この実験は条約にもとづく強制基準の一部として行われるため、実験の詳細がガイドラインに規定され、その実施について主管庁（日本船籍船では国土交通省）の承認を得なければならない。具体的には、模型船のGMの設定は実船のそれとの誤差を2％以下または模型スケールでの誤差1mm以下とすること、横揺れ固有周期の誤差は2％以下、水槽内実験使用領域内での波高と波周期の空間的変動は±5％以下などと定量的な要件がある。

参考文献

1. 竹沢誠二：耐航性に関する水槽試験法と実船試験法、日本造船学会「耐航性に関するシンポジウム」テキスト、pp181-216、昭和44年7月
2. 竹沢誠二、梶田悦司、高橋　進：第Ⅲ編第1章　耐航性に関する動的船型試験法、日本造船学会「第2回耐航性に関するシンポジウム」テキスト、pp83-108、昭和52年12月
3. （社）日本造船学会　海洋工学委員会性能部会：実践　浮体の流体力学　後編－実験と解析、株式会社成山堂書店、平成15年4月
4. Kashiwagi, M.：Prediction of Surge and Its Effect on Added Resistance by Means of the Enhanced Unified Theory, Trans. of West-Japan Soc. Nav. Arch., No.89, pp77-89, 1995
5. 慎　燦益、石井仙治、大野吉造、近藤公男、東條　毅：模型船重心測定の一方法について、長崎造船大学研究報告第17巻第2号、pp7-11、昭和52年2月
6. 池上国広：波浪中における船体捩りモーメントおよび曲げモーメントの計測結果、日本造船学会論文集第136号、pp291-297、昭和49年12月
7. 藤井　斉、高橋　雄：肥大船の波浪中抵抗増加推定法に関する実験的研究、日本造船学会論文集第137号、pp132-137、昭和50年6月
8. 藤井　斉、高橋　雄：強制動揺法による横方向運動方程式の係数の計測結果、日本造船学会論文集第130号、pp131-140、昭和46年12月

欧文索引

【A行】
added resistance ……………… *141*
Amplitude function ………… *149*
Auto-correlation function …… *157*
Auto-spectrum ……………… *157*

【B行】
Bow Chock ………………… *203*
Bow Height ………………… *205*
broaching …………………… *135*
Bulwark Top ………………… *203*

【C行】
calibration ………………… *229*
centrifugal force …………… *32*
CFD：Computational Fluid
　　　　Dynamamics ……… *5*
coefficient of restitution ……… *22*
collision …………………… *20*
common logarithm ………… *194*
coordinate system …………… *11*
critical angle ………………… *143*

【D行】
deliberate speed loss ………… *167*
Designed Trim ……………… *206*
Diffraction force ……………… *43*
Diffraction problem ………… *44*
dispersion relation …………… *59*

【E行】
E.U.T. ……………………… *225*
elementary wave …………… *141*
encounter circular frequency
　　　…………………………… *63*
Equation of motion ………… *11*
equivalent lever …………… *258*
Evanescent wave …………… *51*
external force ……………… *12*

【F行】
F. P. ………………………… *206*
Fall out or Flaring …………… *202*
Faltinsen …………………… *86*

Forecastle Deck Side Line … *203*
Fourie transform …………… *157*
Frequency resuponse function
　　…………………………… *55*
Froude・Krylov force ……… *53*

【G行】
Gauss distribution ………… *177*
Gerritsma …………………… *144*
Gimbals …………………… *243*
GM ………………………… *131*
green sea or green water … *203*
group velocity ……………… *63*
GZ …………………………… *125*

【H行】
Hatch Covers ……………… *209*
Hatchway ………………… *209*
Hatchway coamings ………… *209*
heave-to ……………………… *2*
Heaving rod ………………… *243*

【I行】
IACS ………………………… *189*
ICLL66 ……………………… *205*
IMO ………………………… *209*
impulse ……………………… *20*
Inclining Test ……………… *235*
Integro differential equation … *44*
International Convention on Load
　　　Lines 1966 ………… *205*
involuntary speed loss ……… *166*

【K行】
Kelvin ……………………… *142*
Kelvin wave ………………… *143*
Kochin Function …………… *149*

【L行】
Lee Side …………………… *198*
Local wave ………………… *51*
long-crested irregular waves
　　…………………………… *161*

【M行】
maximum wave slope ……… *61*
Mean value ………………… *176*
Michell transform ………… *146*
momentum ………………… *20*
MSC ………………………… *209*
MSI ………………………… *220*

【N行】
N.S.M. ……………………… *225*
natural logarithm …………… *194*
natural period ……………… *17*
nominal speed loss ………… *166*
normal probability density
　　　function …………… *177*

【O行】
O.S.M. ……………………… *225*

【P行】
P. D. F: Probability Density
　　　Function …………… *176*
Parametric rolling ………… *133*
phase velocity ……………… *60*
potentiometer ……………… *245*
progressive wave …………… *63*

【R行】
Radiation force ……………… *43*
Radiation problem ………… *44*
resistance increase ………… *141*
resonance …………………… *1*
resonant circular frequency … *17*
Ring wave ………………… *143*

【S行】
scotch yoke ………………… *229*
sea margin ………………… *141*
seakeeping …………………… *1*
ship dynamics ……………… *11*
short-crested irregular waves
　　…………………………… *161*
significant wave height …… *183*
Sinkage …………………… *204*

SLF ……………………… 209
SOLAS …………………… 8
Standard deviation ………… 175
STFM ……………………… 86
Sub-carriage ……………… 243
Summer Freeboard ………… 206

【T行】
The Least Moulded Depth … 206
transient wave …………… 164
Trim ……………………… 204

【V行】
variance ………………… 175
voluntary speed loss ……… 167

【W行】
Walden …………………… 189
Waterline ………………… 206
wave amplitude …………… 58
wave celerity …………… 60
wave circular frequency …… 58
wave height ……………… 4

wave length ……………… 58
wave mean period ………… 183
wave number ……………… 58
wave steepness …………… 61
Weather Side ……………… 198
WMO ……………………… 184

【Z行】
zero crossing wave period … 183

和文索引

【ア行】

Ursell-田才法 ·············· 83, 84
青波 ························· 203
アンチローリングタンク ········· 118
意識的減速 ·················· 167
位相差 ·················· 17, 45, 52
位相速度 ····················· 60
位置エネルギー ················ 65
一自由度横揺れ方程式 ········ 121
イッシャーウッド ·············· 169
インターセプター ·············· 120
ウェザークライテリオン ······ 264
うねり ······················ 160
運航限界 ············ 168, 217, 219
運動エネルギー ················ 65
運動の跳躍 ···················· 6
運動方程式 ················ 4, 5, 11
運動量保存則 ·················· 21
運動量 ····················· 20, 21
A波系 ······················ 147
SI系 ························ 26
χ2分布 ····················· 179
n次モーメント ··············· 178
エネルギー保存則 ·············· 21
円周波数 ··················· 17, 45
遠心力 ······················· 32
円筒波 ················ 141, 142, 143
追波 ························ 2, 6
応答曲線 ······················ 6
オートスペクトル ············· 157

【カ行】

重み関数 ············ 148, 149, 150
海上安全委員会 ··············· 209
海水打ち込み（打込み） ······ 2, 138
海水打込み限界波高 ········· 203, 204, 205
海水打ち込み水 ··············· 264
回転運動 ················ 1, 2, 4, 5, 28
ガイド装置 ········ 243, 244, 245, 246
外力 ····················· 1, 2, 12
ガウス関数 ··················· 159
ガウス分布 ··················· 177

夏期乾舷 ···················· 206
夏期満載喫水線 ·········· 207, 208
角水槽 ······················ 226
角度特性 ···················· 162
確率過程 ················ 175, 177
確率密度関数 ······ 159, 175, 176, 177
舵減揺装置 ·················· 120
可動錘 ······················ 118
過渡水波 ···················· 164
乾舷 ······· 187, 203, 204, 206, 208,
慣性項 ············· 107, 112, 254
慣性座標系 ···················· 11
慣性モーメント ·········· 5, 29, 30
慣性力 ······················· 5
間接法 ······················ 226
完全自由走航 ················ 243
完全弾性衝突 ················· 21
環動半径 ················ 31, 108
慣動半径 ···················· 108
危険回避 ···················· 167
規則波 ················ 4, 20, 41
期待値 ······················ 175
喫水線 ·············· 206, 207, 235
キャリブレーション ············ 229
共振曲線 ······················ 6
強制外力 ···················· 253
強制動揺実験 ··········· 46, 262
強制動揺試験 ················ 253
局所波 ······················ 143
空間固定座標系 ············ 62, 63
空気式 ······················ 227
空気巻き込み衝撃 ············· 212
組み立て式推定法 ············· 112
群速度 ······················· 64
計画トリム ··················· 206
傾斜試験 ···················· 235
傾斜衝撃 ···················· 212
Kc数 ······················· 111
K2波 ······················ 142
K1波 ······················ 142
ケルビン波 ·············· 142, 143
限界角 ················· 143, 144
舷弧 ··················· 205, 207

減衰力 ······················· 18
減滅曲線 ···················· 110
減滅係数 ·············· 109, 110
減滅係数 B_{44} ················ 111
減滅係数 N ·················· 111
検力装置 ···················· 246
光学式変位測定装置 ·········· 246
工学単位系 ················ 26, 27
コークスクリュー ··············· 6
コーシー分布 ················· 179
国際海事機関 ················ 209
国際単位系 ················ 26, 27
国際満載喫水線条約 ·········· 205
Kochin関数 ················· 150
弧度法 ······················· 30
固有周期 ··············· 1, 2, 3, 5
固有周波数 ··············· 88, 108

【サ行】

サーボ式波高計 ··············· 230
最小型深さ ··················· 206
最小船首高さ ················ 205
最大波傾斜 ················ 61, 83
砕波限界 ····················· 61
座標系 ····················· 1, 14
サブキャリジ ················· 243
サブキャリジ型ガイド装置 ··· 243
左右揺れ ·············· 1, 3, 11, 259
シアー ··················· 205, 207
C波系 ······················ 147
シーマージン ················· 141
自己相関関数 ················· 157
仕事 ························· 22
仕事率 ······················· 22
自然減速 ···················· 166
自然対数 ···················· 194
実海域 ················· 161, 165
実船 ·············· 3, 4, 108, 113, 225
シミュレーション ·············· 163
ジャイロ ····················· 236
尺度影響 ···················· 113
斜航抵抗 ···················· 170
周期 ················ 1, 2, 3, 4, 151, 154
周期的特異点 ················· 141

自由振動 …………………… 15
重錐式抵抗動力計 ………… 252
周波数領域 …………… 157, 162
自由横揺れ試験 ……… 110, 111
重力加速度 ………… 19, 26, 27
重力式抵抗動力計 ………… 252
主機特性 …………………… 166
周波数応答関数 …… 55, 175, 249
周波数伝達関数 …………… 231
衝撃荷重 …………………… 212
衝撃水圧 …………………… 264
上下動揺平板 ……………… 119
上下揺運動方程式 …………… 41
衝突 ………………………… 20
消波装置 …………… 227, 233
正面衝撃 …………………… 212
常用対数 …………………… 180
深海波 ………………… 59, 241
進行波 ………………… 59, 67
深水波 ……………………… 227
ジンバル部 ………………… 243
振幅 ……………… 3, 4, 5, 6, 8
振幅関数 …………………… 149
振幅比 ………… 48, 49, 50, 83, 92
吸い込み …………………… 73
水面張力 …………………… 234
スラミング ………………… 211
スケグ ……………… 112, 118
スタイナーの公式 …………… 30
スタイナーの定理 …………… 32
ストークス理論 ……………… 61
ストリップ断面 ……… 199, 200
ストリップ法 ………………… 86
ストローク ………………… 231
スプレー …………………… 205
スペクトラム ………… 163, 165
スペクトル ………………… 157
スミス効果 ………… 129, 130
スラミング ………………… 211
正規確率密度関数 ………… 159
正規分布 …………… 178, 179
積分微分方程式 ……………… 44
ゼロクロス波周期 ………… 183
船型改良 …………………… 225
線形理論 …………………… 5, 6
前後揺れ ……………… 1, 11, 252
船首海水打ち込み ………… 168

船首垂線 …………………… 206
船首高さ …………………… 206
船首尾底衝撃 ……………… 197
船首部スラミング ………… 211
船首フレア衝撃 …………… 212
船首揺れ …………… 1, 88, 256
船首揺れの環動半径 ……… 241
船首楼 ……………………… 208
船首楼甲板船側線 ………… 203
船速 ………………………… 4
船体運動 …………… 1, 11, 79
船体強制動揺法 …………… 253
船体固定座標系 …………… 93
船体沈下 …………………… 204
船底スラミング …………… 211
船尾スラミング …………… 211
船尾楼 ……………………… 203
相似則 ……………………… 241
操舵 ………………… 135, 165
相対水位変動 ……………… 197
造波機ストローク ………… 231
造波減衰力 ………………… 48
造波減衰力係数 …………… 47
造波減衰力成分 …………… 260
造波成分 …………………… 113
造波装置 …………………… 227
造波抵抗 …………………… 72
造波特性曲線 ……………… 230
素成波 ……………………… 142

【タ行】

耐航性能 ………………… 1, 53
耐航性能試験 ……………… 226
対数正規分布 ……………… 180
タイムヒストリー ………… 248
縦運動 ……………………… 254
縦環動半径 ………………… 108
縦揺れ ……………… 1, 81, 91
単位系 ……………………… 26
短期予測 …………………… 186
単振動 ………………… 28, 240
短波頂不規則波 …………… 161
踟躇 ………………………… 2
Timman-Newman の関係 …… 86
超音波式 …………………… 229
長期予測 …………………… 186
長波頂不規則波 …………… 161

直圧力成分 ………………… 116
直接法 ……………………… 230
追波中復原力喪失現象 …… 131
出会い円周波数 …………… 62
出会い周期 ………………… 4
D 波系 ……………………… 147
抵抗推進性能 ……………… 225
抵抗増加 …………………… 141
抵抗増加寄与率 …………… 148
定常状態 ………… 82, 91, 123
ディフラクションポテンシャル
 ………………………… 200
ディフラクション力 ……… 43
デッキ・イン・ウオータ … 138
デルタ関数 ………………… 158
電気容量式 ………………… 229
転覆 ………………………… 8
統計的予測 ………………… 175
同調 ………………… 1, 126
同調円周波数 ……………… 17
動的水位変動 ……………… 197
特異点 ……………………… 73
特異点分布法 ……………… 83
特殊ビルジキール ………… 119
度分法 ……………………… 30
トリム ……………… 93, 119
トリムタブ ………………… 119

【ナ行】

斜め追波 …………………… 127
斜め向波 ……………… 2, 202
波円周波数 ………………… 58
波数 ………………………… 58
波傾斜 ……………………… 122
波周期 ……………………… 123
波振幅 ……………………… 4
波岨度 ……………………… 60
波の運動エネルギー ……… 67
波の速度ポテンシャル … 51, 53, 65
波乗り ……………… 136, 137
波粒子速度 ………………… 69
二次元浮体 ……… 40, 143, 254
二次元浮体の運動 ………… 40
入射波あり浮体固定問題 … 44, 51, 52
入射波なし強制動揺問題 … 44,

　　　　　　　　　　　　　　45, 52
入射波の波振幅 ･････････････････ 197
ニュートンの三法則 ･･･････････ 11
入力信号 ･････････････ 231, 232, 248
入射波の攪乱 ･･････････････････ 200
熱雑音 ･･･････････････････････････ 160
粘性影響 ･････････････ 109, 259, 260
燃料投入量 ･･･････････････ 165, 166

【ハ行】

バウチョック ･･････････････････ 203
暴露甲板 ･･･････････ 130, 206, 207
波源 ･･････････････････････････････ 142
波高 ･･･････････････････････････ 4, 58
波高計 ･･･････････ 227, 229, 230, 232
波高測定 ･･････････････････････ 231
波数 ･･････････････････････ 54, 58, 60
Haskind-Newman の関係式 ････ 53
波長 ････ 4, 20, 41, 42, 43, 58, 59,
　　　　　60, 61
発散波 ･･･ 45, 47, 49, 50, 52, 150,
　　　　　260
発散波振幅比 ･･･ 47, 48, 49, 52, 53
ハッチ ････････････････････････････ 209
ハッチカバー ･････････････････････ 209
ハッチカバーの最小設計荷重
　　　　　･･････････････････････････ 209
ハッチカバーの設計荷重 ････ 209
ハッチコーミング ･･･････････ 209, 210
ハッチの位置 ･････････････ 209, 210
Havelock 型 ････････････････････ 146
パラメトリック横揺れ ････････ 133
馬力 ････････････････････････････････ 27
馬力余裕 ･････････････････････････ 141
波浪荷重 ･･･････････････････ 211, 246
波浪強制力 ･･･････････････････ 5, 41, 52
波浪強制力計測試験 ･･････････ 253
波浪中抵抗増加 ･･･････････ 141, 251
波浪発現頻度表 ･･････････ 186, 188
パワー ･･･････････････････････････ 22, 27
パワースペクトル ･･････････････ 248
反射波 ･･････････････････ 232, 233, 244
半幅喫水比 ････････････････････････ 49
半導体位置検出素子 ･･････････ 246
反発係数 ････････････････････････ 21, 22
ピアソン・モスコビッツ ････ 159
B 波系 ･･････････････････････････ 147

ヒービングロット ･･････････ 243
微小波高理論 ･････････････････ 4
微小振幅理論 ････････････････ 12
ピストン型 ････････････････････ 227
非線形 ･･･････････････ 4, 5, 124, 137
非線形ストリップ法 ････ 6, 86, 87
非損傷時復原性基準 ･････ 8, 264
ビューフォート風力階級 ･･･ 183
標準偏差値 ････････････････････ 175
表定乾舷 ･･･････････････････････ 209
漂流力 ･････････････････････････ 152
ビルジキール ･･････ 108, 115, 118
ビルジキール成分 ･･･････････ 115
ビルジキールの抗力係数 ･･ 111
フィンスタビライザー ･････ 119,
　　　　　120
風圧力 ･････････････････････ 168, 170
フーリエ級数 ･･････････････････ 154
フーリエスペクトル ･･･････ 249
フーリエ変換 ･･････････････ 55, 157
付加慣性モーメント ････ 107, 261
付加質量係数 ･････････ 49, 51, 263
付加質量力 ･･････････････ 5, 51, 81
不規則波 ･････ 63, 154, 157, 158,
　　　　　183
吹き出し ････････････････････ 73, 74
復原項 ･････････････････････････ 81
復原性と満載喫水線および漁船の
　安全性に関する小委員会 ･･ 209
復原力 ･････････････････････ 12, 15
復原力係数 ････････････････････ 5
複素関数 ･････････････････････ 91
複素振幅 ･･････････････････････ 17
藤井－高橋修正 ･････････････ 144
物理振子 ･････････････････････ 237
船酔い ･･････････････････････････ 220
船の質量 ･････････････････････ 237
船の排水量 ･･････････････････ 237
フラップ式造波装置 ･･･････ 227
プランジャ式 ･･････････････ 228, 229
プランジャ式造波装置 ･････ 229
振り子式架台 ･････････････ 238, 239
フルード・クリロフ・モーメント
　　　　　･･･････････････････ 121, 122
フルード・クリロフ力 ･････ 53
フルード数 ･･･････････････ 75, 241
ブルワーク・トップ ････････ 203

フレア ･･････････････････････････ 202
ブローチング ･･････････････････ 135
ブローチング現象 ･･････ 135, 136
プロペラ没水深度 ･･････････ 219
プロペラレーシング ･･････ 217
プロペラレーシング現象 ･･ 219
分散関係式 ･･･････････････ 48, 59
分散値 ･･････････････････････････ 175
平均周期 ････････････････････････ 248
平均値 ･･････････････････････････ 175
平均波周期 ･･････････････････ 183
平行軸の定理 ･･･････････････ 31
並進運動 ･･･････････････････ 1, 2, 4
偏心機構 ･････････････････ 229, 255
変動水圧 ･･･････････････････ 264
ポアソン分布 ･････････････ 179, 180
放射問題 ････････････････････ 45
ポーポイジング ･････････････ 6
ポテンシャル理論 ･･････････ 83
ポテンショメータ ･････････ 245

【マ行】

Michell 型 ････････････････････ 146
摩擦角 ･･････････････････････････ 38
摩擦成分 ･･･････････････････････ 112
マシュー方程式 ･･･････････ 134
丸尾の理論 ････････････････････ 144
満載喫水線規則 ･･････････ 205〜209
見掛け質量 ････････････････ 5, 44
見掛けの慣性モーメント ･･ 107
ミッチェル変換 ･･･････････ 146
向波 ･･･････････････ 2, 4, 6, 8, 82, 83
メタセンター高さ ･･････････ 237
面積比 ･･･････････････････････ 49
模型実験 ･･･････････････････ 225
模型船 ･･････････････････････ 225

【ヤ行】

有義波高 ･･･････････････････ 183
有効乾舷高さ ･･････････････ 204
有効波傾斜係数 ･･･････････ 122
揚力成分 ･････････････････ 109, 115
余弦成分 ･･････････････････ 254
横運動 ･･････････････････････ 1, 254
横環動半径 ･･････････ 31, 107, 108
横波 ･････････････････････････ 2, 121
横波中線形横揺れ ･･････････ 123

横波中非線形横揺れ………124
横波中模型実験法ガイドライン
　………………………264
横方向強制動揺試験………256
横揺れ…………2, 31, 57, 107
横揺れ減衰力………………108
横揺れ減滅係数……………109
横揺れ固有周期…2, 3, 6, 8, 127
予備浮力……………………208

【ラ行】
裸殻の造渦成分……………114
ラディエーション力………43
ランダム位相………………163
力積…………………………20
流体力微係数………………95
ルイスフォーム……………48
流体力係数………41, 81, 83, 257
レイノルズ数………………225

レーリー分布………………179
連成影響…………………1, 243
連成項…………………81, 253

【ワ行】
ワルデン……………………189

著者略歴

池田　良穂（いけだ　よしほ）工学博士
  1978. 3　大阪府立大学大学院工学研究科博士後期課程修了
  1978. 4　大阪府立大学工学部船舶工学科助手
  1995.12　大阪府立大学工学部海洋システム工学科教授
  2011. 4　大阪府立大学工学部研究科長・工学部長
  2015. 3　大阪府立大学退職：大阪府立大学名誉教授、特認教授
  2015. 4　大阪経済法科大学客員教授

梅田　直哉（うめだ　なおや）工学博士
  1982. 3　大阪大学大学院工学研究科造船学専攻博士前期課程修了
  1982. 4　農林水産省入省　水産庁水産工学研究所研究員
  1996. 1　水産庁水産工学研究所船体性能研究室長
  1999. 4　大阪大学大学院工学研究科助教授
  2007. 4　大阪大学大学院工学研究科准教授
  2016. 4　大阪大学大学院工学研究科教授

慎　燦益（Chanik SHIN: しん　ちゃんいく）工学博士
  1974. 3　九州大学大学院工学研究科修士課程修了
  1993. 4　長崎総合科学大学（旧長崎造船大学）工学部船舶工学科教授
  1998. 4　工学研究科長
  2015. 3　長崎総合科学大学退職
  2015. 4　有限会社実用技術研究所所長
  2015. 5　長崎総合科学大学名誉教授

内藤　林（ないとう　しげる）工学博士
  1975. 2　大阪大学大学院工学研究科造船学専攻博士課程（単位取得退学：工学博士）
  1975. 3　大阪大学工学部助手
  1986. 5　大阪大学工学部助教授
  1995. 9　大阪大学工学部教授
  2008. 3　大阪大学退職：大阪大学名誉教授

船舶海洋工学シリーズ❺

せんたいうんどう たいこうせいのう しょきゅうへん
船体運動 耐航性能 初級編　　定価はカバーに表示してあります。

2013年 6月28日　初版発行
2019年 3月18日　再版発行

著　者　池田 良穂・梅田 直哉・慎 燦益・内藤 林
監　修　公益社団法人 日本船舶海洋工学会
　　　　能力開発センター教科書編纂委員会
発行者　小川 典子
印　刷　亜細亜印刷株式会社
製　本　株式会社難波製本

発行所　髙成山堂書店
〒160-0012　東京都新宿区南元町4番51　成山堂ビル
TEL：03 (3357) 5861　　FAX：03 (3357) 5867
URL　http://www.seizando.co.jp
落丁・乱丁本はお取り換えいたしますので、小社営業チーム宛にお送りください。

©2013　日本船舶海洋工学会
Printed in Japan　　　　　　　　ISBN978-4-425-71471-1

成山堂書店発行　造船関係図書案内

水波問題の解法 －2次元線形理論と数値計算－	鈴木勝雄 著	B5・400頁・4800円
基本造船学（船体編）	上野喜一郎 著	A5・304頁・3000円
コンテナ船の話	渡辺逸郎 著	B5・172頁・3400円
LNG・LH2のタンクシステム －物理モデルとCFDによる熱流動解析－	古林義弘 著	B5・392頁・6800円
和英英和船舶用語辞典	東京商船大学船舶用語辞典編集委員会 編	B6・608頁・5000円
新訂 船と海のQ&A	上野喜一郎 著	A5・248頁・3000円
海洋構造力学の基礎	吉田宏一郎 著	A5・352頁・6600円
商船設計の基礎知識【改訂版】	造船テキスト研究会 著	A5・392頁・5600円
氷海工学 －砕氷船・海洋構造物設計・氷海環境問題－	野澤和男 著	A5・464頁・4600円
造船技術と生産システム	奥本泰久 著	A5・250頁・4400円
英和版 新船体構造イラスト集	恵美洋彦 著/作画	B5・264頁・6000円
流体力学と流体抵抗の理論	鈴木和夫 著	B5・248頁・4400円
SFアニメで学ぶ船と海 －深海から宇宙まで－	鈴木和夫 著/逢沢瑠菜 協力	A5・156頁・2400円
船舶で躍進する新高張力鋼 －TMCP鋼の実用展開－	北田博重・福井努 共著	A5・306頁・4600円
船舶海洋工学シリーズ① 船舶算法と復原性	日本船舶海洋工学会 監修	B5・184頁・3600円
船舶海洋工学シリーズ② 船体抵抗と推進	日本船舶海洋工学会 監修	B5・224頁・4000円
船舶海洋工学シリーズ③ 船体運動 操縦性能編	日本船舶海洋工学会 監修	B5・168頁・3400円
船舶海洋工学シリーズ④ 船体運動 耐航性能編	日本船舶海洋工学会 監修	B5・320頁・4800円
船舶海洋工学シリーズ⑤ 船体運動 耐航性能初級編	日本船舶海洋工学会 監修	B5・280頁・4600円
船舶海洋工学シリーズ⑥ 船体構造 構造編	日本船舶海洋工学会 監修	B5・192頁・3600円
船舶海洋工学シリーズ⑦ 船体構造 強度編	日本船舶海洋工学会 監修	B5・242頁・4200円
船舶海洋工学シリーズ⑧ 船体構造 振動編	日本船舶海洋工学会 監修	B5・288頁・4600円
船舶海洋工学シリーズ⑨ 造船工作法	日本船舶海洋工学会 監修	B5・248頁・4200円
船舶海洋工学シリーズ⑩ 船体艤装工学【改訂版】	日本船舶海洋工学会 監修	B5・240頁・4200円
船舶海洋工学シリーズ⑪ 船舶性能設計	日本船舶海洋工学会 監修	B5・290頁・4600円
船舶海洋工学シリーズ⑫ 海洋構造物	日本船舶海洋工学会 監修	B5・178頁・3700円

最新総合図書目録無料進呈　　　　　　　　※定価は本体価格（税別）